試薬名 索引

I部
生物学的作用および用途別試薬

第1章
ビタミン，補酵素

第2章
ホルモン，ペプチド性生理活性物質

第3章
植物関連調節因子，細胞刺激因子

第4章
生理的神経・細胞作用物質

第5章
薬理活性物質，毒

第6章
抗生物質

第7章
核酸・タンパク質合成阻害物質

第8章
膜機能阻害剤

第9章
ミトコンドリアや葉緑体の阻害物質

第10章
酵素

第11章
酵素基質

第12章
酵素阻害剤

第13章
緩衝液関連試薬

第14章
キレート試薬

第15章
SH基試薬

第16章
界面活性剤，溶解・変性剤

第17章
細胞研究，免疫研究関連試薬

第18章
細胞培養関連試薬

第19章
電気泳動，核酸実験関連試薬

第20章
タンパク質修飾，蛍光／発光試薬

第21章
電子伝達に用いられる試薬

第22章
染色剤，指示薬

第23章
シンチレーター用試薬

第24章
その他

II部
無機化合物

第1章
ハロゲン化物，関連物質

第2章
S, Pを含む物質

第3章
硝酸化物，窒素を含む物質

第4章
炭酸，アンモニアの関連化合物

第5章
その他の無機物質

III部
有機化合物

第1章
アミン，アミド，アミノ酸，ペプチド

第2章
タンパク質

第3章
核酸の成分とその関連物質

第4章
糖，アルコール類

第5章
リン酸エステル化合物

第6章
有機酸，その誘導体

第7章
脂質，長鎖脂肪酸，その誘導体

第8章
脂肪族，芳香族，多環・復素環化合物

第9章
アルデヒド，ケトン

総索引

序

　このたび，試薬の性質と利用法をガイドする書籍「ライフサイエンス試薬活用ハンドブック」を発行することになった．本書はバイオ研究試薬の性質や保存・調製法，取り扱いの注意や生理的意義，さらには関連物質などについて記した，辞典，解説書，そしてカタログ機能を併せもつ書籍で，「生物学的作用および用途別試薬」，「無機化合物」，「有機化合物」の3部から構成されている．1部は本書のメインで，ホルモンや抗生物質など，試薬を24の章に分けて配置し，2部と3部ではより多様な目的に使われる試薬をとりあげた．試薬によっては誘導体の形をとるものがあったり，逆にさまざまな理由によって単体として販売されていないものもあり，どのようなスタイルで各試薬を掲載するかは編集にあたり最も悩んだ点であったが，本書は市販されてるものの中で比較的よく使われる形態の物質を各試薬の代表としてとりあげ，それを中心に解説するという形式をとった．このような機動性と利便性に加え，別名をもつ試薬は別名からでも見たいページにたどり着けるようにもした．本書で扱う試薬は主に生化学，分子生物学，細胞生物学といった基礎生物学実験にかかわる物質であるが，その中でも特に使用頻度の高い厳選約700品目が掲載されている．

　あらかじめ試薬の性質や入手法をチェックしてその安定性や取り扱いのポイントをおさえ，作用機構や生理機能を熟知しておくことは，実験時間の短縮のみならず，実験原理の理解向上と実験で発生するトラブルの軽減につながると考えられるが，本書はそれを補助する最良の一冊になると確信している．本書がベンチサイドにあって実験ガイドとしての役割を果たすことができれば，作り手としてこれに勝るよろこびはない．最後に，原稿執筆にあたられた先生方と，困難だった本書の企画・作成を担当された蜂須賀修司，深川正悟の両氏に，この場を借りて心よりお礼申し上げます．

2009年 1月

　　　　　　　　　　　　　　楠の緑揺らす小寒の西千葉キャンパスにて
　　　　　　　　　　　　　　　　　　　　　　　　田村隆明

本書の構成

　本書では，医学生物学研究に用いられる頻度や重要性が高い試薬について，研究を進めるうえで知っておきたい基本的な知識と，実際に実験に使用する際に必要な情報を解説しています．

　自分が用いたい試薬の特徴や入手法を調べるための辞書として，また，保存方法や実験に適した使用条件を知るための実験書として活用できる，大変便利なハンドブックです．

　本書は，"第Ⅰ部：生物学的作用および用途別試薬"，"第Ⅱ部：無機化合物"，"第Ⅲ部：有機化合物"の３部から構成されています．

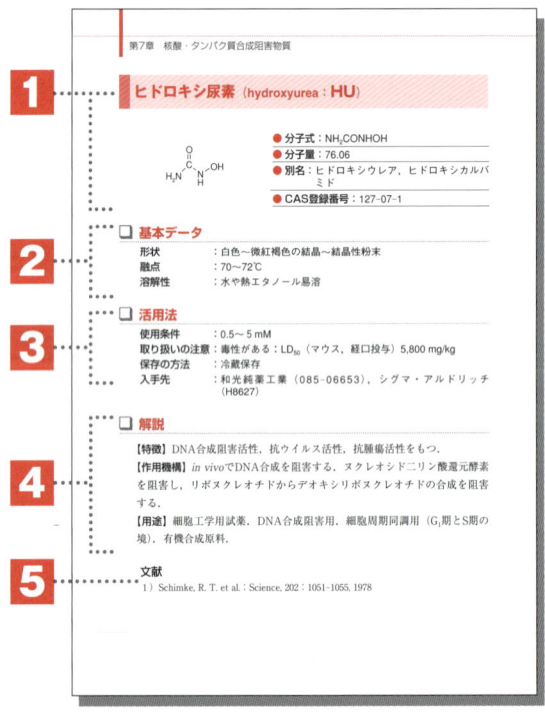

本書の構成

各試薬の解説について

1 試薬名（別名・欧文表記）[*1]，構造式，分子式，分子量，CAS登録番号[*2]

* 1 見出しに掲載している試薬名は一般に使用する名称もしくは，販売している試薬名を示します
* 2 CAS：Chemical Abstracts Service

2 基本データ

試薬の形状や溶解時の特性，さらに比重，光学特性や融点などの物理化学的特徴を掲載しており，こちらの項目で試薬の概要，特徴を知ることができます．

なお，以下の頻出する項目については下記のように定義しています．

- **モル吸光係数**：溶液の吸光度を吸収層（おおよそcm単位である）の厚さと溶質のモル濃度で割ったものです．εで示し，下付き文字にて波長を示しました．
  【例　ε_{247} 265,000, $\log \varepsilon_{247}$ 26.5】

- **比吸光度**：$E_{280}^{1\%}$ は比吸光度あるいは比吸光係数と呼ばれ，1 cm光路長のセルで測定した280 nmの吸光度を1%（w/v）溶液に換算した値を示しています．この値が与えられていると吸光度からタンパク質濃度を求めることができます．
  【例　$E_{280}^{1\%} = 14.3$ の場合：タンパク質溶液の280 nmの吸光度が0.143ならば濃度は0.1 mg/mLとなります】

- **比重**：特に断りがなければ，液体の比重の場合は4℃の水を1.00とし，気体の比重の場合は基本的には4℃の空気を1.00とする相対値で示しています．

3 活用法

試薬の調製法，その使用条件，保存の方法[*3]や取り扱いの注意[*4]など実際に使用する際に必須となる情報を掲載しています．また，入手先としてメーカー名とカタログ番号もあわせて掲載しております[*5]．

なお，調製法，毒性，保存の条件などのデータは，その一例を示したものであり，研究や操作の安全性や適切な進行を保証するものではありません．

* 3 **保存の方法**：特に断りがなければ，保存する形状については元試薬における条件を示しています．また，冷凍保存条件については，特に明記がなければ－20℃の温度を示します．
* 4 **取り扱いの注意**：化学物質の急性毒性については以下の値を用いて示しています．

・投与した動物の半数（50％）が死亡すると推定される投与量
　LD_{50}（lethal dose 50%）　　　　　　　：半数致死量
　LC_{50}（lethal concentration 50%）　　　：半数致死濃度

・被投与個体を死亡させるのに要する物質の最小量
　LDLo（lowest published lethal dose）　　　：最小致死量
　LCLo（lowest published lethal concentration）：最小致死濃度

* 5 メーカー名や製品番号は，2008年12月現在のものであり，今後変更される可能性がありますので，ご了承下さい．

4 解説

試薬についての特徴や生体内での生理機能，関連物質などを説明しており，より詳細な試薬の情報をまとめました．

5 文献

各試薬の性質や活用例の情報が詳しい代表的な論文を紹介しています．

＊なお，第Ⅱ部，第Ⅲ部では【基本データ】と【解説】の構成となっております．

執筆者一覧

編 集

田村隆明
千葉大学大学院理学研究科生物学コース

執筆者（50音順）

阿部洋志
千葉大学大学院融合科学研究科ナノサイエンス専攻

池田香織
千葉大学大学院理学研究科生物学コース

伊藤光二
千葉大学大学院融合科学研究科ナノサイエンス専攻

佐藤成樹
千葉大学大学院理学研究科生物学コース

城後 美沙子
千葉大学大学院理学研究科生物学コース

鈴木あい
千葉大学大学院理学研究科生物学コース

田村隆明
千葉大学大学院理学研究科生物学コース

米沢直人
千葉大学大学院理学研究科化学コース

ライフサイエンス試薬 活用ハンドブック
特性，使用条件，生理機能などの重要データがわかる

目次概略

第Ⅰ部　生物学的作用および用途別試薬　　30

- 第1章　ビタミンおよび補酵素 …………………………………30
- 第2章　ホルモン，ペプチド性生理活性物質 …………………60
- 第3章　植物関連調節因子および細胞刺激因子 ………………87
- 第4章　生理的神経・細胞作用物質 ……………………………103
- 第5章　薬理活性物質および毒 …………………………………117
- 第6章　抗生物質 …………………………………………………140
- 第7章　核酸・タンパク質合成阻害物質 ………………………174
- 第8章　膜機能阻害剤 ……………………………………………198
- 第9章　ミトコンドリアや葉緑体の阻害物質 …………………205
- 第10章　酵素（遺伝子工学関連を除く）………………………215
- 第11章　酵素基質 …………………………………………………242
- 第12章　酵素阻害剤 ………………………………………………268
- 第13章　緩衝液関連試薬 …………………………………………297
- 第14章　キレート試薬 ……………………………………………312
- 第15章　SH基試薬 ………………………………………………317
- 第16章　界面活性剤および溶解・変性剤 ………………………327
- 第17章　細胞研究および免疫研究関連試薬 ……………………343
- 第18章　細菌培養関連試薬 ………………………………………371

第19章	電気泳動および核酸実験関連試薬	379
第20章	タンパク質修飾および蛍光／発光試薬	396
第21章	電子伝達に用いられる試薬	427
第22章	染色剤・指示薬	435
第23章	シンチレーター用試薬	450
第24章	その他	460

第Ⅱ部　無機化合物　466

第1章	ハロゲン化物および関連物質	466
第2章	硫黄，リンを含む物質	482
第3章	硝酸化物および窒素を含む物質	491
第4章	炭酸やアンモニアに関する化合物	499
第5章	その他の無機物質	505

第Ⅲ部　有機化合物　519

第1章	アミン，アミド，アミノ酸，ペプチド	519
第2章	タンパク質	551
第3章	核酸の成分とその関連物質	558
第4章	糖およびアルコール類	581
第5章	リン酸エステル化合物（ヌクレオチド，補酵素以外）	614
第6章	有機酸およびその誘導体	631
第7章	脂質，長鎖脂肪酸およびその誘導体	649
第8章	脂肪族，芳香族，および多環・復素環化合物	658
第9章	アルデヒドとケトン	672

ライフサイエンス試薬活用ハンドブック
特性，使用条件，生理機能などの重要データがわかる

序	田村隆明	◆ 3
本書の構成		◆ 4
試薬名 索引		◆ 21

第Ⅰ部　生物学的作用および用途別試薬

第1章　ビタミンおよび補酵素　　田村隆明　◆30

ビオチン ◆31	ビタミン D$_3$ ◆41	フラビンアデニンジヌクレオチド ◆50
β-カロテン ◆32	パントテン酸 ◆43	チアミン ◆51
シアノコバラミン ◆33	補酵素 A ◆44	ビオプテリン ◆52
葉酸 ◆34	アセチル CoA ◆45	ユビキノン ◆53
アスコルビン酸 ◆36	ピリドキサール ◆46	ニコチン酸 ◆54
ビタミン E ◆37	リボフラビン ◆48	NAD ◆55
ビタミン K ◆38	フラビンモノヌクレオチド ◆49	NADP ◆57
ビタミン A ◆39		リポ酸 ◆58
レチノイン酸 ◆40		

第2章　ホルモン，ペプチド性生理活性物質　　阿部洋志　◆60

1) ステロイドホルモンなど	プロゲステロン ◆68	プロスタグランジン ◆78
コレステロール ◆61	ヒドロキシプロゲステロン ◆69	2) 生理活性ペプチド
エルゴステロール ◆62	コルチコステロイド ◆70	インシュリン ◆79
アンドロゲン ◆63	コルチゾール ◆71	副腎皮質刺激ホルモン ◆80
テストステロン ◆63	コルチゾン ◆72	チロキシン ◆81
エストロゲン ◆64	コルチコステロン ◆73	グルカゴン ◆82
エストロン ◆65	アルドステロン ◆74	ソマトトロピン ◆82
エストラジオール ◆66	デキサメタゾン ◆75	バソプレッシン ◆83
エストリオール ◆67	プレドニソン ◆76	エンドセリン ◆84
17-エチニルエストラジオール ◆68	プレドニソロン ◆77	エリスロポイエチン ◆85

目次

第3章　植物関連調節因子および細胞刺激因子　　阿部洋志　◆87

- オーキシン ◆88
- ジベレリン ◆89
- エチレン ◆90
- レクチン ◆91
- コンカナバリンA ◆91
- LPS ◆92
- パラヒドロキシ安息香酸 ◆93
- 没食子酸 ◆94
- シキミ酸 ◆94
- インターフェロン ◆95
- インターロイキン ◆96
- インシュリン様成長因子 ◆97
- 上皮成長因子 ◆97
- 線維芽細胞増殖因子 ◆98
- 血小板由来成長因子 ◆99
- 神経成長因子 ◆100
- 肝細胞増殖因子 ◆100
- トランスフォーミング増殖因子β ◆101
- 腫瘍壊死因子α ◆102

第4章　生理的神経・細胞作用物質　　田村隆明　◆103

- アドレナリン ◆104
- ノルアドレナリン ◆105
- ドーパミン ◆106
- ドーパ ◆107
- セロトニン ◆108
- メラトニン ◆109
- アセチルコリン ◆110
- サブスタンスP ◆111
- エンケファリン ◆112
- β-エンドルフィン ◆113
- エンドセリン ◆114
- NMDA ◆115
- GABA ◆115

第5章　薬理活性物質および毒　　田村隆明　◆117

- カフェイン ◆118
- カイニン酸 ◆119
- ニコチン ◆120
- ホルスコリン ◆121
- TPA ◆122
- リアノジン ◆123
- 百日ぜき毒素 ◆124
- タモキシフェン クエン酸塩 ◆125
- ω-コノトキシン ◆126
- ジョロウグモ毒素 ◆127
- ブンガロトキシン ◆128
- モルヒネ ◆128
- ウワバイン ◆129
- ガンシクロビル ◆130
- AMPA ◆131
- ムスカリン ◆132
- 4-アミノピリジン ◆133
- アトロピン ◆134
- テトロドトキシン ◆135
- オカダ酸 ◆136
- 塩化コリン ◆137
- レシチン ◆138

第6章　抗生物質　　田村隆明　◆140

1）タンパク質合成関連
- クロラムフェニコール ◆141
- ピューロマイシン ◆142
- カナマイシン ◆143
- ストレプトマイシン ◆144
- テトラサイクリン ◆145
- シクロヘキシイミド ◆147
- ネオマイシン ◆148
- G418 ◆149
- ゲンタマイシン ◆150
- エリスロマイシン ◆151
- スペクチノマイシン ◆152
- アニソマイシン ◆153

2）核酸関連
- アクチノマイシンD ◆154
- マイトマイシンC ◆155
- ナリジクス酸 ◆156
- ドキソルビシン ◆157
- リファンピシン ◆158
- クーママイシン ◆160

3）膜，細胞壁，糖関連
- ペニシリン ◆161
- アンピシリン ◆162
- アンホテリシンB ◆163
- バンコマイシン ◆164
- ツニカマイシン ◆166
- バシトラシン ◆167
- ポリミキシンB ◆168
- セファロスポリン ◆169
- サイクロスポリンA ◆170
- ゲルダナマイシン ◆171
- オリゴマイシン ◆172

目次

第7章 核酸・タンパク質合成阻害物質　田村隆明 ◆174

1) 核酸代謝関連
- α-アマニチン ◆175
- アラビノシルシトシン ◆176
- BrdU, BUdR ◆177
- ヒドロキシ尿素 ◆178
- 硫酸ジメチル ◆179
- シスプラチン ◆180
- ATP-γ-S ◆181
- ジエチルニトロソアミン ◆182
- 4-NQO ◆183
- ニトロソグアニジン ◆184
- アザグアニン ◆185
- ブロモウラシル ◆186
- フルオロウラシル ◆187
- メチルメタンスルホン酸 ◆188
- エトポシド ◆189
- メチルニトロソ尿素 ◆190
- アザシチジン ◆190
- メチルコラントレン ◆191

2) タンパク質代謝関連
- アウリントリカルボン酸 ◆193
- メチルトリプトファン ◆194
- エチオニン ◆195
- フルオロトリプトファン ◆196
- カナバニン ◆197

第8章 膜機能阻害剤　田村隆明 ◆198

- サイトカラシン ◆199
- イオノホア A23187 ◆200
- コレラトキシン ◆201
- ジギトニン ◆202
- ジギトキシン ◆203

第9章 ミトコンドリアや葉緑体の阻害物質　田村隆明 ◆205

- ヒ酸ナトリウム ◆206
- 酸化ヒ素 ◆206
- アジ化ナトリウム ◆207
- アンチマイシンA ◆208
- キニーネ ◆209
- ペンタクロロフェノール ◆210
- DCC ◆211
- 硫化水素 ◆212
- CCCP ◆213
- FCCP ◆214

第10章 酵素（遺伝子工学関連を除く）　米沢直人 ◆215

- アルカリホスファターゼ ◆216
- βガラクトシダーゼ ◆217
- プロテイナーゼK ◆218
- ホタルルシフェラーゼ ◆219
- ペルオキシダーゼ ◆220
- α-トリプシン ◆221
- クロラムフェニコールアセチルトランスフェラーゼ ◆222
- カタラーゼ ◆223
- スーパーオキシドディスムターゼ ◆224
- α-キモトリプシン ◆225
- パパイン ◆226
- ペプシン ◆228
- トロンビン ◆229
- V8プロテアーゼ ◆230
- ファクターXa ◆231
- プロナーゼ ◆232
- PDE ◆233
- クレアチンキナーゼ ◆234
- ザイモリエース ◆235
- セルラーゼ ◆236
- グルコースオキシダーゼ ◆237
- キモシン ◆238
- カテプシンD ◆239
- リゾチーム ◆240

目次

第11章　酵素基質　　　　　　　　　　　　　　　　　　　　米沢直人　◆242

- X-gal ……………………◆243
- IPTG ……………………◆244
- X-Glc ……………………◆245
- X-GlcA …………………◆246
- Bluo-gal ………………◆247
- P-Gal ……………………◆248
- 4MU-β-DGlcNAc
  　　　　　　　　　　◆249
- アルブチン ……………◆250
- ONPG ……………………◆251
- pNP-β-GlcNAc …………◆252
- pNP-β-D-Gal ……………◆253
- ATEE ……………………◆254
- BAEE ……………………◆255
- Gly-Pro-pNA ……………◆256
- Gly-Phe-NH$_2$ …………◆257
- pNPP ……………………◆258
- Leu-NH$_2$・HCl …………◆259
- フェニルリン酸
  ナトリウム塩 …………◆260
- o-CPP …………………◆261
- ナフチルリン酸
  ナトリウム塩 …………◆262
- メチルウンベリフェリルエステル ……………………◆263
- ルシフェリン …………◆264
- PPD ……………………◆265
- ABTS ……………………◆266

第12章　酵素阻害剤　　　　　　　　　　　　　　　　　　　米沢直人　◆268

- MG-132 …………………◆269
- RNase インヒビター
  　　　　　　　　　　◆270
- 2-アミノ-4-（グアニジノオキシ）酪酸 ………………◆271
- DEPC ……………………◆272
- MIA ……………………◆273
- IAA ……………………◆274
- アミノフィリン ………◆275
- セルレニン ……………◆276
- NEM ……………………◆277
- TLCK ……………………◆278
- アンチパイン …………◆279
- α1AT ……………………◆280
- アプロチニン …………◆281
- ロイペプチン …………◆282
- キモスタチン …………◆283
- ペプスタチンA ………◆284
- PMSF ……………………◆286
- TPCK ……………………◆287
- トリプシンインヒビター
  　　　　　　　　　　◆288
- アセチル-カルパスタチン
  （184-210）（ヒト）
  　　　　　　　　　　◆289
- ベスタチン ……………◆290
- L-トランスエポキシスクシニルロイシルアミド-
  （4-グアニジノ）ブタン
  　　　　　　　　　　◆291
- ホスホラミドン ………◆292
- 1,10-フェナントロリン
  　　　　　　　　　　◆293
- エラスタチナール ……◆294
- DFP，DIFP ……………◆295

第13章　緩衝液関連試薬　　　　　　　　　　　　　　　　　伊藤光二　◆297

- Tris ……………………◆298
- HEPES …………………◆299
- PIPES …………………◆300
- MOPS …………………◆301
- MOPSO …………………◆301
- グリシルグリシン ……◆302
- トリシン ………………◆303
- BES ……………………◆304
- POPSO …………………◆304
- TAPS ……………………◆305
- TES ……………………◆306
- CAPS ……………………◆307
- EPPS ……………………◆308
- Bis-Tris ………………◆309
- MES ……………………◆309
- Bicine …………………◆310

第14章　キレート試薬　　　　　　　　　　　　　　　　　　伊藤光二　◆312

- EDTA ……………………◆313
- EGTA ……………………◆314
- 8-ヒドロキシキノリン
  　　　　　　　　　　◆315
- フェナントロリン ……◆315

目次

第15章　SH基試薬　　　　　　　　　　　　　　　　　　　　　　　　伊藤光二　◆317

- 2-メルカプトエタノール ◆318
- グルタチオン ◆319
- DTT ◆320
- p-(クロロメルクリオ)安息香酸 ◆321
- DTNB ◆322
- ジチオエリスリトール ◆323
- DCIP ◆323
- ヨードアセトアミド ◆324
- N-エチルマレイミド ◆325

第16章　界面活性剤および溶解・変性剤　　　　　　　　　　　　　　伊藤光二　◆327

1) 界面活性剤
- デオキシコール酸 ◆328
- N-ラウロイルサルコシン ◆329
- SDS ◆330
- コール酸 ◆331
- CTAB ◆332
- Brij-35 ◆333
- Triton X-100 ◆334
- Tween 20 ◆335
- Nonidet P-40 ◆336

2) 溶解変性剤
- グアニジン塩酸塩 ◆337
- CHAPS ◆338
- グアニジンチオシアン酸塩 ◆339
- MEGA-10 ◆340
- n-オクチル-β-D-グルコピラノシド ◆341
- 尿素 ◆342

第17章　細胞研究および免疫研究関連試薬　　　　　　　　　　　　　阿部洋志　◆343

- DAPI ◆344
- ヘキスト33342 ◆345
- ヘキスト33258 ◆346
- ヨウ化プロピジウム ◆347
- プロテインA ◆348
- プロテインG ◆348
- テキサスレッド ◆349
- ローダミン ◆350
- スキムミルク ◆351
- トリパンブルー ◆351
- ギムザ染色液 ◆352
- パパニコロ染色液 ◆353
- オーラミン ◆354
- ヘマトキシリン ◆354
- エオシンY ◆355
- バルサム ◆356
- ディスパーゼ ◆357
- コラゲナーゼ ◆357
- コラーゲン ◆358
- フィブロネクチン ◆359
- ポリリジン ◆359
- DEAE-デキストラン ◆360
- ポリブレン ◆361
- ポリエチレンイミン ◆362
- ハイグロマイシン ◆363
- コルヒチン ◆364
- コルセミド ◆365
- ノコダゾール ◆366
- ビンクリスチン ◆367
- タキソール ◆368
- サイトカラシンB ◆369
- アフィディコリン ◆370

第18章　細菌培養関連試薬　　　　　　　　　　　　　　　　　　　　田村隆明　◆371

- 寒天粉末 ◆372
- ゼラチン ◆372
- 粉末酵母エキス ◆373
- ペプトン ◆374
- カサミノ酸 ◆375
- X-Gluc ◆375
- 5-フルオロオロチン酸 ◆376
- 3-アミノトリアゾール ◆377

目次

第19章　電気泳動および核酸実験関連試薬　　田村隆明　◆379

- アガロース ◆380
- アクリルアミド, モノマー ◆381
- N, N'-メチレンビスアクリルアミド ◆382
- 過硫酸アンモニウム ◆383
- TEMED ◆384
- キシレンシアノール ◆385
- ブロモフェノールブルー ◆386
- 塩化セシウム ◆387
- 硫酸セシウム ◆387
- セシウムTFA ◆388
- ジエチルピロカーボネート ◆389
- EtBr ◆390
- サイバーグリーン ◆391
- ポリビニルピロリドン ◆392
- DIG-dUTP ◆393
- ポリ (dI-dC)・ポリ (dI-dC) ◆394
- オリゴ (dT)$_{12-18}$ ◆395

第20章　タンパク質修飾および蛍光／発光試薬　　佐藤成樹　◆396

- PITC ◆397
- TNBS ◆398
- 水素化ホウ素ナトリウム ◆399
- シトラコン酸無水物 ◆400
- NBS ◆401
- HNBB ◆402
- シクロヘキサンジオン ◆403
- フェニルグリオキサール ◆404
- テトラニトロメタン ◆405
- クロラミンT ◆406
- N-アセチルイミダゾール ◆407
- ジチオビスニトロベンゼン酸 ◆408
- フェニレンジマレイミド ◆409
- CMC ◆410
- EDC ◆411
- ビオチンヒドラジド ◆412
- Biotin-(AC$_5$)$_2$Sulfo-OSu ◆413
- Sulfo-NHS-LC-Biotin ◆414
- NHS-PEO$_4$-Biotin ◆415
- NHS-LC-Biotin ◆416
- Amine-PEG$_2$-Biotin ◆417
- ダンシルクロリド ◆418
- FITC ◆419
- TRITC ◆420
- Cy3 ◆421
- Cy5 ◆422
- SYPRO® Ruby ◆423
- Fura-2-AM ◆424
- ローズベンガル ◆425

第21章　電子伝達に用いられる試薬　　伊藤光二　◆427

- 2,6-ジクロロフェノールインドフェノールナトリウム塩 ◆428
- 亜ジチオン酸ナトリウム ◆429
- メナジオン ◆430
- ネオテトラゾリウムクロリド ◆431
- p-フェニレンジアミン ◆432
- フェナジンメトサルフェート ◆433
- シトクロム c ◆434

目次

第22章 染色剤，指示薬
田村隆明 ◆ 435

- メチレンブルー ◆ 436
- アミドブラック ◆ 437
- CBB ◆ 438
- スダンブラックB ◆ 439
- アクリジンオレンジ ◆ 440
- BTB ◆ 441
- PR ◆ 442
- NR ◆ 443
- ポンソーS ◆ 444
- エバンスブルー ◆ 444
- クリスタルバイオレット ◆ 445
- サフラニン ◆ 446
- 塩基性フクシン ◆ 447
- 酸性フクシン ◆ 448
- マラカイトグリーン ◆ 449

第23章 シンチレーター用試薬
伊藤光二 ◆ 450

- 1,4-ジオキサン ◆ 451
- DPO，PPO ◆ 452
- POPOP ◆ 453
- BBOT ◆ 454
- ナフタレン ◆ 455
- ピリジン ◆ 456
- ジメチルPOPOP ◆ 457
- p-テルフェニル ◆ 458
- エチレングリコールモノエチルエーテル ◆ 459

第24章 その他
田村隆明 ◆ 460

- 塩化ベンザルコニウム ◆ 461
- 塩化ベンゼトニウム ◆ 462
- ジメチルクロロシラン ◆ 462
- シリカゲル ◆ 463
- ソーダライム ◆ 464
- ミネラルオイル，軽質 ◆ 465

第Ⅱ部 無機化合物

第1章 ハロゲン化物および関連物質
田村隆明 ◆ 466

- 塩酸 ◆ 466
- 過塩素酸 ◆ 467
- 塩化カルシウム ◆ 467
- 塩化クロム ◆ 468
- 塩化コバルト ◆ 469
- 塩化銅 ◆ 470
- 塩化鉄 ◆ 470
- 塩化マグネシウム ◆ 471
- 塩化マンガン ◆ 472
- 塩化水銀 ◆ 472
- 過塩素酸カリウム ◆ 473
- 塩化カリウム ◆ 474
- 塩化ナトリウム ◆ 474
- 次亜塩素酸ナトリウム ◆ 475
- 塩化リチウム ◆ 476
- ヨウ化カリウム ◆ 476
- 過ヨウ素酸カリウム ◆ 477
- 過ヨウ素酸 ◆ 477
- ヨウ化ナトリウム ◆ 478
- 臭化ナトリウム ◆ 478
- フッ化ナトリウム ◆ 479
- 塩化亜鉛 ◆ 479
- ヨウ素 ◆ 480
- 塩素 ◆ 481

目次

第2章 硫黄，リンを含む物質　　田村隆明 ◆482

硫酸 ◆482	硫酸鉄 ◆486	リン酸二水素ナトリウム ◆488
硫酸マグネシウム ◆483	リン酸 ◆487	リン酸水素二ナトリウム ◆489
硫酸ナトリウム ◆483	リン酸二水素カリウム ◆487	二リン酸ナトリウム ◆490
チオ硫酸ナトリウム ◆484	リン酸水素二カリウム ◆488	
硫酸銅 ◆485		
亜硫酸ナトリウム ◆485		

第3章 硝酸化物および窒素を含む物質　　田村隆明 ◆491

硝酸 ◆491	硝酸銀 ◆494	ヒドラジン ◆497
硝酸カリウム ◆492	臭化シアン ◆494	チオシアン酸カリウム ◆497
硝酸ナトリウム ◆492	シアン化カリウム ◆495	硝酸アンモニウム ◆498
亜硝酸ナトリウム ◆493	シアン化ナトリウム ◆496	

第4章 炭酸やアンモニアに関する化合物　　田村隆明 ◆499

炭酸カルシウム ◆499	二酸化炭素 ◆501	硫酸アンモニウム ◆503
炭酸ナトリウム ◆500	炭酸アンモニウム ◆502	アンモニア水 ◆504
炭酸水素ナトリウム ◆500	塩化アンモニウム ◆502	

第5章 その他の無機物質　　田村隆明 ◆505

水酸化カルシウム ◆505	過マンガン酸カリウム ◆510	硫酸カリウムアルミニウム ◆513
水酸化カリウム ◆506	タングステン酸 ◆511	活性炭素 ◆514
水酸化ナトリウム ◆506	フェリシアン化カリウム ◆512	水素 ◆515
水酸化マグネシウム ◆507	ホウ酸 ◆512	ヘリウム ◆515
酸化カルシウム ◆508	カコジル酸ナトリウム ◆513	アルゴン ◆516
過酸化水素 ◆508		酸素 ◆516
一酸化炭素 ◆509		窒素 ◆517
一酸化窒素 ◆510		

目次

第Ⅲ部　有機化合物

第1章　アミン，アミド，アミノ酸，ペプチド　　池田香織 ◆519

- アラニン ◆519
- アルギニン ◆520
- アスパラギン ◆521
- アスパラギン酸 ◆521
- システイン ◆522
- グリシン ◆523
- ヒスチジン ◆524
- グルタミン ◆525
- グルタミン酸 ◆525
- イソロイシン ◆526
- ロイシン ◆527
- リシン ◆528
- メチオニン ◆529
- フェニルアラニン ◆530
- プロリン ◆530
- トリプトファン ◆531
- チロシン ◆532
- バリン ◆533
- セリン ◆534
- トレオニン ◆534
- S-アデノシルメチオニン ◆535
- シスチン ◆536
- エタノールアミン ◆537
- スペルミン ◆538
- スペルミジン ◆539
- ホルムアミド ◆540
- シトルリン ◆541
- オルニチン ◆541
- トリエチルアミン ◆542
- ジエチルアミン ◆543
- トリメチルアミン ◆544
- ヒスタミン ◆545
- ホスファチジルエタノールアミン ◆545
- N,N-ジメチルホルムアミド ◆546
- ヒスチジノール ◆547
- クレアチン ◆548
- グルタチオン（還元型） ◆549
- ヒドロキシルアミン ◆550

第2章　タンパク質　　田村隆明 ◆551

- BSA ◆551
- アビジン ◆552
- ストレプトアビジン ◆552
- ユビキチン ◆553
- GFP ◆554
- アクチン ◆554
- ミオシン ◆555
- フィブリノーゲン ◆555
- TRX ◆556
- プロテインS ◆557

第3章　核酸の成分とその関連物質　　鈴木あい ◆558

- アデニン ◆558
- アデノシン／デオキシアデノシン ◆559
- ATP/dATP/ddATP ◆560
- グアニン ◆561
- グアノシン／デオキシグアノシン ◆562
- GTP/dGTP/ddGTP ◆563
- シトシン ◆564
- シチジン／デオキシシチジン ◆565
- CTP/dCTP/ddCTP ◆566
- チミン ◆567
- デオキシチミジン ◆568
- dTTP/ddTTP ◆569
- ウラシル ◆570
- ウリジン ◆571
- UTP ◆571
- cAMP ◆572
- ポリアデニル酸カリウム塩 ◆573
- ヒポキサンチン ◆574
- イノシン ◆575
- AMP ◆576
- GMP ◆576
- CMP ◆577
- TMP ◆578
- cGMP ◆579
- キサンチン ◆580

目次

第4章 糖およびアルコール類　　　城後 美沙子 ◆581

- N-アセチル-D-グルコサミン ◆581
- デキストリン ◆582
- デキストラン ◆583
- フルクトース ◆584
- ガラクトース ◆584
- グルコース ◆585
- ラクトース一水和物 ◆586
- アロラクトース ◆587
- スクロース ◆587
- マルトース一水和物 ◆588
- ヘパリンナトリウム塩 ◆589
- リボース ◆590
- UDP-グルコースナトリウム塩 ◆591
- デンプン ◆592
- N-アセチル-D-ガラクトサミン ◆593
- アラビノース ◆593
- ガラクトサミン塩酸塩 ◆594
- N-アセチルノイラミン酸 ◆595
- コンドロイチン硫酸ナトリウム塩 ◆596
- キシリトール ◆597
- ソルビトール ◆597
- グルコン酸 ◆598
- グルクロン酸 ◆599
- チオグリコール酸 ◆600
- デオキシフルオログルコース ◆601
- グルコサミン塩酸塩 ◆601
- グリセルアルデヒド ◆602
- マンニトール ◆603
- エタノール ◆603
- グリセロール ◆604
- メタノール ◆605
- ブタノール ◆606
- 2-ブタノール ◆607
- エチレングリコール ◆607
- PEG ◆608
- プロパノール ◆609
- 2-プロパノール ◆609
- イソミルアルコール ◆610
- エチルセロソルブ ◆611
- メチルセロソルブ ◆612
- ジエチレングリコール ◆612

第5章 リン酸エステル化合物（ヌクレオチド，補酵素以外）　鈴木あい ◆614

- レシチン ◆614
- ホスファチジルセリン ◆615
- ホスファチジルグリセロール ◆616
- イノシトール1,4,5-トリスリン酸六カリウム塩 ◆617
- イノシトールリン酸ニシクロアンモニウム塩 ◆618
- グルコース-1/6-リン酸 ◆619
- ADPG ◆620
- PLP ◆621
- β-グリセロリン酸ニナトリウム五水和物 ◆622
- PRPP ◆623
- フルクトース1,6-二リン酸 ◆624
- フルクトース2,6-二リン酸 ◆625
- フルクトース6-リン酸ニナトリウム水和物 ◆626
- フルクトース1-リン酸ニナトリウム塩 ◆626
- グリセルアルデヒド三リン酸 ◆627
- PEP ◆628
- クレアチンリン酸ニナトリウム四水和物 ◆629
- ホスホセリン ◆629

目次

第6章　有機酸およびその誘導体　　田村隆明 ◆631

無水酢酸 ◆631	クエン酸ナトリウム ◆636	シュウ酸 ◆642
酢酸 ◆632	クエン酸アンモニウム ◆637	ピルビン酸 ◆643
酢酸ナトリウム ◆632	乳酸 ◆638	トリフルオロ酢酸 ◆644
酢酸アンモニウム ◆633	乳酸カルシウム ◆638	酢酸ブチル ◆644
酢酸マグネシウム ◆634	トリクロロ酢酸 ◆639	酢酸メチル ◆645
酢酸カリウム ◆634	ギ酸 ◆640	酒石酸 ◆646
酢酸カルシウム ◆635	酢酸エチル ◆641	ヨード酢酸 ◆647
クエン酸 ◆636	酪酸 ◆641	リンゴ酸 ◆647

第7章　脂質，長鎖脂肪酸およびその誘導体　　田村隆明 ◆649

リノール酸 ◆649	ステアリン酸 ◆653	ホスファチジルセリン ◆656
リノレン酸 ◆650	ホスファチジルグリセロール ◆654	エイコサペンタエン酸 ◆657
オレイン酸 ◆651	ドコサヘキサエン酸 ◆655	
アラキドン酸 ◆651		
パルミチン酸 ◆652		

第8章　脂肪族，芳香族，および多環・復素環化合物　　田村隆明 ◆658

ジエチルエーテル ◆658	塩化テトラエチルアンモニウム ◆663	p-アミノ安息香酸 ◆667
イミダゾール ◆659	アセトニトリル ◆664	クレゾール ◆668
サリチル酸 ◆659	プロパン ◆664	カテコール ◆669
安息香酸 ◆660	ベンゼン ◆665	p-アミノサリチル酸 ◆669
フェノール ◆661	トルエン ◆666	ピペリジン ◆670
クロロホルム ◆661	キシレン ◆666	キノリン ◆671
DMSO ◆662		

第9章　アルデヒドとケトン　　田村隆明 ◆672

ホルムアルデヒド ◆672	アセトン ◆674	グリオキシル酸 ◆677
グルタルアルデヒド ◆673	アセトアルデヒド ◆675	ベンズアルデヒド ◆678
パラホルムアルデヒド ◆674	グリオキサール ◆676	

総索引 ◆679

試薬名 索引

※巻末には総索引も掲載しています．

【数字】

1,4-ジオキサン ······ 451
1,10-フェナントロリン ······ 293
2,6-ジクロロフェノールインドフェノールナトリウム塩 ······ 428
2-アミノ-4-(グアニジノオキシ)酪酸 ······ 271
2-ブタノール ······ 607
2-プロパノール ······ 609
2-メルカプトエタノール ······ 318
3-アミノトリアゾール ······ 377
4MU-β-DGlcNAc ······ 249
4-NQO ······ 183
4-アミノピリジン ······ 133
5-フルオロオロチン酸 ······ 376
8-ヒドロキシキノリン ······ 315
17-エチニルエストラジオール ······ 68

欧文

【A】

α 1AT ······ 280
ABTS ······ 266
ADPG ······ 620
Amine-PEG$_2$-Biotin ······ 417
AMP ······ 576
AMPA ······ 131
ATEE ······ 254
ATP/dATP/ddATP ······ 560
ATP-γ-S ······ 181
α-アマニチン ······ 175
α-キモトリプシン ······ 225
α-トリプシン ······ 221

【B】

BAEE ······ 255
BBOT ······ 454
BES ······ 304
Bicine ······ 310
Biotin-(AC$_5$)$_2$Sulfo-OSu ······ 413
Bis-Tris ······ 309
Bluo-gal ······ 247
BrdU, BUdR ······ 177
Brij-35 ······ 333
BSA ······ 551
BTB ······ 441
β-エンドルフィン ······ 113
βガラクトシダーゼ ······ 217
β-カロテン ······ 32
β-グリセロリン酸二ナトリウム五水和物 ······ 622

【C】

cAMP ······ 572
CAPS ······ 307
CBB ······ 438
CCCP ······ 213
cGMP ······ 579
CHAPS ······ 338
CMC ······ 410
CMP ······ 577
CTAB ······ 332
CTP/dCTP/ddCTP ······ 566
Cy3 ······ 421
Cy5 ······ 422

【D】

DAPI ······ 344
DCC ······ 211
DCIP ······ 323
DEAE-デキストラン ······ 360
DEPC ······ 272
DFP, DIFP ······ 295
DIG-dUTP ······ 393
DMSO ······ 662
DPO, PPO ······ 452
DTNB ······ 322
DTT ······ 320
dTTP/ddTTP ······ 569

【E】

EDC ······ 411
EDTA ······ 313
EGTA ······ 314

試薬名 索引

EPPS	308
EtBr	390

【F・G】

FCCP	214
FITC	419
Fura-2-AM	424
G418	149
GABA	115
GFP	554
Gly-Phe-NH$_2$	257
Gly-Pro-pNA	256
GMP	576
GTP/dGTP/ddGTP	563

【H・I】

HEPES	299
HNBB	402
IAA	274
IPTG	244

【L】

Leu-NH$_2$・HCl	259
LPS	92
L-トランスエポキシスクシニルロイシルアミド-(4-グアニジノ)ブタン	291

【M】

MEGA-10	340
MES	309
MG-132	269
MIA	273
MOPS	301
MOPSO	301

【N】

NAD	55
NADP	57
NBS	401
NEM	277
NHS-LC-Biotin	416
NHS-PEO$_4$-Biotin	415
NMDA	115
N, N-ジメチルホルムアミド	546
N, N'-メチレンビスアクリルアミド	382
Nonidet P-40	336
NR	443
N-アセチル-D-ガラクトサミン	593
N-アセチル-D-グルコサミン	581
N-アセチルイミダゾール	407
N-アセチルノイラミン酸	595
N-エチルマレイミド	325
n-オクチル-β-D-グルコピラノシド	341
N-ラウロイルサルコシン	329

【O】

o-CPP	261
ONPG	251
ω-コノトキシン	126

【P・R】

PDE	233
PEG	608
PEP	628
P-Gal	248
PIPES	300
PITC	397
PLP	621
PMSF	286
pNP-β-D-Gal	253
pNP-β-GlcNac	252
pNPP	258
POPOP	453
POPSO	304
PPD	265
PR	442
PRPP	623
p-アミノ安息香酸	667
p-アミノサリチル酸	669
p-(クロロメルクリオ)安息香酸	321
p-テルフェニル	458
p-フェニレンジアミン	432
RNaseインヒビター	270

【S】

SDS	330
Sulfo-NHS-LC-Biotin	414
SYPROR® Ruby	423
S-アデノシルメチオニン	535

【T】

TAPS	305
TEMED	384
TES	306
TLCK	278
TMP	578

試薬名 索引

TNBS	398
TPA	122
TPCK	287
Tris	298
TRITC	420
Triton X-100	334
TRX	556
Tween 20	335

【U】

UDP-グルコースナトリウム塩	591
UTP	571

【V・X】

V8 プロテアーゼ	230
X-gal	243
X-Glc	245
X-GlcA	246
X-Gluc	375

和文

【あ行】

アウリントリカルボン酸	193
アガロース	380
アクチノマイシン D	154
アクチン	554
アクリジンオレンジ	440
アクリルアミド,モノマー	381
アザグアニン	185
アザシチジン	190
アジ化ナトリウム	207
亜ジチオン酸ナトリウム	429
亜硝酸ナトリウム	493
アスコルビン酸	36
アスパラギン	521
アスパラギン酸	521
アセチル CoA	45
アセチル-カルパスタチン(184-210)(ヒト)	289
アセチルコリン	110
アセトアルデヒド	675
アセトニトリル	664
アセトン	674
アデニン	558
アデノシン／デオキシアデノシン	559
アドレナリン	104
アトロピン	134
アニソマイシン	153
アビジン	552
アフィディコリン	370
アプロチニン	281
アミドブラック	437
アミノフィリン	275
アラキドン酸	651
アラニン	519
アラビノース	593
アラビノシルシトシン	176
亜硫酸ナトリウム	485
アルカリホスファターゼ	216
アルギニン	520
アルゴン	516
アルドステロン	74
アルブチン	250
アロラクトース	587
安息香酸	660
アンチパイン	279
アンチマイシン A	208
アンドロゲン	63
アンピシリン	162
アンホテリシン B	163
アンモニア水	504
イオノホア A23187	200
イソミルアルコール	610
イソロイシン	526
一酸化炭素	509
一酸化窒素	510
イノシトール 1,4,5-トリスリン酸六カリウム塩	617
イノシトールリン酸ニシクロアンモニウム塩	618
イノシン	575
イミダゾール	659
インシュリン	79
インシュリン様成長因子	97
インターフェロン	95
インターロイキン	96
ウラシル	570
ウリジン	571
ウワバイン	129
エイコサペンタエン酸	657
エオシン Y	355
エストラジオール	66
エストリオール	67
エストロゲン	64
エストロン	65
エタノール	603

試薬名 索引

エタノールアミン ……… 537
エチオニン ……… 195
エチルセロソルブ ……… 611
エチレン ……… 90
エチレングリコール ……… 607
エチレングリコールモノエチルエーテル ……… 459
エトポシド ……… 189
エバンスブルー ……… 444
エラスタチナール ……… 294
エリスロポイエチン ……… 85
エリスロマイシン ……… 151
エルゴステロール ……… 62
塩化亜鉛 ……… 479
塩化アンモニウム ……… 502
塩化カリウム ……… 474
塩化カルシウム ……… 467
塩化クロム ……… 468
塩化コバルト ……… 469
塩化コリン ……… 137
塩化水銀 ……… 472
塩化セシウム ……… 387
塩化鉄 ……… 470
塩化テトラエチルアンモニウム ……… 663
塩化銅 ……… 470
塩化ナトリウム ……… 474
塩化ベンザルコニウム ……… 461
塩化ベンゼトニウム ……… 462
塩化マグネシウム ……… 471
塩化マンガン ……… 472
塩化リチウム ……… 476
塩基性フクシン ……… 447
エンケファリン ……… 112
塩酸 ……… 466
塩素 ……… 481
エンドセリン ……… 84, 114
オーキシン ……… 88
オーラミン ……… 354
オカダ酸 ……… 136
オリゴ(dT)$_{12-18}$ ……… 395
オリゴマイシン ……… 172
オルニチン ……… 541
オレイン酸 ……… 651

【か行】

カイニン酸 ……… 119
過塩素酸 ……… 467
過塩素酸カリウム ……… 473
カコジル酸ナトリウム ……… 513
カサミノ酸 ……… 375
過酸化水素 ……… 508
カタラーゼ ……… 223
活性炭素 ……… 514
カテコール ……… 669
カテプシンD ……… 239
カナバニン ……… 197
カナマイシン ……… 143
カフェイン ……… 118
過マンガン酸カリウム ……… 510
過ヨウ素酸 ……… 477
過ヨウ素酸カリウム ……… 477
ガラクトース ……… 584
ガラクトサミン塩酸塩 ……… 594
過硫酸アンモニウム ……… 383
肝細胞増殖因子 ……… 100
ガンシクロビル ……… 130
寒天粉末 ……… 372
ギ酸 ……… 640
キサンチン ……… 580
キシリトール ……… 597
キシレン ……… 666
キシレンシアノール ……… 385
キニーネ ……… 209
キノリン ……… 671
ギムザ染色液 ……… 352
キモシン ……… 238
キモスタチン ……… 283
クーママイシン ……… 160
グアニジン塩酸塩 ……… 337
グアニジンチオシアン酸塩 ……… 339
グアニン ……… 561
グアノシン／デオキシグアノシン ……… 562
クエン酸 ……… 636
クエン酸アンモニウム ……… 637
クエン酸ナトリウム ……… 636
グリオキサール ……… 676
グリオキシル酸 ……… 677
グリシルグリシン ……… 302
グリシン ……… 523
クリスタルバイオレット ……… 445
グリセルアルデヒド ……… 602
グリセルアルデヒド三リン酸 ……… 627
グリセロール ……… 604
グルカゴン ……… 82
グルクロン酸 ……… 599
グルコース ……… 585
グルコース-1/6-リン酸 ……… 619
グルコースオキシダーゼ ……… 237
グルコサミン塩酸塩 ……… 601
グルコン酸 ……… 598

グルタチオン …… 319		ジギトキシン …… 203
グルタチオン（還元型） …… 549	【さ行】	ジギトニン …… 202
グルタミン …… 525	サイクロスポリンA …… 170	シキミ酸 …… 94
グルタミン酸 …… 525	サイトカラシン …… 199	シクロヘキサンジオン …… 403
グルタルアルデヒド …… 673	サイトカラシンB …… 369	シクロヘキシイミド …… 147
クレアチン …… 548	サイバーグリーン …… 391	シスチン …… 536
クレアチンキナーゼ …… 234	ザイモリエース …… 235	システイン …… 522
クレアチンリン酸 ニナトリウム四水和物 …… 629	酢酸 …… 632	シスプラチン …… 180
	酢酸アンモニウム …… 633	ジチオエリスリトール …… 323
クレゾール …… 668	酢酸エチル …… 641	ジチオビスニトロ ベンゼン酸 …… 408
クロラミンT …… 406	酢酸カリウム …… 634	
クロラムフェニコール …… 141	酢酸カルシウム …… 635	シチジン／デオキシシ チジン …… 565
クロラムフェニコール アセチルトランスフェラーゼ …… 222	酢酸ナトリウム …… 632	
	酢酸ブチル …… 644	シトクロム c …… 434
	酢酸マグネシウム …… 634	シトシン …… 564
クロロホルム …… 661	酢酸メチル …… 645	シトラコン酸無水物 …… 400
血小板由来成長因子 …… 99	サブスタンスP …… 111	シトルリン …… 541
ゲルダナマイシン …… 171	サフラニン …… 446	ジベレリン …… 89
ゲンタマイシン …… 150	サリチル酸 …… 659	ジメチルPOPOP …… 457
コール酸 …… 331	酸化カルシウム …… 508	ジメチルクロロシラン …… 462
コラーゲン …… 358	酸化ヒ素 …… 206	
コラゲナーゼ …… 357	酸性フクシン …… 448	臭化シアン …… 494
コルセミド …… 365	酸素 …… 516	臭化ナトリウム …… 478
コルチコステロイド …… 70	次亜塩素酸ナトリウム …… 475	シュウ酸 …… 642
コルチコステロン …… 73		酒石酸 …… 646
コルチゾール …… 71	シアノコバラミン …… 33	腫瘍壊死因子α …… 102
コルチゾン …… 72	シアン化カリウム …… 495	硝酸 …… 491
コルヒチン …… 364	シアン化ナトリウム …… 496	硝酸アンモニウム …… 498
コレステロール …… 61	ジエチルアミン …… 543	硝酸カリウム …… 492
コレラトキシン …… 201	ジエチルエーテル …… 658	硝酸銀 …… 494
コンカナバリンA …… 91	ジエチルニトロソアミン …… 182	硝酸ナトリウム …… 492
コンドロイチン硫酸 ナトリウム塩 …… 596		上皮成長因子 …… 97
	ジエチルピロ カーボネート …… 389	ジョロウグモ毒素 …… 127
		シリカゲル …… 463
	ジエチレングリコール …… 612	神経成長因子 …… 100

試薬名 索引

スーパーオキシドディスムターゼ ……… 224
水酸化カリウム ……… 506
水酸化カルシウム ……… 505
水酸化ナトリウム ……… 506
水酸化マグネシウム ……… 507
水素 ……… 515
水素化ホウ素ナトリウム ……… 399
スキムミルク ……… 351
スクロース ……… 587
スダンブラックB ……… 439
ステアリン酸 ……… 653
ストレプトアビジン ……… 552
ストレプトマイシン ……… 144
スペクチノマイシン ……… 152
スペルミジン ……… 539
スペルミン ……… 538
セシウムTFA ……… 388
セファロスポリン ……… 169
ゼラチン ……… 372
セリン ……… 534
セルラーゼ ……… 236
セルレニン ……… 276
セロトニン ……… 108
線維芽細胞増殖因子 ……… 98
ソーダライム ……… 464
ソマトトロピン ……… 82
ソルビトール ……… 597

【た行】

タキソール ……… 368
タモキシフェン クエン酸塩 ……… 125
タングストリン酸 ……… 511
炭酸アンモニウム ……… 502
炭酸カルシウム ……… 499
炭酸水素ナトリウム ……… 500
炭酸ナトリウム ……… 500
ダンシルクロリド ……… 418
チアミン ……… 51
チオグリコール酸 ……… 600
チオシアン酸カリウム ……… 497
チオ硫酸ナトリウム ……… 484
窒素 ……… 517
チミン ……… 567
チロキシン ……… 81
チロシン ……… 532
ツニカマイシン ……… 166
ディスパーゼ ……… 357
デオキシコール酸 ……… 328
デオキシチミジン ……… 568
デオキシフルオログルコース ……… 601
テキサスレッド ……… 349
デキサメタゾン ……… 75
デキストラン ……… 583
デキストリン ……… 582
テストステロン ……… 63
テトラサイクリン ……… 145
テトラニトロメタン ……… 405
テトロドトキシン ……… 135
デンプン ……… 592
ドーパ ……… 107
ドーパミン ……… 106
ドキソルビシン ……… 157
ドコサヘキサエン酸 ……… 655
トランスフォーミング増殖因子β ……… 101
トリエチルアミン ……… 542
トリクロロ酢酸 ……… 639
トリシン ……… 303
トリパンブルー ……… 351
トリプシンインヒビター ……… 288
トリプトファン ……… 531
トリフルオロ酢酸 ……… 644
トリメチルアミン ……… 544
トルエン ……… 666
トレオニン ……… 534
トロンビン ……… 229

【な行】

ナフタレン ……… 455
ナフチルリン酸ナトリウム塩 ……… 262
ナリジクス酸 ……… 156
ニコチン ……… 120
ニコチン酸 ……… 54
二酸化炭素 ……… 501
ニトロソグアニジン ……… 184
乳酸 ……… 638
乳酸カルシウム ……… 638
尿素 ……… 342
二リン酸ナトリウム ……… 490
ネオテトラゾリウムクロリド ……… 431
ネオマイシン ……… 148
ノコダゾール ……… 366
ノルアドレナリン ……… 105

【は行】

ハイグロマイシン ……… 363
バシトラシン ……… 167
バソプレッシン ……… 83
パパイン ……… 226

試薬名 索引

パパニコロ染色液 ……… 353	フィブロネクチン ……… 359	プロテインA ……… 348
パラヒドロキシ安息香酸 ……… 93	フェナジンメトサルフェート ……… 433	プロテインG ……… 348
パラホルムアルデヒド ……… 674	フェナントロリン ……… 315	プロテインS ……… 557
バリン ……… 533	フェニルアラニン ……… 530	プロナーゼ ……… 232
バルサム ……… 356	フェニルグリオキサール ……… 404	プロパノール ……… 609
パルミチン酸 ……… 652	フェニルリン酸ナトリウム塩 ……… 260	プロパン ……… 664
バンコマイシン ……… 164	フェニレンジマレイミド ……… 409	ブロモウラシル ……… 186
パントテン酸 ……… 43	フェノール ……… 661	ブロモフェノールブルー ……… 386
ビオチン ……… 31	フェリシアン化カリウム ……… 512	プロリン ……… 530
ビオチンヒドラジド ……… 412	副腎皮質刺激ホルモン ……… 80	ブンガロトキシン ……… 128
ビオプテリン ……… 52	ブタノール ……… 606	粉末酵母エキス ……… 373
ヒ酸ナトリウム ……… 206	フッ化ナトリウム ……… 479	ヘキスト33258 ……… 346
ヒスタミン ……… 545	フラビンアデニンジヌクレオチド ……… 50	ヘキスト33342 ……… 345
ヒスチジノール ……… 547	フラビンモノヌクレオチド ……… 49	ベスタチン ……… 290
ヒスチジン ……… 524	フルオロウラシル ……… 187	ペニシリン ……… 161
ビタミンA ……… 39	フルオロトリプトファン ……… 196	ヘパリンナトリウム塩 ……… 589
ビタミンD_3 ……… 41	フルクトース ……… 584	ペプシン ……… 228
ビタミンE ……… 37	フルクトース1-リン酸二ナトリウム塩 ……… 626	ペプスタチンA ……… 284
ビタミンK ……… 38	フルクトース1,6-二リン酸 ……… 624	ペプトン ……… 374
ヒドラジン ……… 497	フルクトース2,6-二リン酸 ……… 625	ヘマトキシリン ……… 354
ヒドロキシ尿素 ……… 178	フルクトース6-リン酸二ナトリウム水和物 ……… 626	ヘリウム ……… 515
ヒドロキシプロゲステロン ……… 69	プレドニソロン ……… 77	ペルオキシダーゼ ……… 220
ヒドロキシルアミン ……… 550	プレドニソン ……… 76	ベンズアルデヒド ……… 678
ピペリジン ……… 670	プロゲステロン ……… 68	ベンゼン ……… 665
ヒポキサンチン ……… 574	プロスタグランジン ……… 78	ペンタクロロフェノール ……… 210
百日ぜき毒素 ……… 124	プロテイナーゼK ……… 218	ホウ酸 ……… 512
ピューロマイシン ……… 142		補酵素A ……… 44
ピリジン ……… 456		ホスファチジルエタノールアミン ……… 545
ピリドキサール ……… 46		ホスファチジルグリセロール ……… 616, 654
ピルビン酸 ……… 643		ホスファチジルセリン ……… 615, 656
ビンクリスチン ……… 367		ホスホセリン ……… 629
ファクターXa ……… 231		
フィブリノーゲン ……… 555		

試薬名 索引

ホスホラミドン ……… 292
ホタルルシフェラーゼ … 219
没食子酸 ……………… 94
ポリ（dI–dC）・
　ポリ（dI–dC） ……… 394
ポリアデニル酸
　カリウム塩 ………… 573
ポリエチレンイミン …… 362
ポリビニルピロリドン … 392
ポリブレン …………… 361
ポリミキシンB ……… 168
ポリリジン …………… 359
ホルスコリン ………… 121
ホルムアミド ………… 540
ホルムアルデヒド …… 672
ポンソーS …………… 444

【ま行】

マイトマイシンC …… 155
マラカイトグリーン …… 449
マルトース一水和物 … 588
マンニトール ………… 603
ミオシン ……………… 555
ミネラルオイル，軽質
　………………………… 465
無水酢酸 ……………… 631
ムスカリン …………… 132
メタノール …………… 605
メチオニン …………… 529
メチルウンベリフェリル
　エステル …………… 263
メチルコラントレン …… 191

メチルセロソルブ …… 612
メチルトリプトファン
　………………………… 194
メチルニトロソ尿素 … 190
メチルメタンスルホン酸
　………………………… 188
メチレンブルー ……… 436
メナジオン …………… 430
メラトニン …………… 109
モルヒネ ……………… 128

【や行】

ユビキチン …………… 553
ユビキノン ……………… 53
ヨードアセトアミド …… 324
ヨード酢酸 …………… 647
ヨウ化カリウム ……… 476
ヨウ化ナトリウム …… 478
ヨウ化プロピジウム … 347
葉酸 …………………… 34
ヨウ素 ………………… 480

【ら行】

酪酸 …………………… 641
ラクトース一水和物 … 586
リアノジン …………… 123
リシン ………………… 528
リゾチーム …………… 240
リノール酸 …………… 649
リノレン酸 …………… 650
リファンピシン ……… 158

リボース ……………… 590
リポ酸 ………………… 58
リボフラビン ………… 48
硫化水素 ……………… 212
硫酸 …………………… 482
硫酸アンモニウム …… 503
硫酸カリウムアルミニウム
　………………………… 513
硫酸ジメチル ………… 179
硫酸セシウム ………… 387
硫酸鉄 ………………… 486
硫酸銅 ………………… 485
硫酸ナトリウム ……… 483
硫酸マグネシウム …… 483
リンゴ酸 ……………… 647
リン酸 ………………… 487
リン酸水素二カリウム
　………………………… 488
リン酸水素二ナトリウム
　………………………… 489
リン酸二水素カリウム
　………………………… 487
リン酸二水素ナトリウム
　………………………… 488
ルシフェリン ………… 264
レクチン ……………… 91
レシチン ………… 138, 614
レチノイン酸 ………… 40
ローズベンガル ……… 425
ローダミン …………… 350
ロイシン ……………… 527
ロイペプチン ………… 282

ライフサイエンス試薬活用ハンドブック

特性，使用条件，生理機能などの重要データがわかる

第Ⅰ部：生物学的作用および用途別試薬

第1章
ビタミンおよび補酵素

田村隆明

　ビタミンは微量で生体内反応を円滑に進める有機物で，体内で不足しがちなため，栄養として外部より摂取しなくてはならないものである．ただ，なかには腸内細菌が合成するために，不足になることのほとんどないものもある．ビタミンB群，ビタミンCなどの水溶性ビタミンのほか，ビタミンA，ビタミンD_2などの脂溶性のものがある．生化学分野では化学構造に基づく名称を用いる場合が多い．水溶性ビタミンの多くは補酵素として生理活性をもち，水素，電子，アシル基，メチル基など種々の原子団を基質間で運搬する際の媒介分子となる．脂溶性ビタミンは受容体に結合したあと，遺伝子発現の活性化に働くものが多く，受容体の種類により，標的となる遺伝子が異なる．ここにあげた試薬は培養液や個体に加えられたり，医薬品の原料になったり，生化学研究，分子生物学研究に使われる．

ビオチン [D(+)-ビオチン〔D(+)-biotin〕]

- **分子式**：$C_{10}H_{16}N_2O_3S$
- **分子量**：244.31
- **別名**：cis-ヘキサヒドロ-2-オキソ-1H-チエン(3,4)イミダゾール-4-吉草酸，コエンザイムR，ビタミンH，ビタミンB_7
- **CAS登録番号**：58-85-5

❏ 基本データ

形状	：白色〜わずかに淡い褐色の結晶性粉末
物理化学的特徴	：弱酸性〜中性溶液中で数カ月は安定．アビジンと非常に強く（ほぼ不可逆的に）結合する（$Kd = \sim 10^{-15}$M）
溶解性	：水に溶けにくく（22 mg/100 mL，20℃），熱水に易溶．エタノール，水酸化ナトリウム溶液に可溶．比較的安定
溶液の特性	：0.01%溶液はpH 4.5（pI=3.5）

❏ 活用法

調製法	：水溶液．結合実験などの詳細は成書を参照のこと
保存の方法	：粉末で，冷蔵庫保存
取り扱いの注意	：毒性がある：TDLo（ラット，皮下注射）200 mg/kg
入手先	：和光純薬工業（023-08716），シグマ・アルドリッチ（B4501）

❏ 解説

【特徴】 さまざまな生物でタンパク質などと結合してみられる．

【生理機能】 カルボキシル基転移酵素の補酵素として，脂肪酸代謝やアミノ酸代謝にかかわる．多くの生物の成長因子．D型のみ活性をもつ．

【用途】 アミノ基を付けた核酸やタンパク質のビオチン化．アビジン（ストレプトアビジン）結合タンパク質の溶出．微生物増殖因子．

【関連物質】 アビジン（CAS登録番号：1405-69-2，約66 kDa）卵白に多く含まれる糖タンパク質．ストレプトアビジン（CAS登録番号：9013-20-1）放線菌から単離されたビオチン結合タンパク質．

β-カロテン（β-carotene）

- **分子式**：$C_{40}H_{56}$
- **分子量**：536.89
- **別名**：β,β-カロテン，プロビタミンA，カロチン
- **CAS登録番号**：7235-40-7

基本データ

形状	：暗赤褐色の粉末
融点	：183℃
物理化学的特徴	：分解しやすい．爆発例がある
溶解性	：クロロホルムにやや溶けやすく，シクロヘキサンに溶けにくい．エタノールにきわめて溶けにくく，水には溶けない．油脂には溶ける
光学特性	：極大吸収波長 λ_{max} (nm) 452, 484, 520（クロロホルム，油脂に溶かして測定）

活用法

調製法	：ジメチルスルホキシド（DMSO）に10μg/mLになるよう溶かす
取り扱いの注意	：室温に戻す場合は安全な場所で行う
保存の方法	：不活性ガスを封入のうえ密栓し，遮光して粉末で，冷凍庫保存
入手先	：和光純薬工業（035-05531），シグマ・アルドリッチ（C9750）

解説

【特徴】カロテノイドの一種で，動植物界に広く分布する主要なカロテン．ニンジンの赤い色．ビタミンAが2個結合した構造をもつ．油と一緒に摂取するとよく吸収される．

【生理機能】体内でビタミンAになる．β-カロテン1gあたりが160万ビタミンA単位．動物体内では合成されない．細胞膜に強度を与え，欠乏すると夜盲症，皮膚の角化などを起こす．
【用途】細胞増殖研究．シグナル伝達研究．レチノイド受容体研究．

シアノコバラミン（cyanocobalamin）

- **分子式**：$C_{63}H_{88}CoN_{14}O_{14}P$
- **分子量**：1355.37
- **別名**：ビタミンB_{12}
- **CAS登録番号**：68-19-9

❏ 基本データ

形状	：暗赤色の結晶
物理化学的特徴	：結晶は空気中の水（～12%）を含んでいる
溶解性	：1gが80 mLの水に溶ける．エタノールには溶け難い
溶液の特性	：pHは中性
光学特性	：極大吸収波長 λ_{max}（nm）278，361，550（水に溶かして測定）

🗌 活用法

調製法	：水溶液
使用条件	：1～50 μM
取り扱いの注意	：微酸性（pH 4.5～5.0）で最も安定
保存の方法	：冷蔵庫保存
入手先	：和光純薬工業（224-00344），シグマ・アルドリッチ（V2876）

🗌 解説

【特徴】 水溶性ビタミンの一種．ポルフィリン類似の環構造にヌクレオチド構造をもつコバルトの錯体．

【生理機能】 アミノ酸，脂肪酸の代謝や葉酸生合成に用いられる．メチル化，アデノシル化にされて機能を発揮する．主にアデノシルコバラミンがビタミンB_{12}補酵素として，異性化，脱離，還元にかかわる．

【用途】 薬理・生理学研究．

【関連物質】 塩酸塩〔アクアコバラミン（CAS登録番号：78091-12-0），シグマ・アルドリッチ（95200）〕

葉酸 (folic acid)

- **分子式**：$C_{19}H_{19}N_7O_6$
- **分子量**：441.40
- **別名**：プテロイルグルタミル酸（PGA），ビタミンM，ビタミンB_C
- **CAS登録番号**：59-30-3

🗌 基本データ

形状	：黄色～赤黄色の粉末

融点	：250℃
物理化学的特徴	：中性から微アルカリ性にかけて安定
溶解性	：薄いアルカリ，希塩酸や希硫酸，酢酸に溶ける．水およびメタノールに極わずか溶ける
溶液の特性	：pH 2.8〜3.0
モル吸光係数	：ε_{282} 27,600，ε_{346} 7,200（pH7.0）

❏ 活用法

調製法	：酸，アルカリで溶かした後，生理的塩溶液で希釈する
使用条件	：0.1〜100 μM
保存の方法	：冷蔵〜冷凍保存
入手先	：和光純薬工業（060-01802），シグマ・アルドリッチ（F8890）

❏ 解説

【特徴】ホウレンソウの葉から発見された，水溶性ビタミンの一種．

【生理機能】体内で還元され，ジヒドロ葉酸を経てテトラヒドロ葉酸になる（アスコルビン酸が関与）．ホルミル基，ホルムイミノ基，メチレン基メチル基などの転移の補酵素となり，アミノ酸やヌクレオチド核酸の代謝にかかわる．葉酸拮抗剤（抗癌剤のメトトレキセートやアミノプテリン）は葉酸代謝を阻害する．

【用途】薬理・生理学研究．細胞増殖制御．

【関連物質】7,8-ジヒドロ葉酸（DHF，CAS登録番号：4033-27-6，分子量：441.40，冷凍庫保存）

文献

1）J. R. Bertino et al.：Ann. N.Y. Acad. Sci., 186：486, 1971

アスコルビン酸 [L(+)-アスコルビン酸 [L(+)-ascorbic acid]]

- **分子式**：$C_6H_8O_6$
- **分子量**：176.12
- **別名**：ビタミンC, (R)-5-(1,2-ジヒドロキシエチル)-3,4-ジヒドロキシ-5H-フラン-2-オン
- **CAS登録番号**：50-81-7

基本データ

形状	：白色の結晶
融点	：190～192℃
物理化学的特徴	：還元力があり，化学合成における還元剤となる．還元力は糖三位の脱水素と電子引き抜きで生ずる，モノデヒドロアスコルビン酸ラジカルによる
溶解性	：水に易溶，アルコールにわずかに（1～3%）溶ける．
溶液の特性	：酸性：pH2.0（50 mg/mL），pK_1=4.25, pK_2=11.57. 水溶液中では空気ですみやかに酸化される

活用法

調製法	：水溶液
使用条件	：1～100 μM
保存の方法	：遮光，密栓して，室温～冷蔵庫保存
入手先	：和光純薬工業（012-04802），シグマ・アルドリッチ（A5960）

解説

【特徴】柑橘類などの果実類や野菜類に多い水溶性ビタミン．ヒトは合成できない．D型は不活性．

【生理機能】水酸化反応で役割を果たす．コラーゲン形成にかかわる（欠乏すると組織が弱くなり，出血傾向の原因となる）．

【用途】還元剤．安定剤．酸化防止／抗酸化剤．医薬（抗壊血病薬，粘膜強化など）．

ビタミンE〔DL-α-トコフェロール (DL-α-tocopherol)〕

α-トコフェロール：$R_1=R_2=R_3=CH_3$

- **分子式**：$C_{29}H_{50}O_2$
- **分子量**：430.72
- **別名**：（±）-α-トコフェロール
- **CAS登録番号**：10191-41-0

基本データ

形状	：無臭で黄色～赤褐色の澄明の油状液体
融点	：3℃
沸点	：235℃
比重	：0.945～0.955（20℃）
物理化学的特徴	：還元性が強い
溶解性	：水に不溶．エタノール，アセトン，油脂に可溶

活用法

調製法	：DMSOに溶かし，バッファーや塩溶液で希釈する
使用条件	：5～50μM
取り扱いの注意	：酸化性のものと一緒にしない
保存の方法	：密栓遮光して冷蔵庫保存
入手先	：和光純薬工業（201-01795），シグマ・アルドリッチ（T3251）

解説

【特徴】 空気や光で酸化されて黒変する．DL-α-トコフェロールの酢酸エステル1mgがビタミンEの1国際単位．類似体にβ-，γ-，δ-トコフェロール，およびそれぞれの不飽和体誘導体であるトコトリエノールがあるが，いずれも生理活性は低い．マメ類，ナッツ類に多い．

【生理機能】抗酸化作用があり，代謝により生ずるフリーラジカルから細胞を守る．
【用途】酸化防止剤．薬理研究．医薬品．食品．飼料．

ビタミンK（vitamin K）

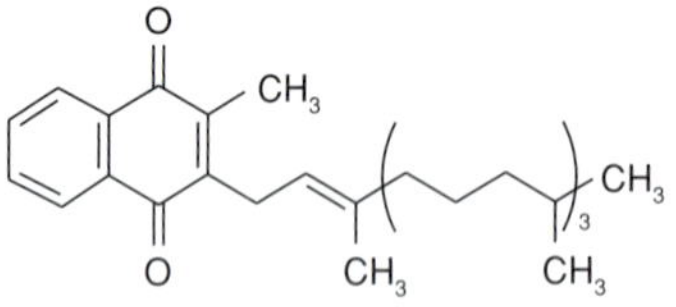

ビタミンK₁

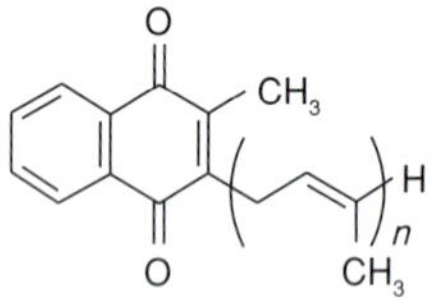

ビタミンK₂

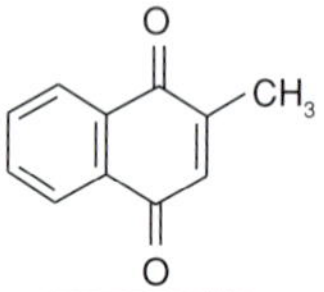

ビタミンK₃

- **分子式**：ビタミンK₁：$C_{31}H_{46}O_2$，ビタミンK₂：$C_{46}H_{64}O_2$，ビタミンK₃：$C_{11}H_8O_2$
- **分子量**：ビタミンK₁：466.70，ビタミンK₂：649.01，ビタミンK₃：172.18
- **別名**：ビタミンK₁：フィロキノン／フィトメナジオン，ビタミンK₂：メナキノン，ビタミンK₃：メナジオン
- **CAS登録番号**：ビタミンK₁：84-80-0，ビタミンK₂：84-81-1，ビタミンK₃：58-27-5

◻ 基本データ

形状　　：ビタミンK₁：黄色粘性の油，ビタミンK₂：淡黄色結晶（n＝7），ビタミンK₃：黄色結晶
溶解性　：各種有機溶剤に可溶だが，水に不溶

◻ 活用法

入手先　：ビタミンK₁：和光純薬工業（221-00371），ビタミンK₂：和光純薬工業（１３６-１２８６１），ビタミンK₃：和光純薬工業（134-08131）

解説

【特徴】 1,4-ナフトキノン環をもつ脂溶性ビタミンで，植物（例：キャベツ）肝臓などに含まれ，側鎖の構造によりビタミンK_1，ビタミンK_2，ビタミンK_3の3種類がある．ビタミンK_2は細菌が生産する．

【生理機能】 血液凝固作用，骨へのカルシウム定着作用がある．電子伝達体としての機能をもつ．

ビタミンA〔全トランス-レチノール（all-*trans*-retinol）〕

- 分子式：$C_{20}H_{30}O$
- 分子量：286.45
- 別名：ビタミンAアルコール，ビタミンA_1，レチノール
- CAS登録番号：68-26-8

基本データ

形状	：黄色の結晶
融点	：62〜64℃
物理化学的特徴	：光，酸化，酸に対して不安定
溶解性	：エタノールなどの有機溶剤や油脂に溶け，水に不溶
モル吸光係数	：ε_{325} 4.72

活用法

調製法	：DMSO，エタノールあるいは油脂（経口投与の場合）に溶かす．酸化防止剤（α-トコフェロール，45 nM）を加える場合がある
保存の方法	：遮光，密栓して粉末で，冷蔵〜冷凍保存
入手先	：和光純薬工業（517-39131），シグマ・アルドリッチ（R7632）

解説

【特徴】 抗夜盲症因子として発見されたレチノイドの一種．主要なビタミンA．他に側鎖のアルコールがアルデヒドや酸になったもの（関連物質参照），二重結合の1個多いもの（ビタミンA_2）などが活性をもつ．全シス異性体の活性が高い．

【生理機能】 動物では摂取したβ-カロテンから転換される．核内受容体への結合を介して機能する．網膜細胞保護，遺伝子発現制御．ビタミンよりも，ホルモンとしての性格をもつ．

【用途】 細胞生物学実験（分化，遺伝子発現調節）．医薬．

【関連物質】 全トランス-レチノイン酸（CAS登録番号：309-79-4，ビタミンA酸．毒性が強く，医用ビタミンとしては使用されない．詳細は，次項目のレチノイン酸を参照），レチナール（CAS登録番号：116-31-4，ビタミンAアルデヒド）．

レチノイン酸 〔全トランス-レチノイン酸 (all-*trans*-retinoic acid)〕

全トランス体 / 9-シス体

- **分子式**：$C_{20}H_{28}O_2$
- **分子量**：300.44
- **別名**：ビタミンA酸，トレチノイン
- **CAS登録番号**：302-79-4，（9-シスレチノイン酸：5300-03-8）

基本データ

| 形状 | ：花のような香りをもつ黄色の結晶性粉末 |

融点	：181.5℃
溶解性	：DMSOに易溶，エタノールに可溶．水に不溶
モル吸光係数	：ε_{351} 45,000（メタノールに溶かして測定）

❑ 活用法

調製法	：DMSOに溶かす
使用条件	：0.1～5μMの範囲で使用
取り扱いの注意	：毒性がある：LD_{50}（ラット，経口投与）1.96g/kg
保存の方法	：冷蔵～冷凍保存
入手先	：和光純薬工業（182-01111），シグマ・アルドリッチ〔R2625（9-シスレチノイン酸：R4643）〕

❑ 解説

【特徴】ビタミンAやレチナールの末端が酸になったもの．全トランスのほか，9-シス，13-シス異性体がある．ビタミンA相対活性はビタミンAに匹敵するが毒性が強い（日本では医薬品として認可されてない）．

【生理機能】核内受容体（全トランス型：主にレチノイン酸受容体，9-シス型：主にレチノイン酸X受容体）に結合して遺伝子発現制御にかかわる．

【用途】遺伝子発現制御研究．レチノイン酸受容体研究，骨代謝研究．白血病治療薬．薬理生理作用研究．

ビタミンD_3（vitamin D_3）

- **分子式**：$C_{27}H_{44}O$
- **分子量**：384.65
- **別名**：コレカルシフェロール
- **CAS登録番号**：67-97-0

基本データ

形状	：白色～わずかにうすい黄色の結晶
融点	：84～85℃
物理化学的特徴	：湿気のある空気中では速やかに酸化され，失活する
溶解性	：水に不溶，有機溶媒に溶け，植物油に少し溶ける
モル吸光係数	：1％の吸光係数（エタノールに溶かし265nmで測定）はε 450～490

活用法

調製法	：油脂，エタノール，あるいはDMSOに溶かす
使用条件	：10～100 nM（1, 25-ジヒドロキシ型として）
取り扱いの注意	：毒性がある：LD_{50}（ラット，経口投与）42 mg/kg
保存の方法	：空気を除いたシールアンプル中で1年間安定
入手先	：和光純薬工業（220-00363），シグマ・アルドリッチ（C9756）

解説

【特徴】 脂溶性ビタミンの1つ．ビタミンD（D_2, D_3, D_4）（D_1は物質としては存在せず）中で最も活性が高い．プロビタミンD_3が紫外線を受けて生成する．体内での活性型は1, 25-ジヒドロキシ型．肝臓などに多い．

【生理機能】 核内受容体に結合して遺伝子発現調節にかかわる．骨代謝，腎臓でのカルシウム吸収，ビタミンよりもホルモンとしての性格をもつ．

【用途】 生理作用研究用．ビタミンD外用薬．

【関連物質】 ビタミンD_2（エルゴカルシフェロール，CAS登録番号：50-14-6）：シイタケに多く含まれる．

パントテン酸 [D（＋）-パントテン酸カルシウム [calcium D（＋）-pantothenate]]

- **分子式**：$(C_9H_{16}NO_5)_2Ca$
- **分子量**：476.54
- **別名**：パントテン酸（ヘミ）カルシウム塩，ビタミンB_5カルシウム塩
- **構造式**：44ページの補酵素Aを参照
- **CAS登録番号**：137-08-6

基本データ

形状	：白色の粉末
融点	：195〜196℃
物理化学的特徴	：吸湿性
溶解性	：水に易溶，エタノールに難溶
溶液の特性	：5％溶液のpHは中性〜微アルカリ性

活用法

調製法	：水，塩溶液，バッファーで溶かす
取り扱いの注意	：毒性がある：LD_{50}（ラット，経口投与）10 gm/kg.
入手先	：和光純薬工業（031-14161），シグマ・アルドリッチ（C8731）

解説

【特徴】 ビタミンB群の1つ．酸，熱，アルカリに不安定．

【生理機能】 補酵素Aの構成成分として，糖代謝や脂肪酸代謝（アシル基転位）にかかわる．アラニンとパントイン酸の結合したもの．

【用途】 薬理・生理研究用．培養液の添加物．

【関連物質】 パントテン酸（CAS登録番号：79-83-4，吸湿性のある粘稠性の油状液体．不安定）．

補酵素A (coenzyme A : CoA)

a: パントテン酸
b: 2-メルカプトエチルアミン（システアミン）
c: アデノシン3'-リン酸

- **分子式**：$C_{21}H_{36}N_7O_{16}P_3S$
- **分子量**：765.54（基本データ内，形状を参照）
- **別名**：コエンザイムA，CoASH，助酵素A
- **CAS登録番号**：85-61-0

❏ 基本データ

形状	：特徴的なチオール臭をもつ白色の粉末．通常の製品は水和しており（xH$_2$O）秤量は紫外部吸収で行う
物理化学的特徴	：空気中では酸化されてジスルフィドとなる．不安定で冷凍しても徐々に分解する．塩の状態では比較的安定
溶解性	：水に易溶
モル吸光係数	：$\varepsilon_{259.5}$ 16,800

❏ 活用法

調製法	：水溶液とする
取り扱いの注意	：酸化されやすいので，空気を遮断する
保存の方法	：密栓して粉末で，冷凍庫保存
入手先	：和光純薬工業（302-50483），シグマ・アルドリッチ（C4282）

❏ 解説

【特徴】 パントテン酸，L-システイン，ATPから合成される．

【生理機能】 糖代謝や脂肪酸代謝の酵素反応において，SH基とアシル基との間の高エネルギー結合を利用してアシル基転位にかかわる．

【用途】 エネルギー代謝研究．生化学研究（酵素活性測定）．生理学研究（細胞，個体へ投与）．

【関連物質】 ナトリウム塩〔CAS登録番号：55672-92-9，シグマ・アルドリッチ（C3144）〕．リチウム塩〔CAS登録番号：18439-24-2，シグマ・アルドリッチ（C3019）〕

アセチルCoA 〔アセチルCoAナトリウム塩（acetyl CoA sodium salt）〕

- **分子式**：$C_{23}H_{38}N_7O_{17}P_3S$（遊離の酸として）
- **分子量**：809.6
- **別名**：acetyl-SCoA
- **構造式**：単体を示した
- **CAS登録番号**：102029-73-2

基本データ

形状	：白色～わずかにうすい黄色の結晶性粉末
溶解性	：水に易溶，エタノールにほとんど溶けない
モル吸光係数	：補酵素Aと同値〔補酵素A（44ページ）を参照〕

活用法

調製法	：水溶液
保存の方法	：粉末で，冷凍庫保存
入手先	：和光純薬工業（011-17383），シグマ・アルドリッチ（A2056）

解説

【特徴】CoAのSH基にアセチル基がエステル結合している高エネルギー物質〔ΔG^0（加水分解）＝－33 kJ/mol〕．

【生理機能】多くの生物の代謝に広くかかわり，アセチル基の供与体となる．

【用途】エネルギー代謝研究．生化学研究．生理学研究．

【関連物質】アセチルCoA三リチウム塩：和光純薬工業（018-10811），シグマ・アルドリッチ（A2181）．

ピリドキサール
〔ピリドキサール塩酸塩（pyridoxal hydrochloride：PL）〕

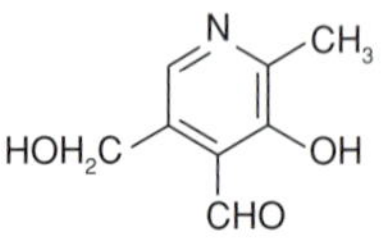

ピリドキサール

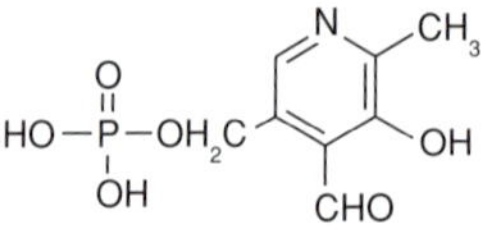

ピリドキサールリン酸

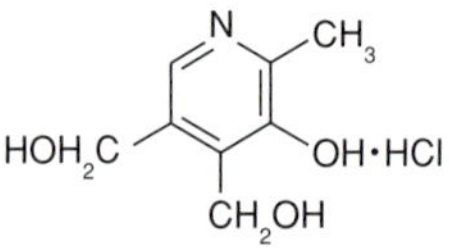

ピリドキシン

- **分子式**：$C_8H_9NO_3$・HCl
- **分子量**：203.62
- **別名**：ビタミンB_6
- **構造式**：ピリドキサールリン酸，ピリドキシンも示す．（また，単体の構造を示す）
- **CAS登録番号**：65-22-5

❏ 基本データ

形状	：白色～わずかにうすい黄褐色の結晶性粉末
物理化学的特徴	：吸湿性，反応性，不安定要因，物質としての性質
溶解性	：水に溶けやすく，エタノールに可溶
溶液の特性	：酸性を示す：pH 2.65（1％，25℃）．光や熱に対し不安定
モル吸光係数	：ε_{318} 8,200

❏ 活用法

調製法	：水溶液
保存の方法	：粉末で，冷凍庫保存
入手先	：和光純薬工業（542-00271），シグマ・アルドリッチ（P9130）

❏ 解説

【特徴】ビタミンB_6作用をもつ水溶性ビタミン．ピリドキサールはピリドキサールリン酸（PLP）に変換され，補酵素活性を発揮する．ピリドキシン（ピリドキソール，PN）はリン酸化されてPLPとなる．アミノ酸代謝や神経伝達に機能する．

【生理機能】PLPはアミノ基転移酵素，アミノ酸脱炭酸酵素のリシン残基のε-アミノ基と結合してシッフ塩基を形成し，補酵素として働く．

【用途】細胞培養用試薬．代謝研究．薬理研究．医薬原料．

【関連物質】ピリドキサールリン酸（CAS登録番号：54-47-7，水に溶けにくい）．ピリドキシン（CAS登録番号：65-23-6），ピリドキシン塩酸塩（CAS登録番号：59-56-0）

リボフラビン (riboflavine)

- **分子式**：$C_{17}H_{20}N_4O_6$
- **分子量**：376.36
- **別名**：ビタミンB_2，ビタミンG，ラクトフラビン
- **CAS登録番号**：83-88-5

基本データ

形状	：赤みがかった黄色の結晶性粉末
融点	：290℃
物理化学的特徴	：紫外線照射で黄緑色の蛍光（565nm）を発する
溶解性	：エタノール（0.04%）や水（0.01〜0.03%）にわずかに溶け，希アルカリには比較的溶ける
溶液の特性	：等電点は6.0，溶液のpHは6.0

活用法

調製・使用法	：水溶液．50μM程度で使用．
取り扱いの注意	：毒性がある：LD_{50}（ラット，腹腔内注射）560 mg/kg
保存の方法	：冷蔵庫保存
入手先	：和光純薬工業〔180-00171，181-00581（電気泳動用）〕シグマ・アルドリッチ（R4500）

解説

【特徴】ビタミンB_2として知られている．体内においては順次FMN，FADに変換されて補酵素／補欠分子族として機能を発揮する〔フラビンアデニンジヌクレオチド（50ページ）参照〕．アクリルアミドゲルの光重合において，光で還元されたリボフラビンが酸素による自動酸化で生ずるフリーラジカルが，アクリルアミドの重合を促進する．濃縮用ゲルで使用される．

【用途】医薬品原料（とりわけ眼科領域）．光学分割剤．ゲル電気泳動における過硫酸アンモニウムにかわる重合促進剤．細胞培養用試薬．代謝研究．薬理研究．

フラビンモヌクレオチド

[フラビンモヌクレオチドナトリウム（flavin mononucleotide sodium salt：FMN）]

- 分子式：$C_{17}H_{20}N_4O_9PNa \cdot nH_2O$
- 分子量：478.33
- 別名：リン酸リボフラビンナトリウム，リボフラビン-5'-リン酸ナトリウム
- 構造式：単体を示す
- CAS登録番号：130-40-5

❏ 基本データ

形状	：黄色〜赤みの黄色，結晶性粉末．通常二水和物として存在
物理化学的特徴	：リボフラビンのリン酸エステルのナトリウム塩のため，水に溶けやすい
溶解性	：水に易溶，エタノールにほとんど不溶
溶液の特性	：酸化型は紫外線照射で536nmの蛍光を発する．わずかに酸性を示す

❏ 活用法

調製法	：水溶液
保存の方法	：粉末で，冷凍庫保存
入手先	：和光純薬工業（182-00832），シグマ・アルドリッチ（R7774）

❏ 解説

【特徴】酸化還元酵素の補酵素の1つ．リボフラビンとATPから，リン酸基転位で生ずる．

【生理機能】イソアロキサジン核の一位と五位の窒素原子間共役結合が，水素や電子の受け渡しに関与する．FADとともに，フラビン酵素に結合した補欠分子族として挙動する．ビタミンB_2と同様の作用を示す．

【用途】ビタミンB_2研究．薬理・生理研究試薬．ゲル電気泳動における重合促進剤〔前項目のリボフラビン（48ページ）を参照〕．

フラビンアデニンジヌクレオチド〔フラビンアデニンジヌクレオチドニナトリウム（flavin adenine dinucleotide disodium salt：FAD）〕

- 分子式：$C_{27}H_{31}N_9O_{15}P_2Na_2 \cdot nH_2O$
- 分子量：829.6
- 別名：リボフラビン-5'-アデノシンニリン酸
- 構造式：単体を示す
- CAS登録番号：146-14-5

📕 基本データ

形状	：橙赤色結晶性粉末
物理化学的特徴	：緑黄色の蛍光をもつがリボフラビンより弱い
溶解性	：水に溶ける

📕 活用法

保存の方法	：粉末で，冷凍庫保存
入手先	：和光純薬工業（590-04231），シグマ・アルドリッチ（F6625）

解説

【特徴】 酸化還元酵素の補酵素の1つで，フラビン酵素の補欠分子族となるが，FMNにくらべて圧倒的に多い．

【生理機能】 糖，アミノ酸，脂質などの代謝で重要な働きをもつ．FMNより生成する．

【用途】 細胞培養用試薬．代謝研究．薬理研究．

チアミン
〔チアミン塩酸塩（thiamine hydrochloride）〕

- **分子式**：$C_{12}H_{17}ClN_4OS \cdot HCl$
- **分子量**：337.27
- **別名**：ビタミンB_1，アノイリン，サイアミン，塩化チアミン
- **CAS登録番号**：67-03-8

基本データ

形状	：白色，結晶性粉末
融点	：250℃
物理化学的特徴	：pH 2.0〜4.0で安定．アルカリで不安定．吸湿性がある
溶解性	：水に易溶でエタノールに微溶
溶液の特性	：1％水溶液でpH 3.1
モル吸光係数	：ε_{253} 10,200（pH 7.3）

活用法

調製法	：水溶液
保存の方法	：室温保存
入手先	：和光純薬工業（203-00851），シグマ・アルドリッチ（T3902）

解説

【特徴】 水溶性のビタミンB_1. 抗脚気因子として分離された.

【生理機能】 生体内ではATP存在下で2リン酸(チアミン二リン酸:TTP, TDP)となり, 糖代謝酵素の補酵素として広く機能する. アルデヒド基の運搬体として作用する. 3リン酸化型は神経伝達に関与する.

【用途】 細胞培養用試薬. 代謝研究. 薬理研究. 医薬品原料.

【関連物質】 チアミン二リン酸(TTP, TDP)(CAS登録番号:154-87-0)

ビオプテリン〔L-ビオプテリン(L-biopterin:BP)〕

- 分子式:$C_9H_{11}N_5O_3$
- 分子量:237.22
- 別名:6-ビオプテリン
- CAS登録番号:22150-76-1

基本データ

形状	:鮮黄色の粉末〜微細結晶
物理化学的特徴	:アルカリ中では青色の蛍光を発する
溶解性	:水にわずかに溶け(0.7 mg/mL), 酸やアルカリに溶ける
モル吸光係数	:ε_{247} 11,000 (0.08N HCl)

活用法

調製法	:水溶液
保存の方法	:冷蔵庫保存
入手先	:和光純薬工業(513-22521), シグマ・アルドリッチ(B2517)

解説

【特徴】 原虫(*Crithidia fasciculata*)の増殖促進因子として分離された. ロイヤルゼリーなど自然界に広く分布する.

【生理機能】 テトラヒドロ型が芳香族アミノ酸モノオキシゲナーゼの電子供与体となる.

【用途】細胞培養用試薬．代謝研究．薬理研究．

文献

1) D. W. Young：Chemistry & Biology of Pteridines (J. A. Blair ed.)：Berlin, 321, 1983

ユビキノン〔ユビキノン10（ubiquinone 10：UQ-10)〕

- **分子式**：$C_{59}H_{90}O_4$
- **分子量**：863.43
- **別名**：ユビキノン50，補酵素Q_{10}，CoQ_{10}
- **構造式**：ユビキノンの一般式を示す
- **CAS登録番号**：303-98-0

❏ 基本データ

形状	：うすい橙色の結晶性粉末（n数が増えるほど，赤みが増す)
融点	：48〜52℃
物理化学的特徴	：光，熱，アルカリに対して不安定
溶解性	：多くの有機溶媒に易溶だが，エタノールに難溶，水に不溶
モル吸光係数	：$\log \varepsilon_{275}$ 4.09（エタノール)

❏ 活用法

調製・使用法	：植物油脂に溶かす．0.1〜1g/kg（投与実験)
保存の方法	：冷蔵〜冷凍保存
入手先	：和光純薬工業（212-00763），シグマ・アルドリッチ（C9538)

❏ 解説

【特徴】脂溶性ビタミンの一種．ユビキノンにはn数によりいくつかの種がある（$n=1$〜12)（高等生物は10以上，原核生物は6〜9)．脂溶性の長い

イソプレン側鎖で膜に局在する．

【生理機能】 ミトコンドリアや細菌の電子伝達系などで電子の授受を行う．電子伝達系では複合体ⅠやⅡから複合体Ⅲへの電子伝達を媒介，光合成ではシトクロムb_6 f間の電子伝達を媒介する．2電子還元を受けてユビキノールとなる．

【用途】 エネルギー代謝研究．薬理研究用．医薬品（循環器系など）．栄養補助食品．

【関連物質】 補酵素Q_1（CAS登録番号：727-81-1），補酵素Q_2（CAS登録番号：606-06-4），補酵素Q_4（CAS登録番号：4370-62-1），補酵素Q_6（CAS登録番号：1065-31-2），補酵素Q_9（CAS登録番号：303-97-9）．

ニコチン酸（nicotinic acid）

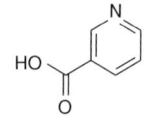

- **分子式**：$C_6H_5NO_2$
- **分子量**：123.11
- **別名**：ナイアシン，ビタミンB_3
- **CAS登録番号**：59-67-6

基本データ

形状	：白色の結晶
溶解性	：アルカリに易溶，水に可溶（1.7g/100 mL），ただし熱水には易溶．エタノールに難溶
溶液の特性	：pK_a 4.85, 水溶液のpH 2.7
モル吸光係数	：ε_{261} 4,700（0.1N HCl）

活用法

調製法	：水溶液
使用条件	：10mM
保存の方法	：粉末は，室温保存
入手先	：和光純薬工業（142-01232），シグマ・アルドリッチ（N4126）

❏ 解説

【特徴】 ビタミンB群の1つで，抗ペラグラ因子として単離された．アミドに置換したニコチン酸アミドも同等の生理活性をもつ（注：ニコチンとは無関係）．生体ではトリプトファンから合成される．

【生理機能】 生体酸化還元反応の酵素の補酵素であるNADやNADPの構成成分となり，生理機能もそれらに由来する〔NADの項目（55ページ），NADPの項目（57ページ）を参照〕．

【用途】 細胞培養用試薬．代謝研究．薬理研究．医薬品原料．

【関連物質】 ニコチン酸アミド（CAS登録番号：98-92-0，分子量：122.13（ニコチンアミド，ニコチナミド，ナイアシンアミド）．水やエタノールに易溶．

NAD〔β-ニコチンアミドアデニンジヌクレオチド（β-nicotineamide adenine dinucleotide：β-NAD）〕

（ニコチンアミドモノヌクレオチド／アデニル酸）

- **分子式**：$C_{21}H_{27}N_7O_{14}P_2$
- **分子量**：663.43
- **別名**：酸化型ジホスホピリジンヌクレオチド，DPN，補酵素Ⅰ
- **CAS登録番号**：53-84-9

🗋 基本データ

形状	：白色の粉末
物理化学的特徴	：吸湿性
溶解性	：水に溶けやすい
モル吸光係数	：ε_{259} 14,400（pH 9.5）．NADH（還元型）は ε_{338} 6,220

🗋 活用法

調製法	：水溶液
使用条件	：NADHの338nm吸光度測定により酵素反応速度を測定する．使用濃度は約0.1mM
取り扱いの注意	：酸化型は酸性で比較的安的でアルカリ性で不安定．還元型はこの逆
保存の方法	：冷蔵〜冷凍保存
入手先	：和光純薬工業（045-16463），シグマ・アルドリッチ（N7004）

🗋 解説

【特徴】酸化型は正確にはNAD$^+$．還元型はNADH．2電子の酸化／還元を受け，反応にはニコチンアミドが関与．還元反応はNAD$^+$ + 2e$^-$ + 2H$^+$ → NADH + H$^+$（プロトンが1つだけ付加されたようにみえるが，アミドのN$^+$が電子で還元されるため，2個のプロトンを運んでいるのと同じ状態である）．酸化還元電位 = -0.32V

【生理機能】糖や脂肪酸の代謝における脱水素酵素の補酵素として生体酸化還元反応で水素原子を伝達する．ニコチンアミドヌクレオチドのリン酸化，ニコチンアデニンジヌクレオチドのアミド化で生成する．

【用途】生化学実験．酸化還元酵素の測定．

【関連物質】β-NADH/β-DPNH（CAS登録番号：104809-32-7，分子量：741.65）

NADP〔β-ニコチンアミドアデニンジヌクレオチドリン酸一ナトリウム塩/NADP-ナトリウム塩〕

- **分子式**：$C_{21}H_{27}N_7O_{17}P_3 \cdot Na$
- **分子量**：765.4
- **別名**：補酵素Ⅱ，トリホスホピリジンヌクレオチド（TPN）
- **構造式**：単体を示す
- **CAS登録番号**：1184-16-3

基本データ

形状	：白色粉末
溶解性	：水に易溶，エタノールに微溶
モル吸光係数	：ε_{259} 18,000（pH 7.0）．NADPH（還元型）は ε_{339} 6,200

活用法

調製法	：水溶液
使用条件	：使用濃度は約0.1〜1mM
保存の方法	：粉末で，冷凍庫保存．NADより不安定
入手先	：和光純薬工業（302-50461），シグマ・アルドリッチ（N0505）

🔲 解説

【特徴】 酸化型NADP（正しくはNADP⁺）．還元型はNADPH．作用機構はNAD（55ページ）参照．生体ではNADのリン酸化で生ずる．

【生理機能】 光合成や脂質合成などにおける酸化還元反応での補酵素として役割をもつが，NADにくらべて関与する反応は少ない．

【用途】 生化学実験．酸化還元酵素反応．

【関連物質】 NADPH-4Na（CAS登録番号：2646-71-1，分子量：833.35）

リポ酸〔α-リポ酸（α-lipoic acid）〕

- 分子式：$C_8H_{14}O_2S_2$
- 分子量：206.33
- 別名：チオクト酸，(±)-1,2-ジチオラン-3-吉草酸
- CAS登録番号：1077-28-7

🔲 基本データ

形状	：黄色の結晶
融点	：60〜64℃
溶解性	：水に難溶解．酸，アルカリ，エタノールに易溶
溶液の特性	：$pK_a = 5.4$
モル吸光係数	：$\log \varepsilon_{333}$ 2.22（MeOH）

🔲 活用法

調製法	：エタノールに溶かす
取り扱いの注意	：毒性がある：LD_{50}（マウス，腹腔内注射）235 mg/kg
保存の方法	：冷蔵庫保存
入手先	：和光純薬工業（204-00923），シグマ・アルドリッチ（T5625）

❏ 解説

【特徴】 R体が活性をもつ．酸化型：β-リポ酸，還元型：ジヒドロリポ酸．
【生理機能】 アシル基伝達の役割をもつ補酵素．ピルビン酸脱水素酵素複合体などで働く．
【用途】 医薬品原料．栄養補助食品．

第Ⅰ部：生物学的作用および用途別試薬

第2章
ホルモン，ペプチド性生理活性物質

阿部洋志

ホルモン，ペプチド性生理活性物質は，核や細胞質あるいは細胞表面の受容体に結合し，シグナルを細胞内に伝達し，遺伝子の発現パターンを変化させることによってその機能を発現させる．ホルモンは合成される内分泌器官から血液によって運搬され，受容体をもつ標的細胞に作用する．多くは負のフィードバック機構が備わっており，生体内ではその分泌が適切に調節されている．ステロイドホルモンは，抗炎症作用や免疫抑制作用など，医学的な観点から劇的な作用を示すものが多く，人工合成された物質が薬剤として広く使用されている．また，インシュリンなどのペプチドホルモンは，糖尿病の治療薬としてあまりにも有名であるが，それ以外のものも薬剤として広く用いられている．これらの物質は，微量で大きな生理活性を示すため，取り扱いの際には体内に取り込むようなことがないよう注意を要する．

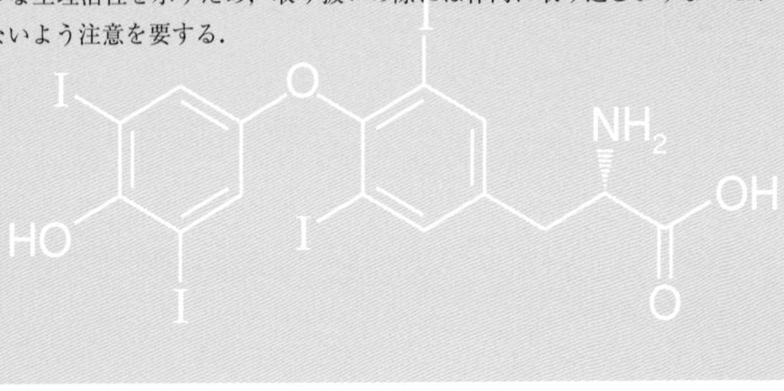

1）ステロイドホルモンなど

コレステロール（cholesterol）

- **分子式**：$C_{27}H_{46}O$
- **分子量**：386.65
- **別名**：コレスタ-5-エン-3β-オール，（3β）-コレスタ-5-エン-3-オール
- **CAS登録番号**：57-88-5

❏ 基本データ

形状	：白色粉末
融点	：146〜149℃
比重	：1.067 g/mL
溶解性	：水に不溶，アルコールにわずかに溶け，エーテル，クロロホルム，アセトンに可溶

❏ 活用法

溶媒・使用条件	：メチル-β-シクロデキストリンを添加し水溶性にしたものが販売され，細胞培養液への添加に用いられる
保存の方法	：粉末で，冷凍庫で-20℃保存
入手先	：各社から入手可能．シグマ・アルドリッチ（C4951，水溶性コレステロール）

❏ 解説

【特徴】動物細胞の膜脂質のステロイドを構成し，炭化水素環の１つにヒドロキシ基がつく両親媒性の多機能性主要ステロイドである．リポタンパク

質と結合し血漿中を輸送される．

【生理機能】 コレステロールおよびその合成中間体であるイソプレノイドは，ステロイドホルモンや胆汁酸，脂溶性ビタミン類など，非常に多くの生理活性物質の生合成過程での前駆体となる．

【用途】 脂質の代謝，生体膜，薬理研究に用いられる．

エルゴステロール (ergosterol)

- **分子式**：$C_{28}H_{44}O$
- **分子量**：396.65
- **別名**：(22E)-エルゴスタ-5,7,22-トリエン-3β-オール，プロビタミンD_2
- **CAS登録番号**：57-87-4

基本データ

形状	：白色粉末
融点	：156〜158℃
溶解性	：水に不溶，各種有機溶媒に可溶

活用法

溶媒・使用条件	：クロロホルムに10 mg/mLで溶かしストック溶液とする
保存の方法	：粉末，ストック溶液ともに冷蔵庫保存
入手先	：和光純薬工業（056-05661），シグマ・アルドリッチ（45480）

解説

【特徴】 菌類の細胞膜を構成するステロイドの一種で，動物細胞膜のコレス

テロールと同様の働きをする．抗真菌薬のターゲットとして注目される．
【生理機能】 ビタミンD_2（エルゴカルシフェロール）前駆物質で，紫外線を受けて変換する．癌細胞の血管新生を阻害する．
【用途】 脂質代謝，薬理研究に用いられる．

アンドロゲン (androgen) ※総称

● 別名：雄性（男性）ホルモン

解説

【特徴】 アンドロゲンは，主に精巣のライディッヒ細胞から分泌され，雄の二次性徴を発現させる作用をもつステロイドホルモンの総称で，テストステロンなど数種類を含む．雌では，卵巣の卵胞の顆粒層細胞から分泌され，卵胞上皮細胞によりエストロゲンに変換される．次項目のテストステロンを参照のこと．

【生理機能】 細胞質のアンドロゲン受容体へ結合して特定の遺伝子の発現を制御することにより，雄の二次性徴発現などさまざまな機能を発揮する．また，視床下部に作用し，脳下垂体前葉からの黄体形成ホルモンの分泌を抑制する．

テストステロン (testosterone)

● **分子式**：$C_{19}H_{28}O_2$
● **分子量**：288.42
● **別名**：4-アンドロステン-17β-オール-3-オン，17β-ヒドロキシ-4-アンドロステン-3-オン
● **CAS登録番号**：58-22-0

🔲 基本データ

形状	：白色粉末
融点	：153℃
溶解性	：水に不溶，メタノールに可溶

🔲 活用法

溶媒・使用条件	：2-ヒドロキシプロピル-β-シクロデキストリンの45%水溶液に10 mg/mLで溶かしたものをストックとし，細胞培養に用いる
保存の方法	：粉末は，室温保存
入手先	：和光純薬工業（208-08341），シグマ・アルドリッチ（T1500）

🔲 解説

【特徴】アンドロゲン（雄性ホルモン）グループに属するステロイドホルモンの1種で，標的細胞で5α還元酵素によりジヒドロテストステロンに代謝される．アンドロゲンの項目（63ページ）を参照．

【生理機能】細胞質のアンドロゲン受容体へ結合してシグナルを伝達する．筋肉の肥大，体毛の増加，脳の性差，男性の二次性徴発現などに関与する．

【用途】細胞応答，代謝の研究，薬理学研究に用いられる．

【関連物質】ジヒドロテストステロン（DHT，CAS登録番号：521-18-6）

エストロゲン（estrogen）※総称

● **別名**：卵胞ホルモン，女性ホルモン

🔲 解説

【特徴】一般に，卵胞ホルモン，あるいは女性ホルモンと呼ばれるステロイドホルモンの総称で，エストロン（E1，65ページ），エストラジオール（E2，66ページ），およびエストリオール（E3，67ページ）を含む．それぞれの項を参照のこと．

【生理機能】エストロゲンはステロイドホルモンの一種であり，細胞内に存

在するエストロゲン受容体に結合し，特定の遺伝子の転写を活性化する．エストロゲンの受容体は全身の細胞に存在し，女性の二次性徴発現，乳腺細胞の増殖促進，卵巣排卵制御，脂質代謝制御，インスリン作用，血液凝固作用，脳の性差，皮膚薄化，動脈硬化抑制などさまざまな働きを行なっている．

エストロン (estrone)

- **分子式**：$C_{18}H_{22}O_2$
- **分子量**：270.37
- **別名**：3-ヒドロキシ-1,3,5 (10) -エストラトリエン-17-オン，エストロゲン (E1)
- **CAS登録番号**：53-16-7

❏ 基本データ

形状	：白色から灰白色の粉末
融点	：258〜260℃
溶解性	：水に不溶，ジオキサンなどに溶解する

❏ 活用法

溶媒・使用条件	：0.5〜20 nMで使用する
保存の方法	：粉末は，室温保存
入手先	：和光純薬工業 (058-05023)，シグマ・アルドリッチ (E9750)

❏ 解説

【特徴】アンドロステンジオン（性ホルモンの前駆体）またはエストラジオールから生合成される．

【生理機能】エストロゲンの項目 (64ページ) を参照．生理活性はエストラジオールの1/2である．

【用途】細胞応答や薬理研究に用いられる．

エストラジオール（β-estradiole）

- **分子式**：$C_{18}H_{24}O_2$
- **分子量**：272.38
- **別名**：1,3,5-エストラトリエン-3,17β-ジオール，エストロゲン（E2）
- **CAS登録番号**：50-28-2

📋 基本データ

形状	：白色から灰白色の粉末
融点	：176〜180℃
溶解性	：有機溶媒に可溶

📋 活用法

溶媒・使用条件	：無水エタノールに1mg/mLで溶解する．細胞培養では，これに培養液を加えて20μg/mLとしたものをストック溶液とし，-20℃で冷凍保存する．0.2〜50ng/mLで用いる
保存の方法	：粉末は室温保存
入手先	：和光純薬工業（056-04044），シグマ・アルドリッチ（E8875）

📋 解説

【特徴】生理活性が最も強いエストロゲンで，エストロンあるいはテストステロンから生合成される．

【生理機能】エストロゲンの項目（64ページ）を参照のこと．乳癌の増殖を促進する．

【用途】細胞応答や薬理研究に用いられる．

【関連物質】α-エストラジオール（α-estradiol，CAS登録番号：57-91-0）

エストリオール (estriol)

- **分子式**：$C_{18}H_{24}O_3$
- **分子量**：288.39
- **別名**：16α-ヒドロキシエストラジオール，エストロゲン（E3）
- **CAS登録番号**：50-27-1

📋 基本データ

形状	：白色から灰白色の粉末
融点	：280〜282℃
溶解性	：水に不溶，ピリジンなどに溶解

📋 活用法

溶媒・使用条件	：生化学的な実験には 1〜50 nMで使用する
保存の方法	：粉末は，室温保存
入手先	：和光純薬工業（056-05301），シグマ・アルドリッチ（E1253）

📋 解説

【特徴】17β-エストラジオールの代謝産物で，妊娠中に胎盤から大量に放出される．また，男性の脂肪組織からも分泌される．

【生理機能】エストロゲンの項目（64ページ）を参照．生理活性はエストラジオールの1/10でエストロゲン中，最も低いが，代謝されないので薬剤に適する．

【用途】細胞応答や薬理研究，更年期障害や骨粗鬆症などの治療薬として用いられる．

17-エチニルエストラジオール
（17α-ethynylestradiol：EE）

- 分子式：$C_{20}H_{24}O_2$
- 分子量：296.4
- 別名：17α-エチニル-1,3,5（10）-エストラトリエン-3,17β-ジオール
- CAS登録番号：57-63-6

❏ 基本データ

形状	：白色粉末
融点	：182～183℃
溶解性	：エタノールに可溶（50 mg/mL）

❏ 活用法

溶媒・使用条件	：実験には体重1 kg当たり100 ng～2 mgを投与する
保存の方法	：粉末で，室温保存
入手先	：和光純薬工業（055-05011），シグマ・アルドリッチ（E4876）

❏ 解説

【特徴】合成エストロゲンで，経口避妊薬の主成分である．
【生理機能】エストロゲンの項目（64ページ）を参照のこと．
【用途】代謝・薬理研究，経口避妊薬に用いられる．

プロゲステロン（progesterone）

- 分子式：$C_{21}H_{30}O_2$
- 分子量：314.46
- 別名：4-プレグネン-3,20-ジオン，プレグン-4-エン-3,20-ジオン，黄体ホルモン
- CAS登録番号：57-83-0

基本データ

形状	：白色粉末
融点	：128〜132℃
溶解性	：エタノールに可溶

活用法

溶媒・使用条件	：細胞培養には，シクロデキストリンを加えて水溶性にしたもの〔シグマ・アルドリッチ（P7556）〕を用いると便利である
保存の方法	：粉末で，室温保存
入手先	：和光純薬工業（169-22641），シグマ・アルドリッチ（P0130）

解説

【特徴】卵巣の黄体から主に分泌されるステロイドホルモンの一種であり，月経周期，妊娠の維持に働く．

【生理機能】標的細胞の細胞質のプロゲステロン受容体に結合し，特定の遺伝子の発現を制御する．特に，子宮内膜および子宮筋の働きを調節し，乳腺を発達させるほか，体温上昇や血糖量の調節にも関与する．

【用途】卵成熟，代謝・薬理研究に用いられる．

ヒドロキシプロゲステロン
(hydroxyprogesterone：17-OHPC)

- **分子式**：$C_{21}H_{30}O_3$
- **分子量**：330.46
- **別名**：17α-ヒドロキシプロゲステロン，17α-ヒドロキシ-4-プレグネン-3,20-ジオン
- **CAS登録番号**：68-96-2

基本データ

形状	：白色粉末

| 溶解性 | ：エタノール，クロロホルムに可溶 |

❏ 活用法

溶媒・使用条件	：エタノールで20 mg/mLにして，ストック溶液として，冷蔵庫保存する
保存の方法	：粉末で，室温保存
入手先	：和光純薬工業（083-05691），シグマ・アルドリッチ（H5752）

❏ 解説

【特徴】17-ヒドロキシラーゼによりプロゲステロンから生合成されるステロイドホルモンの1種である．

【生理機能】プロゲステロンと同様の生理機能を示すが，その活性はプロゲステロンよりも低い．流産抑制作用がある．

【用途】代謝・薬理研究に用いられる．

【関連物質】カプロン酸ヒドロキシプロゲステロン（CAS登録番号：630-56-8）

コルチコステロイド（corticosteroid）※総称

● **別名**：副腎皮質ホルモン

❏ 解説

【特徴】副腎皮質から分泌されるステロイドホルモンの総称で，コレステロールから合成され，グルココルチコイドとミネラルコルチコイドに大別される．

【生理機能】コルチコステロイドは，細胞内の受容体と結合しさまざまな遺伝子の発現を活性化することで，その作用を発現する．グルココルチコイドは糖・脂肪・タンパク質の代謝を制御し，ミネラルコルチコイドは主に腎臓でのナトリウムや水の再吸収やカリウムの排出を促進し，体内のホメオスタシスの維持に働いている．

【用途】合成コルチコステロイド〔プレドニソンの項目（76ページ），プレド

ニゾロンの項目（77ページ）を参照〕が数多くつくられ，抗炎症薬や免疫抑制剤などに使用されている．

コルチゾール（cortisol）

- **分子式**：$C_{21}H_{30}O_5$
- **分子量**：362.46
- **別名**：11β,17α,21-トリヒドロキシプレグナ-4-エン-3,20-ジオン，ハイドロコルチゾン（hydrocortisone）
- **CAS登録番号**：50-23-7

❑ 基本データ

形状	：白色から灰白色の粉末
融点	：211〜214℃
溶解性	：エタノールに可溶

❑ 活用法

溶媒・使用条件	：無水エタノールに1 mg/mLで溶解し，ストック溶液として−20℃で冷凍保存する。
保存の方法	：粉末で，室温保存
入手先	：和光純薬工業（082-02481），シグマ・アルドリッチ（H0888）

❑ 解説

【特徴】副腎皮質から分泌される主要なコルチコステロイドホルモンの1種で，ストレスに応答して分泌される．

【生理機能】細胞内の受容体へ結合し，リポコルチン，β2受容体，IκB，インターロイキン受容体アンタゴニストなどの遺伝子を発現させる．血圧や血糖レベルを亢進し，免疫機能を弱める．強いストレスなどで多量に分泌された場合，脳の海馬を萎縮させることも報告されている．

【用途】抗炎症剤などの薬理研究や代謝の研究に用いられる．

コルチゾン（cortisone）

- **分子式**：$C_{21}H_{28}O_5$
- **分子量**：360.44
- **別名**：17α,21-ジヒドロキシ-4-プレグネン-3,11,20-トリオン
- **CAS登録番号**：53-06-5

❏ 基本データ

形状	：白色から灰白色の粉末
融点	：223～228℃
溶解性	：メタノール，クロロホルムに溶解

❏ 活用法

溶媒・使用条件	：無水エタノールに1 mg/mLで溶解し，ストック溶液として−20℃で冷凍保存する
保存の方法	：粉末で，室温保存
入手先	：和光純薬工業（030-13771），シグマ・アルドリッチ（C2755）

❏ 解説

【特徴】副腎皮質から分泌されるコルチコステロイドホルモンの1種で，ストレスに応答して分泌される．

【生理機能】コルチゾールの前駆体で，脱水素酵素の働きによりケトン基がヒドロキシ化されてコルチゾールになる．

【用途】抗炎症剤などの薬理研究や代謝の研究に用いられる．

コルチコステロン (corticosterone)

- **分子式**：$C_{21}H_{30}O_4$
- **分子量**：346.46
- **別名**：11β,21-ジヒドロキシプロゲステロン
- **CAS登録番号**：50-22-6

❏ 基本データ

形状	：白色粉末
融点	：179〜183℃
溶解性	：有機溶媒に可溶

❏ 活用法

溶媒・使用条件	：シクロデキストリン添加で水溶性にした製品〔シグマ・アルドリッチ（C174）〕を用いる
保存の方法	：粉末で，室温保存
入手先	：和光純薬工業（031-17581），シグマ・アルドリッチ（C2505）

❏ 解説

【特徴】副腎皮質から分泌されるグルココルチコイドで，齧歯類では主要なホルモンであるが，ヒトでは活性が弱い．ヒトではアルドステロン生合成の中間代謝産物として重要である．

【生理機能】グルココルチコイドおよびミネラルコルチコイドの両方の受容体に結合でき，それぞれの物質としての生理作用を示すが，その生理活性はヒトでは低い．

【用途】細胞応答，代謝研究に用いられる．

アルドステロン (aldosterone)

- **分子式**：$C_{21}H_{28}O_5$
- **分子量**：360.44
- **別名**：18-アルドコルチコステロン, 11b,21-ジヒドロキシ-3,20-ジオキソ-4-プレグネン-18-オール
- **CAS登録番号**：52-39-1

❏ 基本データ

形状	：白色粉末
溶解性	：クロロホルム，エタノールに可溶

❏ 活用法

溶媒・使用条件	：エタノールに1〜10 mg/mLで溶解し，1〜50 µg/mLで使用する
保存の方法	：調製後，冷蔵庫保存
入手先	：和光純薬工業（010-19891），シグマ・アルドリッチ（A9477）

❏ 解説

【特徴】ミネラルコルチコイドの1種で，副腎皮質でコルチコステロンを経て生合成される，レニン-アンギオテンシン系の構成要素である．

【生理機能】腎臓の遠位尿細管と集合管に働きかけ，核内受容体に結合し，ナトリウムチャネルやなどの発現を活性化する．また，Na/K ATPaseの活性を変化させ，ナトリウムと水の再吸収およびカリウムの排出を促進し，血圧を上昇させる．

【用途】泌尿・循環器系の研究，薬理研究に用いられる．

デキサメタゾン（dexamethasone）

- **分子式**：$C_{22}H_{29}FO_5$
- **分子量**：392.46
- **別名**：9a-フルオロ-16a-メチルプレドニゾロン，9a-フルオロ-16a-メチル-11b,17a,21-トリヒドロキシ-1,4-プレグナジエン-3,20-ジオン
- **CAS登録番号**：50-02-2

❏ 基本データ

形状	：灰白色の粉末
融点	：262〜264℃
溶解性	：エタノールに可溶

❏ 活用法

溶媒・使用条件：エタノールに1 mg/mLで溶解しストック溶液として-20℃で冷凍保存する．また，シクロデキストリン添加で水溶性にしたものも販売されている
保存の方法　：粉末で，室温保存
入手先　　　：和光純薬工業（047-18863），シグマ・アルドリッチ（D1756）

❏ 解説

【特徴】グルココルチコイドの1種であり，強力なステロイド系抗炎症治療薬の1つとして，また免疫抑制剤として広く使用されている．

【生理機能】合成グルココルチコイドとして，ステロイドホルモンであるコルチゾンやコルチゾールよりも生理活性が20〜30倍高い．

【用途】代謝・薬理研究に用いられる．

プレドニソン (prednisone)

- **分子式**：$C_{21}H_{26}O_5$
- **分子量**：358.43
- **別名**：1-コルチゾン，ジヒドロコルチゾン，17a,21-ジヒドロキシ-1,4-プレグナジエン-3,11,20-トリオン，デヒドロコルチゾン
- **CAS登録番号**：53-03-2

❏ 基本データ

形状	：白色粉末
融点	：236〜238℃
溶解性	：クロロホルムとメタノールの1：1混合液に可溶（50mg/mL）

❏ 活用法

溶媒・使用条件	：0.1〜0.75 mg/kgで投与する
保存の方法	：粉末で，室温保存
入手先	：和光純薬工業（169-14571），シグマ・アルドリッチ（P6254）

❏ 解説

【特徴】合成コルチコステロイドの1つで，免疫抑制剤として主に用いられる他，抗炎症作用も有する．

【生理機能】血糖値上昇などコルチゾールと同様の作用を示す．

【用途】代謝・薬理研究，免疫抑制剤・抗炎症薬・抗うつ剤などに用いられる．

プレドニゾロン (prednisolone)

- **分子式**：$C_{21}H_{28}O_5$
- **分子量**：360.44
- **別名**：1-デヒドロコルチゾール，1-デヒドロハイドロコルチゾン，1,4-プレグナジエン-11β,17α,21-トリオール-3,20-ジオン
- **CAS登録番号**：50-24-8

❑ 基本データ

形状	：白色粉末
融点	：240℃
溶解性	：クロロホルムとメタノールの1：1混合液に可溶 (50 mg/mL)

❑ 活用法

溶媒・使用条件	：0.01～0.5 mg/kgで投与する
保存の方法	：粉末で，室温保存
入手先	：和光純薬工業（165-11491），シグマ・アルドリッチ（P6004）

❑ 解説

【特徴】合成コルチコステロイドの1つで，代表的なステロイド薬剤である．
【生理機能】血糖値上昇などコルチゾールと同様の作用を示す．コルチゾールの5倍の生理活性を示す．
【用途】代謝・薬理研究，免疫抑制剤・抗炎症薬などに用いられる．

プロスタグランジン (prostaglandin：PG)

- **分子式**：$C_{20}H_{32}O_5$（PGE_2）
- **分子量**：352.47（PGE_2）
- **構造式**：PEG_2を示した
- **CAS登録番号**：363-24-6（PGE_2）

❏ 基本データ

形状	：白色から灰白色粉末
融点	：66〜68℃
溶解性	：水に可溶（1.05 mg/mL），有機溶媒に可溶

❏ 活用法

溶媒・使用条件	：無水エタノールで10 mg/mLにしてストック溶液とする．希釈は0.1 Mリン酸緩衝液で行う．10〜50 nMで用いる
保存の方法	：粉末，ストック溶液ともに冷凍庫で−20℃保存
入手先	：和光純薬工業（165-10813，PGE_2），シグマ・アルドリッチ（P5640，PGE_2）

❏ 解説

【特徴】 アラキドン酸から生合成されるエイコサノイドの1種で，さまざまな生理活性をもつ．プロスタン酸を基本骨格とし，二重結合や水酸基が加わって多くの種類が生合成される．

【生理機能】 発熱作用，胃酸分泌抑制，胃粘膜保護，血圧低下作用，血小板凝集作用，子宮収縮作用，血管拡張作用，抗腫瘍作用などその作用は多岐にわたるが，それぞれの作用には1つあるいは複数のサブタイプが関与している．

【用途】 細胞応答の研究や薬理学的研究に用いられる．

【関連物質】 PGA〜PGJ

2) 生理活性ペプチド

インシュリン (insulin)

- **分子式**：$C_{257}H_{383}N_{65}O_{77}S_6$（ヒト）
- **分子量**：5807.57（ヒト）
- **別名**：インシュリン
- **CAS登録番号**：11061-68-0（ヒト） 11070-73-8（ウシ） 12584-58-6（ブタ）

基本データ

形状	：白色粉末
溶解性	：水に難溶

活用法

溶媒・使用条件	：細胞培養に用いる場合は，10 mM塩酸に溶解してストック溶液とする．25 μU/mL以上で作用が現れる
保存の方法	：粉末，ストック溶液ともに冷凍庫で−20℃保存
入手先	：和光純薬工業（090-03446），シグマ・アルドリッチ（I6634）

解説

【特徴】膵臓のランゲルハンス島のβ細胞から分泌されるペプチドホルモンで，プロインシュリンが切断され，21アミノ酸残基からなるA鎖と30アミノ酸残基からなるB鎖が2つのジスルフィド結合で結合している．

【生理機能】細胞膜のインシュリン受容体に結合して機能を発現する．主に糖代謝を調節し，糖の細胞内への取り込み，グリコーゲンや脂肪の合成などを促進し，血糖値を低下させる．

【用途】細胞応答の研究や，糖尿病の治療に用いられる．

副腎皮質刺激ホルモン
(adrenocorticotropic hormone：ACTH)

Ser-Yyr-Ser-Met-Glu-His-Phe-Arg-Trp-Gly-Lys-Pro-Val-Gly-Lys-Lys-Arg-Arg-Pro-Val-Lys-Val-Tyr-Pro-Asn-Gly-Ala-Glu-Asp-Glu-Ser-Ala-Glu-Ala-Phe-Pro-Leu-Glu-Phe（ヒト）

- 分子式：$C_{207}H_{308}N_{56}O_{58}S$（ヒト）
- 分子量：4541.07（ヒト）
- 別名：コルチコトロピン（corticotropin）
- CAS登録番号：12279-41-3（ヒト）

❏ 基本データ

形状	：凍結乾燥白色粉末
溶解性	：水溶性

❏ 活用法

溶媒・使用条件	：水または1％酢酸に1 mg/mLで溶解しストック溶液とする
保存の方法	：粉末，ストック溶液ともに冷凍庫で−20℃保存
入手先	：和光純薬工業（590-00451），シグマ・アルドリッチ（02275）

❏ 解説

【特徴】視床下部から分泌される副腎皮質刺激ホルモン放出ホルモンにより脳下垂体前葉から分泌され，副腎皮質でのコルチコステロイドホルモンの分泌を促す．

【生理機能】コルチコステロイドの分泌を促すが，グルココルチコイドによる負のフィードバックにより分泌が抑制される．ACTHの分泌の増減によるさまざまな病気がある．

【用途】細胞応答や薬理研究に用いられる．

チロキシン (L-thyroxine)

- **分子式**：$C_{15}H_{11}I_4NO_4$
- **分子量**：776.87
- **別名**：T4, 3-〔4-(4-ヒドロキシ-3,5-ジイオドフェノキシ)-3,5-ジイオドフェニル〕-L-アラニン，甲状腺ホルモン
- **CAS登録番号**：51-48-9

❑ 基本データ

形状	：白色から淡黄色の粉末
融点	：223℃

❑ 活用法

溶媒・使用条件	：PBSなどで20μg/mLにしてストック溶液とする．5～50 ng/mLで用いる
保存の方法	：ストック溶液は，冷凍庫で－20℃保存
入手先	：和光純薬工業（598-11861），シグマ・アルドリッチ（T1775）

❑ 解説

【特徴】甲状腺から分泌され，全身の細胞に作用するペプチドホルモンである．チログロブリンを前駆タンパク質として甲状腺濾胞上皮で合成される．

【生理機能】核内受容体である甲状腺ホルモン受容体に結合し，さまざまな遺伝子の発現を活性化する．細胞での基礎代謝量の維持と促進を制御し，両生類では変態を引き起こす．

【用途】細胞応答，代謝研究や，脊椎動物の変態や適応の研究に用いられる．

【関連物質】L-チロキシンナトリウム塩五水和物（CAS登録番号：6106-07-6）

グルカゴン (glucagon)

His-Ser-Gln-Gly-Thr-Phe-Thr-Ser-Asp-Tyr-Ser-Lys-Tyr-Leu-Asp-Ser-Arg-Arg-Ala-Gln-Asp-Phe-Val-Gln-Trp-Leu-Met-Asn-Thr

- 分子式：$C_{153}H_{225}N_{43}O_{49}S$
- 分子量：3482.75
- CAS登録番号：16941-32-5

☐ 基本データ

形状	：凍結乾燥白色粉末
溶解性	：水溶性

☐ 活用法

溶媒・使用条件	：1％酢酸に1mg/mLで溶解してストック溶液とする．0.3〜10μg/mLで用いる
保存の方法	：粉末，ストック溶液ともに冷凍庫で−20℃保存
入手先	：和光純薬工業（505-50653），シグマ・アルドリッチ（G1774）

☐ 解説

【特徴】膵臓のランゲルハンス島のα細胞から分泌される29アミノ酸残基からなるペプチドホルモンで，インシュリンとは反対の作用を示す．

【生理機能】Gタンパク質共役受容体に結合し，シグナルを細胞内に伝達する．肝細胞でのグリコーゲンの分解，アミノ酸からの糖新生を促進する．インシュリンの分泌を刺激する．

【用途】細胞応答，代謝，薬理研究や，糖尿病の治療薬に用いられる．

ソマトトロピン (somatotropin：STH)

- 分子量：22,125（ヒト）
- 別名：ソマトトロフィン（somatotrophin），成長ホルモン（growth hormone）

- **構造式**：191アミノ酸残基
- **CAS登録番号**：9002-72-6

基本データ

形状	：凍結乾燥白色粉末
溶解性	：水溶性

活用法

溶媒・使用条件	：水に1mg/mLで溶解しストック溶液とする．3〜50 ng/mLで使用する
保存の方法	：粉末，ストック溶液ともに冷凍庫で－20℃保存
入手先	：和光純薬工業（071-04591），シグマ・アルドリッチ（S1763）

解説

【特徴】脳下垂体前葉から分泌され，標的細胞に直接またはIGFの作用を介して作用し，成長と代謝をコントロールする．視床下部からのSTH放出ホルモンにより分泌が促進され，ソマトスタチンにより抑制される．

【生理機能】細胞膜にある受容体に結合し，JAK-STAT経路などを活性化して機能を発揮する．糖，脂肪，タンパク質の代謝を促進，グリコーゲンの分解促進およびインシュリン作用の抑制により血糖値を上昇させる．

【用途】細胞応答，代謝，薬理研究に用いられる．

バソプレッシン (vasopressin)

Cys-Tyr-Phe-Gln-Asn-Cys-Pro-Arg-Gly-NH$_2$

- **分子式**：$C_{46}H_{65}N_{15}O_{12}S_2$
- **分子量**：1084.23
- **別名**：抗利尿ホルモン（AVP），アルギニンバソプレッシン
- **構造式**：1と6のCysにS-S結合
- **CAS登録番号**：113-79-1

🔲 基本データ

形状　　　：白色粉末
溶解性　　：水溶性

🔲 活用法

溶媒・使用条件：PBSなどで1〜20 mg/mLに溶解しストック溶液とする
保存の方法　　：ストック溶液は，冷凍庫で−20℃保存
入手先　　　　：和光純薬工業（018-09821），シグマ・アルドリッチ（V9879）

🔲 解説

【特徴】プレプロホルモンとして合成され，プロセッシングを受けて脳下垂体後葉から分泌され，腎臓の集合管での水の再吸収を促進する．

【生理機能】バソプレッシンは細胞膜の三量体Gタンパク質共役受容体に結合し，アデニル酸シクラーゼおよびAキナーゼを活性化する．Aキナーゼは小胞にあるアクアポリン2を管腔側に移行させて，管腔内の水を細胞内に再吸収することにより抗利尿作用を促進する．

【用途】細胞応答，代謝，薬理研究に用いられる．

エンドセリン（endothelin：ET）

Cys-Ser-Cys-Ser-Ser-Leu-Met-Asp-Lys-Glu-Cys-
Val-Tyr-Phe-Cys-His-Leu-Asp-Ile-Ile-Trp

- **分子式**：$C_{109}H_{159}N_{25}O_{32}S_5$
- **分子量**：2491.90
- **別名**：エンドリセン1（ET-1）
- **構造式**：1と15，および3と11のCys残基の間にS-S結合
- **CAS登録番号**：117399-94-7（エンドリセン1：ET-1）

🔲 基本データ

形状　　　　：凍結乾燥白色粉末

❏ 活用法

溶媒・使用条件	：水あるいは1％酢酸に1mg/mLで溶解しストック溶液とする．50 pM〜5 nMで用いる
保存の方法	：粉末，ストック溶液ともに冷凍庫で−20℃保存
入手先	：和光純薬工業（058-06863），シグマ・アルドリッチ（E7764）

❏ 解説

【特徴】203アミノ酸からなる前駆体タンパク質がプロセッシングを受け，分子内に2カ所のジスルフィド結合をもつ21アミノ酸ペプチドとなる．
【生理機能】血管平滑筋や心筋の細胞膜にあるGタンパク質共役型受容体に結合して，シグナルを細胞内に伝える．強力な持続的血管収縮作用をもち，高血圧や心不全との関連が指摘されている．
【用途】細胞応答，循環器系の医学・薬理学研究に用いられる．
【関連物質】エンドセリン2（ET-2，CAS登録番号：123562-20-9），エンドセリン3（ET-3，CAS登録番号：117399-93-6）

エリスロポイエチン (erythropoietin：EPO)

- 分子量：約34,000の糖タンパク質（アミノ酸配列のみでは18,200）
- 別名：ヘマトポイエチン
- CAS登録番号：11096-26-7

❏ 基本データ

形状	：凍結乾燥粉末

❏ 活用法

溶媒・使用条件	：0.1％血清アルブミンを含むPBSに10 μg/mL以上の濃度で溶解してストック溶液とする
保存の方法	：粉末，ストック溶液ともに冷凍庫で−20℃保存
入手先	：和光純薬工業（552-78721），シグマ・アルドリッチ（E5627）

❏ 解説

【特徴】 赤血球の産生を促進する165アミノ酸で構成される糖タンパク質で，主に腎臓で合成され，骨髄の赤血球前駆細胞のサイトカインとして働く．

【生理機能】 細胞膜のエリスロポイエチン受容体に結合し，JAK2経路を活性化する．アポトーシスの抑制，および他の増殖因子と共同して赤血球前駆細胞の増殖を促進することにより造血作用を示す．

【用途】 細胞応答，薬理研究，また造血剤として人工透析の際に用いられる．

第Ⅰ部：生物学的作用および用途別試薬

第3章
植物関連調節因子および細胞刺激因子

阿部洋志

植物からはアルカロイドにとどまらず，農業利用される植物ホルモンや動物細胞に生理活性を示す物質など，さまざまな生理作用を示す物質が抽出され広く利用されている．また，動物では細胞の増殖・成長を調節する成長因子が数多く見出され，その機能が調べられている．これらの成長因子は細胞膜の受容体に結合してシグナルを核に伝え，新たな遺伝子発現のオン・オフを介してその機能を発揮する．こうした成長因子は細胞増殖というカテゴリーだけに収まらず，細胞の分化も支配し，組織・器官形成を制御していることが明らかになってきている．

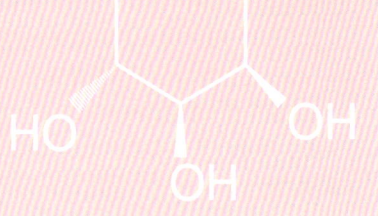

オーキシン (auxin)

代表として，IAAの場合を示す

- 分子式：$C_{10}H_9NO_2$
- 分子量：175.18
- 別名：3-インドール酢酸（3-indoleacetic acid：IAA）
- 構造式：IAAを示した
- CAS登録番号：87-51-4（3-インドール酢酸：IAA）

❑ 基本データ（IAAの場合）

形状	：灰白色から褐色の結晶
融点	：165〜169℃
溶解性	：水に難溶，エタノールに可溶

❑ 活用法（IAAの場合）

溶媒・使用条件	：エタノールに10mg/mLで溶解しストック溶液とする．0.1〜3μg/mLで使用する
保存の方法	：結晶で，冷凍庫−20℃保存
入手先	：シグマ・アルドリッチ総合カタログのPlant Growth Regulators（アルファベットリストのP）の項にauxinsとして一覧がある

❑ 解説

【特徴】植物の伸長成長を促進する植物ホルモンの総称で，合成物を含め同様の作用を示す多くの物質がある．天然物としてはインドール酢酸が最も多い．

【生理機能】細胞内で多くのオーキシン結合タンパク質と作用し，オーキシン応答配列をもつ遺伝子の発現を誘導する．芽の頂端部で合成され基部方向へ移動し，細胞分裂の促進作用を通して，発根，子房の成長を促進し，また，屈光性や屈地性を制御する．

【用途】植物のカルス培養に必要，農業・園芸分野では広く用いられる．

【関連物質】インドール酪酸（IBA，CAS登録番号：133-32-4），ナフタレン

酢酸（NAA，CAS登録番号：86-87-3），ナフトキシ酢酸（BNOA，CAS登録番号：120-23-0），ジクロロフェノキシ酢酸（2,4-D，CAS登録番号：94-75-7），トリクロロフェノキシ酢酸（2,4,5-T，CAS登録番号：93-76-5）

ジベレリン（gibberellin）

代表として，GA3の場合を示す

- 分子式：$C_{19}H_{22}O_6$
- 分子量：346.37
- 別名：ジベレリンA3（GA3），ジベレリン酸，ギベレリン
- 構造式：GA3を示した
- CAS登録番号：77-06-5

❏ 基本データ

形状	：白色から灰白色の粉末
溶解性	：水に難溶，エタノールに可溶

❏ 活用法

溶媒・使用条件	：休眠打破には10～100 μg/mLで散布する
保存の方法	：GA3は粉末で室温保存
入手先	：和光純薬工業（075-02811），シグマ・アルドリッチ（G7645）など

❏ 解説

【特徴】オーキシン類とは異なる植物ホルモンの総称で，現在140種近くが見出され，順番にジベレリンA1, A2, A3…と命名されている．GA3が最も

多く使用されている．
【生理機能】ジベレリン受容体を介したシグナル伝達機構により，その作用が発現する．伸長成長の促進，休眠打破，発芽促進．花芽形成，単為結実促進など，その作用は多岐にわたる．
【用途】植物の組織培養や農業・園芸の分野で広く用いられる．

エチレン (ethylene)

$H_2C=CH_2$

- 分子式：C_2H_4
- 分子量：28.0
- 別名：エテン (ethene)
- CAS登録番号：74-85-1

基本データ

形状	：かすかに甘い匂いのする無色気体
融点	：-169.2℃
沸点	：-104.0℃
蒸気圧	：8,100 kPa
相対蒸気密度	：0.98

活用法

溶媒・使用条件	：エチレンガス発生剤としてエチレンライト（固体粒状）が用いられる．エチレンライト1gでおよそ10 mLのエチレンガスが発生する．1〜5 ppmで効果を発揮する．また，植物体内でエチレンに代謝される物質であるエテホン (ethephon) を0.05〜2 ppmで用いる
入手先	：シグマ・アルドリッチ（C0143，エテホン）

解説

【特徴】植物ホルモンの1種でメチオニンから生合成される．
【生理機能】植物の伸長・成長・開花を阻害するが，促進されるものもある．花色の退色，落葉の促進，果実の成熟促進，タンパク質・核酸の合成が促進される．また，カビや細菌感染に対し，防御応答を誘導する．

【用途】植物生理研究や果実の追熟など農業分野で用いられる．
【関連物質】エテホン（CAS登録番号：16672-87-0）

レクチン（lectin）

● 別名：赤血球凝集素

解説

【特徴】糖鎖に結合活性を示す抗体以外のタンパク質の総称である．R型，C型，P型，L型，I型，マメ科レクチンなど，多くのサブファミリーを形成する．
【生理機能】多くのレクチンは多量体を形成し，細胞の凝集作用を示すが，それぞれのレクチンには結合する糖鎖に対して特異性があり，また生理作用も異なる．抗細菌作用や細胞の分化や免疫活性化機能など，生体にとって有用な機能をもつレクチンが多数見出されている．
【用途】細胞応答，免疫，癌治療や製薬・薬理研究などに用いられる．

コンカナバリンA（concanavalin A：Con A）

● 分子量：102,000のタンパク質で四量体を形成する
● CAS登録番号：11028-71-0

基本データ

形状　　　：凍結乾燥粉末

活用法

溶媒・使用条件：PBSなどに溶解する．1〜50μg/mLで用いる
保存の方法　：粉末・溶解液ともに冷凍庫−20℃保存
入手先　　　：和光純薬工業（037-08771），シグマ・アルドリッチ（L7647）

❏ 解説

【特徴】マメ科レクチンに分類される代表的なレクチンで，ナタマメに由来する．

【生理機能】タンパク質の糖鎖のうち，アスパラギン結合型糖鎖のコアマンノース三糖構造に特異的に結合する．白血球を活性化し，腫瘍細胞などを凝集させる作用がある．

【用途】糖タンパク質研究などに用いられる．

LPS（lipopolysaccharides，リポポリサッカライド）

● **分子の特徴**：親水性の多糖部分と，リピドAと総称される疎水性の糖脂質から構成される両親媒性物質

❏ 基本データ

形状	：凍結乾燥粉末
溶解性	：水に可溶

❏ 活用法

溶媒・使用条件	：水または適当なバッファーに1〜5 mg/mLの濃度に溶かし，フィルター滅菌して保存（凍結不可）
取り扱いの注意	：発熱性物質なので，吸い込まないよう注意
保存の方法	：溶媒に溶かし，冷蔵庫保存
入手先	：和光純薬工業（120-05131），シグマ・アルドリッチ（L2630）

❏ 解説

【特徴】グラム陰性菌の細胞壁の主要構成成分．強い免疫誘導活性をもつ．

【生理機能】Toll様受容体に結合しMAPキナーゼ伝達経路を活性化して，NFκBによる転写活性化を導く．白血球ではこの刺激によりインターロイキンなどの細胞増殖促進因子の分泌が誘導される．

【用途】免疫応答研究に用いられる．

パラヒドロキシ安息香酸
(parahydroxybenzoate)

代表として，エチルパラベンの場合を示す

- **分子式**：$C_9H_{10}O_3$
- **分子量**：166.17
- **別名**：パラオキシ安息香酸エステル，パラベン（paraben）
- **構造式**：エチルパラベンを示した
- **CAS登録番号**：120-47-8

基本データ

形状	：白色粉末
融点	：114〜117℃
溶解性	：水に難溶，エタノール，アセトン，ジエチルエーテルに可溶

活用法

溶媒・使用条件	：エタノールで5％溶液としてストックする
保存の方法	：溶液で，室温保存
入手先	：和光純薬工業（055-01312），シグマ・アルドリッチ（111988）

解説

【特徴】安息香酸エステルのパラ位にフェノール性ヒドロキシ基をもつ物質の総称．エステル部分には，メチル基，エチル基，プロピル基，イソプロピル基，ブチル基，イソブチル基，およびベンジル基などが入る．

【生理機能】細菌類に対し，広く静菌作用を示す．

【用途】食品・医薬品・化粧品の防腐剤として用いられる．

没食子酸（gallic acid）

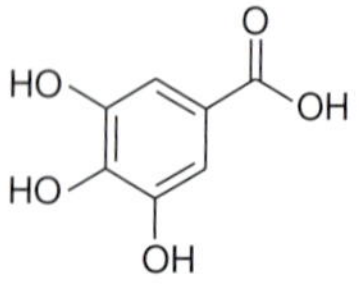

- 分子式：$C_7H_6O_5$
- 分子量：170.12
- 別名：3,4,5-トリヒドロキシベンゼンカルボン酸
- CAS登録番号：149-91-7

❑ 基本データ

形状　：白色結晶
融点　：250℃
溶解性　：水に可溶

❑ 活用法

保存の方法：結晶は室温保存
入手先　：和光純薬工業（590-34021），シグマ・アルドリッチ（G7384）

❑ 解説

【特徴】 もともと中近東のカシワの虫こぶ（没食子）から抽出された．多くの植物の葉に含まれる．タンニンやカテキンの1種はこのエステル．

【生理機能】 *in vitro*において抗酸化作用，抗腫瘍活性，および抗血管形成活性を示す．

【用途】 製薬・薬理研究に用いられる．

シキミ酸（shikimic acid）

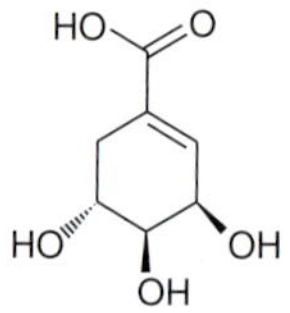

- 分子式：$C_7H_{10}O_5$
- 分子量：174.15
- 別名：（3*R*,4*S*,5*R*）-3,4,5-トリヒドロキシ-1-シクロヘキセンカルボン酸
- CAS登録番号：138-59-0

🔲 基本データ

形状	：白色から灰白色の粉末
融点	：185〜187℃
溶解性	：水溶性

🔲 活用法

溶媒・使用条件	：水で溶かして10〜50 mg/mLのストック溶液とする
保存の方法	：粉末は，室温保存
入手先	：和光純薬工業（193-11331），シグマ・アルドリッチ（S5375）

🔲 解説

【特徴】植物のシキミから発見された芳香族化合物の生合成経路の重要な中間体．ほとんどの植物に存在する．インフルエンザ治療薬タミフルの原料．

【生理機能】アラキドン酸の代謝に影響することにより，血小板の凝集を妨げ血栓形成を抑制する．さらに，抗炎症作用，抗アレルギー作用も確認されている．

【用途】植物の代謝研究，薬理研究に用いられる．

インターフェロン（interferon：IFN）

- **分子量**：約19,000のタンパク質
- **CAS登録番号**：105388-21-4（IFN-αA），

🔲 基本データ

形状	：凍結乾燥粉末あるいはPBSに溶解されている

🔲 活用法

溶媒・使用条件	：1〜10 U/mLで培養細胞に添加する
取り扱いの注意	：凍結融解の繰り返しを避ける
保存の方法	：−70℃以下で保存
入手先	：和光純薬工業（506-33441），シグマ・アルドリッチ（I4276）

❑ 解説

【特徴】ウイルスの侵入や腫瘍細胞などの異物に反応し細胞が分泌するタンパク質で，サイトカインの1種．I型INFには，α，β，γの3種類がある．

【生理機能】IFN-αは白血球以外にも線維芽細胞や血管内皮細胞など多種の細胞から分泌され，抗ウィルス応答に深く関与する．INF-αを受容したマクロファージやナチュラルキラー細胞内ではJAK-STAT経路などが活性化されて免疫機能を発揮する．

【用途】細胞応答や免疫の研究，ウィルス感染症，癌の研究・治療に用いられる．

インターロイキン (interleukin：IL)

- **分子量**：多くは12,000〜22,000のタンパク質だが，IL-12のようにヘテロ二量体を形成し75,000を示すものもある
- **CAS登録番号**：95568-40-4（IL-2）

❑ 基本データ

形状　　　　　：凍結乾燥粉末

❑ 活用法

溶媒・使用条件：PBSなどで希釈し，0.2〜5 U/mLで使用する
保存の方法　　：粉末は，冷凍庫−20℃保存，溶解後は−70℃保存
入手先　　　　：和光純薬工業（091-04951），シグマ・アルドリッチ（T0892）

❑ 解説

【特徴】白血球により分泌され，細胞間シグナル伝達にかかわるサイトカインで，30種類以上が同定されている．

【生理機能】例えばIL-2は受容体に結合することにより，JAK-STATシグナル経路，MAPキナーゼ経路，またPI3キナーゼ経路を活性化し，T細胞，マクロファージの活性化やB細胞の抗体産生能の亢進などを引き起こす．

【用途】単球，マクロファージ，白血球の細胞応答の研究．

インシュリン様成長因子
(insulin-like growth factor：IGF)

- **分子量**：約7,500のタンパク質
- **別名**：ソマトメジンC（somatomedin C）

□ 基本データ

形状　　　　：凍結乾燥粉末

□ 活用法

溶媒・使用条件：水あるいは0.1 M酢酸に溶解してストック溶液とし，1〜50 ng/mLで用いる
保存の方法　：粉末は，冷凍庫（-20℃）保存，ストック溶液は-70℃保存が望ましい
入手先　　　：和光純薬工業（099-04511），シグマ・アルドリッチ（I2656）

□ 解説

【特徴】IGF-Ⅰと-Ⅱの2種類があり，それぞれ70および67アミノ酸残基からなる単一のポリペプチド．インシュリンとアミノ酸配列が類似する．

【生理機能】IGFはIGF結合タンパク質と結合して運ばれ，チロシンリン酸化ドメインをもつ受容体に結合，IRS, Shc, Grbなどの活性化を通し，PI3キナーゼ経路などを活性化し，細胞増殖の亢進やアポトーシスの抑制を導く．

【用途】IGFが関与する細胞応答の研究やアポトーシスの研究などに用いられる．

上皮成長因子 (epidermal growth factor：EGF)

- **分子量**：約6,000のタンパク質
- **別名**：上皮増殖因子，上皮細胞成長因子
- **CAS登録番号**：62253-63-8（ヒト），62229-50-9（マウス）

□ 基本データ

形状　　　　：凍結乾燥粉末

❏ 活用法

溶媒・使用条件：滅菌水で溶解する．1〜10 nMで使用する
保存の方法　　：粉末は，冷凍庫−20℃保存，溶解後は−70℃保存が望ましい
入手先　　　　：和光純薬工業（050-07141），シグマ・アルドリッチ
　　　　　　　　（E9644）

❏ 解説

【特徴】53アミノ酸残基からなる単一のタンパク質で，細胞表面の受容体に結合し，細胞の増殖を引き起こす．

【生理機能】EGFがチロシンキナーゼ型受容体に結合することで，MAPキナーゼ経路，JAK-STAT経路，PI3キナーゼ経路などが活性化し，細胞の増殖・分化を引き起こす．

【用途】細胞の増殖・分化の研究，癌の浸潤・転移の研究などに用いられる．

線維芽細胞増殖因子
(fibroblast growth factor：FGF)

- **分子量**：14,000〜27,000のタンパク質
- **別名**：線維芽細胞成長因子，ケラチノサイト増殖因子（KGF=FGF-7）
- **CAS登録番号**：106096-92-8（aFGF/FGF-1），1069096-93-9（bFGF/FGF-2）

❏ 基本データ

形状　　　　：凍結乾燥粉末

❏ 活用法

溶媒・使用条件：滅菌水あるいはPBSで溶解する．0.1〜50 ng/mLで使用する
保存の方法　　：粉末は，冷凍庫−20℃保存，溶解後は−70℃保存が望ましい
入手先　　　　：和光純薬工業（067-04031），シグマ・アルドリッチ
　　　　　　　　（F0291）

❏ 解説

【特徴】細胞の増殖・分化に深くかかわるタンパク質で，細胞表面の受容体に結合して機能する．現在までに20種類のFGFが知られている．

【生理機能】FGFがチロシンキナーゼ型FGF受容体に結合すると，低分子量Gタンパク質Rasの活性化など一連のシグナルカスケードが活性化され，細胞の増殖や運動性の亢進，また，細胞の分化などが引き起こされる．
【用途】細胞の増殖・分化，創傷治癒，初期発生・器官発生の研究などに用いられる．

血小板由来成長因子
(platelet-derived growth factor：PDGF)

● 分子量：約30,000（A鎖16,000，B鎖14,000）のタンパク質

基本データ
形状　　　　　：凍結乾燥固形物

活用法
溶媒・使用条件：0.1%BSAを含む滅菌水または4 mM HClで溶解し，10〜100 ng/mLで使用する
保存の方法　　：粉末は，冷凍庫−20℃保存，溶解後は−70℃保存が望ましい
入手先　　　　：和光純薬工業（554-62671），シグマ・アルドリッチ（P3326）

解説
【特徴】A鎖とB鎖がジスルフィド結合でつながったホモあるいはヘテロ二量体を形成して機能する．主に間葉系の細胞の増殖を促進する．
【生理機能】PDGFはチロシンキナーゼ型受容体に結合してシグナルを細胞内に伝える．一連のシグナルカスケードにより，細胞の増殖や遊走が引き起こされる．
【用途】細胞の増殖，遊走，走化性の研究や，癌の増殖・転移の研究などに用いられる．

神経成長因子 (nerve growth factor：NGF)

- **分子量**：約14,000のタンパク質のホモ二量体
- **CAS登録番号**：86923-98-0

基本データ

形状　　　　　：凍結乾燥粉末

活用法

溶媒・使用条件：0.1%BSAを含むPBSで0.1～1 mg/mLに溶解し，0.1～10 ng/mLで使用する
保存の方法　　：粉末は，冷蔵庫保存，溶解後は－70℃保存が望ましい
入手先　　　　：和光純薬工業（141-07601），シグマ・アルドリッチ（N1408）

解説

【特徴】神経細胞の分化・成長を促進する．
【生理機能】NGFはチロシンキナーゼ型受容体（TrkA）に結合して，MAPキナーゼ経路や低分子量Gタンパク質，PI3キナーゼ経路を活性化し，神経細胞の分化や軸索の伸長を誘起する．
【用途】神経細胞の分化，軸索伸長のメカニズムの研究などに用いられる．
【関連物質】ヘビ毒由来神経成長因子（CAS登録番号：9061-61-4），ニューロトロフィン（neurotrophins，BDNF）

肝細胞増殖因子 (hepatocyte growth factor：HGF)

- **分子量**：約80,000のタンパク質
- **別名**：ヘパトポイエチンA（hepatopoietin A），分散因子（scatter factor）

基本データ

形状　　　　　：凍結乾燥粉末

活用法

溶媒・使用条件	：0.1%BSAを含むPBSで希釈し，0.01〜1 ng/mLで使用する
保存の方法	：粉末は，冷凍庫−20℃保存，溶解後は−70℃保存が望ましい
入手先	：和光純薬工業（584-97981），シグマ・アルドリッチ（H1404）

解説

【特徴】 前駆体タンパク質が切断され，69 kDaのα鎖と34kDaのβ鎖がジスルフィド結合で架橋された活性型HGFとなる．間葉組織で発現して上皮組織に働きかける．

【生理機能】 HGFはチロシンキナーゼ型受容体（c-met）に結合して，rasシグナル経路などを活性化し，上皮細胞の増殖，運動性，形態形成を促進する．

【用途】 上皮細胞の増殖，運動性，走化性の研究，上皮−間充織相互作用や器官形成の研究などに用いられる．

トランスフォーミング増殖因子β
（transforming growth factor-β：TGF-β）

● 分子量：約25,000のタンパク質

基本データ

形状	：凍結乾燥粉末

活用法

溶媒・使用条件	：TGF-β1の場合，滅菌水で溶解し50 μg/mLとする．使用直前に2 mg/mLのBSAを含むPBSで希釈し，0.05〜1 ng/mLで使用する
保存の方法	：粉末は，冷凍庫−20℃保存，溶解後は−70℃保存が望ましい
入手先	：和光純薬工業（587-99931），シグマ・アルドリッチ（Y0688）

解説

【特徴】 TGF-βスーパーファミリーを形成し，種々のタンパク質が存在し，その作用は多岐にわたる．

【生理機能】TGF-βはセリン・スレオニンキナーゼドメインをもつ受容体に結合し，細胞内のSmadタンパク質をリン酸化してシグナルを伝え，細胞の増殖抑制，細胞外基質の形成や細胞の分化などを制御する．

【用途】細胞の増殖・運動性や血管新生の研究，また初期発生や器官形成の研究に用いられる．

腫瘍壊死因子 α
(tumor necrosis factor-α：TNF-α)

- **分子量**：17,400のタンパク質
- **別名**：カケクチン (cachectin)
- **CAS登録番号**：94948-59-1

❏ 基本データ
形状　　　　　　：凍結乾燥粉末

❏ 活用法
溶媒・使用条件　：滅菌水で溶解し，0.05〜5 ng/mLで使用する．
保存の方法　　　：粉末は，冷凍庫−20℃保存，溶解後は−70℃保存が望ましい
入手先　　　　　：和光純薬工業 (203-15263)，シグマ・アルドリッチ (T0157)

❏ 解説

【特徴】膜結合型の26 kDaの前駆タンパク質が切断されて17.4 kDaのタンパク質となり，ホモ二量体を形成する．

【生理機能】受容体にはデスドメインをもつものともたないものがあり，それらと結合することにより，多彩な生物活性を示す．形質転換した細胞に対しては細胞毒性を示すが，正常な細胞に対しては増殖や分化を誘導する．

【用途】細胞増殖・癌化・分化の研究や，免疫応答，炎症反応，ウイルス複製の研究など．

【関連物質】TNF-β〔リンフォトキシン (lymphotoxin)〕

第Ⅰ部：生物学的作用および用途別試薬

第4章
生理的神経・細胞作用物質

田村隆明

　本章では生理的作用物質について述べる．このなかにはホルモン作用のあるアミン類などいくつかのものもあるが，その作用は多岐にわたる．本章にあげた試薬の多くは神経作用を示し，実際に神経伝達物質として作用するものがある．神経ペプチド類のなかにはホルモン作用のほか，オピオイドとしてモルヒネ様の活性を示すものもある．神経作用物質は基本的には神経伝達物質としての作用をもつ．これらの試薬は細胞培養のレベルで使われるものもあるが，個体レベルでの使用例も多い．なお，類似の標的細胞／受容体をもつものでも，毒，あるいは薬理作用の強いものはⅠ部-5章に記した．

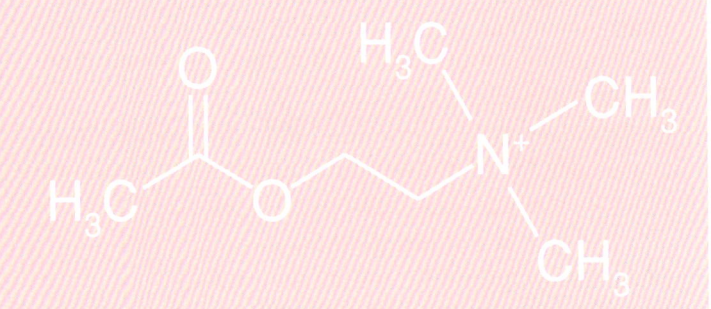

アドレナリン
[L（−）-アドレナリン〔L（−）-adrenaline〕]

- 分子式：$C_9H_{13}NO_3$
- 分子量：183.2
- 別名：エピネフリン，エピレナミン，アドネフリン
- CAS登録番号：51-43-4

📋 基本データ

形状	：白色〜うすい褐色，粉末
融点	：216℃
物理化学的特徴	：光や空中では不安定で，褐変する
溶解性	：酸やアルカリには溶けるが，水に難溶
溶液の特性	：中性〜アルカリ性で不安定

📋 活用法

調製法	：塩溶液に溶かす
使用条件	：1 μMで用いる
取り扱いの注意	：毒性がある：LD_{50}（ラット，静脈注射）0.15 mg/kg
保存の方法	：粉末で，遮光・密栓して冷蔵庫保存
入手先	：和光純薬工業（050-04081），シグマ・アルドリッチ（E4250）

📋 解説

【特徴】天然のものは（L）／（−）型．L-チロシンからドーパ，ドーパミン，ノルアドレナリンを経て生成する．後者2種とアドレナリンはカテコール基をもつカテコールアミン．

【生理機能】副腎髄質から分泌される"闘争・逃走"ホルモンで，ストレス応答時に分泌される．終末のアドレナリン作動性ニューロンの神経伝達物質でもある．振泊数，血圧，心筋収縮力，血糖値を上げる．$α$（$α1$，$α2$），$β$（$β1$，$β2$）の受容体に結合する．

【用途】薬理・生理研究試薬．神経化学研究．医薬品．

【関連物質】塩酸アドレナリン（CAS登録番号：329-63-5，分子量：219.67）

ノルアドレナリン
[(L) −ノルアドレナリン〔(L) −noradrenaline〕]

- 分子式：$C_8H_{11}NO_3$
- 分子量：169.18
- 別名：(L) − (−) −ノルエピネフリン
- CAS登録番号：51-41-2

❏ 基本データ

形状	：白色〜淡黄色の結晶
物理化学的特徴	：光，空気で徐々に褐変する
溶解性	：氷酢酸に易溶．水には難溶でエタノールに不溶

❏ 活用法

調製・使用法	：アドレナリンに準ずる
取り扱いの注意	：毒性がある：LD_{50}（マウス，静脈注射）0.55 mg/kg
保存の方法	：結晶の状態で，遮光，密栓して室温〜冷蔵庫保存
入手先	：和光純薬工業（589-65561），シグマ・アルドリッチ（A7257）

❏ 解説

【特徴】天然のものはL型．アドレナリンの項（104ページ）参照．

【生理機能】アドレナリンと同等．アドレナリンにくらべて血糖上昇作用が小さく，血圧上昇作用は大きい．神経作用．

【用途】生理・薬理学研究．神経化学研究．医薬（抗うつ剤など）

【関連物質】ノルアドレナリン塩酸塩（CAS登録番号：61-96-1，分子量：219.67）1 gは1.5 mLの水，15 mLのエタノールに溶ける．

ドーパミン
〔ドーパミン塩酸塩（dopamine hydrochloride）〕

- 分子式：$C_8H_{11}NO_2 \cdot HCl$
- 分子量：189.64
- 別名：3,4-ジヒドロキシフェニルエチルアミン，3-ヒドロキシチラミン
- 構造式：単体を示す
- CAS登録番号：62-31-7

❏ 基本データ

形状	：白色〜淡褐色の結晶性粉末
融点	：250℃
物理化学的特徴	：水溶液中では比較的不安定．アルカリでは急速に酸化される．光に対して不安定
溶解性	：水に溶け，エタノールやアセトンに溶けにくい

❏ 活用法

調製法	：水溶液
使用条件	：10μM
取り扱いの注意	：毒性がある：LD_{50}（ラット，静脈注射）4.8 mg/kg
保存の方法	：粉末で，密栓・遮光して室温保存
入手先	：和光純薬工業（040-15433），シグマ・アルドリッチ（H8502）

❏ 解説

【特徴】ドーパより生成する．ノルアドレナリン，アドレナリンの前駆体．

【生理機能】神経伝達物質．情動，意欲，短気記憶にかかわる．

【用途】薬理・生理研究試薬．神経化学研究．医薬品（抗精神病薬）．

ドーパ〔L-ドーパ（L-dopa）〕

- **分子式**：$C_9H_{11}NO_4$
- **分子量**：197.19
- **別名**：レボドパ（levodopa），L-3-ヒドロキシチロシン，L-3,4-ジヒドロキシフェニルアラニン
- **CAS登録番号**：59-92-7

❑ 基本データ

形状	：無色〜わずかに褐色の結晶
物理化学的特徴	：空気中で酸化され黒変しやすい
溶解性	：水に難溶（1.65 mg/mL），エタノールに不溶，希塩酸に可溶
モル吸光係数	：$\log \varepsilon_{221}$ 3.79（0.001N HCl）

❑ 活用法

使用条件	：50〜250 μM
取り扱いの注意	：毒性がある：LD_{50}（ラット，経口投与）1780 mg/kg
保存の方法	：結晶の状態で，密栓して室温保存
入手先	：和光純薬工業（042-06561），シグマ・アルドリッチ（D9628）

❑ 解説

【特徴】ドーパミンの前駆体．酸化されるとメラニンになる．

【生理機能】パーキンソン病の有効な治療薬．

【用途】薬理・生理研究試薬，中枢神経系作用物質，抗パーキンソン病薬

セロトニン〔セロトニン塩酸塩（serotonin hydrochloride）〕

- **分子式**：$C_{10}H_{12}N_2O \cdot HCl$
- **分子量**：212.68
- **別名**：5-ヒドロキシトリプタミン
- **構造式**：単体を示す
- **CAS登録番号**：153-98-0

❏ 基本データ

形状	：白色～淡灰褐色の結晶性粉末
物理化学的特徴	：酸性域で安定
溶解性	：水に溶ける（17 mg/mL）

❏ 活用法

使用条件	：塩溶液か培地に溶かし，10～100 μMで使用
保存の方法	：粉末で，冷蔵庫保存
入手先	：和光純薬工業（321-42341），シグマ・アルドリッチ（H9523）

❏ 解説

【特徴】モノアミン神経伝達物質．トリプトファンから合成され，メラトニンの前駆体でもある．

【生理機能】中枢神経系では視床下部や大脳基底核などに多い．小腸で大量に合成され，筋肉運動や腸管運動，止血などにかかわる．

【用途】生理研究，神経化学研究試薬．精神疾患薬．

メラトニン（melatonin）

- **分子式**：$C_{13}H_{16}N_2O_2$
- **分子量**：232.28
- **別名**：N-アセチル-5-メトキシトリプタミン
- **CAS登録番号**：73-31-4

基本データ

形状	：白色～うすい褐色の結晶
溶解性	：水に難溶（0.1 mg/mL）．熱水，エタノール（8 mg/mL）に可溶
モル吸光係数	：λ_{max} 223nm（ε 27,550）

活用法

調製法	：エタノール／水，ジメチルスルホキシド（DMSO）に溶かす
使用条件	：10 mg/kg，10～100 μMで使用
取り扱いの注意	：毒性がある：LD_{50}（ラット，経口投与）3.2g/kg
保存の方法	：結晶の状態で，冷凍～冷蔵保存
入手先	：和光純薬工業（133-13214），シグマ・アルドリッチ（M5250）

解説

【特徴】松果体から分泌されるホルモンで，インドールアミン誘導体．セロトニンから生成する．

【生理機能】睡眠や概日リズムの調節（血中濃度は夜に高い）にかかわる．抗酸化作用がある．

【用途】生理研究試薬．栄養補助食品（日本では販売されてない）．

アセチルコリン
〔塩化アセチルコリン (acetylcholine chloride)〕

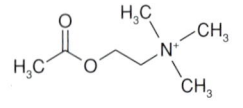

- **分子式**：$C_7H_{16}NO_2Cl$
- **分子量**：181.7
- **別名**：Ach，アセチルコリンクロリド，アセチルコリン塩酸塩
- **構造式**：単体を示す
- **CAS登録番号**：60-31-1

📕 基本データ

形状	：白色の結晶
融点	：149℃
物理化学的特徴	：きわめて吸湿性で潮解性．温水中で加水分解される
溶解性	：水やエタノールに易溶

📕 活用法

取り扱いの注意	：毒性はLD_{50}（ラット，静脈注射）22 mg/kg．皮下，経口だとこの10倍，100倍の量
保存の方法	：結晶の状態で，密栓して冷凍庫保存．水溶液は冷蔵庫で2週間安定
入手先	：和光純薬工業（597-00162），シグマ・アルドリッチ（A6625）

📕 解説

【特徴】 初めて同定された神経伝達物質．

【生理機能】 副交感神経や運動神経の神経終末でアセチルCoAとコリンから合成され，放出・作用後はすみやかにコリンと酢酸に分解される．

【用途】 生理学，神経化学研究試薬．医薬品．

【関連物質】 臭化アセチルコリン（CAS登録番号：66-23-9，分子量：226.11）．ヨウ化アセチルコリン（CAS登録番号：2260-50-6，分子量：273.11）

サブスタンスP (substance P)

Arg-Pro-Lys-Pro-Gln-Gln-Phe-Phe-Gly-Leu-Met-NH$_2$

- 分子式：$C_{63}H_{98}N_{18}O_{13}S$
- 分子量：1347.63（正味分：市販品は不規則な酢酸塩および水和物）
- 別名：物質P，P物質
- CAS登録番号：33507-63-0

基本データ

形状	：白色粉末（凍結乾燥品）
溶解性	：水にはよく溶ける

活用法

調製法	：Tween80，ゼラチン，アルブミンが安定化剤として使われる
使用条件	：1 mg/kgで動物に静脈から投与
取り扱いの注意	：純粋な標品は水溶液で速やかに活性を失う．低pH，窒素や抗酸化剤存在下で安定性が向上する
保存の方法	：粉末で，冷凍庫保存
入手先	：和光純薬工業（197-12211），シグマ・アルドリッチ（S6883）

解説

【特徴】神経系や消化管にあるタキキン系ペプチド．ペプシン，キモトリプシンで失活する．

【生理機能】神経系や消化管での神経伝達の調節，一次求心神経の伝達物質として痛みの伝達に関与する．降圧，回腸の平滑筋収縮，消化液分泌調節などの作用がある．

【用途】神経ペプチド研究試薬．

エンケファリン（enkephalin）

Tyr-Gly-Gly-Phe-Met

メチオニン-エンケファリン
- 分子式：$C_{27}H_{35}N_5O_7S$（市販品は不規則な酢酸塩で水和している）
- 分子量：573.67
- CAS登録番号：58569-55-4

Tyr-Gly-Gly-Phe-Leu

ロイシン-エンケファリン
- 分子式：$C_{28}H_{37}N_5O_7$（市販品は不規則な酢酸塩で水和している）
- 分子量：555.63
- CAS登録番号：58822-25-6

基本データ

形状　　：白色の結晶性粉末
溶解性　：水によく溶ける

活用法

使用条件　：1～100μM
保存の方法：粉末で，冷凍庫保存
入手先　　：
＜メチオニン-エンケファリン＞
　和光純薬工業（130-07631），シグマ・アルドリッチ（M6638）
＜ロイシン-エンケファリン＞
　和光純薬工業（128-02871），シグマ・アルドリッチ（E3756）

解説

【特徴】神経ペプチドの一種で5アミノ酸よりなるが，5番目のアミノ酸がメチオニンかロイシンかによりメチオニン-エンケファリンとロイシン-エンケファリンに分かれる．

【生理機能】鎮痛ペプチドのうちのモルヒネ様作用をもつペプチド（オピオイドペプチド）の一種．モルヒネ受容体に結合し，痛覚，体温調節，ホルモンの分泌促進に関与する．鎮痛作用はβ-エンドルフィンやモルヒネより弱い．

β-エンドルフィン（β-endorphin）

Tyr-Gly-Gly-Phe-Met-Thr-Ser-Glu-Lys-Ser-Gln-Thr-Pro-Leu-Val-Thr-Leu-Phe-Lys-Asn-Ala-Ile-Ile-Lys-Asn-Ala-His-Lys-Lys-Gly-Gln

- **分子式**：$C_{158}H_{251}N_{39}O_{46}S$
- **分子量**：3,464.98
- **別名**：β-リポトロピン（β-リポトロピン内，61番目から91番目までのアミノ酸を指す）
- **CAS登録番号**：59887-17-1

❏ 基本データ

形状　　：白色粉末（凍結乾燥品）
溶解性　：水によく溶ける

❏ 活用法

保存の方法：粉末で，冷凍庫保存
入手先　　：和光純薬工業（057-03871），シグマ・アルドリッチ（E0637）

❏ 解説

【特徴】β-リポトロピンの61番目から末端（91）までの31アミノ酸をもつオピオイドペプチドの一群のもので，他にα，γなどがあるが，β型が最も活性が強い．下垂体前葉，中葉および脳で産生される．

【生理機能】ストレスなどの侵害刺激で血中に放出される．抑制性神経伝達物質として作用すると考えられる．鎮痛，鎮静などの効果がある．

【用途】薬理・生理研究用試薬

【関連物質】α-エンドルフィン（CAS登録番号：59004-96-5，分子量：1745.96），γ-エンドルフィン（CAS登録番号：60893-02-9，分子量：1859.12），δ-エンドルフィン（CAS登録番号：69599-59-9，分子量：2134.47）

エンドセリン〔エンドセリン-1（endothelin-1）〕

Cys-Ser-Cys-Ser-Ser-Leu-Met-Asp-Lys-Glu-Cys-Val-Tyr-Phe-Cys-His-Leu-Asp-Ile-Ile-Trp

（ジスルフィド結合：Cys1＆Cys15，Cys3＆Cys11）

- **分子式**：$C_{109}H_{159}N_{25}O_{32}S_5$
- **分子量**：2491.90（正味の値）
- **別名**：ET-1
- **CAS登録番号**：117399-94-7

◻ 基本データ

形状　　：白色の粉末
溶解性　：水によく溶ける

◻ 活用法

使用条件　　：0.1nM～1μM
保存の方法：粉末で，冷凍庫保存
入手先　　　：和光純薬工業（058-06863），シグマ・アルドリッチ（E7764）

◻ 解説

【特徴】ペプチド性生理活性物質／ホルモンの一種．
【生理機能】血管内皮細胞の産生する強力な血管収縮ペプチドで，昇圧作用がある．ET-1のほかET-2，ET-3という構造の異なるアイソファームがある．ET-1，ET-2にくらべ，ET-3の作用は弱い．
【用途】高血圧研究用試薬．

NMDA (N-methyl-D-aspartic acid, N-メチル-D-アスパラギン酸)

```
     COOH
     |
HC—NHCH₃
     |
     CH₂
     |
     COOH
```

- 分子式：$C_5H_9NO_4$
- 分子量：147.13
- CAS登録番号：6384-92-5

❏ 基本データ

形状	：白色粉末
溶解性	：希NaOH溶液に溶ける．水，エタノールにやや可溶

❏ 活用法

調製法	：0.1M NaOHで100mM溶液をつくり，塩酸で中和する
保存の方法	：粉末は，室温保存．溶液は，凍結保存
入手先	：和光純薬工業（536-76843），シグマ・アルドリッチ（M3262）

❏ 解説

【特徴】グルタミン酸受容体の1つであるNMDA受容体の選択的アゴニスト．

【用途】薬理・生理研究試薬．神経化学研究用．グルタミン酸受容体研究試薬．

文献

1) Watkins, J. C.：Excitatory amino acids（E. G. McGeer et al. ed.）：Raven Press, New York, 37, 1978

GABA (γ-amino butyric acid, γ-アミノ酪酸)

- 分子式：$H_2N(CH_2)_3COOH$
- 分子量：103.12
- 別名：4-アミノ酪酸，γ-アミノブタン酸，ギャバ
- CAS登録番号：56-12-2

❏ 基本データ

　形状　　　：白色の結晶性粉末
　溶解性　　：水に易溶（0.5M，20℃）

❏ 活用法

　保存の方法：粉末で，室温～冷蔵庫保存
　入手先　　：和光純薬工業（010-02441），シグマ・アルドリッチ（A5835）

❏ 解説

【特徴】GABA作動性ニューロンの神経終末よる分泌されるアミノ酸．海馬，小脳，脊髄に存在する．生体ではグルタミン酸から生成される．
【生理機能】GABA受容体に結合して多くは塩素イオンの透過性を高め，抑制性神経伝達物質として作用する．
【用途】薬理・生理研究試薬．神経化学研究用．

第Ⅰ部：生物学的作用および用途別試薬

第5章
薬理活性物質およびトキシン

田村隆明

薬理活性物質／生理活性物質は，細胞表面あるいは内部の受容体に結合したり，シグナル伝達因子に結合したり，またはそれらの合成に影響を与えることにより機能を発揮するなど，その挙動は多岐にわたる．大部分の物質は生物の代謝産物であり，あるものは植物がもつアルカロイドやテルペンとして存在し，またあるものは毒（トキシン）として動植物にみられるため，一般に取り扱いには注意を要する．さまざまな細胞機能に対する特異的阻害剤となるため，受容体，チャネル，細胞内シグナル伝達などを対象とする，生理学的研究や細胞生物学的研究に使用される．

カフェイン (caffeine)

- **分子式**：$C_8H_{10}N_4O_2$
- **分子量**：194.19
- **別名**：1,3,7-トリメチルキサンチン，メチルテオブロミン，テイン
- **CAS登録番号**：58-08-2

基本データ

形状	：無色の結晶
融点	：238℃
溶解性	：クロロホルムに易溶，水やエタノールに微溶．1gの試薬を溶かす量：46 mL（室温水），5.5 mL（80℃水），66 mL（室温エタノール）
溶液の特性	：pH 6.9（1％溶液）

活用法

溶媒・使用条件	：水（温水）に1～10 mg/mLに溶かして，ストック溶液とする．4 mg/kgで投与する．10～100 μMの濃度で使用
取り扱いの注意	：LD_{50}は200 mg/kg
保存の方法	：溶液は冷蔵～冷凍保存
入手先	：和光純薬工業（031-06792），Calbiochem（205548）

解説

【特徴】アルカロイドの一種で，茶葉（1～5％）やコーヒー豆（1～2％）に含まれる．やや苦い味がする．

【生理機能】中枢神経（大脳皮質）に対する興奮剤で，感覚受容能や精神機能の亢進を起こす．アデノシン受容体と拮抗して，覚醒作用を発揮する．DNA損傷の修復を阻害し，cAMPホスホジエステラーゼを阻害する．

【用途】心筋の収縮を上昇させるために強心剤として使用される場合がある．利尿作用がある．

文献

1) Rothwell, K.：Nature, 252：69-70, 1974

カイニン酸 (kainic acid)

- 分子式：$C_{10}H_{15}NO_4$
- 分子量：213.23（一水和物：231.25）
- 別名：2-カルボキシ-4-イソプロペニル-3-ピロリジン酢酸
- CAS登録番号：487-79-6（一水和物：58002-62-3）

基本データ

形状	：無色針状結晶
融点	：251℃
溶解性	：水，希エタノール，希酸，アルカリに可溶．エタノールに難溶

活用法

溶媒・使用条件	：動物への投与は30 mg/kg（腹腔内注射），培養系では20 μM
取り扱いの注意点	：不安定．毒性がある：マウスに対するLDLoは（腹腔内注射）32 mg/kg
保存の方法	：冷蔵庫〜室温（水和物は冷蔵庫保存）．少量の1N水酸化ナトリウム溶液で溶かした後，水か適当なバッファーでメスアップする．溶液は1〜2日間は冷蔵庫保存可能．用時調製する
入手先	：和光純薬工業（537-81741），シグマ・アルドリッチ（K0250）

解説

【特徴】紅藻類〔カイニンソウ（海人草）/マクリ〕から発見された水溶性アミノ酸．グルタミン酸骨格をもつ複素環化合物．

【生理機能】イオンチャネル型グルタミン酸受容体（カイニン酸型グルタミン酸受容体）の選択的アゴニストで，中枢神経細胞を興奮させる．動物に辺縁系痙攣を誘発し，大脳皮質や海馬ニューロンが変性する．

【用途】回虫の駆虫剤として5〜10 mg/回使用．電気生理学では脱分極剤として使用される．

ニコチン (nicotine)

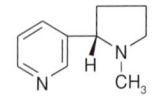

- **分子式**：$C_{10}H_{14}N_2$
- **分子量**：162.24
- **別名**：(S)-3-(1-メチルピロリジン-2-イル) ピリジン
- **CAS登録番号**：54-11-5

☐ 基本データ

形状	：淡黄色の油状液体
比重	：1.0097
物理化学的特徴	：吸湿性で，空気や光りで褐変する．引火性あり（引火点95℃）．旋光性がある：$[\alpha]_D^{20}$ －169°
溶解性	：60℃以下で水と混和し，酸や金属との塩をつくる．エタノール50 mg/mL

☐ 活用法

溶媒・使用条件	：1 mg/kgで動物に投与する（皮下注射）
取り扱いの注意点	：毒性がある：皮膚や呼吸器から遠ざけ，ドラフト内で使用する．マウスに対するLD_{50}は（経口投与）230 mg/kg，（静脈注射）0.3 mg/kgで使用
保存の方法	：冷蔵庫保存
入手先	：(－)-ニコチンとして．和光純薬工業（140-01211），シグマ・アルドリッチ（N3876）

☐ 解説

【特徴】 タバコの葉に含まれる（乾燥葉当り 2～8％）アルカロイドで，舌を刺す灼熱感を伴う味がある．また，ピリジン様の臭いがある．

【生理機能】 アセチルコリン受容体に作用する．中脳辺縁系ニューロンの興奮を直接，間接に誘導し，個体に快感覚を与える．交感および副交感神経節などを始め刺激し，あとで麻痺させる．延髄の呼吸中枢や血管運動中枢を刺激するため，血管収縮や血圧上昇を起こす．

ホルスコリン (forskolin)

- **分子式**：$C_{22}H_{34}O_7$
- **分子量**：410.50
- **別名**：$1\alpha,6\beta,9$-トリヒドロキシ-11-オキソ-8,13-エポキシラブダ-14-エン-7β-イル アセタート，コレオノール，コルフォルシン
- **CAS登録番号**：66575-29-9

❏ 基本データ

形状	：白っぽい粉末
溶解性	：エタノールに可溶

❏ 活用法

溶媒・使用条件	：ジメチルスルホキシド（DMSO）に5 mg/mLに溶かす．10～50 μMで使用
保存の方法	：粉末で，冷凍庫保存．DMSOに溶かし半年間は室温で安定して保存できる
入手先	：和光純薬工業（067-02191），シグマ・アルドリッチ（F6886）

❏ 解説

【特徴】シソ科植物（*Coleus forskohlii*）から得られるジテルペン．

【生理機能】アデニルシクラーゼの触媒ユニットに直接作用して細胞内cAMP濃度を高めるので，Aキナーゼの活性化につながる．この他にも，グルコース輸送体や電位依存性カリウムチャネルにも作用する．

【用途】Aキナーゼのレベルを高めるために使用される．異化亢進作用をもつため，近年ダイエット用サプリメントとしても使用されている．

TPA（12-O-テトラデカノイルホルボール13-アセテート）

- **分子式**：$C_{36}H_{56}O_8$
- **分子量**：616.83
- **別名**：PMA（ホルボール12-ミリステート13-アセテート）
- **CAS登録番号**：16561-29-8

基本データ

形状	：無色の固体
溶解性	：クロロホルム，エタノール，DMSOなど，多くの有機溶媒に可溶．水に難溶

活用法

溶媒・使用条件	：DMSOに溶かし，10～100nM（細胞），2μg（マウス）で使用
保存の方法	：DMSOに溶かし，遮光して冷凍庫保存
入手先	：和光純薬工業（545-00261），シグマ・アルドリッチ（79436）

解説

【特徴】植物（ハズ）の種子由来のテルペンで，ホルボールのジエステルにあたる．強力な発癌プロモーター．

【生理機能】プロテインキナーゼC（PKC）の下流のシグナルを活性化させる．TPAはPKCを活性化するジアシルグリセロールに類似する構造をもつが，自身は代謝されにくいため，長く細胞内に留まり強い機能を現す．活性化されたPKCはAP1（c-Jun/c-Fos）など，多くの転写因子を活性化する．

【用途】発癌実験，PKC活性化，AP1活性化などに用いる．

リアノジン (ryanodine)

- **分子式**：$C_{25}H_{35}NO_9$
- **分子量**：493.55
- **別名**：リアノドール3-(1H-ピロール-2-カルボキシレート)
- **CAS登録番号**：15662-33-6

❏ 基本データ

形状	：白色粉末
溶解性	：水やアセトン，エタノール（1.6%）やDMSO（2.9%）に可溶
モル吸光係数	：ε_{269} 15,100（メタノール）

❏ 活用法

溶媒・使用条件	：種々の溶媒で調製
取り扱いの注意点	：毒性がある：ラットでのLD_{50}（経口投与）は750 mg/kg
保存の方法	：調製後，冷蔵庫保存
入手先	：和光純薬工業（181-00961），シグマ・アルドリッチ（R6017）

❏ 解説

【特徴】イイギリ科の植物（*Ryania*種）から得られたアルカロイド．

【生理機能】筋小胞体からのカルシウムイオン放出にかかわるカフェイン感受性のカルシウムチャネル，すなわちリアノジン受容体が開いたときに結合し，チャネルを開放させることによりカルシウムイオンを放出させる．他の細胞でも機能する．

【用途】筋肉や神経細胞におけるカルシウムイオン動態の研究に用いる．

文献

1) Ito, K. et al：Japan J. Pharmacol., 51：531, 1989

百日ぜき毒素 (pertissis toxin)

- **分子量**：約11万Daのタンパク質
- **別名**：IAP (islet activating protein), pertussigen
- **CAS登録番号**：70323-44-3

❑ 活用法

調製法	：水かバッファーに懸濁する（凍らせない）
使用条件	：10 μg/kg，100ng/mLで使用
取り扱いの注意点	：毒性がある：マウスでのLD$_{50}$は17 mg/kg（腹腔内注射）
保存の方法	：冷蔵（凍結乾燥品）または冷凍庫保存（グリセロール懸濁品）
入手先	：和光純薬工業（547-01701），シグマ・アルドリッチ（P7208）

❑ 解説

【特徴】百日ぜき菌がつくるタンパク質性の菌体外毒素で，5つのサブユニット（S1〜S5）からなる．S1は標的タンパク質をADPリボシル化する．

【生理機能】百日ぜき毒素は，Gタンパク質αサブユニット（GαのC末端から4番目のシステイン）をADPリボシル化し，受容体と相互作用できなくする．Gαのサブタイプのうち，Giファミリーに属するものを基質とする．リンパ球増殖，ヒスタミン感受性増大，インシュリン分泌応答性の増大など，多彩な効果を示す．

【用途】Gタンパク質の研究に用いる．

タモキシフェン クエン酸塩 (tamoxifen citrate)

- **分子式**：$C_{26}H_{29}NO \cdot C_6H_8O_7$
- **分子量**：563.64
- **別名**：トランス-2-[4-(1,2-ジフェニル-1-ブテニル)フェノキシ]-N, N-ジメチルエチルアミンシトレート，ノルバデックス（商品名）
- **構造式**：タモキシフェン単体の構造を示す
- **CAS登録番号**：54965-24-1

❏ 基本データ

形状	：無色無臭の微結晶
融点	：141℃
物理化学的特徴	：吸湿性
溶解性	：水には難溶，エタノールやアセトンに可溶

❏ 活用法

調製法と使用条件	：エタノールに溶解（50mM）．0.1～10μMで使用．
取り扱いの注意点	：毒性がある．マウスに対するLD_{50}は200（腹腔内注射），63（静脈注射），3,000～6,000（経口投与）(mg/kg)．発癌性が疑われている
保存の方法	：遮光して冷蔵庫保存
入手先	：和光純薬工業（209-14361），シグマ・アルドリッチ（T9262）

❏ 解説

【特徴】英国ICI社により開発されたエストロゲン受容体（ERα，ERβ）に対する合成リガンドの一種．

【生理機能】抗エストロゲン試薬．エストロゲン受容体と競合的に結合する．

【用途】エストロジェン受容体の研究．乳癌などに対する抗癌剤．
【関連物質】タモキシフェン（CAS登録番号：10540-29-1，分子量：371.51）

ω-コノトキシン（ω-conotoxin：ω-CTX）

Cys-Lys-Ser-Hyp-Gly-Ser-Ser-Cys-Ser-Hyp-Thr-Ser-Tyr-Asn-Cys-Cys-Arg-Ser-Cys-Asn-Hyp-Tyr-Thr-Lys-Arg-Cys-Tyr-NH$_2$

- 分子式：$C_{120}H_{182}N_{38}O_{43}S_6$
- 分子量：3037.35
- CAS登録番号：106375-28-4

活用法

調製法	：水か適当なバッファーに溶かす
使用条件	：10 μMで使用
保存の方法	：凍結保存
入手先	：ω-コノトキシンGVIAとして．和光純薬工業（532-52621），シグマ・アルドリッチ（C9915）

解説

【特徴】イモ貝の産生する神経ペプチドで，チャネルを阻害する．
【生理機能】神経系の電位依存性カルシウムチャネルを阻害する．類似物質に，ω-コノトキシンと類似の生理機能をもつσ-コノトキシン，アセチルコリン受容体を阻害するα-コノトキシン，筋肉のナトリウムチャネルを阻害するμ-コノトキシン，NMDA受容体を阻害するコナントキンがある．いずれもアミノ酸30個以下の塩基性ペプチドで，複数のジスルフィド結合をもつ（ω-コノトキシンはアミノ酸1-16，8-19，15-26位）．
【用途】イオンチャネルのプローブとして使用する．
【関連物質】α-コノトキシンImⅠ（CAS登録番号：156467-85-5），コナントキンG（CAS登録番号：93438-65-4）

文献

1）Rivier, J. et al.：J. Biol. Chem., 262：1194, 1987

ジョロウグモ毒素（joro spider toxin）

HO-（2,4-ジヒドロキシフェニル）-CH₂CO-NHCHCO-NH(CH₂)₅NH-CO(CH₂)₂NH(CH₂)₄NH(CH₂)₃NH₂（側鎖にOH、CH₂CONH₂を含む構造）

- **分子式**：$C_{27}H_{47}N_7O_6$
- **分子量**：565.71
- **別名**：JSTX-3
- **CAS登録番号**：112163-33-4

❑ 活用法

調製法	：凍結乾燥品は適当なバッファーに溶解．水溶液中で徐々に分解する．
使用条件	：0.1〜10 μMで使用
取り扱いの注意点	：猛毒につき取り扱い注意
保存の方法	：冷凍庫保存（凍結乾燥品は冷蔵庫保存）
入手先	：和光純薬工業（104-00051），シグマ・アルドリッチ（J1000）

❑ 解説

【特徴】 ジョロウグモ（*Nephila clavata*）がもつ神経毒．2,4-ジヒドロキシフェニルアセチル-アスパラギル-カダベリノ-カルボキシエチルアミノ誘導体にポリアミンあるいはアミノ酸が結合．

【生理機能】 キスカル酸型グルタミン酸受容体に対する特異的作用を介し，運動神経シナプス末端から放出されるグルタミン酸による神経・筋興奮伝達を不可逆的に遮断する．

【用途】 シグナル伝達研究．

文献
1) Shudo, K. et al.：Neurosci. Res., 5：82, 1987

ブンガロトキシン (bungarotoxin：BuTX)

- **分子量**：約8kDaのタンパク質
- **CAS登録番号**：11032-79-4（α-BuTX），12778-32-4（β-BuTX）

❏ 基本データ

形状	：商品は粉末あるいは凍結乾燥品

❏ 活用法

調製法	：水あるいは適当なバッファーに溶かす
取り扱いの注意	：毒性がある：LD_{50} 210 μg/kg（マウス，腹腔内注射）
保存の方法	：冷蔵〜冷凍保存
入手先	：α-BuTX：和光純薬工業（026-07961），シグマ・アルドリッチ（T3019）
	β-BuTX：和光純薬工業（023-07971），シグマ・アルドリッチ（T5644）

❏ 解説

【特徴】アマガサヘビの毒素．α-BuTXは75アミノ酸残基．
【生理機能】シナプス後膜の神経筋接合部などのニコチン性アセチルコリン受容体に結合して神経伝達を阻害する．アセチルコリン分泌は抑えない．β-BuTXはシナプス小胞を壊してアセチルコリン分泌を阻害する．
【用途】アセチルコリン受容体の研究．

モルヒネ (morphine)

- **分子式**：$C_{17}H_{19}NO_3$
- **分子量**：285.34
- **別名**：モルフィン
- **CAS登録番号**：57-27-2

❏ 基本データ

形状	：常温で結晶
融点	：254〜256℃
溶解性	：水に難溶（0.2%），アルカリやメタノールに易溶

❏ 活用法

調製法	：メタノール溶液．硫酸モルヒネ・四水和物（CAS登録番号：6211-15-0，分子量：758.83）は水に易溶（6.4%），エタノールに難溶（0.18%）
取り扱いの注意	：有毒．マウスに対するLD$_{50}$は0.5g/kg（腹腔内注射．厳重な管理の元でのみ使用可能（通常は病院で使用される）
保存の方法	：遮光して冷蔵庫保存（特別な管理が必要）
入手先	：シグマ・アルドリッチ（610062）（注：入手は制限されている）

❏ 解説

【特徴】特定のケシ科植物から単離されるアルカロイド．アヘンの成分で，ヘロインの原料になる．動物組織中にも内在性に微量存在する．

【生理機能】ネピオイド神経を興奮させ，侵害受容器で発生した興奮伝達を遮断して鎮痛作用を発揮する．依存症が強く，中毒を起こしやすい．

【用途】麻酔薬，鎮痛薬．

【関連物質】塩酸モルヒネ（CAS登録番号：52-26-2，分子量：321.80）

ウワバイン（ouabain）

- **分子式**：C$_{29}$H$_{44}$O$_{12}$
- **分子量**：728.77（八水和物）
- **別名**：ストロファンチンG，アコカンテリン
- **CAS登録番号**：11018-89-6

基本データ

形状	：白色結晶性粉末
溶解性	：水：1 g/75 mL，エタノール：1 g/100 mL

活用法

調製法	：DMSO溶液とする
使用条件	：0.2 μM付近で使用
取り扱いの注意	：毒性がある．ラットに対しLD$_{50}$は14 mg/kg（静脈注射）
保存の方法	：遮光して冷蔵庫保存
入手先	：八水和物として販売されている．和光純薬工業（157-01663），シグマ・アルドリッチ（75640）

解説

【特徴】キョウチクトウ科の植物から得られる速効性の強心配糖体で，アグリコンにステロイドをもつ．

【生理機能】Na^+，K^+ATPaseの阻害剤で，pK_i値は10^{-6}〜10^{-7}M．

【用途】強心剤．Na^+，K^+ATPase研究．

文献

1）Wallik, E. T. et al.：J. Pharmacol. Exp. Ther. 189：434, 1974

ガンシクロビル（ganciclovir：GCV）

- **分子式**：$C_9H_{13}N_5O_4$
- **分子量**：255.23
- **別名**：9-〔(1,3-ジヒドロキシ-2-プロポキシ）メチル〕グアニン
- **CAS登録番号**：82410-32-0

基本データ

形状	：白色粉末
溶解性	：水（0.43%），0.1N HCl（1%）

モル吸光係数 ： ε_{254} 12,880

❏ 活用法

調製法	：水か適当なバッファーに溶かす
使用条件	：細胞では1〜50 μM, マウスでは50 mg/kg/day
取り扱いの注意	：マウスに対する毒性はLD_{50} 1〜2 g/kg（腹腔内注射）
保存の方法	：粉末は，冷蔵庫保存
入手先	：和光純薬工業（078-04481），シグマ・アルドリッチ（G2536）

❏ 解説

【特徴】グアノシンのアナログ．

【生理機能】ヘルペスウイルスのシミジンキナーゼ（Tk）でガンシクロビル5'-三リン酸化となり，dGTP類似体として複製を阻害する．

【用途】抗ウイルス薬（サイトメガロウイルス）．Tk遺伝子とともに導入すると細胞が死ぬので，遺伝子ターゲティングにおいて，ランダム組換えを起こした細胞の負の選択剤として使用される．

【関連物質】ナトリウム塩（CAS登録番号：107910-75-8，分子量：277.21）

AMPA（α-アミノ-3-ヒドロキシ-5-メチルイソオキサゾール-4-プロピオン酸）

- **分子式**：$C_7H_{10}N_2O_4$
- **分子量**：186.17
- **別名**：±-AMPA, RS-AMPA
- **構造式**：L-AMPAを示す
- **CAS登録番号**：74341-63-2

❏ 基本データ

形状	：白色粉末
溶解性	：DMSO：4.3 mg/mL，温水1 mg/mL．臭化水素塩の場合は，DMSO：16 mg/mL，水：1 mg/mL．

活用法

調製法 ：水溶液として使用する
入手先 ：ナカライテスク（02160），シグマ・アルドリッチ（A6816）（臭化水素塩：No.G017）．S-AMPA/L-AMPAは，ナカライテスク（02163），シグマ・アルドリッチ（A0326）

解説

【特徴】生理活性は基本的にL-異性体にある．
【生理機能】チャネル型グルタミン酸受容体のサブタイプである，AMPA受容体の強力なアゴニスト．カイニン酸受容体に対しても機能する
【用途】神経科学におけるグルタミン酸受容体研究
【関連物質】臭化水素塩（CAS登録番号：77521-29-0，分子量：267.08）．S-AMPA（CAS登録番号：83643-88-3，分子：186.17）

文献
1) P.Krogsgaard-Larsen et al.：Nature 284, 64-66, 1980
2) Lees, G. J.：Drugs, 59：33-78, 2000

ムスカリン
[L（+）-ムスカリン〔L（+）-muscarine〕]

● 分子式：$C_9H_{20}NO_2$（塩酸塩：$C_9H_{20}ClNO_2$）
● 分子量：174.26（塩酸塩：209.71）
● CAS登録番号：300-54-9（塩酸塩：2303-35-7）

基本データ〔L（+）-ムスカリン塩酸塩〕

形状 ：白色粉末
融点 ：180℃
物理化学的特徴：きわめて吸湿性
溶解性 ：水，エタノールに易溶

活用法

調製法	：水溶液とする
使用条件	：培養系では10〜20μM，個体（マウス／ラット）では1〜10μg
取り扱いの注意	：有毒．マウスに対する毒性はLD$_{50}$ 0.23 mg/kg（静脈注射）
保存の方法	：冷蔵庫保存
入手先	：ナカライテスク（20890-14）（ムスカリン様トキシン1），シグマ・アルドリッチ（M6532）

解説

【特徴】最初，ベニテングタケで発見されたアルカロイド．アセタケ，カヤタケ，イッポンシメジに多い．猛毒．解毒剤はアトロピン．

【生理機能】副交感神経で支配されている平滑筋において，アセチルコリンの作用を模倣する副交感神経作用薬．自律神経節や神経節接合部でのニコチン性アセチルコリン受容体への作用とは異なる．支配器官の受容体に直接作用し，運動や分泌を亢進する．血圧降下作用がある．

【用途】神経生理学研究．

4-アミノピリジン (4-aminopyridine：4-AP)

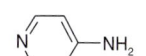

- **分子式**：$C_5H_6N_2$
- **分子量**：94.11
- **別名**：*p*-アミノピリジン，アミノ-4ピリジン
- **CAS登録番号**：504-24-5

基本データ

形状	：白〜淡黄色の結晶
融点	：273℃
溶解性	：水に可溶（6.6%），エタノールに易溶

活用法

調製法	：適当なバッファーに溶解

使用条件	：1〜5 mMで使用．ラットには5 mg/kgで腹腔投与（痙攣誘発）
取り扱いの注意	：毒性がある．マウスに対するLD$_{50}$は19 mg/kg（経口投与）
保存の方法	：冷蔵庫保存
入手先	：和光純薬工業（016-02781），ナカライテスク（02331-94）

❏ 解説

【特徴】特異臭がある．

【生理機能】興奮性細胞において活動電位の終止に寄与するカリウムチャネルを阻害する．神経細胞において活動電位の延長，筋細胞において収縮張力の増大をもたらす．

【用途】生理学実験における背景電流の抑制．

アトロピン〔アトロピン硫酸塩（atropine sulfate）〕

- **分子式**：$(C_{17}H_{23}NO_3)_2 \cdot H_2SO_4 \cdot H_2O$（1水和物）
- **分子量**：694.83
- **別名**：*dl*-ヒヨスシアミン
- **構造式**：アトロピン単体を示す
- **CAS登録番号**：5908-99-6

❏ 基本データ

形状	：白色結晶性粉末
溶解性	：エタノール（0.2g/mL），水（2.5g/mL）

❏ 活用法

調製法	：水溶液とする
使用条件	：細胞3 μM．個体1〜10 mg/kg（皮下注射）
取り扱いの注意	：毒性が強い．ラットに対するLD$_{50}$は622 mg/kg（経口投与）
保存の方法	：粉末試薬は，冷蔵庫保存
入手先	：和光純薬工業（019-04851），シグマ・アルドリッチ（A0257）

❏ 解説

【特徴】ナス科植物（チョウセンアサガオなど）のアルカロイドである *l*-ヒヨスシアミンがラセミ化した *dl*-ヒヨスシアミン．強い苦味がある

【生理機能】副交感神経遮断薬．アセチルコリンの可逆的拮抗物質で，ムスカリン受容体と結合する．コリンエステラーゼを阻害する．

【用途】神経生理学研究．胃痙攣，パーキンソン病，有機リン中毒などの治療薬

【関連物質】アトロピン（CAS登録番号：51-55-8，分子量：289.37）

テトロドトキシン (tetrodotoxin：TTX)

- 分子式：$C_{11}H_{17}N_3O_8$
- 分子量：319.28
- 別名：フグ毒，スフェロイジン，タリカトキシン，マキュロトキシン
- CAS登録番号：4368-28-9

❏ 基本データ

形状	：白色結晶性粉末
物理化学的特徴	：溶液はpH 4.8．煮沸では分解しない
溶解性	：酸性溶液やエタノールに易溶

❏ 活用法

調製法	：pH4.0〜5.0で溶解し，凍結すれば安定．強酸やアルカリで分解する
使用条件	：500nMで使用

取り扱いの注意	：猛毒（青酸カリウムの1,000倍の毒性）なので取り扱いに十分注意する．マウスに対するLD_{50}は10μg/kg（腹腔内注射）
保存の方法	：冷凍庫保存
入手先	：和光純薬工業（206-11071），シグマ・アルドリッチ（T5651）

❏ 解説

【特徴】 フグ毒（卵巣，肝臓に多い）として見出されたが，他の多くの海産動物ももつ．本来ビブリオ科などの海洋細菌がつくる毒素．

【生理機能】 ナトリウムチャネルを塞ぎ，活動電位を停止させる．運動，知覚神経を麻痺させる．

【用途】 神経伝達研究．鎮痛剤．

オカダ酸（okadaic acid：OA）

- 分子式：$C_{44}H_{68}O_{13}$
- 分子量：805.00
- CAS登録番号：78111-17-8

❏ 基本データ

形状	：白色結晶
溶解性	：水に不溶．酢酸エチルにやや可溶，N,N-ジメチルホルムアミド（DMF）やDMSOに可溶

❏ 活用法

調製法	：DMSOで10%溶液とする
使用条件	：20〜200nMで使用
取り扱いの注意	：毒性が強い．マウスに対するLD_{50}は192μg/kg（腹腔内注射）

保存の方法	：冷蔵庫保存
入手先	：和光純薬工業（150-01653），シグマ・アルドリッチ（75320）

解説

【特徴】渦鞭毛藻のつくる毒素で，この藻を餌とする二枚貝に蓄積し，食すると下痢を起こす．クロイソカイメン（*Halichondria. okadai*）で発見された

【生理機能】プロテインセリン／スレオニンホスファターゼ1，2A，を阻害する．チロシンホスファターゼ，アルカリホスファターゼ，酸性ホスファターゼは阻害しない．プロテインキナーゼCを介さない発癌プロモーター活性を示す．

【用途】リン酸化のかかわる細胞機能の研究，発癌プロモーター．

文献
1) Cohen, P. et al.：Trends Biochem. Sci., 15：98-102, 1990

塩化コリン（choline chloride）

$\left[HOCH_2CH_2N^+ \begin{array}{c} CH_3 \\ CH_3 \\ CH_3 \end{array} \right] Cl^-$

- **分子式**：$C_5H_{14}ClNO$
- **分子量**：139.62
- **別名**：塩化ルリジン，塩化コリニウム，ヘパコリン
- **CAS登録番号**：67-48-1

基本データ

形状	：白色結晶性粉末
融点	：303～305℃
物理化学的特徴	：炭酸ガスを吸収しやすい
溶解性	：水やエタノールによく溶ける

活用法

調製法	：*in vivo*では50 mg/kgで使用．水溶液
取り扱いの注意	：ラットに対するLD$_{50}$は3.4 g/kg（経口投与）
保存の方法	：密栓して冷蔵庫保存
入手先	：和光純薬工業（545-00261），ナカライテスク（08831）

解説

【特徴】細胞膜を透過しない緩衝剤．
【用途】細胞膜研究におけるK$^+$，Na$^+$の除去．コリンエステラーゼの基質
【関連物質】コリン（CAS登録番号：62-49-7，分子量：121.18．粘稠性のあるアルカリ性液体）．

文献
1) Sitaram, N. et al.：Life Sci, 22：1555, 1978

レシチン (recithin)

R＝脂肪酸

- **別名**：ホスファチジルコリン，レシトール，グラニュレスチン
- **CAS登録番号**：8002-43-5

基本データ

形状	：白色だが，空気中で黄色からやがて茶色に変色する．脂肪酸の種類により固体─液体と形態が異なる
比重	：1.0305
溶解性	：ジエチルエーテルに易溶で，エタノールに可溶．水には難溶

活用法

保存の方法：冷蔵庫保存
入手先　　：和光純薬工業（124-05031），ナラカイテスク（20342-52）

解説

【特徴】 商品としては，卵黄やダイズから抽出される．水には溶けないが安定な乳濁液となる．乳化作用が強く，リポソームの材料になる．

【生理機能】 各種生物に存在する代表的グリセロリン脂質で，哺乳動物の膜に多い．ホスホリパーゼC/Dで分解されてジアシルグリセロール/ホスファチジン酸となる．

【用途】 ホスホリパーゼの基質．レシチンを用いる研究．マーガリンやチョコレートの原料．

第Ⅰ部：生物学的作用および用途別試薬

第6章
抗生物質

田村隆明

抗生物質（antibiotics）とは，生物がつくる物質で他の生物の発育や増殖を抑制するもので，ワックスマンにより名付けられた．現在では化学合成されるものも多く，また人為的に構造を変化させることにより，抗菌スペクトル（効く細菌の種類），安定性，吸収性，毒性の軽減などを向上させたものが多数つくられている．抗生物質は放線菌（Streptomyces属）という種類の細菌から発見されたものが多いが，その他，細菌やカビにより産生されるものもある．対象となる生物には，細菌を中心に真菌や原生動物などの真核生物も含まれ，なかには動物細胞に作用し，抗腫瘍活性やその他の薬理活性を示すものもある．抗生物質の構造はβラクタム系（ペニシリン系），セフェム系，アミノグリコシド系，マクロライド系，ペプチド系など10種類ほどに分類される．ほとんどの抗生物質は核酸やタンパク質などの生体分子と結合する事で作用を発揮し，その効果は「タンパク質合成阻害」「核酸代謝阻害」「糖代謝阻害」「細胞膜動態阻害」「エネルギー生産阻害」「その他」に大別される．抗生物質発見当初はペニシリンやストレプトマイシンといった優れたものが多く見出され，感染症による死者の激減という輝かしいスタートを切ったが，耐性菌の出現という問題に常にさらされており，日々新しいものが開発されている．

1）タンパク質合成関連

クロラムフェニコール
（chloramphenicol：CP, CM）

- **分子式**：$C_{11}H_{12}Cl_2N_2O_5$
- **分子量**：323.13
- **別名**：クロロマイセチン
- **CAS登録番号**：56-75-7

❏ 基本データ

形状	：苦味のある白色結晶
物理化学的特徴	：中性～酸性で安定
溶解性	：水に少し溶ける（2.5 mg/mL）．エタノール，メタノールに易溶
モル吸光係数	：ε_{278} 298

❏ 活用法

調製法	：エタノールに溶かす
使用条件	：50 µg/mL．プラスミド増幅のためには200～300 µg/mL
保存の方法	：冷蔵～冷凍保存
入手先	：和光純薬工業（030-19452），シグマ・アルドリッチ（C0378）

❏ 解説

【特徴】*Streptomyces venezuelae*の培養液から得られた抗生物質．グラム陽性菌，陰性菌，リケッチアなどに効く．

【生理機能】タンパク質阻害能をもつ．細菌の50Sリボソームに結合してペプチジルトランスフェラーゼを阻害．耐性はCAT（クロラムフェニコールアセチルトランスフェラーゼ）により与えられる．

【用途】分子生物学研究（タンパク質合成阻害剤，プラスミド増幅）．遺伝子工学用．選択試薬．医薬品．

ピューロマイシン〔ピューロマイシン二塩酸塩 (puromycin Dihydrochloride)〕

- **分子式**：$C_{22}H_{29}N_7O_5 \cdot 2HCl$
- **分子量**：544.43
- **別名**：スチロマイシン
- **構造式**：単体を示す
- **CAS登録番号**：58-58-2

📖 基本データ

形状	：白色〜うすい褐色の結晶
溶解性	：水に易溶（50 mg/mL），メタノールに溶ける
モル吸光係数	：ε_{268} 19,500（0.1N HCl）

📖 活用法

使用条件	：1〜100（通常10）μg/mLで使用
取り扱いの注意	：毒性がある：LD_{50}（マウス，静脈注射）350 mg/kg
保存の方法	：冷凍庫保存
入手先	：和光純薬工業（161-19391），シグマ・アルドリッチ（P7255）

📖 解説

【特徴】*Streptomyces alboniger*が産生するヌクレオシド抗生物質．グラム陽性菌，トリパノゾーマ，動物細胞の増殖を阻止．毒性が強く，もっぱら研究用．細菌，動物細胞のタンパク質合成を阻害．

【生理機能】アミノアシルtRNAに類似し，リボソームのP部位に結合しているtRNAと反応してtRNAを遊離させる．

【用途】分子生物学研究（タンパク質合成試薬など）．細胞培養．タンパク質合成研究

カナマイシン
〔カナマイシン硫酸塩（kanamycin sulfate：KM）〕

カナマイシンA：$R_1=OH$　$R_2=NH_2$
カナマイシンB：$R_1=NH_2$　$R_2=NH_2$
カナマイシンC：$R_1=NH_2$　$R_2=OH$

- **分子式**：$C_{18}H_{36}N_4O_{11} \cdot nH_2SO_4$
- **分子量**：484.50（無水物として）
- **別名**：硫酸カナマイシン
- **CAS登録番号**：25389-94-0

❏ 基本データ

形状	：白色〜わずかにうすい黄色の結晶
溶解性	：水に易溶，エタノールに不溶
溶液の特性	：pH6.0〜7.5（50g/L，25℃）

❏ 活用法

調製法	：水溶液
使用条件	：20〜50 μg/mL
取り扱いの注意	：毒性がある：LD_{50}（ラット，腹腔内注射）3,200 mg/kg
保存の方法	：冷蔵庫保存
入手先	：和光純薬工業（113-00701），シグマ・アルドリッチ（K4000）

🔖 解説

【特徴】 *Streptomyces kanamyceticus*の産生するアミノグリコシド系抗生物質．カナマイシンAが大部分だが，カナマイシンB，Cも産生する．グラム陽性菌，陰性菌，抗酸菌のタンパク質合成を阻害する．カナマイシンBは耐性菌や緑膿菌にも効く．

【生理機能】 リボソーム30Sと結合し，翻訳を阻害する．

【用途】 遺伝子工学実験．選択試薬．細胞培養添加用．マイコプラズマ除去．医薬品．

ストレプトマイシン〔ストレプトマイシン硫酸塩 (streptomycin sulfate：SM)〕

- **分子式**：$(C_{21}H_{39}N_7O_{12})_2 \cdot 3H_2SO_4$
- **分子量**：1457.38（2分子のストレプトマイシンが3分子の硫酸を含む）
- **別名**：硫酸ストレプトマイシン
- **構造式**：1分子のストレプトマイシンを示す
- **CAS登録番号**：3810-74-0

📋 基本データ

形状	：白色～わずかにうすい黄色の粉末
溶解性	：水に易溶

活用法

調製法	：水溶液
使用条件	：10～50 μg/mL
取り扱いの注意	：毒性がある：LD_{50}（ハムスター，経口投与）400 mg/kg
保存の方法	：冷蔵～冷凍保存
入手先	：和光純薬工業（192-08513），シグマ・アルドリッチ（S6501）

解説

【特徴】*Streptomyces griseus*のつくるアミノグリコシド系抗生物質．グラム陽性菌，陰性菌，特に結核菌に対する抑制効果を示す．聴覚，腎臓に対する強い副作用がある．低濃度（2 μg/mL）では変異誘発剤として作用する．

【生理機能】リボソームの30S亜粒子中のS12タンパク質に結合し，翻訳を阻害する．

【用途】遺伝子工学実験．選択試薬．組織培養添加用．医薬品．

テトラサイクリン〔テトラサイクリン塩酸塩（tetracycline hydrochloride：TC）〕

- **分子式**：$C_{22}H_{24}N_2O_8 \cdot HCl$
- **分子量**：480.90
- **別名**：アクロマイシン，Tet
- **CAS登録番号**：64-75-5

基本データ

形状	：黄色～暗黄色の結晶
物理化学的特徴	：中性～アルカリ性で安定
溶解性	：水に可溶
溶液の特性	：pH1.8～3.0（10g/L，25℃）

活用法

調製法	：水溶液
使用条件	：10～20μg/mL（動物細胞でTetを使用の場合：0.1～1μg/mL）
取り扱いの注意	：毒性がある：LD_{50}（ラット，経口投与）6,443 mg/kg
保存の方法	：遮光して冷凍庫保存．水溶液では37℃で数日間安定
入手先	：和光純薬工業（207-16562），シグマ・アルドリッチ（T3383）

解説

【特徴】*Streptomyces aureofaciens*のつくるテトラサイクリン系抗生物質の1つ．広範囲な抗菌スペクトルをもち，医薬品として優れている．

【生理機能】アミノアシルtRNAの30Sリボソームサブユニットへの結合を阻害する．

【用途】分子生物学研究，細胞生物学研究における選択試薬．遺伝子工学実験．医薬品

【関連物質】テトラサイクリン（単体）〔CAS登録番号：60-54-8，分子量：444.43（無水物として）〕水に難溶なため，エタノール／メタノールに溶かす．

シクロヘキシイミド（cycloheximide）

- **分子式**：$C_{15}H_{23}NO_4$
- **分子量**：281.34
- **別名**：アクチジオン，ナラマイシンA，HX
- **CAS登録番号**：66-81-9

基本データ

形状	：色白色〜わずかにうすい褐色の粉末
物理化学的特徴	：熱には安定．アルカリ性では不安定
溶解性	：水（2.1g/100 mL，2℃）や通常の有機溶媒に可溶
溶液の特性	：水溶液は弱酸性

活用法

調製法	：水溶液
使用条件	：20〜100 μg/mL
取り扱いの注意	：毒性が強い：LD_{50}（ラット，経口投与）2 mg/kg
保存の方法	：冷蔵庫保存
入手先	：和光純薬工業（036-18371），シグマ・アルドリッチ（C7698）

解説

【特徴】*Streptomyces griseus*, *S. noursei*などが産生するグルタイルイミド系抗生物質．糸状菌や酵母などに対して抗菌効果をもつ．動物細胞にアポトーシスを誘導する．

【生理機能】真核生物のリボソーム60Sサブユニットに結合し，ペプチド転移反応を阻害する．リボソームからのtRNAの遊離を阻害する．

【用途】細胞生物学研究（タンパク質の安定性研究）．タンパク質合成研究．ネズミ駆除剤．植物病薬．

ネオマイシン〔ネオマイシン三硫酸塩水和物 (neomycin trisulfate salt hydrate)〕

- 分子式：$C_{23}H_{46}N_6O_{13} \cdot 3H_2SO_4 \cdot xH_2O$
- 分子量：908.88（無水物として）
- 別名：フラジオマイシン
- CAS登録番号：1405-10-3

❏ 基本データ

形状	：無色の粉末
溶解性	：水に溶ける

❏ 活用法

調製法	：培養液に溶かす
使用条件	：50 μg/mL．37℃で数日間は安定
取り扱いの注意	：毒性がある：LD_{50}（マウス，皮下注射）220 mg/kg
保存の方法	：冷凍～冷蔵保存
入手先	：和光純薬工業（579-71871），シグマ・アルドリッチ（N1876）

❏ 解説

【特徴】 *Streptomyces fradiae* が産生するアミノグリコシド系抗生物質で，グラム陽性菌，陰性菌の発育を阻止する．化学療法ではネオマイシンB，C

の混合物として使用される．

【生理機能】カナマイシンと類似の作用機構．ニューロンにおいて，電位依存的カルシウムチャネルをブロックする．

【用途】細胞培養実験（*neo*耐性遺伝子を選択マーカーにする実験）．医薬品．

G418 〔G418硫酸塩（G418 sulfate）〕

- 分子式：$C_{20}H_{40}N_4O_{10} \cdot 2H_2SO_4$
- 分子量：692.71
- 別名：ジェネティシン
- 構造式：単体を示す
- CAS登録番号：108321-42-2

基本データ

形状	：白色～わずかにうすい黄色，結晶～粉末
溶解性	：水に溶ける

活用法

調製法	：水，緩衝液，培地に50 mg/mLに溶解
使用条件	：0.1～2 mg/mLの範囲（0.5 mg/mLが標準）
保存の方法	：冷蔵～冷凍保存
入手先	：和光純薬工業（070-05183），シグマ・アルドリッチ（G5013）

🔲 解説

【特徴】原核細胞および真核細胞のタンパク質合成を阻害するアミノグリコシド系ゲンタマイシン関連抗生物質.

【用途】細胞選択実験（細菌の*neo*耐性遺伝子やカナマイシン耐性遺伝子が組込まれたベクターを発現させた，真核細胞の選別に用いる）.

ゲンタマイシン
〔ゲンタマイシン硫酸塩（gentamicin sulfate：GM）〕

- **分子式**：$C_{21}H_{43}N_5O_7 \cdot H_2SO_4$（$C_1$）
- **分子量**：477.60（C_1）：ゲンタマイシン単体を示す
- **別名**：硫酸ゲンタマイシン，ゲンタマイシンC複合体
- **構造式**：C_1の構造を示す
- **CAS登録番号**：1405-41-0

🔲 基本データ

形状	：白色〜わずかにうすい褐色の粉末
溶解性	：水に易溶．エタノール，メタノールに可溶

🔲 活用法

使用条件	：10 μg/mL．熱に安定なのでオートクレーブできる
取り扱いの注意	：毒性がある：LD_{50}（マウス，皮下注射）430 mg/kg（C複合体として）
保存の方法	：冷蔵〜冷凍保存
入手先	：和光純薬工業（075-04913），シグマ・アルドリッチ（G4918）

❏ 解説

【特徴】 *Micromonospora*属の産生するアミノグリコシド系抗生物質の総称で，20種類以上存在する．化学療法剤ではC_1，C_2，C_{1a}の混合物が用いられる．

【生理機能】 細菌リボソームの30Sサブユニットに結合してコドンの誤読を起こす．

【用途】 培地添加試薬．医薬品（緑膿菌を含むグラム陰性菌）．

エリスロマイシン（erythromycin：EM）

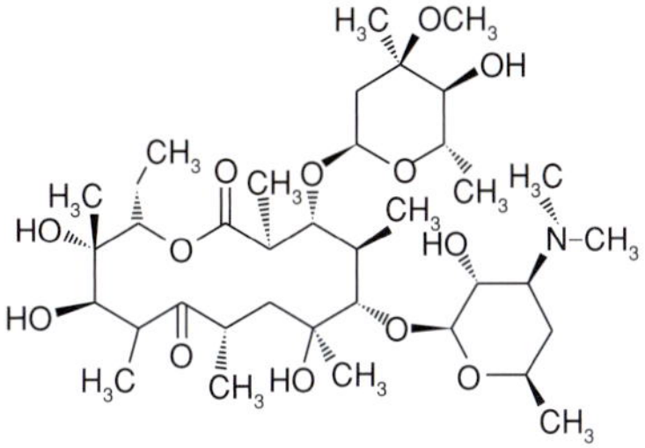

- 分子式：$C_{37}H_{67}NO_{13}$
- 分子量：733.94
- 別名：エリスロマイシンA，エリトロシン
- CAS登録番号：114-07-8

❏ 基本データ

形状	：無色の結晶
物理化学的特徴	：塩基性で脂溶性
溶解性	：エタノール，希塩酸に易溶．水には難溶
モル吸光係数	：$\varepsilon_{288\sim289}$ 0.395（エタノール）

❏ 活用法

調製法	：エタノールあるいは2N塩酸（50 mg/mL）に溶かす
使用条件	：100 μg/mL

取り扱いの注意：毒性がある：LD_{50}（マウス，皮下注射）1,800 mg/kg
保存の方法　　：冷凍〜冷蔵保存
入手先　　　　：和光純薬工業（055-07152），シグマ・アルドリッチ（E6376）

❏ 解説

【特徴】*Streptomyces erythresus*が産生する，タンパク質合成阻害能をもつマクロライド系抗生物質．主としてグラム陽性菌の発育を阻止するが，マイコプラズマやクラミジアに対しても効果がある．

【生理機能】細菌のリボソーム50Sサブユニットの23S rRNAに結合し，ペプチド転移反応を阻害する．

【用途】培地添加用．医薬品．

スペクチノマイシン
〔スペクチノマイシン二塩酸塩五水和物（spectinomycin dihydrochloride pentahydrate：SPCM）〕

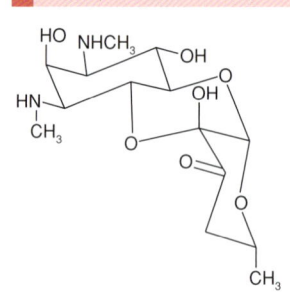

- 分子式：$C_{14}H_{24}N_2O_7 \cdot 2HCl \cdot 5H_2O$
- 分子量：495.35
- 別名：トガマイシン
- 構造式：単体を示す
- CAS登録番号：22189-32-8

❏ 基本データ

形状　　：白色〜黄色の結晶
溶解性　：水に溶けやすく，加温エタノールにやや溶ける

❏ 活用法

使用条件　　　：抗菌実験：7.5〜20 μg/mL，分子生物学：100 μg/mL
取り扱いの注意：毒性がある：LD_{50}（ラット，腹腔内注射）200 mg/kg

保存の方法	：冷凍庫保存
入手先	：和光純薬工業（191-11533），シグマ・アルドリッチ（S4014）

❏ 解説

【特徴】*Streptomyces spectabilis*が産生するアミノグリコシド系抗生物質．グラム陽性，陰性細菌，特にペニシリン耐性菌に対して有効．

【生理機能】ペプチジルtRNAのトランスロケーションを阻止することにより，翻訳伸長を阻害する．

【用途】タンパク質合成阻害試薬．医薬品．

アニソマイシン（anisomycin）

- **分子式**：$C_{14}H_{19}NO_4$
- **分子量**：265.31
- **別名**：フラゲシジン
- **CAS登録番号**：22862-76-6

❏ 基本データ

形状	：白色～わずかにうすい黄色い結晶性粉末
物理化学的特徴	：吸湿性
溶解性	：ジメチルスルホキシド（DMSO）（25 mg/mL）やエタノール（12 mg/mL）に可溶．水に微溶（2 mg/mL）
モル吸光係数	：ε_{277} 1,800（エタノール）

❏ 活用法

調製法	：エタノールなどで溶かす
使用条件	：100 μg/mL
取り扱いの注意	：毒性がある：LD_{50}（マウス，静脈注射）140 mg/kg
保存の方法	：冷凍～冷蔵保存．水溶液で安定
入手先	：和光純薬工業（011-16864），シグマ・アルドリッチ（A9789）

第6章 抗生物質

解説

【特徴】 *Streptomyces griseolus*などが産生する脂溶性で，塩基性の抗生物質．抗真菌作用を示す．

【生理機能】 真核生物リボソームのペプチジルトランスフェラーゼ活性を阻害することにより，翻訳を阻害する．哺乳類のキナーゼ（JNK，MAPキナーゼ，p38など）を活性化する．アポトーシス誘導能がある．

【用途】 情報伝達因子研究．タンパク質合成阻害実験．

2）核酸関連

アクチノマイシンD（actinomycin D）

Sar：サルコシン（メチルグリシン）
MeVal：*N*-メチルバリン

- 分子式：$C_{62}H_{86}N_{12}O_{16}$
- 分子量：1255.42
- 別名：アクチノマイシンⅣ，アクチノマイシンC_1，ダクチノマイシン
- CAS登録番号：50-76-0

基本データ

形状	：黄みがかった赤色の結晶
物理化学的特徴	：吸湿性で光感受性がある
溶解性	：メタノール，エタノール，DMSOに易溶．水に難溶
モル吸光係数	：ε_{244} 281（エタノール）

🔲 活用法

調製法	：有機溶媒に溶かす
使用条件	：1 μg/mL
取り扱いの注意	：毒性が非常に強い：LD_{50}（ラット，経口投与）7.2 mg/kg.
保存の方法	：遮光して冷凍〜冷蔵保存
入手先	：和光純薬工業（013-13421），シグマ・アルドリッチ（A1410）

🔲 解説

【特徴】 *Streptomyces parvullus* などが産生するポリペプチド系抗生物質．アミノ酸の種類によりいくつもの種類がある．

【生理機能】 二本鎖DNAに結合（インターカレート）してRNA合成を阻害する．高濃度では複製も阻害する．アポトーシス誘導．

【用途】 細胞機能研究．分子生物学研究（転写阻害剤）．抗癌剤．

マイトマイシンC〔マイトマイシンC，塩化ナトリウム添加（mitomycin C with sodium chloride：MMC）〕

- 分子式：$C_{15}H_{18}N_4O_5$
- 分子量：334.33
- CAS登録番号：50-07-7

🔲 基本データ

形状	：わずかにうすい紫色〜暗紫色の結晶性粉末．本品2 mgには，水に溶けやすいように48 mgの塩化ナトリウムが含まれている
物理化学的特徴	：酸性，光に対して不安定
溶解性	：水，メタノールに可溶
モル吸光係数	：ε_{360} 742（メタノール）

活用法

調製法	：水溶液
使用条件	：10 μg/mL（ただし，目的により濃度は異なる）
取り扱いの注意	：毒性がある：LD_{50}（ラット，経口投与）30 mg/kg
保存の方法	：冷凍〜冷蔵保存
入手先	：和光純薬工業（132-13201），シグマ・アルドリッチ（M0503）

解説

【特徴】*Streptomyces caespitosus*の産生する抗生物質で，抗菌性のほか，動物細胞における抗腫瘍性活性をもつ．
【生理機能】細胞内で還元されてDNAと共有結合し，DNA合成を阻害する．
【用途】培地添加物．細胞分裂阻害試薬．抗腫瘍剤．

ナリジクス酸
〔ナリジクス酸ナトリウム塩（sodium nalidixate：NA）〕

- **分子式**：$C_{12}H_{11}N_2O_3Na$
- **分子量**：254.2
- **別名**：ナリジキシン酸
- **構造式**：ナリジクス酸単体を示す
- **CAS登録番号**：3374-05-8

基本データ

形状	：白色の粉末
溶解性	：水に可溶（7%）

活用法

使用条件	：15 μg/mL
取り扱いの注意	：毒性がある：LD_{50}（ラット，経口投与）1,160 mg/kg
保存の方法	：冷凍庫保存

入手先 ：和光純薬工業（591-07821），シグマ・アルドリッチ（N4382）

❏ 解説

【特徴】キノロン系抗生物質で，グラム陰性菌の増殖を阻害する．

【生理機能】DNAジャイレースに結合してDNA鎖再結合活性を阻害し，結果的にDNAの切断を誘導する．

【用途】培地添加用試薬．分子生物学研究（細菌のDNA複製研究）．薬理研究用．変異原性試験．医薬品．

【関連物質】ナリジクス酸（CAS登録番号：389-08-2，分子量：232.24）

ドキソルビシン〔ドキソルビシン塩酸塩（doxorubicin hydrochloride：DOX）〕

第6章 抗生物質

- **分子式**：$C_{27}H_{29}NO_{11}$・HCl
- **分子量**：579.99
- **別名**：アドリアマイシン（ADR）
- **構造式**：単体を示す
- **CAS登録番号**：25316-40-9

❏ 基本データ

形状 ：赤橙色の粉末
溶解性 ：水にやや可溶，エタノールに難溶

🔲 活用法

調製法	：水溶液
使用条件	：0.5〜50ng/mL（動物細胞の場合）
取り扱いの注意	：毒性がある：LD_{50}（マウス，経口投与）698 mg/kg
保存の方法	：冷蔵庫保存．中性水溶液中では冷蔵庫で1カ月安定
入手先	：和光純薬工業（040-21521），シグマ・アルドリッチ（44583）

🔲 解説

【特徴】*Streptomyces peucetius*種の放線菌の産生するアントラサイクリン抗生物質で，グラム陽性菌や陰性菌に効く．抗腫瘍活性をもつ．

【生理機能】二本鎖DNAにインターカレートし，DNA合成やRNA合成を阻害する．Ⅱ型トポイソメラーゼに作用してDNA鎖の切断を起こす．

【用途】分子生物学実験（Tetシステムによる遺伝子発現制御など）．薬理研究用．化学療法剤．抗癌剤．

リファンピシン（rifampicin：RFP）

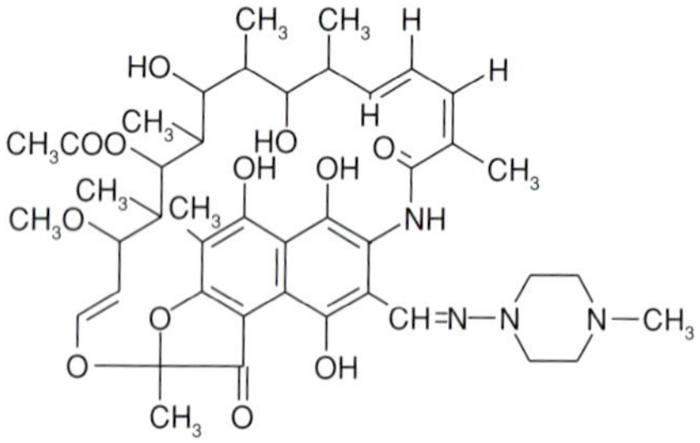

- 分子式：$C_{43}H_{58}N_4O_{12}$
- 分子量：822.95
- 別名：リファンピン
- CAS登録番号：13292-46-1

❏ 基本データ

形状　　　：赤みがかった黄色〜赤褐色の結晶
溶解性　　：有機溶媒に可溶，水に微溶（2.5 mg/mL）

❏ 活用法

調製法　　　　：水溶液，あるいはDMSOかメタノールに溶かす
使用条件　　　：150 μg/mL（分子生物学実験の場合）
取り扱いの注意：毒性がある：LD_{50}（ラット，経口投与）1,570 mg/kg
保存の方法　　：冷凍〜冷蔵保存
入手先　　　　：和光純薬工業（185-01003），シグマ・アルドリッチ（R3501）

❏ 解説

【特徴】*Streptomyces mediterranei*の産生するリファマイシン抗生物質の一つで，リファマイシンSV誘導体．抗菌スペクトルが広く，抗酸菌も抑制する．

【生理機能】細菌のRNAポリメラーゼに結合してRNA合成開始反応を阻害する（伸長反応は阻害しない）．

【用途】抗菌剤．培地添加試薬．分子生物学研究（転写機構）．医薬品（結核菌など）．

【関連物質】リファマイシンSVナトリウム塩（CAS登録番号：14897-39-3，分子量：719.75）リファンピシンの前駆化合物．

文献

1）Lester：Annu. Rev. Microbiol., 26：88-102, 1972

クーママイシン
[クーママイシンA_1 (coumermycin A_1:CMRM)]

- **分子式**:$C_{55}H_{59}N_5O_{20}$
- **分子量**:1110.08
- **CAS登録番号**:4434-05-3

活用法

調製法　　:DMSOに溶解する
使用条件　:20〜200 μM(細胞の場合),100 mg/kg(マウス)
入手先　　:シグマ・アルドリッチ(C9270)

解説

【特徴と機能】細菌のDNAジャイレースを特異的に阻害する抗生物質.ノボビオシンと類似の機能をもち,ATP依存反応のみを阻害する.
【用途】分子生物学研究(原核生物,ファージ,プラスミドの複製,転写,組換えの研究).

3) 膜，細胞壁，糖関連

ペニシリン〔ペニシリンGカリウム塩 (penicillin G potassium salt：PCG, PC)〕

- **分子式**：$C_{16}H_{17}KN_2O_4S$
- **分子量**：372.48
- **別名**：ベンジルペニシリンカリウム
- **CAS登録番号**：113-98-4

基本データ

形状	：白色の結晶性粉末
溶解性	：水に易溶で，エタノールにやや溶けにくい

活用法

調製法	：水溶液
使用条件	：100 μg/mL，100単位/mL
取り扱いの注意	：比較的不安定である
保存の方法	：冷凍庫保存．調製後は，冷蔵庫で数週間，37℃で数日間は安定
入手先	：和光純薬工業（021-07732），シグマ・アルドリッチ（P7794）

解説

【特徴】ペニシリンは*Penicillium notatum*などが産生するβ-ラクタム系ペナム類抗生物質の総称．環状アミドであるβ-ラクタム環からの側鎖の構造により，G, X, Kなどの種類がある．グラム陰性菌に対する作用は弱いが，

グラム陽性菌には強い抗菌力を示す．静菌的効果をもつが，最終的には溶菌を引き起こして殺菌作用を発揮する．グラム陰性菌にとってはアンピシリン（アミノベンジルペニシリン）が優れている．

【生理機能】 ペニシリンは細菌の細胞壁合成に関するいくつかの酵素と結合して活性を阻害する．細菌のペニシリン耐性遺伝子はβラクタマーゼをコードし，ペニシリンを分解する．

【用途】 培地添加剤．組織培養添加用．医薬品．

アンピシリン〔アンピシリンナトリウム（ampicillin sodium：AMP）〕

- **分子式**：$C_{16}H_{18}N_3O_4SNa$
- **分子量**：371.4
- **別名**：アミノベンジルペニシリン（ABPC）
- **構造式**：単体を示す
- **CAS登録番号**：69-52-3

❑ 基本データ

形状	：白色の結晶性粉末
溶解性	：水に可溶

❑ 活用法

使用条件	：100 μg/mL
保存の方法	：冷凍庫保存（安定性はペニシリンGに準ずる）
入手先	：和光純薬工業（010-20163），シグマ・アルドリッチ（A9518）

❑ 解説

【特徴】 合成ペニシリンの一種で，ペニシリンGの側鎖にアミノ基が付いたもの．グラム陰性菌に対する透過性が良い．

【用途】細菌用培地添加剤．遺伝子工学実験．選択試薬．遺伝学実験（ペニシリン濃縮法）．医薬品．

アンホテリシンB（amphotericin B：AMPH-B）

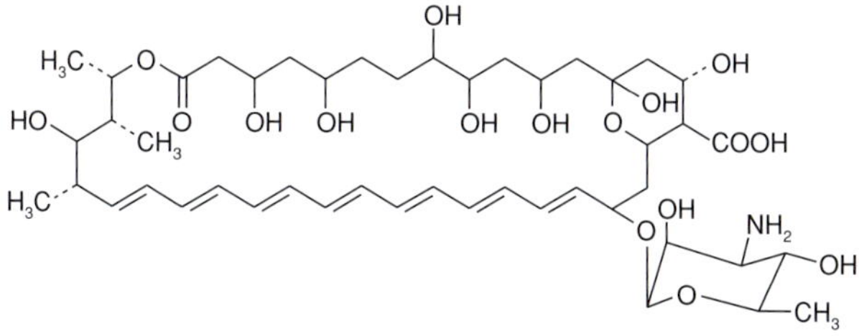

- 分子式：$C_{47}H_{73}NO_{17}$
- 分子量：924.09
- 別名：ファンギゾン
- CAS登録番号：1397-89-3

基本データ

形状	：黄色〜黄褐色の粉末
溶解性	：DMSOに溶けるが（30〜40 mg/mL），水やエタノールにはほとんど溶けない．酸やアルカリ存在下でわずかに（0.1 mg/mL）溶ける
溶液の特性	：中性pHで安定

活用法

使用条件	：DMSOに溶かし，0.2〜2 μg/mLで細胞培養用培地に加える
取り扱いの注意	：毒性がある：LD_{50}（マウス，静脈注射）1.2 mg/kg
保存の方法	：密栓し遮光して冷蔵〜冷凍保存
入手先	：和光純薬工業（011-13363），シグマ・アルドリッチ（A4888）

第6章 抗生物質

解説

【特徴】 *Streptomyces nodosus* が産生するポリエン抗生物質．A（テトラエン）とB（エプタエン）があるが，Bが一般的．真菌や原虫の細胞膜に作用する．

【生理機能】 細胞膜のステロールと結合して膜に穴を開け，膜のイオン透過性を高める．イオンを運ぶイオノホアとして作用する．

【用途】 細胞膜研究用試薬．培地添加剤（真菌除去）．細胞骨格研究．抗真菌症剤．

バンコマイシン〔バンコマイシン塩酸塩（vancomycin Hydrochloride：BCM）〕

- **分子式**：$C_{66}H_{75}Cl_2N_9O_{24} \cdot HCl$
- **分子量**：1,485.71
- **構造式**：単体を示す
- **CAS登録番号**：1404-93-9

基本データ

形状	：白色～うすい褐色の結晶
溶解性	：水に溶けやすく，エタノールにきわめて溶けにくい
モル吸光係数	：ε_{282} 40（水）

活用法

使用条件	：2～10 μg/mL
取り扱いの注意	：毒性がある：LD_{50}（ラット，静脈注射）319 mg/kg
保存の方法	：冷蔵庫保存
入手先	：和光純薬工業（220-01304），シグマ・アルドリッチ（V2002）

解説

【特徴】*Streptomyces orientalis*の産生するグリコペプチド系抗生物質．グラム陽性菌に対して強い抗菌力をもち，メチシリン耐性ブドウ球菌（MRSA）に対しても抗菌力を示す．グラム陰性菌には分子が巨大で細胞膜を通過できず，効かない．近年，耐性菌（腸球菌：VRE，ブドウ球菌：VRSA）が出現している．

【生理機能】細菌細胞壁合成酵素D-アラニル-D-アラニンに結合して，細胞壁合成酵素を阻害する．

【用途】植物培養での雑菌増殖阻止剤．医薬品．

ツニカマイシン (tunicamycin)

```
A  n=9
B  n=10
C  n=8
D  n=11
```

- **別名**：ミコスポンジン
- **CAS登録番号**：11089-65-9（混合物として）

基本データ

形状	：白色〜うすい褐色の粉末
溶解性	：アルカリ性の水溶液，熱メタノールに可溶，エタノール，ブタノールにやや可溶
モル吸光係数	：ε_{260} 110（メタノール）

活用法

使用条件	：5 μg/mL
取り扱いの注意	：毒性がある：LD_{50}（マウス，腹腔内注射）5 mg/kg
保存の方法	：冷蔵庫保存
入手先	：和光純薬工業（202-08241），シグマ・アルドリッチ（T7765）

解説

【特徴】*Streptomyces lysosuperificus*の産生するヌクレオシド系抗生物質．構造式にあるようにn=8〜11の混合物として産生される．グラム陽性菌，酵母，カビ類の発育を阻止し，ニューカッスル病ウイルスや単純疱疹ウイルスにも効果がある．

【生理機能】細胞壁ペプチドグリカンのN-グリコシド糖鎖合成を阻害する．

【用途】多糖類生合成研究．糖タンパク質研究．細胞骨格研究試薬．医薬品．

バシトラシン〔バシトラシン亜鉛（zinc bacitracin）〕

- 分子式：$C_{66}H_{101}N_{17}O_{16}SZn$
- 分子量：1486.07
- 構造式：バシトラシンAを表示（単体を示す）
- CAS登録番号：1405-89-6

基本データ

形状	：苦味のある白色～うすい褐色の結晶性粉末
溶解性	：水（5.1 mg/mL，28℃），メタノール（6.55），エタノール（2.0）にわずかに溶ける

活用法

調製法	：水溶液
使用条件	：0.2単位（2～3 mg）/mL
取り扱いの注意	：毒性がある：LD_{50}（マウス，静脈注射）7,500単位/kg
保存の方法	：冷蔵庫保存
入手先	：和光純薬工業（025-14283），シグマ・アルドリッチ（B5150）

解説

【特徴】*Bacillus subtilis var. Tracy*の産生するペプチド系の抗生物質で，グラム陽性菌の生育を阻止する．培養液にはバシトラシンA～Gが分泌されるが，Aが主要成分．

【生理機能】細菌の細胞壁ペプチドグリカン合成を阻害する．
【用途】培地添加剤（グラム陽性菌の阻止用）．医薬品．

ポリミキシンB
〔ポリミキシンB硫酸塩（polymyxin B sulfate）〕

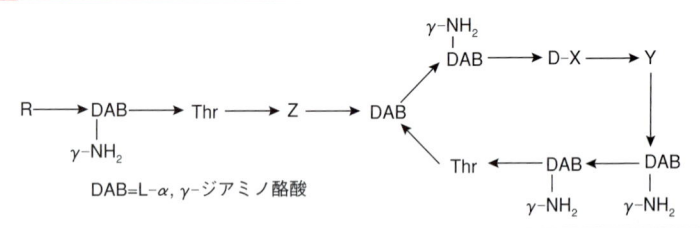

```
                                    γ-NH₂
                                     |
                                    DAB ──→ D-X ──→ Y
                                     ↑              │
R ──→ DAB ──→ Thr ──→ Z ──→ DAB                     │
       |                             ↑              ↓
     γ-NH₂                          Thr ←── DAB ←── DAB
                                            |        |
   DAB=L-α,γ-ジアミノ酪酸                   γ-NH₂   γ-NH₂
```

ポリミキシン B₁	R＝(＋)-6-メチルオクタン酸	X＝Phe	Y＝Leu	Z＝DAB
B₂	R＝6-メチルヘプタン酸	X＝Phe	Y＝Leu	Z＝DAB
D₁	R＝(＋)-6-メチルオクタン酸	X＝Leu	Y＝Thr	Z＝D-Ser
D₂	R＝6-メチルヘプタン酸	X＝Leu	Y＝Thr	Z＝D-Ser

- 分子式：$C_{55}H_{96}N_{16}O_{13} \cdot 2H_2SO_4$
- 分子量：1385.61（B₁とB₂の平均を示した）
- CAS登録番号：1405-20-5

❏ 基本データ

形状	：白色～黄褐色の粉末
溶解性	：水に溶けやすく，エタノールにはきわめて溶けにくい
溶液の特性	：37℃で5日間は安定

❏ 活用法

使用条件	：細菌に対しては0.02～5.0 μg/mLで有効．細胞培養では50 μg/mLで使用
取り扱いの注意	：毒性がある：LD_{50}（マウス，静脈注射）6.1 mg/kg
保存の方法	：冷蔵庫保存
入手先	：和光純薬工業（163-11693），シグマ・アルドリッチ（P1004）

解説

【特徴】 Bcillus polymxaの酸性するペプチド系ポリミキシン類の抗生物質．市販のポリミキシンB試薬はB$_1$とB$_2$の混合物．グラム陰性桿菌，緑膿菌に有効．

【生理機能】 細胞外膜のリン脂質と結合して，ホスホリパーゼを活性化して膜を破壊する．プロテインキナーゼCを阻害する．

【用途】 細胞添加剤．細胞増殖・シグナル伝達研究試薬．薬理研究用．医薬品．

セファロスポリン
〔セファロスポリンC亜鉛塩（cephalosporin C zinc salt）〕

- **分子式**：$C_{16}H_{19}N_3O_8SZn$
- **分子量**：478.79
- **構造式**：単体を示す
- **CAS登録番号**：12567-06-5

基本データ

形状	：無色の結晶性粉末
溶解性	：水に可溶で，エタノールに不溶

活用法

保存の方法	：冷蔵庫保存
使用条件	：1～20μMで使用
入手先	：シグマ・アルドリッチ（C3270）

解説

【特徴】 *Cephalosporium acremonium* などの産生する β-ラクタム系セフェム類の抗生物質．グラム陽性菌に加え，グラム陰性菌にも効果があり，またペニシリンにくらべて副作用が少なく，安定で，ペニシリナーゼに対しても耐性がある．

【生理機能】 ペニシリン（161ページ参照）と同様．

【用途】 培地添加剤．医薬品．

サイクロスポリンA (cyclosporin A：CsA)

- 分子式：$C_{62}H_{111}N_{11}O_{12}$
- 分子量：1202.61
- 別名：シクロスポリンA
- CAS登録番号：59865-13-3

基本データ

形状	：白色の結晶性粉末
溶解性	：メタノールやエタノールに易溶だが，水にほとんど難溶

活用法

調製法	：塩溶液，培地
使用条件	：0.1〜2 μM．動物（0.2 mg/mL，経口投与）
取り扱いの注意	：毒性がある：LD_{50}（ラット，経口投与）1,489 mg/kg
保存の方法	：冷蔵庫保存

入手先　　　：和光純薬工業（031-18963），シグマ・アルドリッチ（C3662）

解説

【特徴】 *Tolypocladium inflatum*の培養液に産生される抗真菌活性をもつポリペプチド系抗生物質．A, B, Dなど25種類が知られている．主成分であるサイクロスポリンAがヘルパーT細胞からのIL-2産生や抗原で活性化されたT細胞のIL-2受容体を阻害するため，臓器移植時の拒絶反応を抑制する医薬品として使われる．

【生理機能】 シクロフィリンとの複合体がカルシニューリンを阻害し，これによってNF-ATサブユニットの核移行が阻害され，T細胞の活性化が抑制される．ミトコンドリアからのシトクロム*c*の漏出を阻止する．

【用途】 免疫学研究．アポトーシス研究．細胞生物学研究．免疫抑制剤．

ゲルダナマイシン（geldanamycin：GA）

- 分子式：$C_{29}H_{40}N_2O_9$
- 分子量：560.64
- CAS登録番号：30562-34-6

基本データ

形状　　　　　：黄色〜オレンジ色の結晶
溶解性　　　　：水に微溶，メタノール，DMSOに可溶
モル吸光係数　：ε_{255} 16,350（メタノール）

❏ 活用法

調製法	：DMSOに溶かす（1 mg/mL）
使用条件	：3 μMで使用
取り扱いの注意	：毒性がある：LD_{50}（ラット，経口投与）2,500 mg/kg
保存の方法	：冷凍庫保存
入手先	：和光純薬工業（077-04571），シグマ・アルドリッチ（G3381）

❏ 解説

【特徴】*Streptomyces hygroscopicus*の産生するベンゾキノイド骨格をもつ抗生物質．動物細胞や原虫の発育を阻止し，抗腫瘍活性をもつ．

【生理機能】Hsp90, GP96に結合してタンパク質の成熟を阻止し，ストレス応答を起こす．核内ホルモン受容体，pp60srcチロシンキナーゼ，DNA合成を阻害する．

【用途】薬理研究用．細胞機能，ストレス応答研究．シャペロン，タンパク質動態研究．

オリゴマイシン〔オリゴマイシンA, B, C混合物（oligomycin A, B, C mixture）〕

代表として，オリゴマイシンBを示す

- **分子式**：$C_{45}H_{72}O_{12}$
- **分子量**：841.08
- **CAS登録番号**：1404-19-9

基本データ

形状	：白色～わずかにうすい黄色の結晶
溶解性	：エタノール，メタノールに可溶．水にはほとんど溶けない

活用法

使用条件	：$2\ \mu M$
取り扱いの注意	：毒性がある：LDLo（マウス，腹腔内注射）$2,500\ \mu g/kg$
保存の方法	：冷蔵庫保存
入手先	：和光純薬工業（153-02184），シグマ・アルドリッチ（O4876）

解説

【特徴】*Streptomyces diastatochromogenes* の産生するマクロライド系抗生物質．CH_2 数の違いにより，いくつかのタイプがある．医薬としては使用されない．アポトーシスを誘導する．

【生理機能】ATP合成酵素の F_0 部分に特異的に作用してプロトン輸送を阻害し，結果，酸化的リン酸化を阻害する．細菌には作用せず，高等動物のミトコンドリア酵素を阻害する．

【用途】細胞生物学研究（アポトーシス研究など）．呼吸酵素系研究試薬．

第Ⅰ部：生物学的作用および用途別試薬

第7章
核酸・タンパク質合成阻害物質

田村隆明

　細胞内で起こっている遺伝情報伝達や物質代謝の状態をモニターしたり，その作用機構を解析するうえで有効な物質は，それぞれに特異的な阻害剤である．阻害剤はその作用から，酵素に対するさまざまな形式を示す阻害剤が多い．構造的に見た場合，阻害剤は基質類似物質が多いが，なかにはRNAポリメラーゼⅡの特異的阻害剤であるα-アマニチンのように，基質や酵素反応とは全く関係がないにもかかわらず酵素に結合するもの，あるいは，DNAに非特異的に結合したりDNAに傷害を与えて，その後の酵素反応や代謝を阻害するものまでさまざまである．本章では，核酸代謝関連とタンパク質代謝関連の阻害剤を紹介するが，抗生物質として使われる試薬についても同様の作用を与えるものがあり，それらについてはⅠ部-6章を参照されたい．また，核酸代謝関連阻害剤のなかには遺伝情報伝達をきわめて効率的に阻止する薬剤が多く，猛毒性の物質も存在するが，細胞傷害やストレス応答研究，抗癌剤，あるいは変異原／発癌剤として有用なものも少なくない．

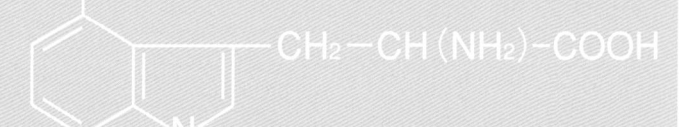

1）核酸代謝関連

α-アマニチン（α-amanitin）

- **分子式**：C$_{39}$H$_{54}$N$_{10}$O$_{14}$S
- **分子量**：918.97
- **別名**：α-アマトキシン
- **CAS登録番号**：23109-05-9

❏ 基本データ

形状	：白色〜淡黄色の粉末
溶解性	：水（1 mg/mL），エタノール，メタノールに可溶
モル吸光係数	：ε_{310} 135,000（水）

❏ 活用法

調製法	：水溶液
使用条件	：RNAポリメラーゼⅡ，Ⅲに対する50％阻害濃度は，0.025 μg/mL，20 μg/mL
取り扱いの注意	：毒性がきわめて強いので十分注意して扱う：LD$_{50}$（マウス，腹腔内注射）0.1 mg/kg
保存の方法	：冷凍庫保存

入手先　　　　：和光純薬工業（532-71781），シグマ・アルドリッチ（A2263）

解説

【特徴】 *Amanita* 属キノコ（タマゴテングダケなど）の産生する有毒性オクタペプチド．真核生物のRNAポリメラーゼⅡ（polⅡ）を強く阻害する．polⅢは弱く阻害し，polⅠや細菌のRNAポリメラーゼは阻害しない．
【作用機構】 RNAポリメラーゼに結合して，転写の伸長を阻害する．
【用途】 分子生物学研究．転写研究．転写中RNAポリメラーゼの識別．

アラビノシルシトシン
（arabinosylcytosine：Ara-C）

- **分子式**：$C_9H_{13}N_3O_5$
- **分子量**：243.22
- **別名**：シトシン1-β-D-アラビノフラノシド，スポンゴシチジン，シタラビン
- **CAS登録番号**：147-94-4

基本データ

形状	：白色の結晶〜粉末
溶解性	：水，氷酢酸に易溶，エタノールに難溶．
溶液の特性	：水溶液のpH（10g/L，25℃）pH 6.5〜8.0
モル吸光係数	：ε_{281} 13,171（pH2.0）

活用法

使用条件	：0.1〜0.5 μM
取り扱いの注意	：毒性がある：LD_{50}（マウス，経口投与）3,150 mg/kg
保存の方法	：冷凍〜冷蔵保存
入手先	：和光純薬工業（030-11951），シグマ・アルドリッチ（C1768）

❏ 解説

【特徴】 細胞増殖阻害剤．急性白血病治療に用いられる代謝拮抗剤．

【作用機構】 細胞内でリン酸化されて三リン酸型となり，DNA合成の基質拮抗剤として作用する．DNAポリメラーゼを阻害する．

【用途】 薬理研究用．細胞増殖研究用．細胞増殖阻害試薬．医薬品．

【関連物質】 Ara-C塩酸（CAS登録番号：69-74-9，分子量：279.68）．スポンゴアデノシン（Ara-A，分子量：267.24）．抗生物質として放線菌からも得られ，抗ウイルス活性をもつ．

BrdU, BUdR
〔5-ブロモ-2'-デオキシウリジン（5-bromo-2'-deoxyuridine, ブロモデオキシウリジン)〕

- **分子式**：$C_9H_{11}BrN_2O_5$
- **分子量**：307.10
- **別名**：5-ブロモウラシルデオキシリボシド，broxuridine
- **CAS登録番号**：59-14-3

❏ 基本データ

形状	：白色結晶～結晶性粉末
溶解性	：水に可溶
溶液の特性	：$pK_a=8.1$
モル吸光係数	：ε_{280} 9,250（pH2.0）

❏ 活用法

使用条件	：30 μg/mL
取り扱いの注意	：毒性がある：LD_{50}（ラット，経口投与）8,400 mg/kg
保存の方法	：冷凍庫保存
入手先	：和光純薬工業（023-15563），シグマ・アルドリッチ（B5002）

解説

【特徴】 変異源（GC→AT転位を起こす）として作用する．取り込んだBrdUは抗体で検出できる．細胞毒性がないので，真核細胞のDNA合成期にある細胞をリアルタイムで標識できる．

【作用機構】 チミジンアナログとなり，細胞周期のS期に細胞DNAに特異的に取り込まれる．

【用途】 分子遺伝学実験（DNA合成検出用）．細胞増殖検出試薬．

【関連物質】 5-ブロモウラシル（CAS登録番号：51-20-7，分子量：190.98）．BrdUと類似の目的で使用できる．

ヒドロキシ尿素（hydroxyurea：HU）

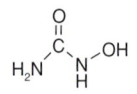

- **分子式**：$NH_2CONHOH$
- **分子量**：76.06
- **別名**：ヒドロキシウレア，ヒドロキシカルバミド
- **CAS登録番号**：127-07-1

基本データ

形状	：白色〜微紅褐色の結晶〜結晶性粉末
融点	：70〜72℃
溶解性	：水や熱エタノール易溶

活用法

使用条件	：0.5〜5 mM
取り扱いの注意	：毒性がある：LD_{50}（マウス，経口投与）5,800 mg/kg
保存の方法	：冷蔵庫保存
入手先	：和光純薬工業（085-06653），シグマ・アルドリッチ（H8627）

解説

【特徴】 DNA合成阻害活性，抗ウイルス活性，抗腫瘍活性をもつ．

【作用機構】*in vivo*でDNA合成を阻害する．ヌクレオシド二リン酸還元酵素を阻害し，リボヌクレオチドからデオキシリボヌクレオチドの合成を阻害する．

【用途】細胞工学用試薬．DNA合成阻害用．細胞周期同調用（G_1期とS期の境）．有機合成原料．

文献
1) Schimke, R. T. et al.：Science, 202：1051-1055, 1978

硫酸ジメチル（dimethyl sulfate：DMS）

- **分子式**：$(CH_3)_2SO_4$
- **分子量**：126.13
- **別名**：硫酸メチル，ジメチル硫酸
- **CAS登録番号**：77-78-1

❏ 基本データ

形状	：無色・無臭～わずかに特有の臭いをもつ透明な油状液体
融点	：－31.4℃
沸点	：189℃
比重	：1.3322（20℃）
引火点	：83℃
溶解性	：水〔2.8%（18℃）〕，ヘキサン，エタノールに可溶

❏ 活用法

調製法	：水溶液
使用条件	：10 μM
取り扱いの注意	：腐食性，毒性が高い：LD_{50}（ラット，経口投与）205 mg/kg．手袋をして蒸気の吸引を避け，ドラフト内で注意して扱う
保存の方法	：室温保存
入手先	：和光純薬工業（041-08915），シグマ・アルドリッチ（D5297）

❏ 解説

【特徴】強力なメチル化剤．発癌性がある．
【作用機構】DNA（塩基）を含むさまざまな物質をメチル化する．
【用途】細胞傷害剤．変異源．DNAメチル化（マクサム・ギルバート法）．有機合成材料．

シスプラチン（cisplatin）

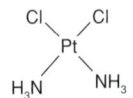

- 分子式：$PtCl_2(NH_3)_2$
- 分子量：300.05
- 別名：*cis*-ジアミンジクロロ白金（Ⅱ），*cis*-DDP，CACP，CPDC，DDP
- CAS登録番号：15663-27-1

❏ 基本データ

形状	：淡黄色の結晶性粉末
溶解性	：エタノールに不溶，ジメチルスルホキシド（DMSO）（>100 mg/mL）や*N, N*-ジメチルホルムアミド（DMF）に可溶，水に難溶（0.253g/100 mL：25℃）

❏ 活用法

調製法	：水溶液
使用条件	：10〜200 μM
取り扱いの注意	：毒性が強い：LD_{50}（ラット，経口投与）25 mg/kg
保存の方法	：冷蔵庫保存
入手先	：和光純薬工業（039-20093），LKT Labs（C3374）

❏ 解説

【特徴】白金錯体のシス体．発癌性があるが，抗癌活性もある．
【作用機構】DNAの鎖内架橋を形成して，DNA合成を阻害する．
【用途】細胞傷害剤．薬理学研究．癌研究用．医薬品．

ATP-γ-S
〔adenosine-5'-（γ-thio）triphosphate tetralithiumsalt, アデノシン-5'-（γ-チオ）三リン酸四リチウム塩〕

- **分子式**：$C_{10}H_{12}Li_4N_5O_{12}P_3S$
- **分子量**：546.98
- **別名**：5'-O-（3-チオ三リン酸）アデノシン
- **CAS登録番号**：93839-89-5

基本データ

形状	：白色粉末
溶解性	：水に可溶（25 mg/mL）

活用法

調製法	：水溶液
使用条件	：0.1～10mM（生化学実験では1mMが一般的）
保存の方法	：冷凍庫保存
入手先	：和光純薬工業（530-71721），シグマ・アルドリッチ（A1388）

解説

【特徴】ATPのγ位のリン酸中の二重結合の酸素が硫黄となったもの．ごくゆっくりと加水分解されるATPアナログ．ATP依存性酵素反応の基質あるいは阻害剤として作用する．

【用途】生化学研究，エネルギー供与体の解析，ATPがかかわる反応の解析．

【作用機構】GTP-γ-S（CAS登録番号：94825-44-2，分子量：563.0）．ATP-γ-Sのアデニンがグアニンに変わったもの．GTPにくらべて加水分解抵抗性がある．

ジエチルニトロソアミン〔N, N-ジエチル-4-ニトロソアミン（N, N-diethyl-4-nitrosoamine：DEN）〕

- 分子式：$(C_2H_5)_2N-N=O$
- 分子量：102.14
- 別名：エチルニトロサミン，N-ニトロソジエチルアミン，DENA，NDEA
- CAS登録番号：55-18-5

❏ 基本データ

形状	：淡黄色の液体
沸点	：175〜177℃
比重	：0.9422
溶解性	：水，エタノール，メタノールに可溶

❏ 活用法

調製法	：メタノールあるいはエタノールで希釈
使用条件	：1〜10mM（細胞），50〜200 mg/kg（動物，腹腔内投与）
取り扱いの注意	：十分に注意して扱う．発癌性，毒性がある：LD_{50}（ラット，経口投与）280 mg/kg
保存の方法	：冷蔵庫保存
入手先	：Ultra Scientific（RCC-016），シグマ・アルドリッチ（N0258）

❏ 解説

【特徴】ニトロソ化合物は一般に強い変異原性を示す．DENは環境中の存在する発癌物質で，タバコの煙に微量含まれ，動物に肺癌，肝臓癌，食道癌なのさまざまな癌を発生させる．

【作用機構】体内でヒドロキシニトロソアミンに変換され，強いアルキル化剤として，DNAなどに作用する．

【用途】動物に対する実験発癌（例：ラット肝臓癌発癌，ソルト・ファーバー法）

4-NQO
(4-nitroquinoline 1-oxide, 4-ニトロキノリン1-オキシド)

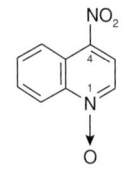

- **分子式**：$C_9H_6O_3N_2$
- **分子量**：190.16
- **CAS登録番号**：56-57-5

基本データ

形状	：黄～赤味がかった黄色の結晶
溶解性	：エタノールに易溶だが，水に難溶

活用法

調製法	：エタノール溶液
使用条件	：0.02～0.2 μg/mL
取り扱いの注意	：毒性が強いので注意して扱う：LD_{50}（ラット，皮下注射）12.6 mg/kg
保存の方法	：冷蔵～冷凍保存
入手先	：和光純薬工業（147-03421），シグマ・アルドリッチ（N8141）

解説

【特徴】代表的化学発癌物質．動物に皮膚癌，舌癌，肉腫を起こす．培養細胞や細菌に対しても変異原として作用する．

【作用機構】体内で4－ヒドロキシアミノキノリン1-オキシドに還元された後，セリン結合物をつくり，DNAと反応すると考えられる．

【用途】細菌に対する変異原．エイムステストの陽性対照．実験発癌剤．培養細胞の不死化処理．

ニトロソグアニジン
〔MNNG, NG（N-methyl-N-nitrosonitroguanidin, N-メチル-N-ニトロソグアニジン）〕

- **分子式**：$CH_3N(NO)C(NH)NHNO_2$
- **分子量**：147.09
- **別名**：1-メチル-1-ニトロソ-3-ニトログアニジン
- **CAS登録番号**：70-25-7

基本データ

形状	：うすい黄色～褐色の結晶
融点	：118℃
溶解性	：水に可溶

活用法

調製法	：水溶液
使用条件	：50 μM
取り扱いの注意	：十分注意して扱う．発癌性があり毒性も高い：LD_{50}（ラット，経口投与）90 mg/kg
保存の方法	：室温保存
入手先	：和光純薬工業（138-14901），シグマ・アルドリッチ（129941）

解説

【特徴】グアニジン骨格をもつN-ニトロソ化合物で，突然変異誘発剤としての典型的薬剤．最も強い変異原の１つ．ニトロソグアニジンというとMNNGを指す．エチル体（ENNG）も強発癌物質．

【作用機構】強いアルキル化能をもち，DNAなどを修飾する．

【用途】微生物変異原．胃癌などの実験発癌．

アザグアニン〔8-アザグアニン（8-azaguanine）〕

- **分子式**：$C_4H_4N_6O$
- **分子量**：152.1
- **別名**：2-アミノ-6-ヒドロキシ-8-アザプリン，グアナゾロ
- **CAS登録番号**：134-58-7

❏ 基本データ

形状	：結晶
溶解性	：水，エタノールに不溶．薄い酸やアルカリに可溶

❏ 活用法

使用条件	：0.1〜0.4mM（培養細胞）
取り扱いの注意	：毒性がある：LD_{50}（マウス，経口投与）1,500 mg/kg
保存の方法	：冷凍庫保存
入手先	：和光純薬工業（594-01451），シグマ・アルドリッチ（A5284）

❏ 解説

【特徴】*Streptomyces albus*の培養液からも得られる．抗カビ，抗腫瘍活性，細胞増殖阻害効果をもつ．

【作用機構】プリン拮抗物質．すみやかにRNAに取り込まれる．

【用途】細胞増殖，ヌクレオチド代謝研究．

ブロモウラシル
[5-ブロモウラシル（5-Bromouracil：5-BrUra）]

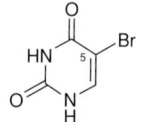

- **分子式**：$C_4H_3BrN_2O_2$
- **分子量**：190.98
- **別名**：5-ブロモ-2,4-ジヒドロキシピリミジン
- **CAS登録番号**：51-20-7

基本データ

形状	：白色～うすい褐色の結晶
溶解性	：DMFに易溶．水，エタノールに難溶

活用法

調製法	：DMFあるいはエタノール
使用条件	：0.05～0.2 mM
取り扱いの注意	：毒性がある：LD_{50}（ラット，腹腔内注射）1,700 mg/kg
保存の方法	：室温保存
入手先	：和光純薬工業（020-09441），シグマ・アルドリッチ（852473）

解説

【特徴】ウラシルの5位が臭素に置換した塩基で，チミン相当の挙動をとる．DNAに取り込まれた後，突然変異を誘起する．

【作用機構】グアニンと塩基対をつくるので，AT対からGA対への転移変異を起こす．紫外線に対する感受性（DNAの破壊や変異の誘導）が高まる．

【用途】選択的細胞死の誘起．突然変異誘起剤．有機合成原料．

フルオロウラシル
[5-Fluorouracil（5-フルオロウラシル：5-FU）]

- **分子式**：$C_4H_3FN_2O_2$
- **分子量**：130.08
- **別名**：5-フルオロ-2, 4-ジヒドロキシピリミジン
- **CAS登録番号**：51-21-8

基本データ

形状	：白色の粉末
溶解性	：1Mアンモニア，DMSO/DMF，メタノールに可溶．水に微溶
溶液の特性	：$pK_a=8.0$
モル吸光係数	：$\varepsilon_{265.5}$ 7,070（0.1N HCl）

活用法

使用条件	：10μM
取り扱いの注意	：毒性がある：LD_{50}（ラット，経口投与）230 mg/kg
保存の方法	：室温保存
入手先	：和光純薬工業（064-01403），シグマ・アルドリッチ（F6627）

解説

【特徴】ウラシルの5位がフッ素に置換した塩基で，抗癌活性をもつDNA合成阻害剤．細胞増殖をS期で停止させ，アポトーシスを誘導する．mRNAからの翻訳を阻害する．

【作用機構】フルオロデオキシウリジン酸に代謝されてチミジン酸合成酵素を阻害し，dTTPプールを減少させる．フルオロウリジン三リン酸に代謝されてUTPに代わってRNAに取り込まれる．

【用途】細胞増殖研究．細胞周期研究．核酸代謝研究．医薬（抗癌剤）．

メチルメタンスルホン酸
(methyl methanesulfonate：MMS)

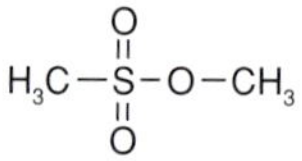

- **分子式**：$CH_3SO_2OCH_3$
- **分子量**：110.13
- **別名**：メタンスルホン酸メチル
- **CAS登録番号**：66-27-3

基本データ

形状	：無色の液体
比重	：1.2943
溶解性	：4倍量の水，等量のDMFに溶ける

活用法

使用条件	：10～500 μM
取り扱いの注意	：毒性がある：LD_{50}（ラット，経口投与）225 mg/kg
保存の方法	：室温～冷蔵庫保存
入手先	：和光純薬工業（321-56332），シグマ・アルドリッチ（M4016）

解説

【特徴】発癌性物質．ヒトに対しても発癌性があると予想される．細胞増殖抑制能/G_1停止，アポトーシス誘導能，変異原性がある．

【作用機構】DNAをアルキル化する．

【用途】細胞増殖研究．細胞ストレス応答研究．変異原．有機合成原料．

エトポシド (etoposide)

- **分子式**：$C_{29}H_{32}O_{13}$
- **分子量**：588.56
- **別名**：VP16-213
- **CAS登録番号**：33419-42-0

基本データ

形状	：白色粉末
溶解性	：メタノールに易溶，DMSOやエタノールに可溶．水には難溶
溶液の特性	：$pK_a=9.8$
モル吸光係数	：ε_{283} 4,245（メタノール）

活用法

調製法	：DMSOかエタノールに溶かす
使用条件	：0.1〜10mM
取り扱いの注意	：有害性物質：LD_{50}（ラット，経口投与）1.78 g/kg
保存の方法	：冷蔵庫保存
入手先	：和光純薬工業（051-05851），シグマ・アルドリッチ（E1383）

解説

【特徴】細胞増殖阻害効果をもつ．
【作用機構】DNAトポイソメラーゼⅡ-DNA複合体に結合し，酵素を阻害するとともに，DNA鎖を切断する．
【用途】抗癌剤．抗白血病薬．

メチルニトロソ尿素
〔MNU（N-methyl-N-nitrosourea，N-メチル-N-ニトロソ尿素）〕

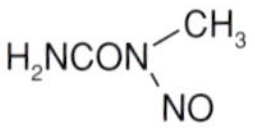

- 分子式：$C_2H_5N_3O_2$
- 分子量：103.08
- 別名：N-ニトロソ-N-メチル尿素（NMU）
- CAS登録番号：684-93-5

❏ 活用法

使用条件　：0.5〜5 mM
保存の方法：冷蔵〜冷凍保存
入手先　　：和光純薬工業（507-26761），シグマ・アルドリッチ（N1517）

❏ 解説

【特徴】動物に多様な癌を起こす発癌性物質．
【作用機構】アルキル化剤として作用する．
【用途】発癌研究．実験発癌剤．

アザシチジン
〔5-AzaC（5-azacytidine，5-アザシチジン）〕

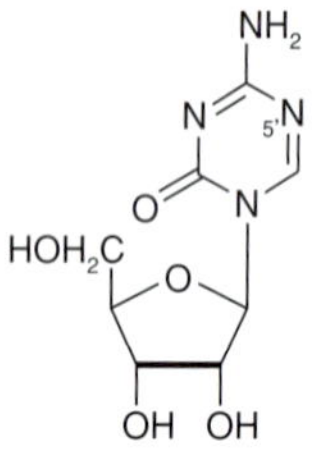

- 分子式：$C_8H_{12}N_4O_5$
- 分子量：244.20
- 別名：アザシチジン
- CAS登録番号：320-67-2

❏ 基本データ

形状　　：白色の結晶性粉末
溶解性　：水に溶け（40 mg/mL，温水），エタノールにほとんど溶けない

モル吸光係数 ： ε_{241} 8,767（水）

活用法

調製法	：水溶液，培地に溶かす
使用条件	：10〜200 μM
取り扱いの注意	：毒性がある：LD_{50}（マウス，経口投与）572 mg/kg
保存の方法	：冷凍庫保存
入手先	：和光純薬工業（010-16714），シグマ・アルドリッチ（A2385）

解説

【特徴】シチジンアナログ．強い細胞増殖阻害活性，抗癌活性をもつ，*Streptoverticillus lakadamus var.*が産生するグラム陰性菌に対する抗生物質でもある．

【作用機構】リン酸化されてDNAに取り込まれ，DNA合成を阻害する，DNAメチル化転移酵素を阻害する．

【用途】細胞増殖研究．核酸代謝研究．抗生剤

メチルコラントレン
〔3-MC（3-methylcholanthrene，3-メチルコラントレン）〕

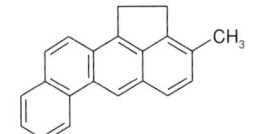

- 分子式：$C_{21}H_{16}$
- 分子量：268.36
- 別名：20-メチルコラントレン
- CAS登録番号：56-49-5

基本データ

形状	：淡黄色結晶
溶解性	：有機溶媒，油脂に溶け，水に不溶
モル吸光係数	：ε_{241} 8,767（水）

❏ 活用法

調製法	：DMSO，植物油脂に溶かす
使用条件	：5 μg/mL
取り扱いの注意	：発癌性があるため，十分注意して取り扱う
入手先	：MP Biochemicals（199873），Ultra Scientific（RAH-041）

❏ 解説

【特徴】タバコの煙に微量含まれる，ステロイド様構造をもつ代表的な発癌性芳香族炭化水素．動物に皮膚癌，白血病，肺癌を起こし，ホルモン作用（エストロゲンなど）を撹乱する．

【用途】実験発癌試薬．発癌機構研究．

2）タンパク質代謝関連

アウリントリカルボン酸
(aurintricarboxylic acid：ATA)

- **分子式**：$C_{22}H_{14}O_9$
- **分子量**：422.34
- **別名**：オーリントリカルボン酸
- **CAS登録番号**：4431-00-9

❏ 基本データ

形状	：赤色〜暗赤褐色の結晶
溶解性	：エタノールに溶け，水およびアセトンにほとんど溶けない．1Mアンモニアに1％で溶ける

❏ 活用法

調製法	：エタノール
使用条件	：10〜100 μM
取り扱いの注意	：毒性がある：LD_{50}（マウス，腹腔内注射）340 mg/kg
保存の方法	：室温保存
入手先	：和光純薬工業（017-16981），シグマ・アルドリッチ（A1895）

❏ 解説

【特徴】 RNaseやトポイソメラーゼの阻害剤．アポトーシスを抑える．

【作用機構】 重合して遊離ラジカルを生じ，核酸とタンパク質の結合を阻害する．種々のキナーゼを活性化する．

【用途】RNA抽出，細胞増殖制御研究．シグナル伝達研究．有機合成．

メチルトリプトファン〔5-MT（5-methyl-DL-tryptophan, 5-メチル-DL-トリプトファン）〕

H₃C—[indole環]—CH₂—CH(NH₂)—COOH

- **分子式**：$C_{12}H_{14}N_2O_2$
- **分子量**：218.26
- **別名**：5-メチルトリプトファン
- **CAS登録番号**：951-55-3

基本データ

形状	：白色の粉末
溶解性	：酢酸に溶け，水に微溶

活用法

使用条件	：5 mg/mL
保存の方法	：冷蔵庫保存
入手先	：和光純薬工業（133-03221），シグマ・アルドリッチ（M0543）

解説

【特徴】トリプトファンアナログでタンパク質に取り込まれない．
【作用機構】トリプトファン活性化酵素の拮抗阻害剤．シキミ酸5-リン酸とグルタミン酸からのアントラニル酸の合成を阻害する．
【用途】分子遺伝学研究用．培地添加用試薬．選択薬剤．有機合成材料．

【関連物質】4-メチル-DL-トリプトファン（CAS登録番号：1954-45-6，分子量：218.25），6-メチル-DL-トリプトファン（CAS登録番号：2280-85-5，分子量：218.25），7-メチル-DL-トリプトファン（CAS登録番号：17332-70-6，分子量：218.25）

エチオニン〔DL-エチオニン（DL-ethionine）〕

- 分子式：$C_6H_{13}NO_2S$
- 分子量：163.24
- 別名：S-エチル-DL-ホモシステイン
- 構造式：L-エチオニンを示す
- CAS登録番号：67-21-0

基本データ

形状	：白色の結晶
溶解性	：希塩酸，水に可溶，エタノールに難溶

活用法

使用条件	：1g/200g（*in vivo*投与の場合）
取り扱いの注意	：毒性がある：LD_{50}（マウス，腹腔内注射）4,250 mg/kg
保存の方法	：冷凍〜冷蔵保存
入手先	：和光純薬工業（055-00332），シグマ・アルドリッチ（E5139）

解説

【特徴】天然には存在しないメチオニン類似物質．タンパク質阻害活性，細胞阻害効果をもつ．

【作用機構】メチオニンに代わってタンパク質に取り込まれたり，メチオニンの代わりに代謝に参加して毒性を発揮する．

【用途】生化学研究．アミノ酸代謝研究．

フルオロトリプトファン〔4-フルオロ-DL-トリプトファン（4-fluoro-DL-tryptophane）〕

構造式: 4-フルオロインドール環に -CH₂-CH(NH₂)-COOH が結合

- **分子式**：$C_{11}H_{11}FN_2O_2$
- **分子量**：222.22
- **CAS登録番号**：25631-05-4

基本データ

形状　　：白色粉末
溶解性　：水やエタノールに溶け難い

活用法

使用条件　　：10〜100 μg/mL
保存の方法　：冷凍〜冷蔵保存
入手先　　　：和光純薬工業（327-39991），シグマ・アルドリッチ（F7376）

解説

【特徴と作用機構】 トリプトファンのアナログで，翻訳を阻害する．

【関連物質】 5-フルオロ-DL-トリプトファン（CAS登録番号：154-08-5，分子量：222.22），6-フルオロ-DL-トリプトファン（CAS登録番号：7730-20-3，分子量：222.22）

文献

1) Rule G. S. et al.：Biochemistry, 26：549-556, 1987

カナバニン
〔L-カナバニン硫酸塩 (L-canavanine sulfate salt)〕

- 分子式：$C_5H_{12}N_4O_3$
- 分子量：176.18
- 別名：2-アミノ-4-(グアニジオオキシ) 酪酸硫酸塩
- CAS登録番号：2219-31-0

基本データ

形状	：無色の結晶
融点	：184℃
溶解性	：水に易溶
溶液の特性	：水溶液は塩基性．$pK_1=2.5$, $pK_2=6.6$, $pK_3=9.25$

活用法

使用条件	：10〜50 mg/kg（腹腔内注射），1〜10mM（生化学反応）
保存の方法	：冷蔵〜冷凍保存
入手先	：和光純薬工業（532-43071），シグマ・アルドリッチ（C9758）

解説

【特徴】植物に存在し，はじめナタマメから発見された．微生物，植物の成長を抑制する．誘導性一酸化窒素（NO）合成を阻害する．有毒性．

【作用機構】アルギニン類似構造をもち，アルギニンにかかわる酵素の基質や拮抗剤として作用する．

【用途】薬理研究試薬．NO作用研究．シグナル伝達研究．

第 I 部：生物学的作用および用途別試薬

第8章
膜機能阻害剤

田村隆明

細胞膜に直接働いて物質移動を変化させたり，細胞内代謝やシグナル伝達を変化させることにより結果的に膜機能を修飾／阻害する薬剤がいくつか知られている．この範疇に入る物質のなかには動物や植物がつくる薬理活性物質や毒が多く，薬剤のいくつかは I 部-5章でも紹介している．

サイトカラシン〔サイトカラシンB（cytochalasin B）〕

- **分子式**：$C_{29}H_{37}NO_5$
- **分子量**：479.61
- **別名**：フォミン
- **CAS登録番号**：14930-96-2

❏ 基本データ

形状	：白色の結晶
溶解性	：ジメチルスルホキシド（DMSO），メタノールに易溶，エタノールに可溶，水に難溶

❏ 活用法

調製法	：エタノール溶液
使用条件	：1 μg/mLで細胞分裂を阻止する
取り扱いの注意	：毒性がある：LD_{50}（マウス，腹腔内注射）30 mg/kg
保存の方法	：結晶の状態で，冷凍庫保存
入手先	：和光純薬工業（030-17551），シグマ・アルドリッチ（C6762）

❏ 解説

【特徴】菌類（*Drechslera dematoidea*）の代謝産物で細胞分裂，細胞運動，発生（原腸貫入など），ニューロンの軸索伸長を阻害する．A～Jの種類がある．

【作用機能】Fアクチンに結合し，Gアクチン結合を阻害する．アクチン重合を可逆的に阻害し，アクチンのフィラメント構造を弱める．

【用途】細胞増殖，発生研究．アクチン重合研究．

【関連物質】サイトカラシンA（CAS登録番号：14110-64-6），サイトカラシンD（CAS登録番号：22144-77-0，分子量：507.62），サイトカラシンE（CAS登録番号：36011-19-5）．

イオノホアA23187 (ionophore A23187)

- **分子式**：$C_{29}H_{37}N_3O_6$
- **分子量**：523.62
- **別名**：カルシマイシン，カルシウムイオノホアA23187，抗生物質A-23187
- **CAS登録番号**：52665-69-7

基本データ

形状	：白色の結晶性粉末
溶解性	：メタノール，DMSOに易溶，水に微溶
モル吸光係数	：ε_{278} 18,200（エタノール）

活用法

調製法	：DMSO（100mM）
使用条件	：1〜10 μM
取り扱いの注意	：毒性が強い：LD_{50}（ラット，腹腔内注射）9.2 mg/kg
保存の方法	：冷凍庫保存
入手先	：和光純薬工業（019-20111），シグマ・アルドリッチ（C5149）

解説

【特徴】カルボキシルイオノホアの1つ．*Streptomyces chartreusis*が産生する抗生物質でもある．グラム陽性菌やカビ類の発育を阻害する．

【作用機能】カルシウムイオンに結合し，イオンの輸送を増加させる．NMDA応答を高める．

【用途】細胞膜機能研究．カルシウムイオン動態研究．神経化学用試薬．

コレラトキシン
[コレラトキシン溶液 (cholera toxin solution)]

- **分子量**：84,000（タンパク質）
- **別名**：コレラ毒素
- **CAS登録番号**：9012-63-9

基本データ

形状　　　　：液体として市販されている（～1 mg/mL）

活用法

使用条件　　　：100ng/mL
取り扱いの注意：in vitroで使用する場合は50mMジチオトレイトール（DTT）で30分処理する．猛毒性なので，取扱いに注意
保存の方法　　：冷凍庫保存
入手先　　　　：和光純薬工業（030-20621），ナカライテスク（08753-81）

解説

【特徴】コレラ菌（*Vibrio cholera*）の産生する毒性タンパク質．腸粘膜から水を排出させて下痢を起こす．

【作用機能】アデニルシクラーゼ調節タンパク質のG_SをADPリボシル化し，G_SのGTPase活性を失わせる．G_SがGTP結合のまま留まることによりアデニルシクラーゼが恒常的に活性化状態となり，cAMP濃度が上昇する．

【用途】シグナル伝達研究．cAMP代謝研究．

ジギトニン (digitonin)

- **分子式**：$C_{56}H_{92}O_{29}$
- **分子量**：1,229.33
- **CAS登録番号**：11024-24-1

基本データ

形状	：白色の粉末
溶解性	：水にやや溶けやすい

活用法

調製法	：熱水で溶かしてから（〜5％）室温に戻す
使用条件	：5mM（タンパク質溶解用）
取り扱いの注意	：毒性がある：LD_{50}（ラット，経口投与）50 mg/kg
保存の方法	：室温保存
入手先	：和光純薬工業（041-21372），シグマ・アルドリッチ（D141）

解説

【特徴】ゴマノハグサ科植物のジギタリスに含まれるサポニンの一種で，ステロイド配糖体．ジギトゲニン，D-グルコース，D-ガラクトース，D-キシロースからなる．溶血性，発泡性がある．

【作用機能】 強い界面活性がある．
【用途】 阻害剤よりはむしろ界面活性剤として利用される．遺伝子工学用，核酸調製用試薬．膜溶解剤．細胞膜研究用．コレステロール定量用．

ジギトキシン（digitoxin）

- **分子式**：$C_{41}H_{64}O_{13}$
- **分子量**：764.95
- **別名**：ジギタリン
- **CAS登録番号**：71-63-6

基本データ

形状	：白色の粉末
溶解性	：エタノールに可溶．水に難溶

活用法

調製法	：エタノールで溶解
使用条件	：300nM（*in vitro*で）
取り扱いの注意	：毒性がある：LD$_{50}$（モルモット・ネコ，経口投与）60 mg/kg（モルモット）・0.18 mg/kg（ネコ）
保存の方法	：冷蔵～冷凍保存

入手先 ：和光純薬工業（046-25261），シグマ・アルドリッチ（D5878）

❏ 解説

【特徴】ジギタリスから得られる強心配糖体で，アグリコンはステロイドであるジギトキシゲニン．

【作用機能】Na^+, K^+-ATPaseを阻害し，細胞内カルシウムイオン濃度を上げて心筋収縮を高める．

【用途】薬理，生理作用研究．心臓疾患薬．

第Ⅰ部：生物学的作用および用途別試薬

第9章
ミトコンドリアや葉緑体の阻害物質

田村隆明

　ミトコンドリアや葉緑体は，エネルギー供給／生産の場として，核と並んで重要な細胞小器官であり，この機能の阻害剤は細胞の生存に重大な影響を与える．これら阻害剤の働きとしては，呼吸鎖の酵素や補酵素を阻害するもの，ATP合成酵素に作用するもの，膜におけるイオノホアとして作用し，脱共役作用を発揮するものなどがある．呼吸系などの研究に使われるほか，生物毒性を利用して，防腐剤，殺虫剤，農薬などとして利用されるものがあるが，環境汚染や発癌性／催奇形性があるため，一般的な使用に制限があるものも多い．ヒ素剤や脱共役剤のように，一般に呼吸を止める作用があるために，いずれの試薬も毒性がきわめて高い．

ヒ酸ナトリウム〔ヒ酸水素二ナトリウム七水和物 (disodium hydrogen arsenate heptahydrate)〕

- **分子式**：$Na_2HAsO_4 \cdot 7H_2O$
- **分子量**：312.01
- **別名**：第二ヒ酸ナトリウム，ヒ酸ナトリウム2塩基性
- **CAS登録番号**：10048-95-0

基本データ

形状	：白色結晶
物理化学的特徴	：57℃で融解し，100℃で無水物となる
溶解性	：水に易溶，エタノールに微溶
溶液の特性	：水溶液は塩基性，pK_a=2.25, 6.77, 11.53

活用法

使用条件	：10mM
取り扱いの注意	：猛毒性なので，注意して扱う．LDLo（ウサギ，経口投与）51 mg/kg
保存の方法	：室温保存
入手先	：和光純薬工業（195-13052），シグマ・アルドリッチ（A6756）

解説

【特徴】発癌性の恐れがあり，また各種臓器障害を起こす．

【用途】生化学研究試薬．ヒ素化合物の原料．アルカロイドの検出．防腐剤．

酸化ヒ素〔三酸化二ヒ素 (diarsenic trioxide)〕

- **分子式**：As_2O_3
- **分子量**：197.84
- **別名**：亜ヒ酸，無水亜ヒ酸，三酸化ヒ素
- **CAS登録番号**：1327-53-3

🔲 基本データ

形状	：白色の結晶性粉末
物理化学的特徴	：三価ヒ素の酸化物で、還元性がある．昇華性，風解性
溶解性	：水の微溶（1.8g/100 mL，20℃），酸やアルカリに可溶
溶液の特性	：水溶液は弱酸性．pK_a＝9.22

🔲 活用法

使用条件	：0.1mM
取り扱いの注意	：猛毒性なので注意して取扱う．毒性はLD_{50}（マウス、経口投与）32 mg/kg，ヒト経口最小致死量：1.429 mg/kg
保存の方法	：室温保存
入手先	：和光純薬工業（010-04722），シグマ・アルドリッチ（A1010）

🔲 解説

【特徴】発癌性の恐れがあり，各種臓器障害を起こす．

【用途】生化学研究試薬．合成原料．防腐剤．医薬（白血病など）．除草剤．殺鼠剤．

アジ化ナトリウム（sodium azide）

- 分子式：NaN_3
- 分子量：65.01
- 別名：三窒化ナトリウム，ナトリウムアジド
- CAS登録番号：26628-22-8

🔲 基本データ

形状	：白色の結晶
溶解性	：水に可溶（42％，室温）
溶液の特性	：水溶液はアルカリ性

🔲 活用法

調製法	：水溶液
使用条件	：0.1mM（生化学実験），0.01％（防腐剤として）

取り扱いの注意：毒性が強いので注意して扱う．LD$_{50}$（ラット，経口投与）27 mg/kg
保存の方法 ：室温保存
入手先 ：和光純薬工業（190-14901），シグマ・アルドリッチ（S8032）

❏ 解説

【特徴】強い防腐効果がある．

【作用機能】ヘム鉄結合酵素（シトクロムcオキシダーゼなど）の反応を阻害する．

【用途】防腐剤．合成原料．タンパク質分析用．発色剤．還元剤．

アンチマイシンA（antimycin A）

A$_1$：R＝n-C$_6$H$_{13}$, A$_3$：R＝n-C$_4$H$_9$

- **分子式**：①アンチマイシンA$_1$（アンチピリクリン，ピロシン）：C$_{28}$H$_{40}$N$_2$O$_9$，CAS登録番号：624-15-9，分子量：548.63

   ②アンチマイシンA$_3$（ブラストマイシン）：C$_{26}$H$_{36}$N$_2$O$_9$，CAS登録番号：552-70-3，分子量：520.58
- **CAS登録番号**：1397-94-0

❏ 基本データ

形状 ：白色の粉末
溶解性 ：水に難溶，メタノールやエタノールに溶ける
溶液の特性 ：弱酸性

❏ 活用法

調製法 ：アルコールに溶かす

使用条件	:0.1μM
取り扱いの注意	:毒性が非常に強い．LD_{50}（マウス，静脈注射）0.9〜1.6 mg/kg
保存の方法	:冷凍庫保存
入手先	:和光純薬工業（591-01221），シグマ・アルドリッチ（A8674）

❑ 解説

【特徴】*Streptomyces kitasawaensis, S. griseus* などの産生する抗カビ性抗生物質で，$A_{1〜3}$がある．本項目の製品は，A_1とA_3の混合物．

【作用機能】呼吸鎖電子伝達系のシトクロムbとシトクロムc_1の間で阻害する．呼吸阻害剤．

【用途】呼吸系の研究．生化学用試薬．抗カビ剤（特に稲イモチ病など）．

キニーネ〔キニーネ塩酸塩二水和物（quinine hydrochloride dihydrate）〕

- **分子式**：$C_{20}H_{24}N_2O_2・HCl・2H_2O$
- **分子量**：396.91
- **別名**：キニン
- **構造式**：単体を示す
- **CAS登録番号**：6119-47-7

❑ 基本データ

形状	:白色の結晶性粉末
融点	:115℃
溶解性	:水に可溶，エタノールに易溶

🔲 活用法

使用条件	：*in vivo*，10 mg/kg. 一般，0.1〜1 mM
取り扱いの注意	：毒性がある：LD_{50}（ラット，経口投与）620 mg/kg
保存の方法	：遮光して室温保存
入手先	：和光純薬工業（177-00462），シグマ・アリドリッチ（Q1125）

🔲 解説

【特徴】キナの皮に含まれるアルカロイド．マラリアの特効薬として用いられる．苦味がある．

【作用機能】マラリア原虫にとって有毒なヘムを無毒化するヘムポリメラーゼを阻害する．フラボタンパク質酵素を阻害する（1mM）．

【用途】薬理研究用．医薬品．苦味剤（〜5μM）／苦味研究．

【関連物質】キニーネ（CAS登録番号：140-95-0，分子量：324.42）水に難溶，エタノールに可溶．キニーネ硫酸塩一水和物（CAS登録番号：6119-47-7，分子量：396.91）．

ペンタクロロフェノール
(pentachlorophenol：PCP)

- 分子式：C_6Cl_5OH
- 分子量：266.34
- CAS登録番号：87-86-5

🔲 基本データ

形状	：わずかに刺激臭のある白色の結晶
物理化学的特徴	：刺激性，腐食性がある
溶解性	：水に難溶（1 mg/100 mL，20℃），エタノールに可溶

🔲 活用法

使用条件	：10〜100μM
取り扱いの注意	：毒性がある：LD_{50}（ラット，経口投与）210 mg/kg. 発癌性

　　　　　　　　　が疑われている．
保存の方法　：室温保存
入手先　　　：和光純薬工業（165-00565），昭和化学工業（1660-8350）

❏ 解説

【特徴】以前は農薬などとして広く使われていた．環境汚染物質，環境ホルモン物質となっている．

【作用機能】エネルギー代謝阻害剤．脱共役剤（50 μM で酸化的リン酸化を脱共役させる）．

【用途】生化学用試薬．防腐剤，殺菌剤，除草剤（現在は使用禁止）．

DCC
〔N, N'-ジシクロヘキシルカルボジイミド
（N, N'-dicyclohexylcarbodiimide：DCCD, DCCI）〕

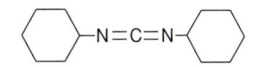

● 分子式：$C_6H_{11}N:C:NC_6H_{11}$
● 分子量：206.33
● CAS登録番号：538-75-0

❏ 基本データ

形状	：白色～薄黄色の塊．融解時は無色～黄色の澄明な液体
融点	：35～36℃
比重	：1.247
物理化学的特徴	：腐食性がある
溶解性	：水に難溶（10 mg/L）．エタノールや有機溶媒に可溶

❏ 活用法

使用条件	：10～100 μM
取り扱いの注意	：毒性がある：LD_{50}（ラット，経口投与）400 mg/kg
保存の方法	：冷蔵庫保存
入手先	：和光純薬工業（040-01682），シグマ・アルドリッチ（36650）

❏ 解説

【特徴】 ペプチド結合を形成させる．ミトコンドリアや葉緑体などのエネルギー転移にかかわる酵素の阻害薬として働く．

【作用機能】 脱水縮合剤として作用し，ペプチド結合を生成する．膜にあるプロトン-ATPase（F_1-F_0）の部分のプロトン路輸送タンパク質に結合してプロトン輸送を阻害する．

【用途】 タンパク質工学用試薬．ペプチド合成試薬．細胞研究用試薬．生化学用．縮合剤．

硫化水素（hydrogen sulfide）

- **分子式**：H_2S
- **分子量**：34.08
- **CAS登録番号**：7783-06-4

❏ 基本データ

形状	：特異な異臭（硫黄臭）をもつ気体
融点	：−85.5℃
沸点	：−60.7℃
比重	：1.19
物理化学的特徴	：還元性がある
溶解性	：水1容に対し2.3容（25℃）溶ける
溶液の特性	：酸性（pH 4.5）で弱い2塩基酸として働く．pK_{a1}＝7.04，pK_{a1}＝11.96

❏ 活用法

使用条件	：1mM
取り扱いの注意	：吸い込まないように注意する．毒性がある：LC_{50}（ラット，吸気1時間）712ppm

❏ 解説

【特徴】 硫黄を含むタンパク質の腐敗で生ずる．温泉地，火山噴火口から出ている場合がある．

【作用機能】 金属酵素を阻害する．
【用途】 硫黄や硫酸の生成．

CCCP
〔カルボニルシアニド3-クロロフェニルヒドラゾン（carbonyl cyanide 3-chlorophenylhydrazone：*m*-Cl-CCCP)〕

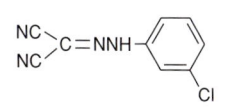

- **分子式**：$C_9H_5ClN_4$
- **分子量**：204.62
- **別名**：メソキサロニトリル（3-クロロフェニル）ヒドラゾン
- **CAS登録番号**：555-60-2

基本データ

形状	：黄色〜褐色の結晶
溶解性	：エタノール，メタノール，DMSOに溶け易い
水溶液の性質	：$pK_a=5.95$

活用法

使用条件	：10〜100nM
取り扱いの注意	：毒性が強い：LD_{50}（マウス，経口投与）8 mg/kg
保存の方法	：冷凍庫保存
入手先	：和光純薬工業（034-16993），シグマ・アルドリッチ（C2759）

解説

【特徴および機能】 プロトンイオノフォア．強力な脱共役作用があり，10〜100nMで，ミトコンドリアの酸化的リン酸化をほぼ完全に脱共役する．システインやジチオールで不活性化される．

【用途】 生化学研究．生理研究用．

FCCP
[〔カルボニルシアニド4-(トリフルオロメトキシ)フェニルヒドラゾン〕〔carbonyl cyanide 4-(trifluoromethoxy) phenylhydrazone〕]

$$\text{NC}\diagdown\text{C=NNH}-\text{C}_6\text{H}_4-\text{O}-\text{CF}_3$$
$$\text{NC}\diagup$$

- 分子式：$C_{10}H_5F_3N_4O$
- 分子量：254.17
- 別名：シアン化カルボニル p-トリフルオロメトキシフェニルヒドラゾン
- CAS登録番号：370-86-5

📋 基本データ

形状	：黄色の粉末
物理化学的特徴	：CCCPと類似する
溶解性	：エタノールによく溶ける
水溶液の性質	：pK_a＝6.2

📋 活用法

使用条件	：100nM
取り扱いの注意	：毒性が強い：LD_{50}（マウス，経口投与） 8 mg/kg
保存の方法	：冷凍～冷蔵保存
入手先	：和光純薬工業（588-83231），シグマ・アルドリッチ（C2920）

📋 解説

【特徴と作用機構】 CCCPと同様の脱共役剤．作用はCCCPより弱い．

【利用】 生化学研究．生理研究用．イオン動態，イオンチャネル研究用．

第Ⅰ部：生物学的作用および用途別試薬

第10章
酵素
（遺伝子工学関連を除く）

米沢直人

酵素の機能はEC分類番号に示されるように，酸化還元酵素からリガーゼまでさまざまである．由来となる生物種，組織分布，細胞内外の局在性もさまざまである．酵素によって反応条件などが異なるので，取扱う前には十分な調査が必要である．同名の酵素でも由来の生物種が異なると基質特異性や最適pHなどの性質が異なることが多い．酵素本体の構造機能研究が盛んに進められていると同時に，生体物質の検出測定，抗体などのタンパク質の標識，タンパク質の構造機能相関などのライフサイエンス研究に応用されている酵素も多い．

$$acetyl-CoA + chloramphenicol \rightarrow$$
$$CoA + chloramphenicol\ 3-acetate$$

$$\beta-D-glucose + O_2 \rightarrow$$
$$D-glucono-\delta-lactone + H_2O_2$$

アルカリホスファターゼ（alkaline phosphatase：ALP）： ウシ小腸由来

- **分子量**：約160,000のタンパク質
- **別名**：オルトリン酸-モノエステルホスホヒドロラーゼ
  （orthophosphoric-monoester phosphohydrolase）
- **構造式**：530アミノ酸残基からなるポリペプチド鎖のホモ二量体，糖タンパク質
- **CAS登録番号**：9001-78-9

基本データ

形状	：白色～わずかにうすい黄色の結晶性粉末（凍結乾燥粉末）あるいは無色の50%グリセロール入り緩衝溶液
最適pH	：9.8
安定pH	：6.0～9.0

活用法

溶媒・使用条件：pH9.8（0.1 Mジエタノールアミン緩衝液）でZn^{2+}とMg^{2+}あるいはCa^{2+}が活性発現に必要．1ユニットは1分間に1 μmolのp-ニトロフェニルリン酸を加水分解する酵素量．生ずるp-ニトロフェノールを405 nmの吸光度で測定

保存の方法：調製後は，4℃で保存

入手先：和光純薬工業（016-14631），シグマ・アルドリッチ（A2386）

解説

【特徴】最適pHがアルカリ性で，非常に特異性の広いホスホモノエステラーゼ．EC番号：3.1.3.1．

【生理機能】ほとんどすべてのリン酸モノエステル化合物をほぼ同じ速度で加水分解し，無機リン酸を生じる．例えば，オルトリン酸モノエステル ＋ H_2O → アルコール ＋ オルトリン酸．ホモ二量体あたり2個のZn^{2+}を含み活性発現に必須である（亜鉛酵素）．高等動物から細菌まで存在し，大腸菌由来酵素も使用される．

【用途】カゼインなどリン酸化タンパク質の脱リン酸化，DNAおよびRNAの5'端脱リン酸化．アミノ基を介した共有結合による他のタンパク質（抗体など）の酵素標識．

βガラクトシダーゼ（β-D-galactosidase）：大腸菌由来

- 分子量：約465,000のタンパク質
- 別名：ラクターゼ（lactase）
- 構造式：1,021アミノ酸残基からなるポリペプチド鎖のホモ四量体
- CAS登録番号：9031-11-2

基本データ

形状	：白色粉末（凍結乾燥品）あるいは50％グリセロール溶液
最適pH	：7.0〜7.5
最適温度	：50〜55℃
等電点	：4.6

活用法

溶媒・使用条件	：pH7.3、Mg^{2+}とSH基還元剤（2-メルカプトエタノールなど）を加える．1ユニットは1分間に1μMのo-ニトロフェノール-β-D-ガラクトピラノシド（ONPG）を加水分解する酵素量
保存の方法	：粉末あるいは50％グリセロール溶液で-20℃保存
入手先	：和光純薬工業（072-04141），ロシュ・ダイアグノスティックス（10 567 779 001）

解説

【特徴】大腸菌構造遺伝子 *lacZ* にコードされる代謝酵素．EC番号：3.2.1.23.
【生理機能】ラクトースのガラクトース＋グルコースへの加水分解．ELISAおよび免疫組織化学法にも使用でき，ELISAでは可溶性産物を生じる合成基質を用いる．例えば，ONPGに対してはONPG→o-ニトロフェノール（410 nm）＋D-ガラクトース．組織化学法では不溶性産物を生じる合成基質X-galを用いる．真核細胞中には存在しない誘導酵素のため，レポーター遺伝子として使用され，形質導入効率の評価に有用．
【用途】コロニー選択マーカー，他のタンパク質（抗体など）の酵素標識，糖鎖の構造解析，糖鎖の機能解析，分子量マーカー．

プロテイナーゼK（proteinase K）：
*Tritirachium album*由来

- **分子量**：約28,900のタンパク質
- **別名**：エンドペプチダーゼK（endopeptidase K）
- **構造式**：279アミノ酸残基からなる単量体（前駆体は384アミノ酸残基）
- **CAS登録番号**：39450-01-6

❏ 基本データ

形状	：白色粉末（凍結乾燥品）あるいは30%グリセロール溶液
溶解性	：水に溶ける
最適pH	：7.5～12.0
等電点	：8.9

❏ 活用法

溶媒・使用条件	：安定剤として緩衝液にCa^{2+}を加える．20 mg/mLのストック溶液は，−20℃で長期保存できる．核酸の抽出の場合，細胞ライセートに終濃度100 μg/mLになるように加え，50℃，3時間処理する．25℃よりも65℃の方が12倍活性が高いが65℃を超えると失活する
保存の方法	：粉末で−20℃，グリセロール溶液として4℃で保存
入手先	：和光純薬工業（165-21043），ロシュ・ダイアグノスティックス（03 115 887 001）

❏ 解説

【特徴】スブチリシンファミリーに属するセリンプロテアーゼ．EC番号：3.4.21.64．*Tritirachium album*由来．

【生理機能】疎水性脂肪族および芳香族アミノ酸のカルボキシル基を含むペプチド結合を主に分解する．多くのDNA，RNA分解酵素を急速に分解し不活化する作用があるので，核酸の精製に使用される．フッ化フェニルスルホニル（phenylmethylsulfonyl fluoride：PMSF），AEBSF〔4-(2-aminoethyl)-benzenesulfonyl fluoride〕，ジイソプロピルフルオロリン酸（diisopropylfluorophosphonate：DFP）などセリンプロテアーゼ阻害剤で阻害される．

幅広い条件で安定であり，0.1～0.5%SDS存在下でも活性を保持する．1

ユニットは尿素変性ヘモグロビンを加水分解し1分あたり1μmolのTyrを生じる酵素量. 合成基質ATEE (N-アセチル-L-チロシンエチルエステル) も活性測定に用いられる.

【用途】DNAおよびRNA精製でのヌクレアーゼ活性の分解, 膜タンパク質の方向性解析, 組織化学でのパラフィン包埋切片の処理.

ホタルルシフェラーゼ (firefly luciferase) /ルシフェラーゼ (luciferase) :ゲンジボタル由来

- 分子量:約50,000のタンパク質
- 別名:アルカナール-還元型FMN-酸素オキシドレダクターゼ (alkanal-reduced FMN-oxygen oxidoreductase)
- 構造式:548アミノ酸残基からなる単量体
- CAS登録番号:61970-00-1

基本データ

形状	:白色粉末 (凍結乾燥品)
溶解性	:水に溶ける
最適pH	:7.75
最適温度	:25℃
等電点	:6.4

活用法

溶媒・使用条件	:pH7.75〜7.95で使用. 10〜20mM $MgSO_4$を加える.
保存の方法	:粉末で−20℃保存
入手先	:和光純薬工業 (126-03911)

解説

【特徴】ルシフェラーゼは生物発光を触媒する酸化酵素の総称. EC番号:1.13.12.7.

【生理機能】ホタルの体内で生合成されるホタルルシフェラーゼは, ルシフェリンを基質として, ATP, Mg^{2+}存在下でアデニルルシフェリンとなり, O_2によりアデニルオキシルシフェリンとなる. このとき562nmの光を発す

る．この反応でATPの増加を測ることにより，クレアチンキナーゼやヌクレオチドホスファターゼなどの活性測定が可能である．

ルシフェリン＋ATP＋O_2→オキシルシフェリン＋CO_2＋PPi＋AMP＋ 光（Mg^{2+}存在下）

1ユニットはpH7.75，25℃で1分間にD-ルシフェリンより1 nmolのピロリン酸を生成する酵素量．

【用途】ATPの超微量分析，クレアチニンキナーゼなどの酵素活性の測定．ホタルルシフェラーゼ遺伝子は他の生物の遺伝子と連結し，レポーター遺伝子としても利用される．

文献
1) Lundin, A：Methods in Enzymol., 305：346-370, 2000

ペルオキシダーゼ（peroxidase：POD）/西洋ワサビペルオキシダーゼ（horseradish peroxidase：HRP）：西洋ワサビ由来

- **分子量**：約40,200のタンパク質
- **構造式**：299アミノ酸残基からなる単量体（前駆体は322アミノ酸残基），糖タンパク質
- **CAS登録番号**：9003-99-0

基本データ

形状	：うすい褐色〜褐色の結晶粉末または塊
溶解性	：水に溶ける
等電点	：7.2（イソ酵素により3.0〜9.0にわたる）
最適pH	：6.7
最適温度	：40℃

活用法

溶媒・使用条件：阻害物質（sodium azide, cyanide, L-cystine, dichromate, ethylenethiourea, hydroxylamine, sulfide, vanadate, p-aminobenzoic acid, Cd^{+2}, Co^{+2}, Cu^{+2}, Fe^{+3}, Mn^{+2}, Ni^{+2}, Pb^{+2}）を反応液に加えないこと．0.1 Mリン酸緩衝液（pH6.0）に溶かした10 mg/mL溶液で4℃保存できる（2年間安定）

保存の方法　　：リン酸緩衝液に溶かし4℃で保存
入手先　　　　：和光純薬工業（166-12881），シグマ・アルドリッチ
　　　　　　　　（P8375）

❏ 解説

【特徴】ペルオキシダーゼは一般に，$H_2O_2 + DH_2 \rightarrow 2H_2O + D$
（DH_2=leuco dye, D=dye）の反応を触媒する酵素．EC番号：1.11.1.7.
【生理機能】動物・植物・微生物界に広く存在するが，西洋ワサビのものがよく利用されている．西洋ワサビペルオキシダーゼは活性をもったままタンパク質に結合させることができ，発色反応で検出できるので酵素標識として用いられる（ウエスタンブロット法，酵素免疫測定法）．主な基質はグアヤコール，ピロガロール，4-クロロ-1-ナフトール，3,3',5,5'-テトラメチルベンジジン，3,3'-ジアミノベンジジン．
【用途】酵素免疫測定法（EIA）および免疫組織化学染色法における標識酵素．

α-トリプシン（α-trypsin）：ウシ膵臓由来

- **分子量**：約23,000のタンパク質
- **構造式**：223アミノ酸残基からなる単量体（前駆体は247アミノ酸残基）
- **CAS登録番号**：9002-07-7

❏ 基本データ

形状　　　：白色～微褐色の粉末
溶解性　　：水にやや溶けやすい
最適pH　　：8.0
等電点　　：10.4～10.8
安定性　　：pH2.0～3.0
比吸光度　：$E^{1\%}_{280}=14.3$

❏ 活用法

溶媒・使用条件：1M HClで1 mg/mLストック溶液を作製，分注し−80℃保存．融解後4℃で保存し1日は使用できる．基質に対し重さで1/100～1/200分の1作用させることが多い．pH7.0～9.0で

	使用し，安定剤として10mM Ca^{2+}を加える．8M尿素，SDSでは失活するが，2M尿素存在下では活性を保持する
保存の方法	：粉末は，−20℃で保存
入手先	：和光純薬工業（203-11302），シグマ・アルドリッチ（T1426）

❏ 解説

【特徴】膵臓から分泌される消化プロテアーゼのなかの1つ．EC番号：3.4.21.4.

【生理機能】食物タンパク質の消化のほかキモトリプシンなど他の酵素前駆体の活性化を行う．トリプシノーゲンとして消化管に分泌され，N末端付近の切断により活性型のβ-トリプシンとなる．さらに，Lys131-Ser132の自己消化によりα-トリプシンとなる．α-アミノ基の置換されているリシン，アルギニンのカルボキシル基の関係するペプチド結合，アミド結合，エステル結合を加水分解する．C末端側のアミノ酸がプロリンの場合は加水分解しない．キモトリプシンが微量に混在している標品の場合，TPCK（N-トシル-L-フェニルアラニルクロロメチルケトン）処理によってキモトリプシン活性を阻害して用いる（TPCK処理トリプシンは市販されている）．

【用途】酵素研究用，タンパク質の特異的切断，ペプチドマスフィンガープリント法によるタンパク質同定．

クロラムフェニコールアセチルトランスフェラーゼ
(chloramphenicol acetyl transferase：CAT)

- **分子量**：約75,000のタンパク質
- **別名**：acetyl-CoA：chloramphenicol 3-O-acetyltransferase
- **構造式**：219アミノ酸残基からなるポリペプチド鎖のホモ三量体
- **CAS登録番号**：9040-07-7

❏ 基本データ

形状	：白色粉末（凍結乾燥品）
溶解性	：水に溶ける

❏ 活用法

溶媒・使用条件	:pH7.5で0.1 mMクロラムフェニコール，0.4 mM acetyl-CoAの基質に酵素を加え，412 nmの吸光度でCoAの生成を検出する
保存の方法	:粉末は，−20℃で保存
入手先	:シグマ・アルドリッチ（C2900）

❏ 解説

【特徴】細菌のクロラムフェニコール耐性にかかわる酵素．EC番号：2.3.1.28.

【生理機能】acetyl-CoA＋クロラムフェニコール→CoA＋クロラムフェニコール3-酢酸の反応を触媒する．1ユニットは1分間に1 nmol（1 μmolの定義もある）のクロラムフェニコールをクロラムフェニコール3-酢酸に変換する酵素量（pH7.8，25℃）．

【用途】CATアッセイ（遺伝子転写活性測定法の1つ）．

カタラーゼ (catalase)：ウシ肝臓由来

- **分子量**：約240,000のタンパク質
- **別名**：過酸化水素オキシドレダクターゼ（hydrogen peroxide oxidoreductase）
- **構造式**：527アミノ酸残基からなるポリペプチド鎖のホモ四量体，ヘムタンパク質
- **CAS登録番号**：9001-05-2

❏ 基本データ

形状	:灰褐色の結晶性粉末
溶解性	:リン酸緩衝液に可溶（1 mg/mL）．溶液は凍結不可（失活を起こす）
等電点	:5.5
比吸光度	:$E^{1\%}_{276}=36.5$

❏ 活用法

溶媒・使用条件	:50 mMリン酸緩衝液（pH7.0），0.035％（w/w）過酸化水素にカタラーゼを加え240 nmの吸光度で検出．過酸化水素が

分解すると吸光度が下がる
保存方法　：粉末は，−20℃で保存
入手先　　：和光純薬工業（035-12903），シグマ・アルドリッチ（C1345）

❏ 解説

【特徴】 過酸化水素を水と酸素に分解する酵素．EC番号：1.11.1.6.

【生理機能】 殺菌，漂白などの目的でかまぼこ，ちくわ，はんぺんなどに添加され，残存する過酸化水素の濃度測定に使用される．また，スーパーオキシドの研究分野でSOD〔次項目のスーパーオキシドディスムターゼを参照〕とともに活性酸素の除去にも使用される．ペルオキシソームで，過酸化水素の発生を起こす酸化酵素と共存する．また，培養ラット卵胞においてアポトーシスを阻害する抗酸化酵素である．

1ユニットは1分間に1μmolの過酸化水素を分解する酵素量（pH 7.0, 25℃）．

【主な基質】 H_2O_2 のほか，エタノール，ギ酸，チオール化合物などの水素供与体．

【主な阻害剤】 3-アミノ-1, 2, 4-トリアゾール（H_2O_2 存在下で特異的にカタラーゼと結合し不可逆的に不活性化する），NH_2OH，H_2S，HCN，NaN_3．

【用途】 分子量測定の標準タンパク質，ペルオキシソームの指標酵素，活性酸素の除去．

スーパーオキシドディスムターゼ
（superoxide dismutase：SOD）：ウシ赤血球由来

- **分子量**：約32,600のタンパク質
- **別名**：スーパーオキシド：スーパーオキシドオキシドレダクターゼ
  （superoxide：superoxide oxidoreductase）
- **構造式**：151アミノ酸残基からなる二量体，Cu^{2+} と Zn^{2+} が結合
- **CAS登録番号**：9054-89-1

❏ 基本データ

形状　　　　　　：淡緑色の結晶状粉末あるいは緑色澄明の液体（水と任意の

溶解性	： 水に溶ける
最適pH	： 6.0〜9.0
等電点	： 4.5

❏ 活用法

溶媒・使用条件	： pH7.8，25℃において，0.01 mMシトクロムc，0.05 mMキサンチン，0.005ユニットのキサンチンオキシダーゼ，SOD，0.1 mM EDTAの条件で5分間反応させ，シトクロムcの還元反応速度を550 nmの吸光度増加により調べる．SODがないときにくらべ，増加が半分になる酵素量がSODの1ユニット
保存の方法	： 50％グリセロール溶液に溶かして4℃あるいは－20℃で1年以上安定
入手先	： シグマ・アルドリッチ（S2515）

❏ 解説

【特徴】活性酸素の毒性から生物を保護する酸化還元酵素．EC番号：1.15.1.1.

【生理機能】Cu/Zn型SOD．スーパーオキシドアニオンから電子を取り除いて酸素と過酸化水素に分解する反応(dismutation)を触媒する．
$2O_2(-) + 2H^+ \rightarrow H_2O_2 + O_2$ 生体内のスーパーオキシドラジカルは発癌・炎症・動脈硬化・脂質の酸化などに深くかかわっており，スーパーオキシドラジカルを消去するSODは脂質の酸化，発癌のメカニズムの研究，医薬品開発の研究などに使用される．また，培養ラット卵胞におけるアポトーシスを抑制する．

【用途】突然変異と発癌のメカニズムの研究，医薬品（特に抗炎症剤）の開発研究，医薬品および化粧品の添加剤．

α-キモトリプシン（α-chymotrypsin）：ウシ膵臓由来

- **分子量**：約25,300のタンパク質
- **構造式**：241アミノ酸残基からなる単量体（前駆体は263アミノ酸残基）
- **CAS登録番号**：9004-07-3

🗋 基本データ

形状	：白色粉末（凍結乾燥品）
溶解性	：水に溶ける
最適pH	：7.8
等電点	：8.1～8.6
比吸光度	：$E^{1\%}_{280}=20.4$

🗋 活用法

溶媒・使用条件	：安定pH3.0であるので1M HClで1 mg/mLストック溶液を作製し－80℃に分注保存．融解後1日は使用できる．pH7.0～9.0の緩衝液で，基質に対し重さで1/100～1/200加え37℃で反応させることが多い
保存の方法	：粉末で，－20℃保存
入手先	：和光純薬工業（539-72031）

🗋 解説

【特徴】消化酵素の1つ．セリンプロテアーゼ．EC番号：3.4.21.1.

【生理機能】前駆体キモトリプシノーゲンが限定分解を受けて成熟体になる．主に α-キモトリプシンでA鎖（13残基），B鎖（131残基），C鎖（97残基）がS-S結合している．主に芳香族L-アミノ酸のカルボキシル基結合部位におけるペプチド，アミド，およびエステルの加水分解を触媒する．PMSF，AEBSF，DFP，TPCK，キモスタチン，アプロチニン，アンチトリプシンなどで阻害される．1ユニットは1 μ molのBTEE（N-benzoyl-L-tyrosine ethyl ester）を1分間で加水分解する酵素量（pH7.8, 25℃）．

【用途】酵素研究用，タンパク質の特異的切断．

パパイン（papain）

- **分子量**：約23,000のタンパク質
- **構造式**：212アミノ酸残基からなる単量体（前駆体は345アミノ酸残基）
- **CAS登録番号**：9001-73-4

🗋 基本データ

形状	：白色～わずかにうすい褐色の粉末

溶解性	：水に溶ける（10 mg/mL）
最適pH	：5〜7.5
最適温度	：65℃
等電点	：8.75

活用法

溶媒・使用条件	：5 mM L-Cysを含むpH6.0〜7.0の緩衝液で基質に対して1/20〜1/100（mol/mol）のパパインを使用．酸を加えpH2.0にすることによりパパインが失活し，反応が停止する
保存の方法	：粉末は，4℃で保存
入手先	：和光純薬工業（164-00172）

解説

【特徴】パパイヤ（*Carica papaya*）果実から得られるSH酵素．EC番号：3.4.22.2.

【生理機能】パパインは以前から肉の軟化剤として利用され，その後強いタンパク質分解力を利用し種々の食品に利用されるようになった．また，ビールの混濁防止によく利用されている．ペプチド，アミド，エステル，チオエステル結合を加水分解し，アシルアミノ酸アニリドを合成する．アシル-L-アミノ酸＋アニリン→アシル-L-アミノ酸アニリド＋H_2O．基質特異性は広い．システイン，2-メルカプトエタノール，ジチオスレイトール，グルタチオンで活性化される．

【主な阻害剤】重金属イオン，PCMB，アンチパイン，N-エチルマレイミド，ヨードアセトアミド．タンパク質は非常に安定，中性溶液中では熱に強い．pH 7.5, 25℃で1分間に1 μmolのN-α-ベンゾイル-DL-アルギニン-p-ニトロアニリド塩酸塩を分解する（p-ニトロアニリンを生成する）酵素量を1ユニットとする．

【用途】タンパク質およびペプチドの分解，抗体の限定分解（Fab, Fcの作製），ビール清澄剤，食肉軟化剤．

ペプシン (pepsin)：ブタ胃由来

- **分子量**：約32,700のタンパク質
- **別名**：ペプシンA (pepsin A)
- **構造式**：自己消化で活性化するため不均一
- **CAS登録番号**：9001-75-6

基本データ

形状	：白色〜うすい褐色の結晶性粉末
溶解性	：水に溶ける．pH 3.5〜4.5（2％水溶液）
最適pH	：1.8
等電点	：1以下
比吸光度	：$E^{1\%}_{280}=14.7$

活用法

溶媒・使用条件	：pH3.8の緩衝液で1％ストック溶液を作製し凍結保存．使用直前に融解し，基質に対して1/100〜1/1000（mol/mol）になるように加え，希HClでpH2.0に合わせる
保存の方法	：粉末あるいは調製後は−20℃保存
入手先	：和光純薬工業（161-18713），シグマ・アルドリッチ（P7000）

解説

【**特徴**】胃に分泌されるアスパラギン酸プロテアーゼ．EC番号：3.4.23.1
【**生理機能**】前駆体のペプシノーゲンの自己消化によって生じるため不均一である．ペプチド結合に対する基質特異性は広いが，フェニルアラニン，ロイシン，チロシン，メチオニンなどの疎水性アミノ酸部位を比較的よく切断する．4M尿素，3Mグアニジン塩酸塩の存在下や60℃でも活性を保持する．pH6.0以上では不可逆的に失活する．抗体の限定分解によりF (ab')$_2$ フラグメントを生ずる．ヘモグロビン分解物のトリクロロ酢酸可溶物を波長280 nmで吸光度測定し，1分間に吸光度を0.001増加させる酵素量を1ユニットとする．
【**用途**】タンパク質およびペプチドの分解．

トロンビン (thrombin) : ウシ血漿由来

- **分子量**：約33,580のタンパク質
- **別名**：ファクターIIa (factor IIa)
- **CAS登録番号**：9002-04-4

基本データ

形状	：白色粉末（凍結乾燥品）
溶解性	：水に溶ける
最適pH	：6.0〜6.5
最適温度	：25℃
等電点	：5.5
比吸光度	：$E^{1\%}_{280}=19.5$

活用法

溶媒・使用条件	：組換えタンパク質の認識配列での切断は，重さで基質の1/500のトロンビンを加え，50 mM Tris, pH 8.0, 150 mM NaCl, 2.5 mM $CaCl_2$, 0.1%2-メルカプトエタノールの緩衝液中で室温で行う
保存の方法	：粉末あるいは調製後は-20℃で保存
入手先	：和光純薬工業（209-13881），シグマ・アルドリッチ（T4648）

解説

【特徴】血液凝固に関係するエンドプロテアーゼの1つ．EC番号：3.4.21.5.

【生理機能】フィブリノーゲンに働きフィブリンを生成させる．認識配列（Leu-Val-Pro-Arg↓Gly-Ser）を含む目的タンパク質を特異的に切断する．分子量37,000のα-トロンビン以外に，さらに分解を受けた分子量28,000のβおよびγトロンビンがある．前駆体プロトロンビンから活性化Xa因子などにより限定分解を受けて生成される．

【用途】血液凝固に関する研究用，組換えタンパク質のトロンビン認識配列の特異的切断．

文献

Gaun, K.L. & Dixon, J.E.：Anal. Biochem., 192：262-267, 1991

V8プロテアーゼ（V8 protease）：
Staphylococcus aureus V8菌株由来

- **分子量**：約27,000のタンパク質
- **別名**：エンドプロテイナーゼGlu C（endoproteinase Glu C）
- **CAS登録番号**：66676-43-5

🔲 基本データ

形状	：白色粉末（凍結乾燥品）
最適pH	：pH3.5〜9.5の範囲でプロテアーゼ活性を有し，pH4.0およびpH7.8に活性の極大がある（ヘモグロビン基質）
溶解性	：水に溶ける

🔲 活用法

溶媒・使用条件	：グルタミン酸のカルボキシル基側のみを切断する場合0.01〜0.1mol/L炭酸水素アンモニウム（pH7.8）あるいは0.01〜0.1mol/L酢酸アンモニウム（pH4.0）中，酵素：基質（mol/mol）= 1：30〜100，30〜37℃で2〜24時間分解する．アスパラギン酸のカルボキシル基も同時に切断する場合0.01〜0.1mol/Lリン酸緩衝液（pH7.8）中で，同様の条件で分解する．凍結乾燥あるいは凍結保存に耐える．0.2%SDS中で100%，4 mol/L尿素中で50%活性を有する
保存の方法	：粉末は4℃で，調製後は−20℃で保存
入手先	：和光純薬工業（164-13982），シグマ・アルドリッチ（P6181）

🔲 解説

【特徴】*Staphylococcus aureus*（V8菌株）から単離されたプロテアーゼEC番号：3. 4. 21. 19.

【生理機能】アンモニア緩衝液中でグルタミン酸のカルボキシル基を含むペプチド結合とエステル結合を切断する．リン酸緩衝液中でグルタミン酸およびアスパラギン酸のカルボキシル基を含むペプチド結合とエステル結合を切断する．ベンジルオキシカルボニル-Phe-Leu-Glu-p-ニトロアニリドを基質としてpH 7.8，25℃において1分間に1 μ molのp-ニトロアニリンを生成する酵素量を1ユニットとする．DFPによって阻害される．

【用途】高い基質特異性のため，タンパク質の一次構造決定時のペプチド断

片化に使用される．クリーブランド法による一次元ペプチドマッピングに利用される．

ファクターXa (factor Xa)：ウシ血漿製由来

- **分子量**：約44,000のタンパク質
- **別名**：トロンボプラスチン (thromboplastin)
- **CAS登録番号**：9002-05-5

基本データ

形状	：白色粉末（凍結乾燥品）あるいは50％グリセロール溶液
溶解性	：水に溶ける
最適pH	：7.6〜8.0
最適温度	：37℃

活用法

溶媒・使用条件	：組換えタンパク質1 mgに対し，10 μgのファクターXaを37℃で2.5時間反応させる．緩衝液は50 mM Tris (pH8.3)，5 mM $CaCl_2$，100 mM NaCl
保存の方法	：粉末あるいは50％グリセロール溶液は－20℃で保存
入手先	：和光純薬工業（066-04001），シグマ・アルドリッチ（F9302）

解説

【特徴】血液凝固カスケード系においてプロトロンビンをトロンビンに変換するセリンプロテアーゼ．EC番号：3.4.21.6.

【生理機能】ファクターXaはプロトロンビンのArg-Thrと続いてArg-Ileを切断し活性型のトロンビンに変換させる．特異的切断配列はIle-Glu (or Asp)-Gly-Arg↓-XでXがプロリンのときは切断しない．他の塩基性アミノ酸残基の部位でも立体構造によっては切断することがある．1ユニットは1.0 μmolのp-ニトロアニリンをN-ベンゾイル-L-Ile-Glu-Gly-Arg-p-ニトロアニリドからpH8.3, 37℃で1分間に遊離させる酵素量．AEBSF, DFP, PMSFおよび大豆トリプシン阻害剤によって阻害される．

【用途】遺伝子組換え技術において大腸菌などで発現させた融合タンパク質を切断し，目的のタンパク質を得る．

プロナーゼ（pronase）：*streptomyces griseus*由来

- **分子量**：20,000前後のタンパク質
- **別名**：プロナーゼE（pronase E），アクチナーゼE（actinase E）
- **CAS登録番号**：9036-06-0

基本データ

形状	：白色〜褐色の結晶性粉末（凍結乾燥品）
溶解性	：水に溶ける（10 mg/mL）
最適pH	：7.5

活用法

溶媒・使用条件	：タンパク質をアミノ酸レベルまで分解するときには，pH7.5で酵素を重さで基質の50分の1加え37℃で一晩反応させる．80℃以上で15〜20分処理することにより完全に失活する．pH7.5, 37℃において1分間に1 μmolのチロシンに相当する加水分解物を生成する酵素量を1ユニットとする
保存の方法	：粉末で4℃，調製後は−20℃で保存
入手先	：和光純薬工業（534-14003），シグマ・アルドリッチ（P5147）

解説

【特徴】*Streptomyces griseus*から分離された多種類のプロテアーゼ混合物の商品名．EC番号：3.4.24.31.

【生理機能】基質特異性はスブチリシンと同様に低く，タンパク質をアミノ酸まで分解する．生きた軟骨細胞の分離に使用できる．中性pHで最も高い活性を示すが，広範なpH，温度で安定．1％SDS存在下でも活性を保持する．H_2O_2，EDTA，高濃度Ca^{2+}で阻害される．

【用途】タンパク質の低分子化．活性物質がタンパク質かどうかを調べるDNAおよびRNA精製でのタンパク質の除去．

PDE
[ホスホジエステラーゼ〔3',5'-サイクリックヌクレオチドホスホジエステラーゼ（3',5'-cyclic-nucleotide phosphodiesterase）〕]

- **分子量**：約60,000のタンパク質
- **別名**：ホスホジエステラーゼ環状3',5'-ヌクレオチド（phosphodiesterase cyclic3',5'-nucleotide）
- **CAS登録番号**：9040-59-9

基本データ

形状	：白色粉末（凍結乾燥品）
溶解性	：水に溶ける．50％グリセロール溶液で溶解し，−20℃で5日間以上安定

活用法

溶媒・使用条件	：例えば，40mM Tris/HCl (pH7.5)，4 mM イミダゾール，5 mM $MgCl_2$，1 mM 2-メルカプトエタノール，80 μM $CaCl_2$，8.4 μg カルモジュリンの緩衝液中で，2mM cAMPを基質として加え30℃で10分反応させ，100℃で2分処理することにより反応を止める
保存の方法	：粉末あるいは50％グリセロール溶液は−20℃で保存
入手先	：シグマ・アルドリッチ（P9529）

解説

【特徴】ホスホジエステラーゼ（リン酸ジエステルを加水分解してリン酸モノエステルにする酵素の総称）の一種．EC番号：3.1.4.17.

【生理機能】cAMPやcGMPのような環状ヌクレオチド一リン酸の3',5'-ホスホジエステル結合を加水分解し，対応するヌクレオチド5'-一リン酸を生ずる．環状ヌクレオチドの合成酵素であるアデニル酸シクラーゼとともに，細胞内の環状ヌクレオチドの量的調節を担っていると考えられている．複数の性質の異なる酵素が存在しており，活性調節のメカニズムについては不明の点が多い．

【用途】cAMPなど環状ヌクレオチド一リン酸の3',5'-ホスホジエステル結合の加水分解．カルモジュリン活性の測定．

文献

1) Morrill, M.E. et al.: J. Biol. Chem., 254:4371-4374, 1979

クレアチンキナーゼ
(creatine kinase:CK):ウシ心臓由来

- **分子量**:約81,000のタンパク質
- **別名**:クレアチンホスホキナーゼ(creatine phosphokinase:CPK)
- **構造式**:381アミノ酸残基からなるポリペプチドのホモ二量体
- **CAS登録番号**:9001-15-4

基本データ

形状	:白色~うすい褐色の粉末(凍結乾燥品)
溶解性	:水に溶ける
最適pH	:8.0~9.0

活用法

溶媒・使用条件:クレアチンリン酸を基質としてpH7.4, 30℃において1分間に1 μmolのクレアチンをリン酸化する酵素量を1ユニットとする.システイン,Mg^{2+},Ca^{2+},Mn^{2+}で活性化される.例えば,70mM Tris-HCl (pH 7.0),5 mM $MgSO_4$,4 mM システイン,1.7mM クレアチンリン酸,2mM ADP,30℃で反応させるが,生じたATPをヘキソキナーゼおよびグルコース6リン酸脱水素酵素による反応とカップリングさせ生じたNADPHの増加を340 nmで測定する場合,反応液組成はもっと複雑である

保存の方法:粉末で,-20℃保存
入手先:和光純薬工業(036-13393),シグマ・アルドリッチ(C7886)

解説

【特徴】ATPのγ位のリン酸をクレアチンに転移する反応を触媒する転移酵素.EC番号:2.7.3.2.

【生理機能】筋収縮に伴うエネルギー代謝に重要な働きをしている.

クレアチン+ATP→クレアチンリン酸+ADP

主な阻害剤はキレート剤,ジエチルピロカルボネート.

【用途】血清値が筋肉疾患，神経系疾患，心筋硬塞，粘液性水腫，糖質や脂質の蓄積症などの診断指標となる．

ザイモリエース（zymolyase）：
Arthrobacter luteus由来

- **別名**：リチカーゼ（lyticase）
- **CAS登録番号**：37340-57-1

基本データ

形状	：凍結乾燥粉末
溶解性	：水に溶ける
最適pHと最適温度	：7.5と35℃（酵母溶菌），6.5と45℃（酵母グルカンの加水分解）
安定pH	：5.0〜10.0
熱安定性	：60℃，5分間の処理で溶菌活性が失われる

活用法

溶媒・使用条件	：システイン，2-メルカプトエタノールなどSH試薬で活性化．0.6 mg/mLの酵母，5〜10 μg/mLのザイモリエースを含む33mMリン酸緩衝液（pH7.5）で25℃，2時間穏やかに振とうしながら反応させ，800 nmの吸光度を測定する．対照として，酵素溶液の代わりに蒸留水を加える
保存の方法	：粉末で−20℃保存，2℃では少なくとも1年間安定．30℃保存では3カ月で70%程度の溶菌活性が失われる
使用上の注意	：酵素溶液をフィルター滅菌する場合はニトロセルロース以外のフィルターを使用する
入手先	：シグマ・アルドリッチ（L2524）

解説

【特徴】*Arthrobacter luteus*の培養液から調製された酵素．

【生理機能】真菌類特に酵母生細胞の細胞壁に対して強い溶解活性をもつ．ザイモリエースに含まれる細胞壁溶解にかかわる必須酵素は $β$-1,3-グルカン ラミナリペンタオヒドロラーゼで $β$1,3結合の直鎖状グルコースポリマーを加水分解しラミナリペンタオースを生ずる．他に複数のプロテアーゼ

活性とβマンノシダーゼ活性を含む.
【用途】酵母のスフェロプラストの調製.

セルラーゼ（cellulase）／エンド-1,4-β-グルカナーゼ（endo-1,4-β-glucanase）：*Trichoderma viride*由来

- 別名：1,4-（1,3：1,4）-β-D-グルカン4-グルカノ-ヒドロラーゼ
  〔1,4-（1,3：1,4）-β-D-glucan 4-glucano-hydrolase〕
- CAS登録番号：9012-54-8

基本データ

形状	：わずかにうすい黄色〜うすい褐色の粉末
溶解性	：酢酸・酢酸ナトリウム緩衝液（pH4.0）に溶ける
溶液のpH	：4.0〜7.5（50 mg/mL，25℃）

活用法

溶媒・使用条件	：例えば，0.25%（w/v）のカルボキシメチルセルロースを基質とし50 mM酢酸ナトリウム緩衝液（pH4.0）でセルラーゼを30℃で作用させ，生じた還元糖の還元力を比色定量する
保存の方法	：粉末で，4℃保存
入手先	：和光純薬工業（034-18752），シグマ・アルドリッチ（C1794）

解説

【特徴】セルロースのβ-1,4-グリコシド結合を加水分解して主にセロビオースを生成する反応を触媒する酵素．EC番号：3.2.1.4.
【生理機能】高等植物，細菌，糸状菌，木材腐朽菌，軟体動物などに存在する．セロビオースやp-ニトロフェニル-β-D-グルコシドは加水分解しない．セルロースをグルコースまで加水分解できるため，セルラーゼの産業利用の試みが進められている．
【用途】セルロースの加水分解．動物用飼料添加物，食品加工，木材糖化，繊維加工などへの応用．

文献
1) Okada, G. et al.：J. Biochem.：63, 591-607, 1968

グルコースオキシダーゼ（glucose oxidase：GOD）： *Aspergillus niger*由来

- **分子量**：約186,000のタンパク質
- **別名**：D-グルコース-6-リン酸：NADP 1-オキシドレダクターゼ
  （D-glucose-6-phosphate：NADP 1-oxidoreductase）
- **構造式**：584アミノ酸残基（前駆体は605残基）のホモ二量体
- **補因子**：FAD
- **CAS登録番号**：9001-37-0

基本データ

形状	：黄色粉末（凍結乾燥品）
溶解性	：水に溶ける
主な基質	：β-D-グルコース（K_m=33 mM）
最適pH	：5.6
最適温度	：30～40℃
等電点	：4.2
比吸光度	：$E^{1\%}_{280}$=16.7

活用法

溶媒・使用条件	：pH4.0～5.0の緩衝液で使用．1ユニットはpH5.1, 35℃で1分あたり1 μmolのβ-D-グルコースを酸化する活性
保存の方法	：粉末で，-20℃保存
使用上の注意	：安定性pH 8.0以上，pH 2.0以下で急速に失活
入手先	：和光純薬工業（074-02401），シグマ・アルドリッチ（G7141）

解説

【特徴】β-D-グルコース+O_2→D-グルコノ-δ-ラクトン+H_2O_2の反応の触媒．EC番号：1.1.3.4.

【生理機能】D-グルコノ-δ-ラクトンからグルクロン酸への変換反応も触媒する．グルコース濃度の酵素的測定に適しており，生じた過酸化水素をペ

ルオキシダーゼなどとのカップリング反応で検出する．阻害剤は1mM Hg^{2+}（80%阻害），0.1mM Ag^+（100%），1mM Cu^{2+}（100%）であり，SH試薬のN-エチルマレイミド，ヨード酢酸，ヨードアセトアミドでは阻害されない．

【用途】血中グルコースの定量などに使用される．

キモシン（chymosin）：ウシ由来

- **分子量**：約40,000のタンパク質
- **別名**：レンニン（rennin）
- **構造式**：323アミノ酸残基からなる単量体（前駆体は381アミノ酸残基）
- **CAS登録番号**：9001-98-3

基本データ

形状	：白色粉末（凍結乾燥品）
溶解性	：水に溶ける
等電点	：4.6
安定pH	：安定なpHは2.0付近と5.0〜6.5（pH3.0〜4.0とpH7.0以上では急速に活性が失われる）

活用法

溶媒・使用条件	：pH4.7〜6.5でミルク凝固（1ユニットは30℃で1分間あたり10 mLのミルクを凝固させる酵素量）あるいはカゼイン由来ペプチドやヘモグロビンの分解に使用（例えば，ヘモグロビン20 mg/mLに対して20 μg/mLで作用させる）
保存の方法	：粉末で，−20℃保存
入手先	：シグマ・アルドリッチ（R4877）

解説

【特徴】基質特異性がペプシンに類似した，アスパラギン酸プロテアーゼ．EC番号：3.4.23.4.

【生理機能】ウシの第四胃から精製されたプロテアーゼで，カゼイン（Phe105-Met106の間）を切断し，凝乳を引き起こす凝乳酵素である．

【用途】κ-カゼインの切断，凝乳．チーズの作製で重要．

カテプシンD（cathepsin D）：ウシ脾臓由来

- **分子量**：約46,000のタンパク質
- **構造式**：356アミノ酸残基からなる分子量約46,000の1本のポリペプチド鎖（前駆体は390アミノ酸残基），ならびに分子量約34,000のH鎖と約12,000のL鎖で構成される2本のポリペプチド鎖という2つの形状で存在する．
- **CAS登録番号**：9025-26-7

基本データ

形状	：白色粉末（凍結乾燥品）
溶解性	：水に溶ける

活用法

溶媒・使用条件	：pH3.0〜4.0の緩衝液を用いる．合成基質への作用を調べる場合は0.2〜2μM程度で使用し，基質とのモル比は1：200（酵素：基質）．βアミロイド前駆体などタンパク質を基質とする場合はモル比1：5〜1：30．1ユニットはヘモグロビンを基質とし，トリクロロ酢酸可溶性分解産物がpH 3.0, 37℃で1分間あたり280 nmの吸光度1増加分産生される酵素量
保存の方法	：粉末で，−20℃保存
入手先	：和光純薬工業（509-40261），シグマ・アルドリッチ（C3138）

解説

【特徴】 リソソームプロテアーゼの1つ．EC番号：3.4.23.5．

【生理機能】 カテプシンはリソソームに局在する酸性のプロテアーゼの総称である．活性部位，基質特異性，阻害剤との相互作用，分子量などによってアルファベットをつけて分類されている．本項では代表としてカテプシンDをとり上げた．カテプシンDは乳癌浸潤性やアルツハイマー病にかかわる．

【関連物質】 他の代表的なカテプシン，例えばカテプシンB（CAS登録番号：9047-22-7，EC番号：3.4.22.1）

文献

1) Fergusox, J.B. et al.：J. Biol. Chem., 248：6701-6708, 1973
2) Higaki, J. et al.：J. Biol. Chem., 271：31885-31893, 1996

リゾチーム（lysozyme）：ニワトリ卵白由来

- **分子量**：約14,300のタンパク質
- **別名**：ムコペプチドN-アセチルムラモイルヒドロラーゼ（mucopeptide N-acetylmuramoylhydrolase）
- **構造式**：129アミノ酸残基からなる単量体
- **CAS登録番号**：12650-88-3

基本データ

形状	：白色～わずかにうすい黄色の粉末
溶解性	：水に溶けやすくエタノールおよびアセトンにはほとんど溶けない
等電点	：11.0
溶液の性質	：pH3.0～5.0（15 mg/mL水溶液，25℃）

活用法

溶媒・使用条件	水あるいは適当な緩衝液に溶かす．溶液（pH4.0～5.0）は冷蔵で数週間安定．pH 6.0～9.0で活性を示す．1ユニットはpH 7.0, 25℃でグラム陽性菌（*Micrococcus luteus*）懸濁液の450nm濁度が1分間に0.001減少する酵素量．プラスミド調製の溶菌では4 mg/mLで使用
保存の方法	：粉末は4℃で保存して，数年安定
入手先	：和光純薬工業（120-02674），シグマ・アルドリッチ（L6876）

解説

【特徴】ニワトリの卵白から得られる塩基性ポリペプチド．EC番号：3.2.1.17．

【生理機能】細胞壁中のN-アセチルグルコサミンとN-アセチルムラミン酸のβ-1,4結合を加水分解する．主な基質はある種のムコ多糖類やムコタンパク質．

【用途】代表的な溶菌酵素で，溶菌によるプラスミドDNAの精製やプロトプラストの調製などに用いられる．分子量マーカーとしても用いられる．
【関連物質】リゾチーム塩酸塩（CAS登録番号：9066-59-5），リゾチーム（ヒト好中球由来，CAS登録番号：9001-63-2）

第Ⅰ部：生物学的作用および用途別試薬

第11章
酵素基質

米沢直人

酵素基質は，目的とする酵素活性の検出や定量に用いられる．多様な酵素が存在するのとともに酵素基質も多種多様である．大部分は人工合成された基質であるが天然に存在する内在性基質も利用されている．また，同一の酵素に関して複数の基質が開発されている．例えば不溶性産物が生ずる基質は組織化学的解析に適しており，可溶性産物を生ずる基質は酵素活性の定量や速度論的解析に適している．より高感度で活性検出できる合成基質が開発されており研究目的に応じて選択できる．

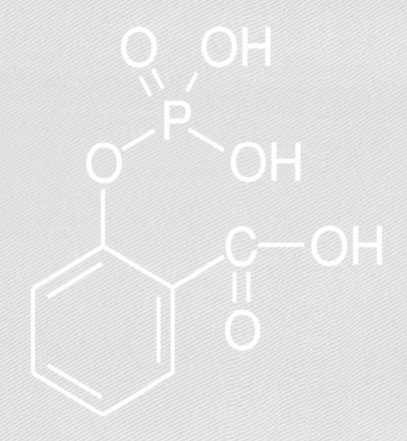

X-gal
〔5-ブロモ-4-クロロ-3-インドリル-β-D-ガラクトピラノシド
(5-bromo-4-chloro-3-indolyl-β-D-galactopyranoside)〕

- 分子式：$C_{14}H_{15}BrClNO_6$
- 分子量：408.63
- CAS登録番号：7240-90-6

基本データ

形状	：白色結晶性粉末
融点	：230℃（分解）
溶解性	：N, N-ジメチルホルムアミド（DMF）やジメチルスルホキシド（DMSO）にやや溶けやすく，水やエタノールに微溶

活用法

溶媒・使用条件	：DMFあるいはDMSOに20 mg/mLに溶かし，使用時水で希釈．X-gal/IPTGプレートを作製する場合，100mmアガープレートの中央に20 mg/mL溶液を25～50 μLたらしてスプレッダーで塗り広げ，軽く乾燥させる
保存の方法	：粉末で，−20℃保存．DMFあるいはDMSOで調製後，遮光して−20℃保存
入手先	：和光純薬工業（027-07854），シグマ・アルドリッチ（B4252）

解説

【特徴】β-D-ガラクトースのインドール誘導体．

【生理機能】加水分解により不溶性のインディゴブルー色素（615nm）を生じるため，無色のX-galが青色になりβ-ガラクトシダーゼ活性が検出される．IPTG〔IPTGの項目（244ページ）を参照〕とともに大腸菌のブルーホワイトセレクションに用いられる．

【用途】β-ガラクトシダーゼ活性の検出．β-ガラクトシダーゼの組織化学的酵素基質．

文献

1) Lin, W. C. et al. : Cancer Res., 50 : 2808-2817, 1990

IPTG〔イソプロピル-1-チオ-β-D-ガラクトピラノシド（isopropyl-1-thio-β-D-galactopyranoside）〕

- 分子式：$C_9H_{18}O_5S$
- 分子量：238.30
- CAS登録番号：367-93-1

基本データ

形状	：白色結晶性粉末
融点	：120～122℃（分解）
溶解性	：水に易溶

活用法

溶媒・使用条件	：水に0.1Mに溶かす．滅菌するときは滅菌用フィルターを通す．X-gal/IPTGプレートを作製する場合，100mmアガープレートの中央に0.1M溶液を25～50μlたらしてスプレッダーで塗り広げ軽く乾燥させる．大腸菌での組換えタンパク質発現の場合，IPTG濃度は0～1mMで条件をテストする
保存の方法	：粉末で，4℃保存．水で調製後，ストック溶液は－20℃保存
入手先	：和光純薬工業（091-02533）

解説

【特徴】β-ガラクトシダーゼによって分解されない非代謝性誘導物質．

【生理機能】大腸菌lacオペロンの酵素合成を誘導する誘発剤（インデューサー）として培地に添加される．β-ガラクトシド結合のOがSになっているためβ-ガラクトシダーゼで分解されない．ラクトース（lacI）リプレッサーに結合し，そのオペレーターへの結合を阻止する．

【用途】X-galと併用し組換え大腸菌のブルーホワイトセレクションに用いられる．*lac*オペロンを用いた組換えタンパク質発現誘導に用いられる．

X-Glc
〔5-ブロモ-4-クロロ-3-インドリル-β-D-グルコピラノシド (5-bromo-4-chloro-3-indolyl-β-D-glucopyranoside)〕

- **分子式**：$C_{14}H_{15}BrClNO_6$
- **分子量**：408.6
- **別名**：X-Gluc
- **CAS登録番号**：15548-60-4

❏ 基本データ

形状	：白色〜わずかにうすい黄色の結晶性粉末
融点	：249〜251℃（分解）
溶解性	：DMFに溶け，水，エタノールおよびアセトンに溶けない

❏ 活用法

溶媒・使用条件	：DMFに50 mg/mLに溶かす．溶液は無色〜うすい黄色．組織切片の染色では1 mg/mLとなるように緩衝液にストック溶液を加える
保存の方法	：粉末で，−20℃保存．DMFで調製後，−20℃保存
入手先	：和光純薬工業（023-11881），シグマ・アルドリッチ（B4527）

❏ 解説

【特徴】β-D-グルコースのインドール誘導体．

【生理機能】加水分解により不溶性のインディゴブルー色素（615nm）を生じる．組織化学ではβ-D-グルコシダーゼ活性を有する細胞が青色に染色される．

【用途】β-D-グルコシダーゼの組織化学用酵素基質．

文献

1) Odoux, E. et al.: Annals of Botany, 92: 437-444, 2003

X-GlcA 〔5-ブロモ-4-クロロ-3-インドリル-β-D-グルクロニドシクロヘキシルアンモニウム塩 (5-bromo-4-chloro-3-indolyl-β-D-glucuronide cyclohexylammonium salt)〕

- 分子式：$C_{20}H_{26}BrClN_2O_7$
- 分子量：521.79
- CAS登録番号：114162-64-0

❑ 基本データ

形状	：白色結晶性粉末
溶解性	：DMFおよび水/DMF (1/1) に可溶

❑ 活用法

溶媒・使用条件	：DMFで50 mg/mL溶液を作製し，ストック溶液を培地などに加え20〜50 μg/mLで使用
保存の方法	：粉末で，−20℃保存．DMFで調製後，−20℃
入手先	：和光純薬工業 (025-15361)，シグマ・アルドリッチ (B3783)

❑ 解説

【特徴】β-D-グルクロン酸のインドール誘導体．

【生理機能】植物の遺伝子融合の際には，β-ガラクトシダーゼは植物自身が内因性の活性をもつので選択マーカーとして使用できない．β-グルクロニダーゼはほとんどの高等植物で産生されないため，選択マーカーとして適している．加水分解により不溶性のインディゴブルー色素 (615nm) を

生じ，β-D-グルクロニダーゼ活性を有する細胞が青色に染色される．
【用途】β-D-グルクロニダーゼの組織化学用発色基質．

文献
1）Couteaudier, Y. et al.：Appl. Environ. Microbiol., 59：1767-1773, 1993

Bluo-gal
[ブルオーガル〔5-ブロモ-3-インドリル-β-D-ガラクトピラノシド（5-bromo-3-indolyl-β-D-galactopyranoside)〕]

- 分子式：$C_{14}H_{16}BrNO_6$
- 分子量：374.19
- 別名：ブルーガル（Blue-gal）
- CAS登録番号：97753-82-7

基本データ

形状	：白色～わずかにうすい黄色またはわずかにうすい青色の結晶性粉末
溶解性	：水，エタノールおよびアセトンに溶けにくい．DMFあるいはDMSOに可溶

活用法

溶媒・使用条件	：X-galやX-Glcと同じ．DMFで50 mg/mLのストック溶液を作製し，組織染色では緩衝液などに1 mg/mLとなるように希釈し用いる
保存の方法	：粉末で，遮光して−20℃保存．DMFで調製後，遮光して−20℃保存
入手先	：シグマ・アルドリッチ（B2904）

解説

【特徴】β-D-ガラクトースのインドール誘導体．

【生理機能】X-galの類似基質．加水分解によりX-galよりも濃い青色を呈する．

【用途】β-D-ガラクトシダーゼ活性の検出．β-D-ガラクトシダーゼの組織化学用発色基質．

文献
1) Bell, P.：Histochem. Cell Biol., 124：77-85, 2005

P-Gal
[フェニル-β-D-ガラクトシド（phenyl β-D-galactoside）]

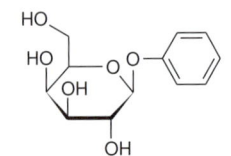

- 分子式：$C_{12}H_{16}O_6$
- 分子量：256.25
- CAS登録番号：2818-58-8

❏ 基本データ

形状	：白色～ほとんど白色の結晶～粉末
融点	：155～156℃
溶解性	：水およびアセトンに溶ける

❏ 活用法

溶媒・使用条件	：P-galを用いた*lacZ*のポジティブセレクションの場合0.3%（w/v）
保存の方法	：粉末で，−20℃（遮光および乾燥状態）
入手先	：シグマ・アルドリッチ（P6501）

❏ 解説

【特徴】β-D-ガラクトースのアリル誘導体．

【用途】アリルグリコシド型基質として，他のタイプの誘導体とともにβ-ガラクトシダーゼ活性の基質特異性解析に使用される．糖転移酵素活性の測定のための受容体として使用される．

4MU-β-DGlcNAc〔4-メチルウンベリフェリル-2-アセトアミド-2-デオキシ-β-D-グルコピラノシド(4-methylumbelliferyl 2-acetamido-2-deoxy-β-D-glucopyranoside)〕

- 分子式:$C_{18}H_{21}NO_8$
- 分子量:379.4
- CAS登録番号:37067-30-4

基本データ

形状	:白色結晶粉末
融点	:212〜214℃
溶解性	:水、ピリジン、DMFに可溶

活用法

溶媒・使用条件	:20 mg/mL DMF溶液に溶かす.例えば、N-アセチル-β-D-ヘキソサミニターゼを含むクエン酸/リン酸緩衝液(pH 4.5)に1.5 mMとなるよう4MU-β-GlcNAcを加え37℃で反応させる.0.25 M グリシン/NaOH(pH 10.4)を反応液の10倍量加え反応を止める.4-メチルウンベリフェロンの蛍光を励起波長340〜360nm、蛍光波長440nmで測定する
保存の方法	:粉末で、-20℃保存.20mg/mL DMF溶液を-20℃保存
入手先	:和光純薬工業(139-09921)

解説

【特徴】β-GlcNAcのメチルウンベリフェロン誘導体.

【生理機能】蛍光法によるN-アセチル-β-D-ヘキソサミニダーゼの測定基質．加水分解により生じる4-メチルウンベリフェロン（4-MU）はアルカリ性溶液（pH 10.0）で青色の蛍光を発する（励起波長340nm，蛍光波長440nm）．基質濃度を高くし，4-MUを340nm付近の吸光度で測定することもできる．比色用基質のニトロフェノール誘導体よりも検出感度がよい．

【用途】N-アセチル-β-D-グルコサミニダーゼ活性の蛍光測定．

アルブチン（arbutin）〔4-ヒドロキシフェニル-β-D-グルコピラノシド（4-hydroxyphenyl-β-D-glucopyranoside）〕

- **分子式**：$C_{12}H_{16}O_7 \cdot nH_2O$
- **分子量**：272.25
- **別名**：ヒドロキノン β-D-グルコピラノシド（hydroquinone β-D-glucopyranoside）
- **CAS登録番号**：497-76-7

基本データ

形状	：無色〜白色の結晶または結晶性の粉末
融点	：195〜198℃
溶解性	：水，エタノールに可溶

活用法

溶媒・使用条件	：細菌の産生するβ-グルコシダーゼを測定する場合．菌体を0.9 mLの75 mMリン酸緩衝液（pH 7.5）/1 mM Mg^{2+}で懸濁し，20mMアルブチン溶液を0.1 mL加え10分間37℃で反応させる．0.5 mLの2M Na_2CO_3を加えて反応を止める．生じたハイドロキノンは，$NaNO_2$を加えることによって呈色させ400nmの吸収で定量する
保存の方法	：粉末で遮光して4℃保存
入手先	：和光純薬工業（01-2029），シグマ・アルドリッチ（A4256）

解説

【特徴】 天然のフェノール性 β-D-グルコース誘導体．

【生理機能】 本品はウワウルシ，コケモモの葉に含有される有効成分．大腸菌増殖阻止作用の抗菌作用，マウスの塩化ピクリルによる接触性皮膚炎に対する治療効果増強などの薬理作用がある．チロシナーゼ活性阻害．

【用途】 β-D-グルコシダーゼの測定用基質．

文献

1) Schaefler, S.：J. Bacteriol., 93：254-263, 1967

ONPG〔2-ニトロフェニル-β-D-ガラクトピラノシド（2-nitrophenyl-β-D-galactopyranoside）〕

- 分子式：$C_{12}H_{15}NO_8$
- 分子量：301.25
- 別名：o-ニトロフェニル-β-D-ガラクトピラノシド（o-nitrophenyl-β-D-galactopyranoside）
- CAS登録番号：369-07-3

基本データ

形状	：白色～わずかにうすい褐色の結晶性粉末～粉末
融点	：195℃（分解）
溶解性	：水，メタノールにやや溶けにくく，エタノールに溶けにくく，ジエチルエーテルにほとんど溶けない

活用法

溶媒・使用条件	：水に溶かして，数10mMのストックを作製し，酵素活性の検出には2mM程度の濃度が用いられる
保存の方法	：粉末で，4℃保存．水で調製後，-20℃で保存
入手先	：和光純薬工業（595-08321）

解説

【特徴】 β-D-ガラクトピラノシドのニトロフェニル誘導体.

【生理機能】 β-D-ガラクトシダーゼの酵素基質である. β-ガラクトシダーゼにより加水分解されてo-ニトロフェノールを遊離し, これが弱アルカリ性で黄色（最大吸収波長420nm）を呈する. β-D-ガラクトシダーゼ活性測定の基質として広く利用されるほか, 微生物の調節遺伝子変異株の分離などにも利用される.

【用途】 比色法によるβ-D-ガラクトシダーゼの測定用基質.

pNP-β-D-GlcNAc〔p-ニトロフェニル-2-アセトアミド-2-デオキシ-β-D-グルコピラノシド（p-nitrophenyl-2-acetamido-2-deoxy-β-D-glucopyranoside）〕

- 分子式：$C_{14}H_{18}N_2O_8$
- 分子量：342.30
- 別名：4-ニトロフェニル-2-アセトアミド-2-デオキシ-β-D-グルコピラノシド（4-nitrophenyl-2-acetamido-2-deoxy-β-D-glucopyranoside）
- CAS登録番号：3459-18-5

基本データ

形状	：白色～わずかにうすい黄色の結晶～粉末
融点	：210～212℃
溶解性	：水に溶け, アセトンにほとんど溶けない

活用法

溶媒・使用条件	：水に溶かし, 数10mMのストック溶液を作製. 酵素活性検出には2mM程度の濃度を用いる

保存の方法	：粉末で，−20℃保存．水で調製後，−20℃保存
入手先	：和光純薬工業（144-05631），シグマ・アルドリッチ（N8759）

解説

【特徴】 N-アセチル-β-D-グルコサミンのニトロフェニル誘導体．

【生理機能】 N-アセチル-β-D-グルコサミダーゼの酵素基質である．N-アセチル-β-D-グルコサミダーゼにより加水分解されてp-ニトロフェノールを遊離し，これが弱アルカリ性で黄色（最大吸収波長405nm）を呈する．

【用途】 比色法によるN-アセチル-β-D-グルコサミダーゼ活性の測定基質．

文献

1) Jin, Y. L. et al：J. Biochem. Mol. Biol., 35：313-319, 2002

pNP-β-D-Gal
〔p-ニトロフェニル β-D-ガラクトピラノシド（p-nitrophenyl β-D-galactopyranoside）〕

- **分子式**：$C_{12}H_{15}NO_8$
- **分子量**：301.25
- **別名**：4-ニトロフェニル β-D-ガラクトピラノシド（4-nitrophenyl β-D-galactopyranoside）
- **CAS登録番号**：3150-24-1

基本データ

形状	：白色〜黄色の結晶〜粉末および小塊
融点	：178〜184℃
溶解性	：水およびメタノールにやや溶けにくく，エタノールおよびアセトンに溶けにくい

活用法

溶媒・使用条件　：水に溶かし，数10mMのストック溶液を作製．酵素活性検出

には2mM程度の濃度を用いる
保存の方法　　：粉末で4℃保存．水で調製後，−20℃保存
入手先　　　　：和光純薬工業（146-06051）

解説

【特徴】 β-D-ガラクトースのニトロフェニル誘導体．
【生理機能】 β-D-ガラクトシダーゼの酵素基質である．β-D-ガラクトシダーゼにより加水分解されて p-ニトロフェノールを遊離し，これが弱アルカリ性で黄色（最大吸収波長405nm）を呈する．
【用途】 比色法によるβ-D-ガラクトシダーゼの測定基質．

ATEE〔N-アセチル-L-チロシンエチルエステル（N-acetyl-L-tyrosine ethyl ester）〕

- 分子式：$C_{13}H_{17}NO_4$
- 分子量：251.3
- CAS登録番号：36546-50-6

基本データ

形状　　　　：白色結晶性粉末
融点　　　　：80〜81℃
溶解性　　　：エタノール，メタノール，DMSOに可溶

活用法

溶媒・使用条件：DMSOで200mMストック溶液を作製し，比色法での測定には1mMで使用（237nm），pHスタット法での測定には10mMで使用
保存の方法　　：粉末で，−20℃保存．DMSOで調製後，−20℃保存
入手先　　　　：和光純薬工業（591-13791），シグマ・アルドリッチ（A6751）

❏ 解説

【特徴】L-チロシンのエステル誘導体.
【生理機能】キモトリプシンのエステラーゼ活性を測定するための合成基質. アセチルチロシンとエタノールが生じ, 前者を237nmの吸光度測定あるいはpHスタット法でのアルカリ消費量で定量できる.
【用途】キモトリプシンの測定用基質.

BAEE
〔N-α-ベンゾイル-L-アルギニンエチルエステル塩酸塩（N-α-benzoyl-L-arginine ethyl ester hydrochloride）〕

- 分子式：$C_{15}H_{22}N_4O_3 \cdot HCl$
- 分子量：342.82
- 別名：Bz-Arg-OEt・HCl
- CAS登録番号：2645-08-1

❏ 基本データ

形状	：白色粉末
溶解性	：水に溶ける

❏ 活用法

溶媒・使用条件	：pHスタット法での活性測定には10mMで使用. 比色法の場合, 0.1〜1 mMで使用. 例えば, 63 mMリン酸緩衝液（pH 7.6）, 0.23 mM BAEEにトリプシンを加えて反応を開始させる. 1 BAEE単位は253nmの吸光度がpH 7.6, 25℃で1分間に0.001増加する酵素量
保存の方法	：粉末で, 4℃保存. 水で調製後, 4℃で2日間保存可能
入手先	：シグマ・アルドリッチ（B4500）, ペプチド研究所（3001）

❏ 解説

【特徴】L-アルギニンのエステル誘導体.

【用途】ブロメライン，フィシン，カリクレイン，ズブチリシン，トロンビンおよびトリプシンのエステラーゼ活性測定用基質．

Gly-Pro-pNA（グリシルプロリンパラニトロアニリド，glycylproline para-nitroanilide）

- 分子式：$C_{13}H_{16}N_4O_4 \cdot HCl$
- 分子量：328.76
- CAS登録番号：103213-34-9

基本データ

形状	：白色粉末
溶解性	：水に溶ける

活用法

溶媒・使用条件	100 mM Tris/HCl（pH 8.0），0.5 mM Gly-Pro-pNAの条件で，ジペプチジルペプチダーゼⅣの存在下37℃で15分反応させる．遊離するpNAを405nmの吸光度で測定する
保存の方法	：粉末で−20℃保存
入手先	：シグマ・アルドリッチ（G0513）

解説

【特徴】Gly-Proジペプチドのパラニトロアニリド誘導体．
【生理機能】ジペプチジルペプチダーゼⅣは内皮細胞，上皮細胞やリンパ球上に発現しており，血清中にも可溶タイプのものがみられる．生体内での基質は，多数見出されている．非修飾N末端のX-Pro-Y（YはPro以外）においてProのカルボキシル基側を切断する．そこで，Gly-Proの誘導体が数種類開発されている．より検出感度の高い基質として4-メチルクマリル-7-

アミド誘導体もある．

【用途】ジペプチジルペプチダーゼⅣの活性測定．

【関連物質】Gly-Pro-MCA（CAS登録番号：67341-42-8）

Gly-Phe-NH$_2$
〔グリシルフェニルアラニンアミドアセテート，glycylphenylalaninamide acetate〕

- 分子式：$C_{11}H_{15}N_3O_2 \cdot C_2H_4O_2$
- 分子量：281.3
- CAS登録番号：13467-26-0

基本データ

形状	：白色粉末
溶解性	：水に溶ける

活用法

溶媒・使用条件	：例えば，0.2Mクエン酸ナトリウム緩衝液（pH 6.0）/40mM β-メルカプトエチルアミン塩酸塩でカテプシンCを希釈し，0.1 MのGly-Phe-NH$_2$水溶液と1：1で混ぜて37℃で反応を開始する．生じたアンモニアの定量により反応を測定する
保存の方法	：粉末で，4℃保存
入手先	：ペプチド研究所（3023）

解説

【特徴】Gly-Pheジペプチドのアミド化合物．

【生理機能】カテプシンCがPheのカルボキシル基側を加水分解する．アミド化合物の場合はアンモニアが生成するが，他にp-ニトロアニリドやβ-ナフチルアミド誘導体があり，これらの方が測定感度が高い．

【用途】カテプシンCのジペプチジルアミダーゼ活性測定およびトランスフェラーゼ活性測定．

【関連物質】Gly-Phe-*p*-ニトロアニリド（CAS登録番号：21027-72-5），Gly-Phe-*β*-ナフチルアミド（CAS登録番号：21438-66-4）

文献
1）McDonald, J. K. et al.：J. Biol. Chem., 244：2693-2709, 1969

pNPP ［パラニトロフェニルリン酸〔*p*-ニトロフェニルリン酸ニナトリウム塩（disodium *p*-nitrophenylphosphate）〕］

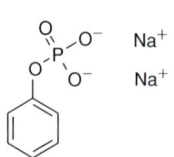

- **分子式**：$C_6H_4NNa_2O_6P$
- **分子量**：263.05
- **CAS登録番号**：4264-83-9

基本データ

形状	：白色〜わずかにうすい黄色の結晶〜結晶性粉末
融点	：300℃以上
溶解性	：水に溶けやすく（100 mg/mLまで可溶），エタノール，アセトンにはほとんど溶けない

活用法

溶媒・使用条件	：ストック溶液のpHは8.0〜9.0（25℃）で無色からわずかにうすい黄色．使用濃度は1 mg/mL
保存の方法	：粉末で，4℃保存．ストック溶液で4℃保存
入手先	：和光純薬工業（141-02341），シグマ・アルドリッチ（N9389）など

解説

【特徴】リン酸のニトロフェニル誘導体．

【生理機能】反応産物の*p*-ニトロフェノールはアルカリ性で黄色を呈する可溶性物質．NaOHを加えて反応を止め，405 nmの吸光度で測定する．

【用途】酸性およびアルカリ性ホスファターゼの測定用基質．アルカリ性ホスファターゼを用いたELISAの基質．

Leu-NH₂・HCl〔ロイシンアミドハイドロクロライド（leucinamide hydrochloride）〕

- 分子式：$C_6H_{14}N_2O \cdot HCl$
- 分子量：166.7
- CAS登録番号：10466-61-2

基本データ

形状	：白色粉末
融点	：254～256℃
溶解性	：水に溶ける

活用法

溶媒・使用条件：例えば，0.1 M Tris/HCl（pH 8.3），30 μM Mn^{2+}，15 mM L-Leu-NH₂の緩衝液中37℃で反応させる．生じたアンモニアの定量により反応を測定する．ロイシン脱水素酵素との共役反応により生じたNADHの定量によりL-Leuを測定する方法もある

保存の方法　：粉末で，4℃保存
入手先　　　：和光純薬工業（532-08531），ペプチド研究所（3027）

解説

【特徴】L-ロイシンのアミド化合物．

【生理機能】Leuのカルボキシル基側を加水分解する．アミド化合物の場合はアンモニアが生成するが，他にp-ニトロアニリドやβ-ナフチルアミド誘導体があり，これらの方が測定感度が高い．

【用途】ロイシンアミノペプチターゼの活性測定．

文献

1）Takamiya, S. et al.：Anal. Biochem., 130：266-270, 1983

フェニルリン酸ナトリウム塩
〔フェニルリン酸ニナトリウム（disodium phenyl phosphate）〕

- **分子式**：$C_6H_5PO_4Na_2 \cdot 2H_2O$
- **分子量**：254.09
- **CAS登録番号**：3279-54-7

◻ 基本データ

形状	：白色の結晶性粉末
融点	：161～166℃
溶解性	：水（100 mg/mLまで溶ける），エタノール，アセトンに可溶

◻ 活用法

溶媒・使用条件	：水あるいは緩衝液でストック溶液を作製する．水溶液のpHは6.5～9.5（50 mg/mL，25℃）．1 mg/mLで使用
保存の方法	：粉末で，4℃保存．ストック溶液で，4℃保存
入手先	：和光純薬工業（044-04262），シグマ・アルドリッチ（P7751）

◻ 解説

【特徴】 リン酸のフェニル誘導体．

【生理機能】 パラニトロフェニルリン酸と同様のホスファターゼ基質であるが，呈色しない．ただし，生ずるフェノールを274～278nmでリアルタイム測定することができる．リン酸化チロシンに構造が似ているためホスファターゼの阻害剤としても用いることができる．ヌクレオシドホスホトランスフェラーゼ（EC 2.7.1.77）のリン酸基供与体として用いられた例もある．

【用途】 酸性およびアルカリ性ホスファターゼの活性検出．

文献

1) King, E. J. et al.：J. Clin. Pathol., 4：85-91, 1951
2) Luchter-Wasylewska, E.：Anal. Biochem., 241：167-172, 1996

o-CPP ［カルボキシフェニルリン酸［リン酸2-カルボキシフェニル（2-carboxyphenyl phosphate）］］

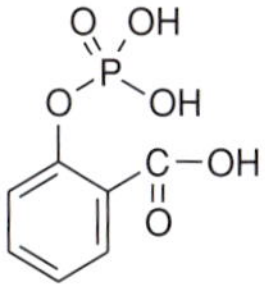

- **分子式**：$C_7H_7O_6P$
- **分子量**：218.1
- **別名**：2-ホスホノオキシ安息香酸（2-phosphonooxybenzoic Acid）
- **CAS登録番号**：6064-83-1

基本データ

形状	：白色粉末
融点	：168～170℃
溶解性	：水に可溶

活用法

溶媒・使用条件	：水あるいは緩衝液に溶かし，最終濃度1mMで使用
保存の方法	：粉末で，－20℃保存
入手先	：和光純薬工業（535-08261）

解説

【特徴】サリチル酸のリン酸エステル．

【生理機能】酸性ホスファターゼの基質．加水分解で生じるサリチル酸を300nmで検出．

【用途】酸性ホスファターゼの測定用基質．

文献

1) DeWald, D. B., et al.：J. Biol. Chem., 267：15958-15964, 1992

ナフチルリン酸ナトリウム塩〔1-ナフチルリン酸一ナトリウム一水和物（1-naphthyl phosphate monosodium salt monohydrate）〕

● 分子式：$C_{10}H_7OP(O)(OH)(ONa) \cdot H_2O$
● 分子量：264.15
● CAS登録番号：81012-89-7

❏ 基本データ

形状　　　：白色～わずかにうすい褐色または紅色の結晶性粉末～粉末
融点　　　：189～191℃
溶解性　　：水に溶けやすく，エタノールに溶けにくい

❏ 活用法

溶媒・使用条件：水溶液は酸性を示す（pH 2.5～4.5, 50 mg/mL, 25℃）．1mMで使用
保存の方法　：粉末で，4℃保存
入手先　　　：シグマ・アルドリッチ（N7255）

❏ 解説

【特徴】リン酸のナフチル誘導体．
【生理機能】特異性の低いホスファターゼ阻害剤．酸性，アルカリ性，プロテインホスファターゼを阻害する．前立腺酸性ホスファターゼの基質として有効．ホスファターゼの組織化学的染色に利用．測定用基質として用いるときは，生じたα-ナフトールを540nmあるいは321nmで定量する．
【用途】ホスファターゼの基質．

文献
1) Feigen, M. I. et al.：J. Biol. Chem., 255：10338-10343, 1980

メチルウンベリフェリルエステル
〔酢酸4-メチルウンベリフェリル（4-methylumbelliferyl acetate）/酢酸4-μ（4-MU acetate），MU-Ac〕

- **分子式**：$C_{12}H_{10}O_4$
- **分子量**：218.21
- **別名**：7-アセトキシ-4-メチルクマリン（7-acetoxy-4-methylcoumarin）
- **CAS登録番号**：2747-05-9

基本データ

形状	：白色粉末
融点	：149～150℃
溶解性	：水，アセトンに溶ける

活用法

溶媒・使用条件	：0.1～0.5mMで使用
保存の方法	：粉末で，-20℃保存
入手先	：和光純薬工業（522-95661），シグマ・アルドリッチ（M0883）

解説

【特徴】4-メチルウンベリフェリル誘導体．

【生理機能】エステラーゼの測定用基質．加水分解により生じる4-メチルウンベリフェロン（4-MU）はアルカリ性溶液（pH10.0）で青色の蛍光を発する（励起波長340nm，蛍光波長440nm）．基質濃度を高くし，4-MUを340nm付近の吸光度で測定することもできる．

【用途】アセチルエステラーゼの測定．

文献
1) Pindel, E. V. et al.：J. Biol. Chem., 272：14769-14775, 1997

ルシフェリン [(S)-4,5-ジヒドロ-2-(6-ヒドロキシベンゾチアゾール-2-イル)チアゾール-4-カルボン酸〔(S)-4,5-dihydro-2-(6-hydroxybenzothiazol-2-yl)thiazole-4-carboxylic acid〕/D-ルシフェリン (D-luciferin)]

- 分子式:$C_{11}H_8N_2O_3S_2$
- 分子量:280.32
- 別名:ホタルルシフェリン (firefly luciferin)
- CAS登録番号:2591-17-5

基本データ

形状	:白色〜黄色の結晶性粉末〜粉末または塊
融点	:213〜215℃(分解)
溶解性	:水には難溶.100mM Tris/HCl(pH 7.8)緩衝液に20mM程度溶ける.カリウム塩は水および緩衝液(pH 7.8)に150mM程度溶ける

活用法

溶媒・使用条件	:緩衝液に溶かす.数10μMから数mM程度で使用
保存の方法	:粉末で,-20℃保存.緩衝液で溶解後,4℃で数週間安定して保存できる
入手先	:シグマ・アルドリッチ(L9504),同仁化学研究所(L226)(カリウム塩)

解説

【特徴】化学発光分析試薬 ホタルルシフェリン.

【生理機能】ルシフェリンはルシフェリン-ルシフェラーゼ発光反応を示す発光基質の総称.ホタルルシフェリンはルシフェリンの1種である.ホタルルシフェリンは,ホタルルシフェラーゼ(219ページ参照),ATP,Mg^{2+}存在下でルシフェニルアデニル酸となり,O_2によりオキシルシフェリンとなる.このとき,562nmの光を発する.ATPを定量することによりクレアチンキナーゼやヌクレオチドホスファターゼなどの活性測定が可能である.

【用途】ATPの定量,クレアチンキナーゼやヌクレオチドホスファターゼなどの活性測定.レポータージーンアッセイ.

文献

1) Lemasters, J. J. & Hackenbrock, C. R.：Methods in Enzymol. 56：530-544, 1979

PPD ［パラフェニレンジアミン〔*p*-フェニレンジアミン（*p*-phenylenediamine）〕］

- **分子式**：$C_6H_4(NH_2)_2$
- **分子量**：108.14
- **別名**：*p*-ジアミノベンゼン（*p*-diaminobenzene）
- **CAS登録番号**：106-50-3

❑ 基本データ

形状	：わずかにうすい紫色の白色結晶
融点	：147℃
沸点	：267℃
引火点	：156℃
溶解性	：水に可溶，エタノールに易溶，エーテルに可溶

❑ 活用法

溶媒・使用条件	：組織切片でのペルオキシダーゼ染色の場合，1.5 mg/mL（0.1 M Tris-HCl, pH 7.6）溶液で切片を反応させる（Hanker-Yates試薬）
保存の方法	：結晶で，室温（遮光）保存．保存中，空気で酸化が進み次第に暗赤色になるため，密封し，酸化剤との接触を防ぐ
取り扱いの注意	：劇物．皮膚に触れると炎症を起こすことがある．LD_{50}（ラット，経口投与）80 mg/kg
入手先	：和光純薬工業（164-01532）

❑ 解説

【特徴】酸化還元試薬

【生理機能】蛍光顕微鏡観察でマウント剤に加え，蛍光標識の消光を抑制する．電子供与体でありシトクロム*c*を還元する．PPDまたは*N, N*-ジメチル誘導体のDMPDは*α*-ナフトールの存在下に，シトクロム*c*オキシダー

ぜなど酸化酵素の作用でインドフェノールブルーを生じる（インドフェノールブルー反応）．

【用途】 シトクロムcオキシダーゼ，ペルオキシダーゼの組織化学的検出，色素製造原料．

文献
1) Morrell, J. I. et al.：J. Histochem. Cytochem., 29：903-916, 1981

ABTS ［2,2'-アジノビス（3-エチルベンゾチアゾリン-6-スルホン酸）ニアンモニウム塩〔2,2'-azinobis（3-ethylbenzothiazoline-6-sulfonic acid）diammonium salt〕］

- 分子式：$C_{18}H_{24}N_6O_6S_4$
- 分子量：548.68
- CAS登録番号：30931-67-0

基本データ

形状	：白色〜うすい黄色またはうすい緑色の粉末および小塊
溶解性	：水に溶けやすく，エタノールに溶けにくく，アセトンにきわめて溶けにくい
水溶液のpH	：5.0〜6.0（50 mg/mL，25℃）

活用法

溶媒・使用条件	：50 mMクエン酸/リン酸緩衝液（pH 5.0）で0.1 mg/mLの基質溶液を作製し，反応前に30%過酸化水素水を100 mL溶液に対し25μL加える．1%SDSで反応を止めることができ，反応産物を405nmの吸光度で定量する
保存の方法	：粉末および小塊で4℃保存

入手先 ：和光純薬工業（018-10311），シグマ・アルドリッチ（A1888）

解説

【特徴】安全かつ便利な可溶性ペルオキシダーゼ基質．
【生理機能】酵素免疫測定法（EIA）による，ペルオキシダーゼ標識抗体に対する基質として使用され，405〜410 nmで測定可能な濃い青緑色を発色する．臨床化学検査の分野では，グルコースオキシダーゼによるグルコースの酸化で生ずる過酸化水素をペルオキシダーゼとのカップリング反応で検出する，グルコースオキシダーゼ法（GOD-POD法）による血糖測定の基質としても利用される．
【用途】可溶性産物の必要な場合のペルオキシダーゼ基質．

第I部：生物学的作用および用途別試薬

第12章
酵素阻害剤

米沢直人

酵素阻害剤（阻害物質）は，金属などの無機物，低分子有機化合物，ペプチド性，タンパク質性とさまざまである．動植物や微生物由来のプロテアーゼ阻害剤が多く見出されており，酵素の制御作用の機構ならびに意義が研究されている．植物では生体防御の役割が推測されている．種々の人工阻害剤も開発されている．基質に類似の構造を有し，不可逆的に阻害するだけでなく活性部位のアフィニティー標識にも利用できるものもある．実験者自身のタンパク質に作用し毒性を示す物質が多いため，取扱いには注意を要する．

MG-132 〔ベンジルオキシカルボニル-L-ロイシル-L-ロイシル-L-ロイシナール（benzyloxycarbonyl-L-leucyl-L-leucyl-L-leucinal）〕

- 分子式：$C_{26}H_{41}N_3O_5$
- 分子量：475.62
- 別名：Z-Leu-Leu-Leu-CHO
- CAS登録番号：133407-82-6

❏ 基本データ

形状 ：白色～ほとんど白色の結晶粉末
溶解性 ：ジメチルスルホキシド（DMSO）およびエタノールに25 mg/mLまで溶解する．メタノール，酢酸にもわずかに溶ける

❏ 活用法

溶媒・使用条件：DMSOあるいはエタノールに溶解し細胞を処理するときは10μMで使用．試験管内での20Sプロテアソームの阻害には1μM程度
保存の方法 ：粉末で，-20℃保存，DMSOあるいはエタノールで調製後，-20℃で保存
入手先 ：和光純薬工業（138-14021），シグマ・アルドリッチ（C2211）

❏ 解説

【特徴】プロテアソームの非特異的な阻害剤．
【生理機能】細胞透過性をもち，可逆的なプロテアソーム阻害剤．10μMでPC12細胞を処理すると神経突起の成長が誘起される．C末端のアルデヒド基が阻害に重要であり，アルデヒド基を還元すると阻害活性が低下する．
【用途】細胞内プロテアソームの阻害．

文献

1) Bush, K. T. et al.: J. Biol. Chem.: 272: 9086-9092, 1997
2) Tsubuki, S., et al.: J. Biochem.: 119: 572-576, 1996

RNaseインヒビター
(RNase inhibitor from human placenta)

- **分子量**:約50,000
- **構造式**:460アミノ酸残基からなるモノマータンパク質
- **CAS登録番号**:56-81-5(同じCASでラット肺由来も市販されている)

基本データ

形状 :50%グリセロール溶液〔20 mM HEPES-KOH, 50 mM KCl, 8 mM ジチオトレイトール(DTT), 50%グリセロール, pH 7.6〕

活用法

使用条件:pH 5.0~8.0で活性. 1Uは5 ngのRNaseAの活性を50%阻害するインヒビター量である. 反応液1μLあたり1Uを使用する
保存の方法:50%グリセロール溶液で, −20℃保存
入手先 :ニューイングランド・バイオラボ(M0307)

解説

【特徴】タンパク質性RNaseインヒビター(大腸菌組換えタンパク質).
【生理機能】RNaseA, B, Cを特異的に阻害する. 結合定数10^{14}以上で1:1の強固な非共有結合複合体を形成し阻害する. RNaseT1, S1ヌクレアーゼ, RNaseHには効果がない. Taq DNAポリメラーゼ, AMV, M-MuLV逆転写酵素, SP6, T7, T3 RNAポリメラーゼも阻害しない.
【用途】cDNA合成, RNAプローブ合成, RT-PCRなどのときのRNase阻害.
【関連物質】ジエチルピロカーボネート(CAS:1609-47-8)

文献

Blackburn, P. et al.: J. Biol. Chem., 252: 5904-5910, 1977

2-アミノ-4-(グアニジノオキシ)酪酸
〔2-amino-4-(guanidinooxy) butyric acid〕

- **分子式**：$C_5H_{12}N_4O_3$
- **分子量**：176.18
- **別名**：カナバニン（canavanine）
- **CAS登録番号**：543-38-4

基本データ

形状	：白色粉末
融点	：160〜165℃（分解）
溶解性	：水に100 mg/mLまで溶ける

活用法

溶媒・使用条件	：マウス，ラットの静脈投与の場合，100 mg/kg/h. 試験管内で細胞への効果を見る場合，100 μM. 試験管内の酵素阻害では1〜10mM.
保存の方法	：粉末で，4℃保存
入手先	：シグマ・アルドリッチ（C1625）

解説

【特徴】タチナタマメ（*Canavalia ensiformis*）など植物界に存在するL-アルギニン構造類似体.

【生理機能】L-アルギニンに構造が似ているためL-アルギニンを利用する酵素を阻害する．誘導型NO合成酵素はL-アルギニンを基質とするため選択的に阻害される．

【用途】誘導型NO合成酵素の阻害

【関連物質】カナバニン硫酸塩（canavanine sulfate，CAS登録番号：2219-31-0）

DEPC
(diethyl pyrocarbonate, ジエチルピロカーボネート)

- 分子式：$(C_2H_5OCO)_2O$
- 分子量：162.14
- CAS登録番号：1609-47-8

基本データ

形状	：無色液体
沸点	：62〜64℃（0.3hPa）
溶解性	：水に不溶．アルコール，エステル，ケトン，芳香族炭化水素に対して易溶
引火点	：25℃（タグ密閉式）
比重	：1.115〜1.130g/mL（20℃）

活用法

溶媒・使用条件	：RNaseを阻害するためには溶液に対し0.1％（v/v）加える．酵素に機能に関与するヒスチジン残基があるかどうかを見るときは，0.05〜0.1 Mリン酸緩衝液中1〜5 mMで使用する
保存の方法	：液体で4℃保存
取り扱いの注意	：催涙性あり，可燃性液体，水分により徐々に加水分解する．毒性がある：LD_{50}（ラット，経口投与）850mg/kg
入手先	：和光純薬工業（579-98351），シグマ・アルドリッチ（D5758）

解説

【特徴】タンパク質のHisおよびTyrの化学修飾剤．

【生理機能】Hisは中性付近で側鎖のプロトン解離平衡となるため触媒基として機能することが多い．Hisの化学修飾により不可逆的酵素阻害剤として働くとともに，修飾His残基の同定により，活性部位の検索が行える．RNaseに対しては活性中心ヒスチジンの化学修飾剤でありRNaseの阻害剤として用いられる．

【用途】リボヌクレアーゼ阻害剤，一般的酵素のヒスチジン残基の化学修飾剤，イミンからカルバメートへの変換剤，抗菌添加剤．

MIA
(iodoacetic acid sodium salt, ヨード酢酸ナトリウム塩)

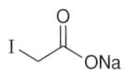

- **分子式**：$C_2H_2IO_2Na$
- **分子量**：207.9
- **別名**：モノヨード酢酸ナトリウム（Sodium monoiodoacetate）
- **CAS登録番号**：305-53-3

基本データ

形状	：白色～かすかに黄色の結晶性粉末
融点	：80～83℃
溶解性	：水，エタノール，アセトンに易溶

活用法

溶媒・使用条件	：緩衝液に溶かして直ちに使用する．タンパク質のシステイン残基数に対し，100倍程度の過剰量を反応させる．副反応を防ぐためpH8.0付近，遮光下で反応させる
保存の方法	：粉末で，遮光して4℃保存
取り扱いの注意	：毒性がある：LD_{50}（ラット，腹腔内注射）75 mg/kg
入手先	：シグマ・アルドリッチ（I9148）

解説

【特徴】チオール基の不可逆的アルキル化剤．

【生理機能】タンパク質のS-S結合を還元アルキル化するときに用いる．チオール基との反応性が特に高いが，pHによってはイミダゾリル基などとも反応性がある．チオール基が活性に関与するSH酵素の不可逆的阻害剤である．S-カルボキシメチルシステインはアミノ酸分析やエドマン分解法でアスパラギン酸付近に溶出される．

【用途】SH酵素の阻害剤およびタンパク質の化学修飾剤として使用される．

IAA（iodoacetamide，ヨードアセトアミド）

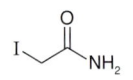

- **分子式**：ICH$_2$CONH$_2$
- **分子量**：184.96
- **別名**：モノヨードアセトアミド（monoiodoacetamide）
- **CAS登録番号**：144-48-9

基本データ

形状	：白色〜うすい黄色の結晶性粉末
溶解性	：熱水，エタノール，アセトン，エーテルに可溶
融点	：93〜97℃

活用法

溶媒・使用条件	：緩衝液に溶かして直ちに使用する．タンパク質のシステイン残基数に対し，100倍程度の過剰量を反応させる．副反応を防ぐためpH8.0付近，遮光下で反応させる
保存の方法	：粉末で，4℃保存
取り扱いの注意	：毒性がある：LD$_{50}$（マウス，経口投与）74 mg/kg
入手先	：和光純薬工業（093-02892），シグマ・アルドリッチ（I1149）

解説

【特徴】タンパク質の化学的修飾剤の1つ．

【生理機能】ヨード酢酸と同様にSH基を不可逆的に修飾する．タンパク質のS-S結合は，切断してもそのままにしておくと再びS-S結合を形成するが，ヨードアセトアミドを作用させると安定な形に変わって再結合が起こらない．タンパク質の還元カルボキサミドメチル化：プロテイン-SH + ICH$_2$CONH$_2$→プロテイン-S-CH$_2$CONH$_2$ + HI

【用途】タンパク質SH基修飾剤．数種類のシステインプロテアーゼの不可逆的阻害剤．

アミノフィリン（aminophylline）/DOBO

- **分子式**：$2C_7H_8N_4O_2 \cdot H_2NCH_2CH_2NH_2$
- **分子量**：420.42
- **別名**：$(theophylline)_2 \cdot$ ethylenediamine
- **CAS登録番号**：317-34-0

基本データ

形状	：白色粉末
溶解性	：アルコールには溶けない．水に溶ける（3.7 mg/mL），ただし用時調製のこと

活用法

溶媒・使用条件	：細胞に作用させる場合，10～1,000 μg/mLとなるように培地に加えて使用
保存の方法	：粉末で，−20℃保存
取り扱いの注意	：毒性がある：LD_{50}（ラット，経口投与）243 mg/kg
入手先	：和光純薬工業（598-00952），シグマ・アルドリッチ（A1755）

解説

【特徴】水に難溶のテオフィリンと溶解補助剤のエチレンジアミンとの結合体．

【生理機能】非特異的なcAMPホスホジエステラーゼ阻害剤．テオフィリンは茶の葉に存在するアルカロイドで，カフェインに類似している．抗てんかん作用，強心作用，利尿効果，平滑筋弛緩による気管支拡張作用がある．中枢神経系の興奮作用はカフェインにくらべ弱い．

【用途】cAMPホスホジエステラーゼの阻害

【関連物質】テオフィリン（theophylline，CAS登録番号：58-55-9）

セルレニン (cerulenin)

- **分子式**：$C_{12}H_{17}NO_3$
- **分子量**：223.27
- **別名**：2,3-エポキシ-4-オキソ-7,10-ドデカジエンアミド
  (2,3-epoxy-4-oxo-7,10-dodecadienamide)
- **CAS登録番号**：17397-89-6

基本データ

形状	：白色～うすい褐色の結晶性粉末
溶解性	：エタノール，アセトン，クロロホルム，ベンゼン，酢酸エチルに可溶．水に難溶．石油エーテルに不溶．20 mg＋メタノール1 mLで可溶

活用法

溶媒・使用条件	：細菌，酵素への効果を調べるとき，いずれも10～100 μg/mLになるように培地あるいは緩衝液に加えて使用．
保存方法	：粉末で，－20℃保存
取り扱いの注意	：毒性がある：LD_{50}（マウス，経口投与）547 mg/kg
入手先	：シグマ・アルドリッチ（C2389）

解説

【特徴】サルトリア属の*Cephalosporium caerulens*の生産する抗真菌性抗生物質．

【生理機能】脂質生合成を阻害する．脂肪酸の生合成における縮合酵素（3-オキソアシルACPシンターゼ）の活性中心である，システイン残基に共有結合することにより阻害活性をもたらす．ステロール合成においてはヒドロキシメチルグルタリルCoA合成酵素活性をも阻害するが，脂肪酸合成系に対する阻害にくらべ弱い．また，マウスにおいて，摂食を抑制して大幅な体重減少を誘発することも示されている．

【用途】脂肪酸合成系の阻害．

文献

1) Ohno, H. et al.：J. Biochem., 78：1149-1152, 1975

NEM（N-ethylmaleimide, N-エチルマレイミド）

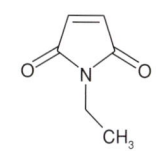

- **分子式**：$C_6H_7NO_2$
- **分子量**：125.13
- **CAS登録番号**：128-53-0

基本データ

形状	：白色～わずかにうすい黄色の結晶性粉末
融点	：44～47℃
沸点	：210℃
溶解性	：アセトンに溶けやすく，エタノールにやや溶けやすく，水にやや溶けにくい

活用法

溶媒・使用条件	：0.1 Mリン酸緩衝液（pH 7.0）に1mMとなるように溶かし，タンパク質を加えて25℃で反応させる．NEMが305nmに吸収をもつため，反応の進行は吸光度の変化で追跡できる．2分で反応が終了する場合から，遅いものでは100分かかる場合もある
保存の方法	：粉末で4℃保存
取り扱いの注意	：毒性がある：LD_{50}（ラット，経口投与）25 mg/kg
入手先	：和光純薬工業（054-02063），シグマ・アルドリッチ（E3876）

解説

【特徴】システインの中性誘導体を産生する特異的修飾剤．

【生理機能】反応性二重結合をもち，反応性の高いチオール基をアルキル化する．中性および弱酸性ではかなり選択的に反応するが，アルカリ性ではNEMが不安定でかつアミノ基との反応性が増大する．細胞膜透過性SH基修飾試薬として膜タンパク質研究に利用される．

【用途】SH基の特異的修飾およびそれに伴うSH酵素の阻害.

TLCK
(Nα-tosyl-L-lysine chloromethyl ketone hydrochloride, Nα-トシル-L-リシンクロロメチルケトン塩酸塩)

- 分子式：$C_{14}H_{21}ClN_2O_3S \cdot HCl$
- 分子量：369.31
- CAS登録番号：4272-74-6

基本データ

形状	：白色〜うすい褐色または紅色の結晶粉末
融点	：約160℃（分解）
溶解性	：水に溶ける（50 mg/mL）．エタノール（20 mg/mL，透明）およびメタノール（50 mg/mL，透明）にも溶ける

活用法

溶媒・使用条件	：混在プロテアーゼの阻害の場合10〜100 μMで用いる．トリプシンの活性部位修飾の場合20倍（mol/mol）反応させる
保存の方法	：粉末で，−20℃保存
取り扱いの注意	：毒性がある：LD_{50}：（マウス，皮下投与）64 mg/kg
入手先	：和光純薬工業（202-14513），シグマ・アルドリッチ（T7254）

解説

【特徴】トリプシン系セリンプロテアーゼに対する合成阻害剤.
【生理機能】トリプシンの基質であるN-トシル-L-リシンエチルエステルと類似構造をもち，トリプシンの活性部位（His-46）を特異的にアルキル化して不可逆的に失活させる．プラスミン，トロンビン，クロストリパインは阻害するが，ファクターXa，血漿カリクレインは阻害せず，キモトリプ

シンにも作用しない．リシルエンドペプチダーゼはトリプシンより速い速度で阻害される．ヒストンなどタンパク質精製の際に分解を防ぐためTPCKと一緒に用いる．

【用途】トリプシンの阻害．

アンチパイン（antipain）

- **分子式**：$C_{27}H_{44}N_{10}$
- **分子量**：604.71
- **別名**：〔(S) -1-カルボキシ-2-フェニルエチル〕カルバモイル-Arg-Val-Arg-アルデヒド ［〔(S) -1-carboxy-2-phenylethyl］carbamoyl-Arg-Val-Arg-aldehyde］
- **CAS登録番号**：37691-11-5

基本データ

形状	：白色粉末
溶解性	：水に溶ける（50 mg/mL）．1-ブタノール，1-プロパノール，ジメチルスルホキシド，エタノール，メタノールに溶ける

活用法

溶媒・使用条件	：水あるいは緩衝液に溶かし，50 μg/mLで使用
保存の方法	：粉末で，-20℃保存．水あるいは緩衝液のストック溶液は4℃で1週間，-20℃で1ヵ月安定して保存
取り扱いの注意	：毒性がある：LD_{50}（マウス，経口投与）＞500 mg/kg
入手先	：ペプチド研究所（4062-V）

🗒 解説

【特徴】Actinomyces由来のシステインプロテアーゼインヒビター．

【生理機能】パパインを強力に阻害するほか，カテプシンB，カルパインなどのシステインプロテアーゼやトリプシンなどのセリンプロテアーゼも阻害する．カラゲニンによって引き起こされる浮腫を抑制し，血液凝固時間を長くする．

【用途】パパインの阻害．

α1AT（α1-antitrypsin，α1-アンチトリプシン）

- 分子量：52,000のタンパク質
- 別名：α-1-プロテイナーゼ阻害剤（α-1-proteinase inhibitor）
- 構造式：394アミノ酸残基からなるモノマータンパク質．糖タンパク質
- CAS登録番号：9041-92-3

🗒 基本データ

形状	：白色の凍結乾燥粉末
溶解性	：水に溶ける

🗒 活用法

溶媒・使用条件	：トリプシンに対し，半分のモル数のアンチトリプシンをpH8.0で室温，5分間反応させるとほぼ完全に阻害する
保存の方法	：粉末で，4℃保存．pH 6.5〜9.0，4℃で6カ月は安定．pH 4以下では失活．水溶液は－80℃で保存できるが，凍結融解の繰り返しを避けること
入手先	：和光純薬工業（537-71834），シグマ・アルドリッチ（A9024）

🗒 解説

【特徴】生理的抗プラスミン物質の1つ．

【生理機能】アスパラギン残基に結合した3つのN結合型糖鎖を有する．急性期血漿中に約290 mg/100 mLの濃度で存在するセリンプロテアーゼ阻害剤であり，エラスターゼの重要な生理調節因子としても作用する．好中球エラスターゼ，カテプシンG，プロテイナーゼ3，アクロシンの阻害剤．プ

ロテアーゼに等モルで作用する．1〜4mgでトリプシン1mgを，2〜6mgでα-キモトリプシン1mgを阻害する．

【用途】エラスターゼの阻害．

文献
1) Pannell, R. et al.：Biochemistry, 13：5439-5445, 1974

アプロチニン（aprotinin）

Arg-Pro-Asp-Phe-Cys-Leu-Glu-Pro-Pro-Tyr-Thr-Gly-Pro-Cys-Lys-Ala-Arg-Ile-Ile-Arg-Tyr-Phe-Tyr-Asn-Ala-Lys-Ala-Gly-Leu-Cys-Gln-Thr-Phe-Val-Tyr-Gly-Gly-Cys-Arg-Ala-Lys-Arg-Asn-Asn-Phe-Lys-Ser-Ala-Glu-Asp-Cys-Met-Arg-Thr-Cys-Gly-Gly-Ala（ジスルフィド結合：5→55，14→38，30→51）

- **分子式**：$C_{284}H_{432}N_{84}O_{79}S_7$
- **分子量**：6,511.53
- **構造式**：アミノ酸配列58残基
- **CAS登録番号**：9087-70-1

基本データ

形状	：白色〜わずかにうすい黄色の結晶性粉末
溶解性	：水に溶ける（10 mg/mL以上）
等電点	：10.5
最適pH	：5.0〜7.0

活用法

溶媒・使用条件	：pH12.0以上のアルカリ溶液で不可逆的に変性する．10 mg/mLのストック溶液を作製し，0.06〜2μg/mL（0.01〜0.3μM）で使用
保存の方法	：粉末で，4℃保存
入手先	：和光純薬工業（010-11834），シグマ・アルドリッチ（A1153）

解説

【特徴】 セリンプロテアーゼである血漿および組織カリクレインのインヒビター.

【生理機能】 カリクレイン以外にトリプシン,キモトリプシン,プラスミンも阻害する.ファクターXaおよびトロンビンをほとんど阻害しない.58個のアミノ酸からなる分子量6,512のポリペプチドで,分子内の3カ所にS-S架橋があり,Kunitz型プロテアーゼインヒビターに属する.血漿および組織カリクレインに対する阻害効果は大きく血液凝固系の研究に使用される.酸および熱に対して比較的安定であり,タンパク質精製におけるセリンプロテアーゼインヒビターとして有用.アプロチニンとプロテアーゼの結合は可逆的でpH>10.0あるいは<3.0で解離する.プロテアーゼと等モルで効率的に阻害する.

【用途】 タンパク質精製におけるプロテアーゼインヒビターの1つ.低分子量マーカーの1つ.

ロイペプチン (leupeptin)

- **分子式**:C$_{20}$H$_{38}$N$_6$O$_4$
- **分子量**:426.6
- **別名**:Ac-Leu-Leu-Arg-CHO
- **CAS登録番号**:147385-61-3

基本データ

形状 :白色粉末
溶解性 :水,エタノール,メタノール,酢酸,N, N-ジメチルホルム

アミド（DMF）に溶ける

活用法

溶媒・使用条件	：10mMのストック溶液は0.5〜10μg/mL（1〜20μM）で使用
保存の方法	：粉末で，−20℃保存．ストック溶液は，4℃で1週間，−20℃で6ヵ月安定して保存できる
入手先	：ペプチド研究所（4041-V），シグマ・アルドリッチ（L2023）

解説

【特徴】放線菌由来のプロテアーゼインヒビター．

【生理機能】トリプシン様プロテアーゼおよびシステインプロテアーゼの可逆的阻害剤．阻害活性にはアルデヒド基が必須で，酸化および還元によって阻害活性が失われる．トリプシン，プラスミン，プロテイナーゼK，カリクレイン，パパイン，トロンビン，カテプシンAとBなどのセリンおよびチオールプロテアーゼを阻害．α-，β-，γ-，δ-キモトリプシン，ペプシン，カテプシンD，エラスターゼ，トロンビン，レニン，サーモライシンには影響を与えない．血液凝固時間の延長，抗炎症作用，カラゲニン浮腫の抑制効果がある．

【用途】トリプシン，プラスミン，パパイン，カテプシンBの阻害．

文献

1）Aoyagi, T. et al.：J. Antibiot., 22：283-286, 1969

キモスタチン（chymostatin）

キモスタチン A　X＝Leu
キモスタチン B　X＝Val
キモスタチン C　X＝Ile

- 分子式：$C_{31}H_{41}N_7O_6$
- 分子量：607.71

- **別名**：〔(S)-1-カルボキシ-2-フェニルエチル〕カルバモイル-α-〔2-イミノヘキサヒドロ-4 (S)-ピリミジル〕-(S)-グリシル-x-フェニルアラニナール〔〔(S)-1-carboxy-2-phenylethyl〕carbamoyl-α-〔2-iminohexahydro-4(S)-pyrimidyl〕-(S)-glycyl-x-phenylalaninal〕. X=Leu（Type A），Ile（Type B），Val（Type C）．
- **CAS登録番号**：9076-44-2

基本データ

形状	：白色粉末
溶解性	：DMSOに溶ける

活用法

溶媒・使用条件	：DMSOで10 mMストック溶液を作製し，10〜100 μMで使用
保存の方法	：粉末で，−20℃保存．ストック溶液で−20℃保存，数ヵ月安定
入手先	：シグマ・アルドリッチ（C7268）

解説

【特徴】放線菌由来のセリンおよびシステインプロテアーゼインヒビター．
【生理機能】ロイシン（A，主要）がバリン（B）やイソロイシン（C）に置き換わったものを含む混合物である．活性発現にはC末端のフェニルアラニナールが重要である．キモトリプシンのほか，カテプシンB，カルパイン，パパインに強い阻害を示し，カテプシンAおよびカテプシンDも阻害する．
【用途】キモトリプシン，カテプシンB，カルパイン，パパインの阻害．

ペプスタチンA（pepstatin A）

- **分子式**：$C_{34}H_{63}N_5O_9$
- **分子量**：685.90
- **別名**：イソバレリル-L-バリル-L-バリル-4-アミノ-3-ヒドロキシ-6-メチルヘプタノイル-L-アラニル-4-アミノ-3-ヒドロキシ-6-メチルヘプタン酸
〔N-(3-methyl-1-oxobutyl)-L-valyl-L-valyl-4-amino-3-hydroxy-6-methyl heptanoyl-L-alanyl-4-amino-3-hydroxy-6-methylheptanoic acid〕
- **CAS登録番号**：26305-03-3

❏ 基本データ

形状	：白色粉末
融点	：233℃（分解）
溶解性	：メタノール，エタノールに可溶．水，ベンゼン，クロロホルム，DMSOに難溶

❏ 活用法

溶媒・使用条件	：エタノールで１mg/mLストック溶液を作製し，使用濃度２μg/mL
保存の方法	：ストック溶液は－20℃，粉末は４℃で保存
取り扱いの注意	：毒性がある：LD_{50}（ラット，腹腔内注射）875 mg/kg
入手先	：シグマ・アルドリッチ（P5318），ペプチド研究所（4397-v）

❏ 解説

【特徴】アスパラギン酸プロテアーゼの可逆的阻害物質．

【生理機能】放線菌由来のアスパラギン酸プロテアーゼ阻害剤で，ペプシン，レニン，カテプシンD，キモシンと１：１に結合することにより阻害する．潰瘍の抑制に効果があるといわれている．

文献
1) Umezawa, H. et al.：J. Antibiotics, 23：259-262, 1970

PMSF (phenylmethanesulfonyl fluoride, フェニルメタンスルホニルフルオリド)

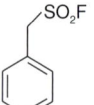

- 分子式：$C_7H_7FO_2S$
- 分子量：174.20
- 別名：α-toluenesulfonyl fluoride
- CAS登録番号：329-98-6

基本データ

形状	：白色～わずかにうすい黄色の結晶～結晶性粉末または塊
融点	：92～94℃
溶解性	：水には不溶．エタノール，メタノール，アセトン，2-プロパノール，DMF，DMSOに可溶

活用法

溶媒・使用条件	：メタノールなどで100～200mMストック溶液を作製し，0.1～1mMで使用．水溶液中では不安定（pH 7.5での半減期は1時間）
保存の方法	：粉末または塊で，室温保存．ストック溶液は－20℃保存
取り扱いの注意	：毒性がある：LD_{50}（マウス，経口投与）200 mg/kg
入手先	：和光純薬工業（270-184），シグマ・アルドリッチ（P7626）

解説

【特徴】セリンプロテアーゼの不可逆的阻害物質．

【生理機能】特異性の高いセリンプロテアーゼ阻害剤であり，酵素精製の際，共存するセリンプロテアーゼによる目的酵素の分解を防ぐために，粗酵素溶液中などにしばしば添加される．作用機序はジイソプロピルフルオロリン酸に類似しており，活性部位にあるセリン残基を特異的にスルホニル化するため，セリンプロテアーゼの化学修飾試薬としても用いられる．未熟胸腺細胞のヌクレオソーム間DNA断片化の阻害が報告されている．

【用途】セリンプロテアーゼの特異的阻害．

【関連物質】水溶性の安定性の高い阻害物質としてはAEBSF（CAS登録番号：30827-99-7）がある．

文献
1) Fahrney, D. E. & Gold, A. M. : J. Am. Chem. Soc., 85 : 997-1000, 1963

TPCK (N-tosyl-L-phenylalanine chloromethyl ketone, N-トシル-L-フェニルアラニンクロロメチルケトン)

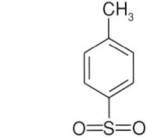

- 分子式：$C_{17}H_{18}ClNO_3S$
- 分子量：351.8
- CAS登録番号：402-71-1

❏ 基本データ

形状	：白色の結晶粉末
融点	：106～108℃
溶解性	：水にはほとんど溶けない．エタノール，メタノールに可溶．DMSOで10 mg/mL以上可溶

❏ 活用法

溶媒・使用条件	：混在プロテアーゼの阻害の場合，ストック溶液を緩衝液に加え10～100 μMで用いる．キモトリプシンの活性部位修飾の場合20倍（mol/mol）反応させる
保存の方法	：粉末で，－20℃で少なくとも2年間安定．エタノール，メタノールの10mMストック溶液とDMSO溶液は4℃で数ヵ月保存できる
取り扱いの注意	：毒性がある：LD_{50}（マウス，静脈内投与）75mg/kg
入手先	：シグマ・アルドリッチ（T4376），和光純薬工業（205-14483）

❏ 解説

【特徴】キモトリプシンの不可逆的阻害剤．
【生理機能】膵臓プロテアーゼの1種であるキモトリプシンの基質であるN-トシル-L-フェニルアラニンエチルエステルと類似構造をもち，キモトリプ

シンの活性部位を特異的にアルキル化し酵素を不可逆的に失活させる．トリプシン調製の際，キモトリプシン活性の阻害に役立つ．トリプシンには作用しない．胸腺細胞でアポトーシスを阻害する．インターフェロンγとLPSによって誘導される一酸化窒素合成酵素の誘導をブロックする．

【用途】キモトリプシンの不可逆阻害．

トリプシンインヒビター（trypsin inhibitor）/ SBTI：大豆由来

- **分子量**：約20,100のタンパク質
- **構造**：181アミノ酸残基からなるタンパク質
- **CAS登録番号**：9035-81-8（ニワトリ卵白由来も同じCAS）

基本データ

形状	：白色～うすい褐色の結晶性粉末
溶解性	：水に10 mg/mL以上溶ける

活用法

溶媒・使用条件	：トリプシン1～3 mgに対し，1 mgのトリプシンインヒビターを反応させるとほぼ完全に阻害する
保存の方法	：粉末で−20℃保存．1％溶液は4℃で3年以上安定
入手先	：和光純薬工業（20-0992），シグマ・アルドリッチ（L9003）

解説

【特徴】セリンプロテアーゼ阻害剤．

【生理機能】トリプシンと1：1で結合する特異的阻害剤．また，カリクレイン，プラスミン，トリプシンなどのプロテアーゼインヒビターとして使用される．作物の真菌病原体に対する宿主抵抗性に働いていると考えられる．大豆のほかに，小麦，トモロコシ，リマ豆などに存在．

【用途】トリプシンの阻害．分子量マーカー．

アセチル-カルパスタチン(184-210)(ヒト)
〔acetyl-calpastatin (184-210) (human)〕/CSペプチド(CS peptide):カルパスタチン由来ペプチド

Ac-Asp-Pro-Met-Ser-Ser-Thr-Tyr-Ile-Glu-Glu-Leu-Gly-Lys-Arg-Glu-Val-Thr-Ile-Pro-Pro-Lys-Tyr-Arg-Glu-Leu-Leu-Ala-NH$_2$

- 分子式:C$_{142}$H$_{230}$N$_{36}$O$_{44}$S
- 分子量:3177.63
- CAS登録番号:79079-11-1

❏ 基本データ

形状	:粉末
溶解性	:水に溶ける

❏ 活用法

溶媒・使用条件	:1 mg/mLのストック溶液を作製する.精製カルパインに対する有効濃度は1 μM以上.細胞内カルパインに対する阻害の場合50 μM程度
保存の方法	:粉末で,-20℃保存.ストック溶液で,-20℃保存
入手先	:シグマ・アルドリッチ(C4285)

❏ 解説

【特徴】ヒトカルパスタチンの184~210番目に相当する合成ペプチド.

【生理機能】カルパスタチンは,カルシウム依存性システインプロテアーゼであるカルパインに特異的に作用する細胞内在性のタンパク質性プロテアーゼ阻害剤(別名:CANPインヒビター)で分子量は約68,000.カルパインへの結合はカルシウム依存的であり,カルシウムを除くと可逆的に解離する.CSペプチドはヒトカルパスタチンのエクソン1Bによってコードされた27アミノ酸残基の細胞膜透過性ペプチドであり,カルパインIおよびカルパインIIの強力な阻害剤である(ウサギカルパインIIに対し,IC$_{50}$=20 nM).パパインおよびトリプシンに対しては阻害作用を示さない.

【用途】カルパインの阻害.

ベスタチン (bestatin)

- **分子式**：$C_{16}H_{24}N_2O_4 \cdot HCl$
- **分子量**：344.83
- **CAS登録番号**：58970-76-6

基本データ

形状	：白色～ほとんど白色の結晶性粉末
融点	：233～236℃
溶解性	：水，メタノールにはよく溶けやすく，エタノールにはほとんど溶けない

活用法

溶媒・使用条件	：1mMエタノール溶液を作製．1～10μMで使用する
保存の方法	：粉末で，－20℃保存．調製後，－20℃で1ヵ月安定して保存
入手先	：和光純薬工業（027-14101），シグマ・アルドリッチ（B8385）

解説

【特徴】*Streptomyces olivoreticuli*の産生するアミノペプチダーゼ阻害剤．

【生理機能】アミノペプチダーゼ特異的メタロプロテアーゼ阻害剤であるが，金属イオンをキレートするのではなく競合阻害剤として作用する．細胞表面に結合し，哺乳細胞膜上のアミノペプチダーゼを阻害する．特に，アミノペプチダーゼB，ロイシンアミノペプチダーゼおよびトリペプチドアミノペプチダーゼに対して顕著な阻害作用を示す．マクロファージおよびTリンパ球を活性化する．抗腫瘍作用を有する．

【用途】アミノペプチダーゼの阻害．

文献

1) Suda, H., et al. : Arch. Biochem. Biophys., 177 : 196-200, 1976

L-トランスエポキシスクシニルロイシルアミド-(4-グアニジノ)ブタン〔L-trans-epoxysuccinylleucylamido-(4-guanidino)butane〕/E-64

- 分子式：$C_{15}H_{27}N_5O_5$
- 分子量：357.41
- CAS登録番号：66701-25-5

基本データ

形状	：白色粉末
融点	：182℃
溶解性	：水に溶ける．水/エタノール（1：1）に20 mg/mLまで溶ける

活用法

溶媒・使用条件	：水か適当なバッファーに溶かし1mMストック溶液を作製．保存の方法1〜10μMで使用
保存の方法	：調製後，−20℃で保存．粉末で，4℃保存
入手先	：ペプチド研究所（4096-v），シグマ・アルドリッチ（E3132）

解説

【特徴】*Aspergillus japonicus*の固体培養物中に見出されたシステインプロテアーゼの不可逆的阻害剤．

【生理機能】コハク酸のエポキシ誘導体でエポキシ部分がシステインプロテアーゼの活性中心のチオール基と反応して不可逆的に失活させる．

【用途】カテプシンB/L/H，カルパインなどのシステインプロテアーゼの特異的阻害

【関連物質】E-64-c（CAS：76684-89-4），E-64-d（CAS：88321-09-9）

文献
1) Barrett, A. J. et al.：Biochem. J., 201：189-198, 1982

ホスホラミドン（phosphoramidon）/N-{N-[[(6-デオキシ-α-L-マンノピラノシル）オキシ] ヒドロキシホスフィニル]-L-ロイシル}-L-トリプトファン

- 分子式：$C_{23}H_{32}N_3O_{10}P$
- 分子量：543.51
- CAS登録番号：36357-77-4

基本データ

形状	：白色粉末
溶解性	：水，エタノール，DMSOに溶ける

活用法

溶媒・使用条件	：水で1mMストック溶液を作製し，1～10μMで使用する
保存の方法	：粉末で，-20℃保存．ストック溶液で，-20℃保存（1ヵ月使用できる）
入手先	：和光純薬工業（260-011-M001），ペプチド研究所（4082-V）

解説

【特徴】天然のサーモライシン阻害剤．

【生理機能】放線菌培養液中に見出された．メタロプロテアーゼであるサーモライシン，コラゲナーゼを阻害するが，セリンプロテアーゼ，システインプロテアーゼ，アスパラギン酸プロテアーゼには作用しない．
【関連物質】ホスホラミドン2ナトリウム塩（CAS登録番号：119942-99-3）

文献
1) Komiyama, T. et al.：Arch. Biochem. Biophys., 171：727-731, 1975

1,10-フェナントロリン
(1,10-phenanthroline：phen)

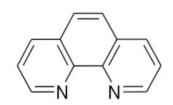

- 分子式：$C_{12}H_8N_2$
- 分子量：180.20
- 別名：o-フェナントロリン（o-phenanthroline）
- CAS登録番号：66-71-7

基本データ

形状	：白色粉末
融点	：98〜100℃
溶解性	：水に難溶．エタノール，メタノール，アセトンに易溶

活用法

溶媒・使用条件	：メタノールで100mMストック溶液を作製し，1mMで使用
保存の方法	：粉末で，室温保存（遮光）．ストック溶液で，−20℃保存
取り扱いの注意	：毒性がある：LD_{50}（マウス，腹腔内注射）75mg/kg
入手先	：和光純薬工業（329-88862）

解説

【特徴】金属キレート剤．
【用途】メタロプロテアーゼの阻害．鉄（Ⅱ）など金属イオンの比色試薬としても用いられる．
【関連物質】1,10-フェナントロリン一水和物（CAS登録番号：5144-89-8）．

エラスタチナール (elastatinal)

- **分子式**：C$_{21}$H$_{36}$N$_8$O$_7$
- **分子量**：512.57
- **別名**：(2S)-2-[(4S)-2-amino-1,4,5,6-tetrahydro-4-pyrimidinyl]-N-[[[(1S)-1-carboxy-3-methylbutyl]amino]carbonyl]glycyl-N1-[(1S)-1-methyl-2-oxoethyl]-L-glutamamide
- **CAS登録番号**：51798-45-9

基本データ

形状	：黄色粉末
溶解性	：水、メタノール、DMSOに溶ける．エタノールにはわずかに溶ける

活用法

溶媒・使用条件	：水で10mMストック溶液を作製し，10〜100μMで使用する．
保存の方法	：粉末は，−20℃保存．ストック溶液は，4℃（1週間安定）あるいは−20℃（数ヵ月安定）で保存
入手先	：シグマ・アルドリッチ (E0881)，ペプチド研究所 (4064-V)

解説

【特徴】 放線菌によって産生される，エラスターゼ様セリンプロテアーゼの阻害剤．

【生理機能】 C末端のアルデヒド基を還元または酸化すると阻害活性が著しく低下する．アルデヒド基がエラスターゼの活性中心のセリン残基とヘミアセタールを形成し，阻害する．同じセリンプロテアーゼのトリプシン，キモトリプシンなどにはほとんど作用しない．

【用途】 エラスターゼの不可逆阻害．

文献
1) Kobayashi, T. et al.: Biol. Pharm. Bull., 21:775-777, 1998

DFP, DIFP
(diisopropyl fluorophosphate, フルオロリン酸ジイソプロピル)

$$CH_3-CH(CH_3)-O-P(=O)(F)-O-CH(CH_3)-CH_3$$

- **分子式**：$C_6H_{14}FO_3P$
- **分子量**：184.15
- **別名**：ジイソプロピルフルオロリン酸（diisopropyl fluorophosphate）
- **CAS登録番号**：55-91-4

基本データ

形状	：無色～わずかにうすい褐色の液体
比重	：1.06g/mL（25℃）
融点	：−82℃
沸点	：62℃
蒸気圧	：0.58 mmHg（20℃）

活用法

溶媒・使用条件	：エタノール，イソプロパノール，アセトンに溶けやすい．イソプロパノールで0.1～0.5Mのストック溶液を作製し，0.1mMで使用する．水への溶解度1.5％であるが，非常に不安定で，加水分解により有毒なフッ化水素を発生する（pH 7.0～7.5の水溶液中で1時間程度の安定性）
保存の方法	：液体で，4℃保存．ストック溶液は，−70℃で保存（数カ月は保存できる）
取り扱いの注意	：猛毒性がある．LD_{50}（ラット，腹腔内注射）1,280 μg/kg. DFPの不活性化のため1～3％重曹水あるいは2％水酸化ナトリウム溶液を備える（アルカリ性で分解が促進される）
入手先	：和光純薬工業（049-18921），シグマ・アルドリッチ（D0879）

❏ 解説

【特徴】セリンプロテアーゼなどのセリン酵素の特異的阻害剤.

【生理機能】トリプシン,リシルエンドペプチダーゼ,キモトリプシンなどのプロテアーゼとアセチルコリンエステラーゼなどのセリン酵素を失活させる.特に後者の阻害のために毒性が高い.阻害活性は低いがより安全なセリンプロテアーゼ阻害剤としてPMSFがあげられる.

【用途】セリンプロテアーゼなどのセリン酵素の阻害.

第Ⅰ部：生物学的作用および用途別試薬

第13章
緩衝液関連試薬

伊藤光二

　生体成分の分離・精製や組織培養を行うにあたって，溶液内のpHを一定に保つ必要がある．適当な弱酸とその共役塩基，あるいは，弱塩基とその共役塩基の混合溶液は酸，アルカリの添加によるpHの変化をゆるめる作用，すなわち緩衝作用をもつので，緩衝液として用いられている．陸生生物の生体成分のpHは普通6.5～7.5で，海生生物とくに海藻類はpH8.0程度であるから，生化学用途としてはpH6.0～8.0の範囲を緩衝できるものでなければならない．今では多くの緩衝液としてGoodらによって開発された，いわゆるGood bufferが用いられている．

Tris 〔tris (hydroxymethyl) aminomethane〕

- **分子式**：$C_4H_{11}NO_3$
- **分子量**：121.14
- **CAS登録番号**：77-86-1

基本データ

形状 ：白色結晶性粉末
溶液の特性 ：pK_aが8.9（0 ℃），8.3（20℃）7.9（37℃）．pH 7.2～9.4の範囲で緩衝作用をもつ緩衝剤．温度変化に対してpH変化はGoodらによる緩衝剤にくらべて大きく，緩衝液のpHは温度が1℃上昇するごとにおよそ0.028減少することに注意が必要である．金属イオンに対する結合なし
溶解性 ：水によく溶ける

活用法

調製法 ：超純水（ミリQ）に溶かす．目的pHにHClで調整し，2Mになるようにメスアップ
使用条件 ：10～50 mM
保存の方法 ：調製後，冷蔵庫に保存．実験に差し支えなければ防腐剤としてアジ化ナトリウムを0.05%添加
入手先 ：ナカライテスク（02436-34）

解説

【用途】比較的安価ではあり，短波長での吸収が小さいため，分光学的な測定にも適している．反面，一級アミンがタンパク質と反応し，さまざまな生化学反応を阻害するので目的の研究に適するかどうか注意が必要ある．Bradford反応には適さない．また哺乳類細胞に対する毒性を示すこともある．電気泳動用の緩衝剤として使用されている．

HEPES 〔4-(2-hydroxyethyl)-1-piperazineethanesulfonic acid)〕

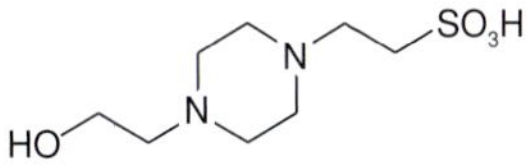

- 分子式：$C_8H_{18}N_2O_4S$
- 分子量：238.31
- CAS登録番号：7365-45-9

基本データ

形状　　　：白色結晶性粉末
溶液の特性：pK_aが7.85（0℃），7.55（20℃），7.31（37℃）．pH 6.8〜8.2の範囲で緩衝作用をもつ．Goodらによってつくられた対イオン緩衝剤．温度変化に対してpH変化が少ない．金属イオンに対する結合なし
溶解性　　：水に可溶（40 g/100 mL，20℃）

活用法

調製法　　：超純水（ミリQ）に溶かす．目的pHにKOHまたは，NaOHで調整し，1Mになるようにメスアップ
使用条件　：10〜50 mM
保存の方法：調製後，冷蔵庫に保存．実験に差し支えなければ，防腐剤としてアジ化ナトリウムを0.05％添加
入手先　　：和光純薬工業（346-01373）

解説

【用途】生化学において広く使われている生理的pHにpK_aをもつ緩衝剤である．細胞への影響が少ないので組織培養にも用いられている．温度依存性も非常に小さい．

PIPES
〔(piperazine-1,4-bis (2-ethanesulfonic acid)〕

- **分子式**：$C_8H_{18}N_2O_6S_2$
- **分子量**：302.37
- **CAS登録番号**：5625-37-6

基本データ

形状 ：白色結晶性粉末

溶液の特性 ：pK_aが7.02（0℃），6.82（20℃），6.7（37℃）．pH 6.1〜7.5の範囲で緩衝作用をもつ．Goodらによってつくられた対イオン緩衝剤．金属イオンとの結合はほとんどなし

溶解性 ：水には遊離酸の状態ではあまり溶けない．ナトリウム塩はよく溶け1.4 mol/L（0℃）で飽和する．有機溶媒には溶けない

活用法

調製法 ：超純水（ミリQ）に溶かす．目的pHにNaOHで調整し，1Mになるようにメスアップ．pHが低いときには溶けにくいのでNaOHを加えながら溶かすが，pHが上がりすぎないように注意する

使用条件 ：10〜50 mM

保存の方法 ：調製後，冷蔵庫に保存．実験に差し支えなければ，防腐剤としてアジ化ナトリウムを0.05％添加．長期保存するときは冷凍保存

入手先 ：和光純薬工業（347-02224），メルク（528315）

解説

【用途】弱酸性の緩衝剤として生化学の分野で広く用いられているものの1つ．

MOPS (3-morpholinopropanesulfonic acid)

- 分子式：$C_7H_{15}NO_4S$
- 分子量：209.26
- CAS登録番号：1132-61-2

基本データ

- 形状　　　：白色結晶性粉末
- 溶液の特性：pK_aが7.20（20℃）．pH 6.5～7.9の範囲で緩衝作用をもつGoodらによってつくられた対イオン緩衝剤．金属イオンとの結合はほとんどなし
- 溶解性　　：水にはよく溶けるが，有機溶媒には溶けない

活用法

- 調製法　　：超純水（ミリQ）に溶かす．目的pHにKOHまたはNaOHで調整し，1Mになるようにメスアップ
- 使用条件　：10～50 mM
- 保存の方法：調製後，冷蔵庫に保存．実験に差し支えなければ，防腐剤としてアジ化ナトリウムを0.05％添加
- 入手先　　：和光純薬工業（345-01804）

解説

【用途】中性の緩衝剤として生化学分野で広く使用されており，電気泳動用バッファーとしても利用される．

MOPSO (2-hydroxy-3-morpholinopropanesulfonic acid)

- 分子式：$C_7H_{15}NO_5S$
- 分子量：225.26
- CAS登録番号：68399-77-9

基本データ

形状 ：白色結晶性粉末
溶液の特性 ：pK_aが6.95．pH 6.2〜7.4の範囲で緩衝作用をもつ．Goodらによってつくられた対イオン緩衝剤
溶解性 ：水に溶け，0.75 mol/L（0℃）で飽和する

活用法

調製法 ：超純水（ミリQ）に溶かす．目的pHにKOHまたは，NaOHで調整し，1Mになるようにメスアップ
使用条件 ：10〜50 mM
保存の方法 ：調製後，冷蔵庫に保存．実験に差し支えなければ，防腐剤としてアジ化ナトリウムを0.05％添加
入手先 ：和光純薬工業（341-04162）

グリシルグリシン（glycylglycine）

- 分子式：$C_4H_8N_2O_3$
- 分子量：132.12
- CAS登録番号：556-50-3

基本データ

溶液の特性 ：pK_aが9.0（0℃），8.4（20℃），7.9（37℃）．pH 7.3〜9.3の範囲で緩衝作用をもつ．Cu^{2+}と結合，Mg^{2+}，Ca^{2+}，Mn^{2+}とは弱めの結合
溶解性 ：水に可溶

活用法

調製法 ：超純水（ミリQ）に溶かす．目的pHにNaOHで調整し，0.5Mになるようにメスアップ
使用条件 ：10〜50 mM
保存の方法 ：調製後，冷蔵庫に保存．実験に差し支えなければ，防腐剤としてアジ化ナトリウムを0.05％添加
入手先 ：ナカライテスク（17205-65）

解説

【用途】もっとも単純な最小のペプチドで，バッファーの溶質としても用いられる．

トリシン (tricine) / [N-[Tris (hydroxymethyl) methyl] glycine]

$(HOCH_2)_3C-\overset{H}{N}-COOH$

- 分子式：$C_6H_{13}NO_5$
- 分子量：179.17
- CAS登録番号：5704-04-1

基本データ

形状 ：白色結晶性粉末
溶液の特性：pK_aが8.6（0℃），8.15（20℃），7.8（37℃）．pH 7.4〜8.8の範囲で緩衝作用をもつ．Goodらによってつくられた対イオン緩衝剤．Cu^{2+}と結合，Mg^{2+}，Ca^{2+}，Mn^{2+}とは弱めの結合
溶解性 ：水に溶け，0.8mol/L（0℃）で飽和する

活用法

調製法 ：超純水（ミリQ）に溶かす．目的pHにNaOHで調整し，500mMになるようにメスアップ
使用条件 ：10〜50 mM
保存の方法：調製後，冷蔵庫に保存．実験に差し支えなければ，防腐剤としてアジ化ナトリウムを0.05%添加
入手先 ：和光純薬工業（347-02844），メルク（39468）

解説

【用途】生化学分野で広く用いられている，中性〜弱アルカリ性の代表的な緩衝剤の1つ．

BES
[N, N-bis (2-hydroxyethyl)-2-aminoethanesulfonic acid]

- 分子式：$C_6H_{15}NO_5S$
- 分子量：213.25
- CAS登録番号：10191-18-1

基本データ

形状	白色結晶性粉末
溶液の特性	pK_aが7.5（0 ℃），7.17（20℃），6.9（37℃）．pH 6.6〜8.0の範囲で緩衝作用をもつ．Goodらによってつくられた対イオン緩衝剤．Cu^{2+}と結合，Mg^{2+}，Ca^{2+}，Mn^{2+}とは弱めの結合
溶解性	水によく溶け3.2 mol/L（0 ℃）で飽和する

活用法

調製法	超純水（ミリQ）に溶かす．目的pHにNaOHで調整し，1Mになるようにメスアップ
使用条件	10〜50 mM
保存の方法	調製後，冷蔵庫に保存．実験に差し支えなければ，防腐剤としてアジ化ナトリウムを0.05%添加
入手先	和光純薬工業（347-00264），メルク（391134）

解説

【用途】生化学分野で広く用いられている，代表的な緩衝剤の1つ．

POPSO
[piperazine-1,4-bis (2-hydroxy-3-propanesulfonic acid), dihydrate]

- 分子式：$C_{10}H_{22}N_2O_8S_2 \cdot 2H_2O$

- **分子量**：398.45
- **CAS登録番号**：68189-43-5

❏ 基本データ

形状	：白色結晶性粉末
溶液の特性	：pK_aが7.85（20℃）で，pH 7.2〜8.5の範囲で緩衝作用をもつ．Goodらによってつくられた対イオン緩衝剤
溶解性	：水には遊離酸の状態では溶けないが，ナトリウム塩の状態ではよく溶ける

❏ 活用法

調製法	：超純水（ミリQ）に溶かす．目的pHにNaOHで調整し，1Mになるようにメスアップ．pHが低いときには溶けにくいので，NaOHを加えながら溶かすがpHが上がりすぎないように注意する
使用条件	：10〜50 mM
保存の方法	：調製後，冷蔵庫に保存．実験に差し支えなければ，防腐剤としてアジ化ナトリウムを0.05%添加
入手先	：和光純薬工業（344-04152）

❏ 解説

【用途】生化学分野で用いられている，中性〜弱アルカリ性の代表的な緩衝剤の1つ．

TAPS〔*N*-tris（hydroxymethyl）methyl-3-aminopropanesulfonic acid〕

$(HOCH_2)_3C-NH-CH_2CH_2CH_2-SO_3H$

- **分子式**：$C_7H_{17}NO_6S$
- **分子量**：243.28
- **CAS登録番号**：29915-38-6

基本データ

- **形状**：白色結晶性粉末
- **溶液の特性**：pK_aが6.38（0℃），6.15（20℃），5.98（37℃）．pH 5.5～7.0の範囲で緩衝作用をもつ．Goodらによってつくられた対イオン緩衝剤
- **溶解性**：水によく溶ける

活用法

- **調製法**：超純水（ミリQ）に溶かす．目的pHにKOHまたは，NaOHで調整し，1.0 Mになるようにメスアップ
- **使用条件**：10～50 mM
- **保存の方法**：調製後，冷蔵庫に保存．実験に差し支えなければ防腐剤として，アジ化ナトリウムを0.05%添加
- **入手先**：和光純薬工業（340-02574）

解説

【用途】生化学分野で広く用いられている，弱酸性の代表的な緩衝剤の1つ．

TES〔N-tris（hydroxymethyl）methyl-2-aminoethanesulfonic acid〕

$(HOCH_2)_3C-NH-CH_2CH_2-SO_3H$

- **分子式**：$C_6H_{15}NO_6S$
- **分子量**：229.25
- **CAS登録番号**：7365-44-8

基本データ

- **形状**：白色結晶性粉末
- **溶液の特性**：pK_aが7.92（0℃），7.5（20℃），7.14（37℃）．pH 6.8～8.2の範囲で緩衝作用をもつ．Goodらによってつくられた対イオン緩衝剤．Cu^{2+}とわずかに結合，Mg^{2+}，Ca^{2+}，Mn^{2+}との結合なし
- **溶解性**：水によく溶ける

活用法

- **調製法**：超純水（ミリQ）に溶かす．目的pHにKOHまたは，NaOHで調

整し，1.0 Mになるようにメスアップ
使用条件 ：10〜50 mM
保存の方法：調製後，冷蔵庫に保存．実験に差し支えなければ防腐剤として，アジ化ナトリウムを0.05％添加
入手先 ：和光純薬工業（344-02653），メルク（110695）

❏ 解説

【用途】生化学分野で広く用いられている，中性の代表的な緩衝剤の1つ．

CAPS (N-cyclohexyl-3-aminopropanesulfonic acid)

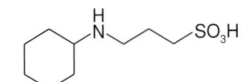

- 分子式：$C_9H_{19}NO_3S$
- 分子量：221.32
- CAS登録番号：1135-40-6

❏ 基本データ

形状 ：白色結晶性粉末
溶液の特性：pK_aが10.4でpH 9.7〜11.0の範囲で緩衝作用をもつ．Goodらによってつくられた対イオン緩衝剤
溶解性 ：水によく溶ける

❏ 活用法

調製法 ：超純水（ミリQ）に溶かす．目的pHにKOHまたは，NaOHで調整し，1.0 Mになるようにメスアップ
使用条件 ：10〜50 mM
保存の方法：調製後，冷蔵庫に保存．実験に差し支えなければ防腐剤として，アジ化ナトリウムを0.05％添加
入手先 ：和光純薬工業（343-00484）

❏ 解説

【用途】生化学分野で広く用いられている，アルカリ性の代表的な緩衝剤の1つ．

EPPS [3-[4-(2-hydroxyethyl)-1-piperazinyl]propanesulfonic acid]

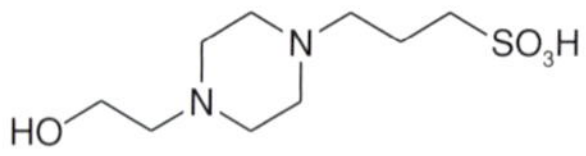

- 分子式：$C_9H_{20}N_2O_4S$
- 分子量：252.33
- CAS登録番号：16052-06-5

基本データ

形状　　　：白色結晶性粉末
溶液の特性：pK_aが8.0（20℃）でpH 7.5〜8.5の範囲で緩衝作用をもつ．Goodらによってつくられた対イオン緩衝剤
溶解性　　：水によく溶け2.5 mol/Lで飽和する

活用法

調製法　　：超純水（ミリQ）に溶かす．目的pHにKOHまたは，NaOHで調整し，1.0 Mになるようにメスアップ
使用条件　：10〜50 mM
保存の方法：調製後，冷蔵庫に保存．実験に差し支えなければ防腐剤として，アジ化ナトリウムを0.05%添加
入手先　　：和光純薬工業（348-03192）

解説

【用途】生化学分野で広く用いられている，中性〜弱アルカリ性の代表的な緩衝剤の1つ．

Bis-Tris 〔bis (2-hydroxyethyl) iminotris (hydroxymethyl) methane〕

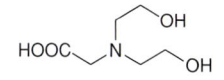

- 分子式：$C_8H_{19}NO_5$
- 分子量：209.24
- CAS登録番号：6976-37-0

❏ 基本データ

形状 ：白色結晶性粉末

溶液の特性 ：pK_aが6.46（20℃）でpH 5.7～7.3の範囲で緩衝作用をもつGoodらによってつくられた対イオン緩衝剤．Trisの誘導体であるが、緩衝域がTrisより酸性側に移行している

溶解性 ：水によく溶ける

❏ 活用法

調製法 ：超純水（ミリQ）に溶かす．目的pHにKOHまたは、NaOHで調整し、1.0 Mになるようにメスアップ

使用条件 ：10～50 mM

保存の方法 ：調製後、冷蔵庫に保存．実験に差し支えなければ防腐剤として、アジ化ナトリウムを0.05％添加

入手先 ：和光純薬工業（345-04741）

❏ 解説

【用途】生化学分野で広く用いられている、中性～弱酸性の代表的な緩衝剤の1つ．

MES（2-morpholinoethanesulfonic acid）

- 分子式：$C_6H_{13}NO_4S \cdot H_2O$
- 分子量：213.25
- CAS登録番号：4432-31-9

基本データ

形状　　　：白色結晶性粉末
溶液の特性：pK_aが6.38（0℃），6.15（20℃），5.98（37℃）．pH 5.5〜7.0の範囲で緩衝作用をもつ．Goodらによってつくられた対イオン緩衝剤．金属イオンとの結合はほとんどなし
溶解性　　：水には溶けるが，溶解度は小さく，0.65 mol/L（0℃）で飽和する

活用法

調製法　　：超純水（ミリQ）に溶かす．目的pHにKOHまたは，NaOHで調整し，0.5 Mになるようにメスアップ
使用条件　：10〜50 mM
保存の方法：調製後，冷蔵庫に保存．実験に差し支えなければ防腐剤として，アジ化ナトリウムを0.05%添加
入手先　　：和光純薬工業（349-01623），メルク（528315）

解説

【用途】細胞培養，組織培養など生化学分野で広く使用されている，中性〜弱酸性の代表的な緩衝剤．グルコース存在下でのオートクレーブ不可．

Bicine〔N, N-bis（2-hydroxyethyl）glycine〕

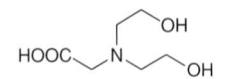

- **分子式**：$C_6H_{13}NO_4$
- **分子量**：163.17
- **CAS登録番号**：150-25-4

基本データ

形状　　　：白色結晶性粉末
溶液の特性：pK_aが8.7（0℃），8.35（20℃），8.2（37℃）．pH 7.7〜9.1の範囲で緩衝作用をもつ．Goodらによってつくられた対イオン緩衝剤．Cu^{2+}と結合，Mg^{2+}，Ca^{2+}，Mn^{2+}とは弱めに結合
溶解性　　：遊離酸も水には溶けるが，溶解度は大きくなく，1.1 mol/L（0℃）で飽和する

活用法

調製法 ：超純水（ミリQ）に溶かす．目的pHにKOHまたは，NaOHで調整し，0.5 Mになるようにメスアップ
使用条件 ：10〜50 mM
保存の方法 ：調製後，冷蔵庫に保存．実験に差し支えなければ防腐剤として，アジ化ナトリウムを0.05%添加
入手先 ：和光純薬工業（343-03284），メルク（391336）

解説

【用途】生化学分野で広く用いられている，弱アルカリ性の代表的な緩衝剤の1つ．

第I部：生物学的作用および用途別試薬

第14章
キレート試薬

伊藤光二

金属イオンに配位し，錯体を与えるような他座配位子のこと．金属イオンのマスキング剤，キレート滴定用試薬として用いられる．

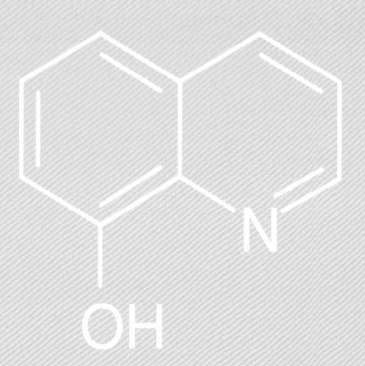

EDTA〔エチレンジアミン四酢酸2ナトリウム塩 (ethylenediaminetetraacetic acid：EDTA 2Na)〕

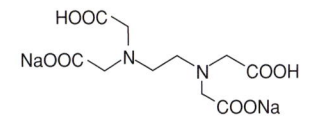

- 分子式：$C_{10}H_{14}N_2\,Na_2O_8$
- 分子量：372.24
- CAS登録番号：6381-92-6

基本データ

形状 ：白色粉末

溶液の特性：分子の中心に配位結合を介してAg$^+$，Mg^{2+}，Ca^{2+}，Cu^{2+}，Fe^{3+}，Zr^{4+}，などのそれぞれ一価，二価，三価，四価の金属イオンと錯体を形成する（キレート結合）．特にCa^{2+}，Cu^{2+}，Fe^{3+}，Co^{3+}，とは強く結合する

溶解性 ：中性〜アルカリ性で水に溶ける．エタノールおよびジエチルエーテルにはほとんど溶けない

活用法

調製法 ：超純水（ミリQ）に溶かす．NaOHをpH 8.0になるように加えながら溶かす．NaOHを加えないとほとんど溶けないが，NaOHを加えてpHが中性〜アルカリ性になったら溶ける．このときNaOHを加えすぎないようにする．溶けたら，0.5Mになるようにメスアップする

使用条件 ：0.5〜2.5 mM

保存の方法：室温に保存

入手先 ：同仁化学研究所（345-01865）

解説

【用途】ある種の酵素活性にMg^{2+}，Ca^{2+}などの生理的濃度が必要とされるが，EDTAを加えると，それらの酵素を阻害できるので阻害実験に用いられる．またタンパク質精製時のメタロプロテアーゼ阻害のためにも用いられる．

EGTA (GEDTA) [グリコールエーテルジアミン四酢酸〔O, O'-bis (2-aminoethyl) ethyleneglycol-N, N, N' N'-tetraacetic acid]

- 分子式：$C_{14}H_{24}N_2O_{10}$
- 分子量：380.35
- CAS登録番号：67-42-5

基本データ

形状	白色粉末
溶液の特性	分子の中心に配位結合を介して金属イオンと錯体を形成する（キレート結合）．Mg^{2+}にくらべてCa^{2+}との親和性がかなり高い．金属へのキレート特性は中性よりも弱アルカリ性の方が強い
溶解性	アルカリ性で水に溶ける．EDTAにくらべて有機溶媒（N, N-ジメチルホルムアミド：DMF）には幾分溶けやすい

活用法

調製法	超純水（ミリQ）に溶かす．NaOHをpH 8.0になるように加えながら溶かす．NaOHを加えないとほとんど溶けないが，NaOHを加えてpHが中性〜アルカリ性になったら溶ける．このときNaOHを加えすぎないようにする．溶けたら，0.5Mになるようにメスアップする
使用条件	0.5〜2.5 mM
保存の方法	調製後，室温に保存（長期保存のとき，可能な場合は0.04% NaN_3添加）
入手先	同仁化学研究所（346-01312）

解説

【用途】Ca^{2+}の選択的親和性を利用してCa^{2+}が必要な反応，酵素の阻害剤として頻繁に用いられている．また，μM程度の生理的Ca^{2+}環境をつくるときEGTA-Ca^{2+}でCa^{2+}バッファーを作製できる．EGTA-Ca^{2+}バッファーによるfree-Ca^{2+}計算はCALCON（フリーソフト）で計算できる．

8-ヒドロキシキノリン (8-hydroxyquinoline)

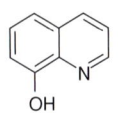

- **分子式**：C_9H_7NO
- **分子量**：145.16
- **CAS登録番号**：148-24-3

基本データ

形状	：白色結晶粉末
溶液の特性	：重金属のキレート剤
溶解性	：水に不溶．アルコール，アセトン，クロロホルム，ベンゼンなどに溶ける

活用法

保存の方法	：粉末で室温保存
使用条件	：中性フェノールの平衡化のときの使用においては，500 gのフェノールに対して0.5 gの8-ヒドロキシキノリンを使用
入手先	：和光純薬工業（085-01692）

解説

【用途】中性フェノールの平衡化のときに，フェノールに混在している金属イオンをキレートするために用いられる．

フェナントロリン (phenanthroline)

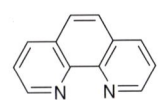

- **分子式**：$C_{12}H_8N_2$
- **分子量**：180.21
- **CAS登録番号**：66-71-7

基本データ

溶液の特性	：遷移金属に対するキレート配位子として用いられる
形状	：無色固体

溶解性 ：水にわずかに溶ける．アルコール，アセトンには可溶

❏ 活用法
入手先 ：和光純薬工業（329-88862）

❏ 解説
【用途】電位の酸化還元指示薬として滴定分析，吸光度分析に用いられる．

文献
1) Rothwell, K.：Nature, 252：69-70, 1974

第I部：生物学的作用および用途別試薬

第15章
SH基試薬

伊藤光二

　SH基と反応する試薬の総称．生体成分の分離・精製や組織培養を行うにあたって還元条件にタンパク質をおき，SH基を保護するためのジチオトレイトール（DTT）などの還元試薬および，SH基と反応しタンパク質中のSH基の定量や化学修飾に用いられるエルマン試薬をはじめとする狭義のSH基試薬がある．

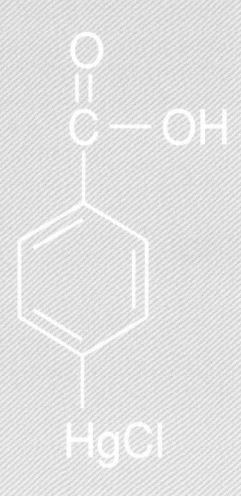

2-メルカプトエタノール (2-mercaptoethanol)
[β-メルカプトエタノール (β-mercaptoethanol)]

$$HS-CH_2-CH_2-OH$$

- **分子式**：C_2H_6OS
- **分子量**：78.13
- **別名**：β-メルカプトエタノール（β-mercaptoethanol）
- **CAS登録番号**：60-24-2

基本データ

形状	：無色，澄明の液体
臭い	：特異な不快臭をもつ
溶解性	：水，アルコール，エタノールに易溶
比重	：1.114（20/4℃）
融点	：－40℃
引火点	：74℃

活用法

調製法	：水および有機溶媒に混和
使用条件	：7〜20 mM
保存の方法	：原液は，冷蔵庫に保存
取り扱いの注意	：毒性がある：LD_{50}（ラット，経口投与）244 mg/kg，LD_{50}（ウサギ，皮下注射）150 mg/kg．引火性で炎や酸化剤に接触すると発火する
入手先	：和光純薬工業（137-06862）

解説

【用途】生化学の分野でタンパク質の酸化防止剤として用いられている．また，SDSポリアクリルアミド電気泳動のサンプルバッファーに，タンパク質のS-S結合を切断する目的で使われている．

グルタチオン (glutathione)

- **分子式**：$C_{10}H_{17}N_3O_6S$
- **分子量**：307.33
- **CAS登録番号**：70-18-8

基本データ

形状	：白色の粉末
溶解性	：水に溶けやすく，エタノールおよびジエチルエーテルにほとんど溶けない
融点	：190～192℃
比旋光度	：−17.4°（D/17℃）（H_2O）

活用法

調製法	：水に溶解
保存の方法	：粉末は，冷蔵庫に保存．調製後は−20℃で冷凍保存（なるべく早く使用）
取り扱いの注意	：毒性がある：LD_{50}（マウス，経口投与）5,000 mg/kg
入手先	：和光純薬工業（073-02013）

解説

【特徴】細菌からヒトに至るまで，普遍的に存在するペプチド性のチオール．細胞内に0.5～10 mMという比較的高濃度で存在する．

【生理機能】毒物などの化学物質に結合し，水溶性を高め細胞外に排出することで，細胞を内的・外的な環境の変化から守る役割を果たしている．酵素の補酵素として働く．タンパク質のジスルフィド結合をつなぎかえる．細胞内アミノ酸取り込み，アレルギー物質解毒，細胞内還元として働いている．

【用途】中毒解毒剤，薬理・生理作用研究用．

DTT (dithiothreitol, ジチオトレイトール)

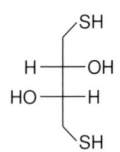

- 分子式：$C_4H_{10}O_2S_2$
- 分子量：154.23
- CAS登録番号：3483-12-3

基本データ

形状	：白色の粉末
臭い	：弱い不快臭あり
溶解性	：水，エタノール，アセトンに易溶
融点	：42～44℃
比旋光度	：0.0±0.2°（D/20℃）（c=5, H_2O）

活用法

調製法	：水（ミリQ）に500mMで溶解．使用するときは室温以上に暖めて再溶解させる
使用条件	：1～10 mM
保存の方法	：粉末は，冷蔵庫に保存．調製後は－20℃で冷凍保存（なるべく早く使用）
取り扱いの注意	：毒性がある：LD_{50}（マウス，腹腔内注射）169 mg/kg
入手先	：和光純薬工業（045-08974），シグマ・アルドリッチ（D5545）

解説

【特徴】生化学実験によく用いられる還元試薬（酸化防止試薬）で，SH基が酸化してジスルフィド結合の形成を防ぎ，ジスルフィド結合を2つのSH基に還元する．

【用途】2-メルカプトエタノールとくらべて還元作用が強く，生化学実験においてタンパク質の酸化防止剤として現在最も広く用いられている．逆に抗体などのジスルフィド結合が必要なタンパク質は変性させるので注意が必要である．

p-(クロロメルクリオ)安息香酸
[(*p*-(chloromercurio) benzoic acid)]

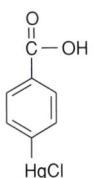

- **分子式**：$C_7H_5ClHgO_2$
- **分子量**：357.16
- **別名**：4-クロロメルクリ安息香酸
  (4-chloromercuribenzoic acid)
- **CAS登録番号**：59-85-8

❏ 基本データ

形状	：白色～ほとんど白色，粉末および小塊
溶解性	：エタノールおよび水酸化ナトリウム溶液に溶け，水にほとんど溶けない
融点	：287℃

❏ 活用法

調製法	：エタノールに溶かす
保存の方法	：調製後，−20℃保存
取り扱いの注意	：猛毒性がある：LD_{50}（マウス，腹腔内注射）25 mg/kg
入手先	：和光純薬工業（C367800），東京化成工業（C0194）

❏ 解説

【特徴】水銀を含むSH基試薬．SH基に対する特異性は高い．230～240 nmに強い吸収性をもち，SH基と結合すると吸収スペクトルが変化する．

【用途】SH基とメルカプチドを形成することを利用して，SH基の修飾，定量に用いられる．

DTNB〔5,5'-dithiobis(2-nitrobenzoic acid), 5,5'-ジチオビス(2-ニトロ安息香酸)〕

- **分子式**：$C_{14}H_8N_2O_8S_2$
- **分子量**：396.36
- **別名**：エルマン試薬
- **CAS登録番号**：69-78-3

基本データ

形状	：白色〜うすい黄色，結晶性粉末
溶解性	：水に難溶．ほとんどの有機溶剤に可溶
融点	：238℃
モル吸光係数	：ε_{305} 12,000以上

活用法

調製法	：エタノールに溶かす
保存の方法	：粉末で，室温保存
取り扱いの注意	：有害性があり：LD_{50}（マウス，腹腔内注射）2,080 mg/kg
入手先	：和光純薬工業（047-16401），シグマ・アルドリッチ（D8130）

解説

【特徴】SH基が存在するとSH基の量に相当する量のS-S結合が切れて，5-メルカプト-2-ニトロ安息香酸を生じ，このチオールの吸光度（λ_{max}=412nm）からSH基を定量する．しかもこのチオールの吸収極大波長は，DTNBのλ_{max}=325nmとほとんど重ならないので都合がよい．

【用途】タンパク質のSH基の定量．

文献

1) Jenke, D. R. & Brown, D. S.：Anal. Chem., 59：1509-1512, 1987

ジチオエリスリトール (dithioerythritol: DTE)

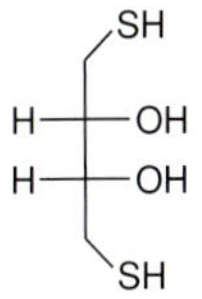

- 分子式：$C_4H_{10}O_2S_2$
- 分子量：154.25
- CAS登録番号：6892-68-8

❏ 基本データ

溶解性　：水に易溶
融点　　：82〜83℃

❏ 活用法

調製法　　：水（ミリQ）に溶解して使用
保存の方法：粉末は，冷蔵庫保存．調製後は−20℃保存（なるべく早く使用）
入手先　　：和光純薬工業（595-03941），シグマ・アルドリッチ（D9680）

❏ 解説

【特徴】DTTの光学異性体．
【用途】還元剤としてSH基の保護や，S–S結合の切断にDTTと同様に用いられる．
【関連物質】DTT（320ページ参照）

DCIP (2,6-dichlorophenolindopheno, 2,6-ジクロロフェノールインドフェノール)

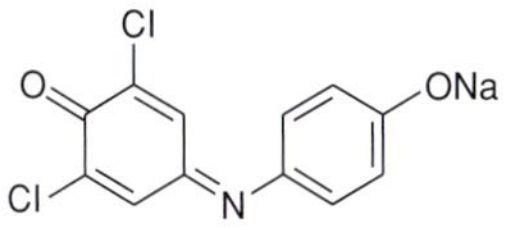

- 分子式：$C_{12}H_6Cl_2NNaO_2$

- **分子量**：290.08（無水物）
- **CAS登録番号**：620-45-1

🔲 基本データ

形状	：濃緑色の粉末．還元されると無色になる

🔲 活用法

調製法	：水（ミリQ）に溶かして使用
保存の方法	：粉末は，室温保存
入手先	：和光純薬工業（59-0354），シグマ・アルドリッチ（D1878）
取り扱いの注意	：危険有害性

🔲 解説

【用途】濃緑色の粉末だが還元されると無色になる．この性質を利用してNADHデヒドロゲナーゼやコハク酸デヒドロゲナーゼなどの人工の電子受容体として使われる．また，ビタミンCの定量にも用いられる．

ヨードアセトアミド（iodoacetamide）

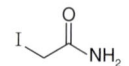

- **分子式**：C_2H_4INO
- **分子量**：184.96
- **CAS登録番号**：144-48-9

🔲 基本データ

形状	：白色～うすい黄色の結晶～結晶性粉末
溶解性	：熱水，エタノール，アセトン，エーテルに可溶
融点	：95℃

🔲 活用法

調製法	：エタノールに溶かして使用
保存の方法	：粉末は冷蔵庫保存
取り扱いの注意	：毒性がある：LD_{50}（マウス，経口投与）74 mg/kg

入手先　　　　　　：和光純薬工業（093-02892）

解説

【特徴】 タンパク質の化学的修飾剤の1つ．SH基を不可逆的に修飾する．タンパク質のS-S結合は，切断してもそのままにしておくと再びS-S結合を形成するが，ヨードアセトアミドを作用させると安定な形に変わって再結合が起こらない．

【用途】 ペプチドマッピングなどのために使われる

N-エチルマレイミド （N-ethylmaleimide：NEM）

- 分子式：$C_6H_7NO_2$
- 分子量：125.13
- CAS登録番号：128-53-0

基本データ

形状	：白色〜わずかにうすい黄色の結晶〜結晶性粉末
溶解性	：アセトンに溶けやすく，エタノールにやや溶けやすく，水にやや溶けにくい
融点	：45.5〜46.5℃
沸点	：210℃

活用法

調製法	：1mMの濃度でジメチルスルホキシド（DMSO）に溶かす．これをストックとして使用直前に使用溶液に加えて反応を行う
保存の方法	：粉末は，冷蔵庫に保存．ストック溶液は，-20℃保存
取り扱いの注意点	毒性がある：LD_{50}（マウス，経口投与）25 mg/kg
入手先	：和光純薬工業（054-02063），ナカライテスク（15512-24）

🔲 解説

【特徴】 生化学実験によく用いられるSH基の特異的修飾剤．エチル基の部分に種々の蛍光色素やビオチンをつけたNEMが発売されている．非還元条件下でSH基と反応する．

【用途】 タンパク質溶液からゲル濾過や透析などでDTT，2-メルカプトエタノールなどの還元剤を取り除き，これにタンパク質の1～3倍量のモル比のNEMを加える．反応性の高いシステイン（タンパク質の表面に出ていて，隣にリジン，アルギニンなどの塩基性アミノ酸があるもの）の場合は1倍量でもよい．反応溶液のpHはアルカリ性の方がNEMの反応性は高いが，その反面，SH基以外のもの，つまりリジン，ヒスチジンがアルキル化される可能性もある．そのため予備反応を行い，反応が低いときにはpHを8.0にし，非特異的に他のアミノ酸が反応するときには，pHを6.0～7.0にする．反応時間は0～4℃で10分間で十分だが，反応性が低いときには時間を延ばす．反応停止は，5 mMになるようにDTTを加える．

まわりに塩基性アミノ酸があるとSH基の反応性が高まる．組換えタンパク質を用いて特異的に反応させるためには，タンパク質の構造上さしつかえない場合にはシステインのまわりをリジン，アルギニンなどの塩基性アミノ酸にする．

第Ⅰ部：生物学的作用および用途別試薬

第16章
界面活性剤および溶解・変性剤

伊藤光二

　界面活性剤とは分子内に親水基と疎水基をもつ物質の総称であり，いわゆる両親媒性物質である．また，ミセルなどの構造をつくることによって，極性物質と非極性物質を混合させる働きをもつ．界面活性剤は，親水性部分がイオン性（陽イオン性・陰イオン性・双極性）のものと非イオン性のものに大別される．生化学においては，細胞膜の破壊，膜タンパク質の可溶化などに用いられる．また溶解・変性剤とは，タンパク質の一次構造は変化させずに高次構造を破壊する物質のことをいう．

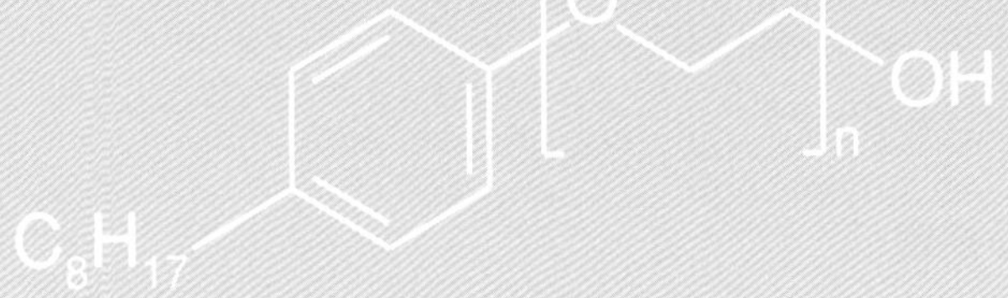

1)界面活性剤

陰イオン性

デオキシコール酸(deoxycholic acid)

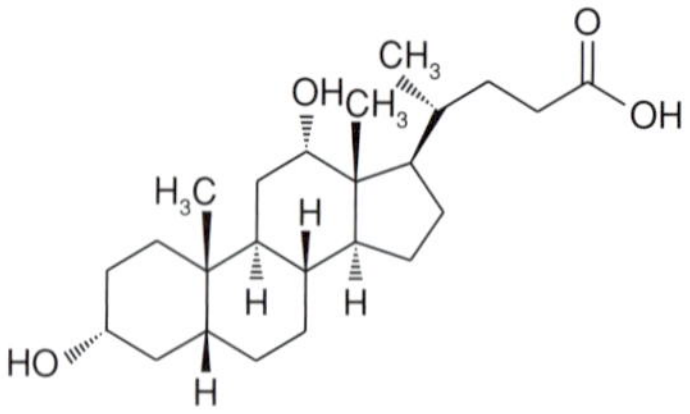

- 分子式:$C_{24}H_{40}O_4$
- 分子量:392.58
- CAS登録番号:83-44-3

基本データ

調製法	:エタノールに溶かして調製
形状	:白色の粉末
溶解性	:アルカリ水溶液,アルコール,アセトン,氷酢酸に可溶
融点	:187~189℃
比旋光度	:+47.7°(D/19℃)(c=1.7,ジオキサン),+53°(D)(CHCl₃)

活用法

保存の方法	:粉末で,室温保存
取り扱いの注意	:毒性がある:LD_{50}(ラット,経口投与)1,000 mg/kg,LD_{50}(マウス,経口投与)1,000 mg/kg
入手先	:和光純薬工業(044-18812)

解説

【特徴】重要な胆汁酸であり,脂質の吸収やコレステロールの代謝などに重

要な役割を果たしている.
【用途】デスオキシコーレート培地, XLD寒天培地などの調製, 胆汁酸の研究用. 光学分割剤.

N-ラウロイルサルコシン (N-lauroylsarcosine)

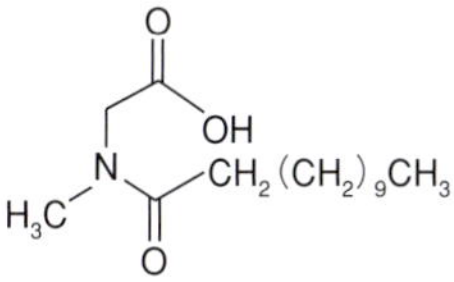

- **分子式**：$C_{15}H_{29}NO_3$
- **分子量**：271.40
- **CAS登録番号**：97-78-9

❏ 基本データ

形状	：白色〜うすい黄褐色の結晶〜結晶性粉末または塊
溶解性	：エタノールに溶ける
融点	：43℃

❏ 活用法

調製法	：エタノールに溶かす
保存の方法	：粉末は,室温保存
取り扱いの注意	：毒性がある
入手先	：和光純薬工業（123-03725）

❏ 解説

【特徴】陰イオン界面活性剤で, 一般的には乳化剤, 分散剤, 可溶化剤, 洗浄剤などに用いられるが, タンパク質に対してきわめて高い親和性をもちタンパク質を変性させる. この変性作用により, 膜に存在するほとんどすべてのタンパク質を可溶化できる.
【用途】膜タンパク質の精製に用いられる.

SDS (sodium dodecyl sulfate, ドデシル硫酸ナトリウム)

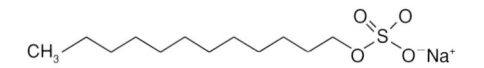

- **分子式**：NaC$_{12}$H$_{25}$SO$_4$
- **別名**：ラウリル硫酸ナトリウム (sodium lauryl sulfate, SLS)
- **分子量**：288.38
- **CAS登録番号**：151-21-3

❏ 基本データ

形状	：白色の粉末
溶解性	：水 (10g/100 mL), エタノールに可溶
融点	：204〜207℃
密度	：1.01 g/cm^3

❏ 活用法

調製法	：水 (ミリQ) に溶かす
保存の方法	：粉末は, 室温保存
取り扱いの注意	：有害性がある：LD$_{50}$ (ラット, 経口投与) 1,288 mg/kg
入手先	：和光純薬工業 (191-07145)

❏ 解説

【特徴】代表的な陰イオン性界面活性剤. 中性の衣料用洗剤, 台所用洗剤, シャンプーなどの主剤として使用される. また, 医薬, 化粧品用の乳化剤としても用いられる.

【用途】タンパク質の非共有結合を分離させ, 分子の高次構造を失わせ, タンパク質を変性させる. この変性作用により, 膜に存在するほとんどすべてのタンパク質を可溶化できる. また, ドデシル硫酸ナトリウムが結合することにより, タンパク質の折りたたみ構造を棒状構造へと変化させるので, ゲル中泳動時におけるタンパク質形状の差による影響を取り去ることができる. これを利用して, タンパク質の分子量の大きさによってのみポリアクリルアミドゲル中の電気泳動移動速度を規定できる (SDSポリアク

リルアミドゲル電気泳動）.

コール酸（cholic acid）

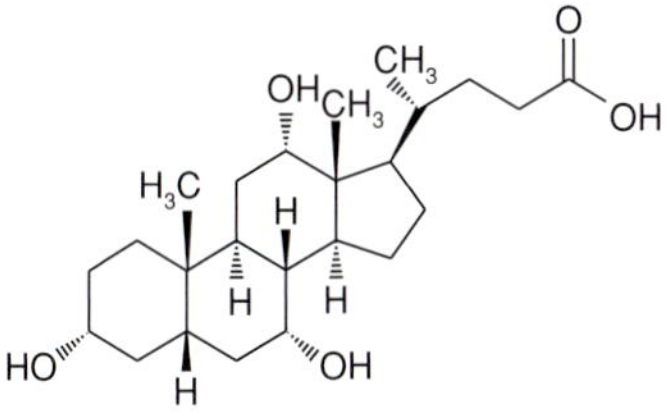

- **分子式**：$C_{24}H_{40}O_5$
- **分子量**：408.57
- **CAS登録番号**：81-25-4

❏ 基本データ

調製法	：エタノールに溶かす
形状	：白色～わずかにうすい褐色の結晶性粉末
溶解性	：エタノールに溶け，アセトンにわずかに溶け，クロロホルム，エチルエーテルに溶けにくく，水にきわめて溶けにくい
融点	：197℃
比旋光度	：＋37°（D/20℃）（EtOH）

❏ 活用法

取り扱いの注意：有害性がある：LD_{50}（マウス，経口投与）4,950 mg/kg
入手先　　　　：和光純薬工業（032-03042）

❏ 解説

【特徴】肝臓で生産される主な胆汁酸の2つのうちの1つでコレステロールから合成される．グリシンおよびタウリンと結合してグリココール酸およびタウロコール酸のナトリウム塩として存在している．

【生理機能】食事由来の脂質を乳化して混合ミセルを形成し，脂質の吸収や

コレステロールの排出を促進する．

【用途】肝臓の疾病によって血液中に放出されるので，肝臓病の検査に用いられる．また，透析による除去が容易なため，生理学の実験において再構成膜の調製にしばしば用いられる．

陽イオン性

CTAB (cetyltrimethylammonium bromide, セチルトリメチルアンモニウムブロマイド)

$CH_3(CH_2)_{15}-N^+(CH_3)_3\ Br^-$

- 分子式：$C_{19}H_{42}BrN$
- 分子量：364.45
- 別名：ヘキサデシルトリメチルアンモニウムブロマイド (hexadecyltrimethylammonium bromide)
- CAS登録番号：57-09-0

基本データ

形状	：白色の粉末
溶解性	：水（100g/L），エタノールに易溶
融点	：237〜243℃

活用法

調製法	：エタノールに溶かす
保存の方法	：粉末は，室温保存
取り扱いの注意	：有害性がある：LD_{50}（ラット，経口投与）410 mg/kg
入手先	：和光純薬工業（038-02101）

解説

【用途】陽イオン界面活性剤で，乳化剤，分散剤，可溶化剤，洗浄剤などに使われている．膜の可溶化，脂質人工膜，リポソームに正電荷を与えるために用いられる．強力なタンパク質変性作用をもち，RNAの抽出などに使用されている．

非イオン性

Brij-35

- **分子式**：$CH_3(CH_2)_{10}CH_2(OCH_2CH_2)_nOH$
- **分子量**：ミセル化したときの平均48,000
- **分子名**：ポリオキシエチレン (23) ラウリルエーテル〔polyoxyethylene (23) lauryl ether〕
- **CAS登録番号**：9002-92-0

基本データ

形状	：白色の塊，または融解時，無色〜わずかにうすい黄色の液体
溶解性	：水に難溶，エタノール，アセトンに易溶
融点	：41〜45℃

活用法

調製法	：エタノールに溶かす
保存の方法	：粉末は，室温保存
取り扱いの注意	：有害性がある：LD_{50}（ラット，経口投与）8,600 mg/kg
入手先	：和光純薬工業（149-05701，ニッコールBL-9EX），[160-21071, 162-21075〔ポリオキシエチレン (23) ラウリルエーテル〕]

解説

【**特徴**】非イオン性界面活性剤．

【**用途**】膜タンパク質の単離．アミノ酸分析HPLCにおける，アミノ酸誘導体作製のために必要なニンヒドリンとo-フタルアルデヒドの封入．ゲル濾過クロマトグラフィー，アフィニティークロマトグラフィーの支持体への非特異的吸着防止．

Triton X-100

- 分子式：$C_{14}H_{22}O(C_2H_4O)_n$ (n= 9 ～10)
- 分子量：平均647
- 分子名：polyethylene glycol p-(1,1,3,3-tetramethylbutyl)-phenyl ether, octyl phenol ethoxylate, polyoxyethylene octyl phenyl ether, 4-octylphenol polyethoxylate
- CAS登録番号：9002-93-1

基本データ

形状	：無色の液体．粘性あり
溶解性	：水，エタノール，アセトンに混和可能．ベンゼン，トルエンに可溶
融点	：6 ℃
沸点	：>200℃
比重	：1.067～1.073（20℃）
pH	：5.0～7.0（5 %w/v）

活用法

調製法	：25%（w/v）の水溶液を作製し，溶液とする．使用時はここから分注
使用条件	：膜タンパク質の可溶化では0.5%～1.0%（w/v）で使用
保存の方法	：原液は，室温保存．ストック溶液は4℃で保存
入手先	：和光純薬工業（168-11805），ナカライテスク（282-28）

解説

【特徴】非イオン性親水性の界面活性剤．臨界ミセル濃度（CMC）0.24 mM．
【用途】安価，タンパク質の活性失活が少ないため細胞膜，膜タンパク質の可溶化に広く用いられている．

Tween 20

- **分子式**：$C_{26}H_{50}O_{10}$
- **分子量**：522.67
- **分子名**：ポリオキシエチレン (20) ソルビタンモノラウレート〔polyoxyethylene (20) sorbitan monolaurate〕
- **CAS登録番号**：9005-64-5

基本データ

形状	：黄褐色～澄明のわずかな微濁の液体
溶解性	：水に可溶．エタノール，エーテルに易溶
比重	：約1.08g/mL（25℃）
屈折率	：約1.47

活用法

調製法　：水（ミリQ）に25％（w/v）の濃度で溶かす

使用条件 ：ウエスタンブロッティングにおいて，メンブレンへのタンパク質の非特異的結合を防御のためTBSに0.05%（w/v）加える
保存の方法：原液は，室温保存．ストック溶液は4℃で保存
入手先　　：和光純薬工業（167-11515）〔polyoxyethylene（20）sorbitan monolaurate〕

❏ 解説

【特徴】非イオン性親水性の界面活性剤．臨界ミセル濃度（CMC）0.059 mM．TweenはUniqema（ICI Americas, Inc.の部門）の登録商標．

【用途】タンパク質の活性失活が少ないため細胞膜，膜タンパク質の可溶化に用いられている．ウエスタンブロッティングにおいて，メンブレンへのタンパク質の非特異的結合を防御するのに用いられる．

Nonidet P-40

- 分子式：$C_{14}H_{22}O(C_2H_4O)_n$（n＝8〜10）
- 分子量：約603
- 分子名：octylphenoxy polyethoxyethanol
- 別名：Igepal CA-630
- CAS登録番号：9036-19-5

❏ 基本データ

形状　：無色の液体．粘性あり
溶解性：水に可溶
比重　：1.06 g/mL（25℃）

❏ 活用法

調製法　　：水（ミリQ）に25%（w/v）の濃度で溶かす
使用条件　：細胞膜を溶解するときには1％程度で使用
保存の方法：室温保存
入手先　　：シグマ・アルドリッチ〔21-3277（Nonidet P-40），I3021（IgepalCA-630）〕

❏ 解説

【特徴】非イオン性親水性の界面活性剤．臨界ミセル濃度（CMC）0.08 mM
【用途】タンパク質の活性失活が少ないため細胞膜，膜タンパク質の可溶化に広く用いられている．

---

2) 溶解変性剤

グアニジン塩酸塩（guanidine Hydrochloride）

- 分子式：$CH_6ClN_3 \cdot HCl$
- 分子量：95.53
- CAS登録番号：50-01-1

❏ 基本データ

形状	：白色の粉末
溶解性	：水（8M以上），エタノールに易溶
沸点	：183℃
pH	：4.0〜7.0（50g/L，25℃）

❏ 活用法

保存の方法	：粉末で，室温保存
使用条件	：封入体（inclusion body）にとりこまれた不溶化したタンパク質の可溶化には6Mで使用される
取り扱いの注意	：有害性がある：LD_{50}（ラット，経口投与）475 mg/kg
入手先	：和光純薬工業（078-01821），シグマ・アルドリッチ（G4630）

❏ 解説

【特徴】変性剤として使われ多くのタンパク質は8Mの濃度で完全に変性する．

【用途】タンパクの変性剤として尿素とともに広く用いられているが，変性作用は尿素より大きく，多くのタンパク質は6Mの濃度で完全に変性する．強力な変性作用を利用して，封入体にとりこまれた不溶化タンパク質の可溶化にも用いられている．

CHAPS [3-[(3-cholamidopropyl) dimethylammonio] propanesulfonate]

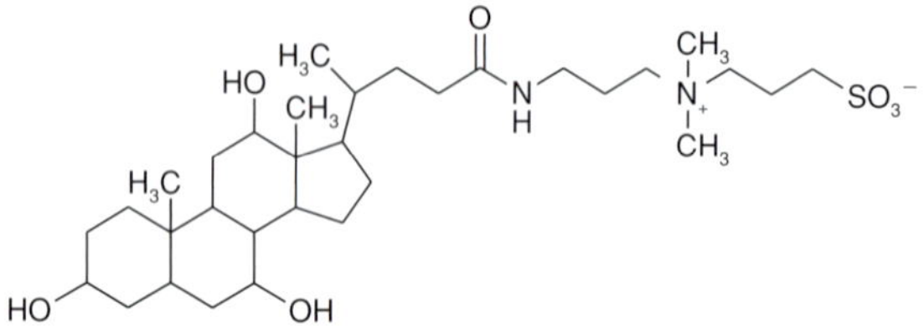

- 分子式：$C_{32}H_{58}N_2O_7S$
- 分子量：614.88
- CAS登録番号：75621-03-3

基本データ

形状	：白色の粉末．吸湿性あり
溶解性	：水（0.1 M，20℃），アルコールに可溶
融点	：157℃

活用法

保存の方法	：粉末で，室温保存
取り扱いの注意	：有害性がある
入手先	：和光純薬工業（347-04723），シグマ・アルドリッチ（C5070）

解説

【特徴】CHAPSはコール酸を母核とする両性界面活性剤の1つ．スルホベタイン型の溶解剤や胆汁酸塩アニオン化合物の双方の特徴をかねそなえた

膜タンパク質可溶化剤である．臨界ミセル濃度（CMC）1.4 mM．
【用途】膜タンパク質の可溶化にはかなり効果的で広く用いられている．CMCが1.4 mMと高いため，透析による除去が可能なため再構成膜小胞調製にも用いられる．また，なお，CHAPS自体の紫外部の吸収は弱いため，UV吸収を利用するタンパク質の検出にも好都合である．
【関連物質】CHAPSO．

グアニジンチオシアン酸塩（guanidine thiocyanate）

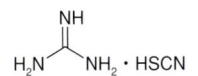

- 分子式：$NH_2C(=NH)NH_2・HSCN$
- 分子量：118.16
- CAS登録番号：593-84-0

基本データ

形状	：白色の粉末．潮解性あり
溶解性	：水に易溶．アセトン，エタノールに可溶
融点	：118～121℃
pH	：4.0～7.0（50g/L, 25℃）
比重	：1.152

活用法

使用条件	：RNA抽出の際は4Mで使用
保存の方法	：粉末で，室温保存
取り扱いの注意	：有害性がある．LD_{50}（マウス，腹腔内注射）300 mg/kg
入手先	：和光純薬工業（075-02311），ナカライテスク（17345-64），シグマ・アルドリッチ（G9277）（分子生物学用）

解説

【特徴】グアニジンチオシアン酸塩は，カオトロピック剤として細胞を破壊し不溶性タンパク質を可溶化させる働きがある．2-メルカプトエタノールと混合することで変性作用とともに，ジスルフィド結合を切断し，RNaseを失活させる．このことにより組織や培養細胞からRNAを抽出する際に用

いられている．

【用途】 グアニジンチオシアン酸塩は，高濃度でタンパク質変性剤として機能するため，インタクトなRNA抽出の際のRNaseの阻害剤として最も一般的に使用される．RNA抽出の際のときはRNaseや，DNaseプロテアーゼが含まれない分子生物学用のものを用いる．

MEGA-10〔デカノイル-N-メチルグルカミド（decanoyl-N-methylglucamide）〕

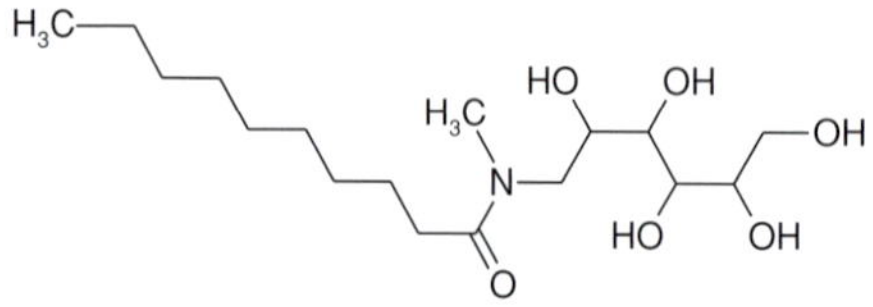

- 分子式：$C_{17}H_{35}NO_6$
- 分子量：349.5
- CAS登録番号：85261-20-7

◻ 基本データ

融点　　　：88～95℃

◻ 活用法

保存の方法：粉末は，室温保存
入手先　　：和光純薬工業（342-05091）

◻ 解説

【特徴】 非イオン性界面活性剤．臨界ミセル濃度（CMC）7 mM
【用途】 膜の可溶化のために使われている．CMCが高く，透析によって簡単に取り除くことができる．UVは透過するので，UVでタンパク質溶液の吸光度を測りながら精製するのに適している．
【関連物質】 MEGA-8，MEGA-9

n-オクチル-β-D-グルコピラノシド
(n-octyl-β-D-glucopyranoside)

- **分子式**：$C_{14}H_{28}O_6$
- **分子量**：292.36
- **CAS登録番号**：29836-26-8

基本データ

形状	：白色の粉末
溶解性	：水，エタノールに可溶

活用法

使用条件	：膜タンパク質の可溶化，精製には1.25%が一般的
保存の方法	：粉末は，冷蔵庫保存
取り扱いの注意	：有害性がある
入手先	：和光純薬工業（340-05031），ナカライテスク（25543-01）

解説

【特徴】非イオン性界面活性剤．糖と高級アルコールがグリコシド結合したアルキルグリコシド（alkylglycoside）の1つ．臨界ミセル濃度（CMC）25 mM．膜タンパク質の精製，可溶化に有用性が示され，古くから広く使われてきて多くの膜タンパク質において実績がある．CMCが高く，透析による除去容易．しかし，タンパク質の種類によっては可溶化されないものや，可溶化されても失活するものもある．また，量あたりの価格が高いのが欠点．

【用途】膜タンパク質の可溶化，精製．

【関連物質】n-オクチル-β-D-マルトシド．

文献

1) Baron, C. & Thompson, T. E.：Biochem. Biophys. Acta, 382：276-285, 1975

尿素（urea）

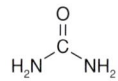

- **分子式**：NH$_2$CONH$_2$
- **分子量**：60.06
- **CAS登録番号**：57-13-6

基本データ

形状	：白色の粉末
溶解性	：水に易溶（8M），エタノールに可溶
融点	：132～136℃
比重	：1.335

活用法

使用条件	：封入体（inclusion body）にとりこまれ不溶化したタンパク質の可溶化には8Mで使用される
保存の方法	：粉末は，室温保存
取り扱いの注意	：有害性がある：LD$_{50}$（ラット，経口投与）8,471 mg/kg
入手先	：和光純薬工業（216-00185），ナカライテスク（35927-84），シグマ・アルドリッチ（U5378）（分子生物学用）

解説

【特徴】 変性剤として使われ，多くのタンパク質は8Mの濃度で完全に変性する．

【生理機能】 哺乳類や両生類の尿に含まれる．ヒトがタンパク質としてとりいれた窒素のうち，過剰分が尿素として尿の中に排出される．

【用途】 タンパク質の変性．不溶化，変性したタンパク質の可溶化にグアニジン塩酸塩とともに広く使われている．

文献

1) Marston, F. A. O. & Hartley, D. L.：Meth. Enzymol., 182：264-276, 1990
2) Mukhopadhyay, A.：Adv. Biochem. Eng. Biotechnol., 56：61-109, 1997
3) Rudloph, R. & Lilie, H.：FASEB J., 10：49-56, 1996

第Ⅰ部：生物学的作用および用途別試薬

第17章
細胞研究および免疫研究関連試薬

阿部洋志

　ライフサイエンスにとって，細胞生物学的なアプローチや免疫組織化学的な解析法は必須である．特に培養細胞を用いた研究は避けて通ることはできない．ここでは，組織培養の基本となる試薬，細胞・組織の観察や組織標本の作製に必要な試薬および染色剤，そして遺伝子の導入に用いられる試薬など，基本的なものを取りあげた．また，ある特定のタンパク質の細胞・組織での挙動を調べるためには，そのタンパク質を特異的に認識する抗体を用いるが，そうした抗体の調製や標識に必要な試薬もいくつか取りあげた．さらに，ある遺伝子の機能を調べるためには，細胞周期を同調させることも必要となってくる．また，細胞骨格の動態と深くかかわって進行する生命現象も数多く存在する．そうした研究のために必要な試薬も基本的なものを取りあげた．

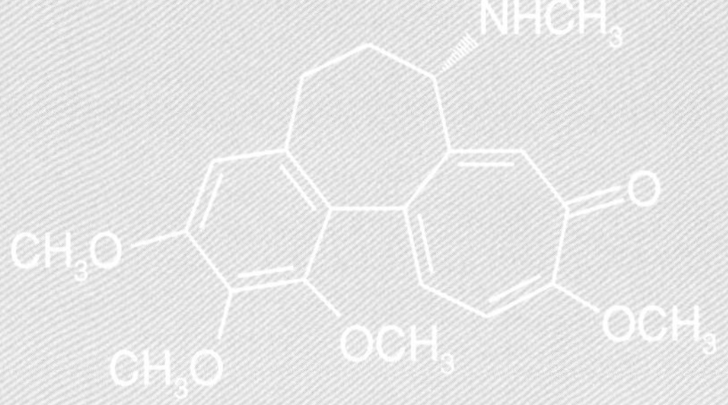

DAPI（4',6-ジアミジノ-2-フェニルインドール）

- 分子式：C$_{16}$H$_{15}$N$_5$・2HCl
- 分子量：350.25
- 別名：2-（4-アミジノフェニル）-6-インドールカルバミジン
- CAS登録番号：28718-90-3

基本データ

形状	：淡黄色粉末
励起光/放出光波長	：358/461 nm（青色蛍光）
分子吸光係数	：21,000（n=358）
溶解性	：水またはN, N-ジメチルホルムアミド（DMF）に可溶

活用法

溶媒・使用条件	：水またはDMFに1〜2 mg/mLで溶かす．0.2〜2 μg/mLで使用
取り扱いの注意	：変異原性があり，粉末を吸わないように扱う
保存の方法	：粉末で，冷凍庫－20℃保存
入手先	：シグマ・アルドリッチ（D8417），インビトロジェン（D1306）

解説

【特徴】DNAを染色する蛍光色素で，DNAに結合するとおよそ20倍蛍光が強くなる．生細胞の細胞膜もゆっくりとではあるが透過でき，生きた細胞の核を染色可能である．DNA二重らせんの小さい溝，特にATに富む領域に特異的に結合する．

【用途】細胞の核や染色体の染色，マイコプラズマなど原虫の検出，電気泳動ゲル内のDNAの染色．

ヘキスト33342 (Hoechst 33342)

- 分子式：$C_{27}H_{28}N_6O \cdot 3HCl$
- 分子量：561.93
- CAS登録番号：23491-52-3

基本データ

形状	：黄色粉末
励起光/放出光波長	：350/461 nm（青色蛍光）
分子吸光係数	：45,000（n＝350）
溶解性	：水溶性

活用法

溶媒・使用条件	：水に1 mg/mLで溶かす．0.5〜2 μg/mLで使用
取り扱いの注意	：変異原性があり，粉末を吸わないように扱う
保存の方法	：調製後，冷凍庫−20℃保存
入手先	：シグマ・アルドリッチ（B2261），インビトロジェン（H-1399）

解説

【特徴】DNAに結合する蛍光色素で，ヘキスト33258よりも効率的に生細胞の細胞膜を透過する．DNAのAT配列に富む小さい溝に結合する．

【用途】細胞の核や染色体の染色，フローサイトメトリーに用いられる．

ヘキスト33258 (Hoechst 33258)

- **分子式**：C$_{25}$H$_{24}$N$_6$O・3HCl
- **分子量**：533.88
- **CAS登録番号**：23491-45-4

🗅 基本データ

形状	：黄色粉末
励起光/放出光波長	：352/461 nm（青色蛍光）
分子吸光係数	：40,000（n=352）
溶解性	：水溶性

🗅 活用法

溶媒・使用条件	：水に1 mg/mLで溶かす．0.5～2μg/mLで使用
取り扱いの注意	：変異原性があり，粉末を吸わないように扱う
保存の方法	：調製後，冷凍庫−20℃保存
入手先	：シグマ・アルドリッチ（B2883），インビトロジェン（H-1398）

🗅 解説

【特徴】DNAに結合する蛍光色素で，DNAのAT配列に富む小さい溝に結合する．細胞膜透過性はヘキスト33342よりも劣る．

【用途】細胞の核や染色体の染色やフローサイトメトリーに用いられる．

ヨウ化プロピジウム（propidium iodide）

- **分子式**：$C_{27}H_{34}I_2N_4$
- **分子量**：668.39
- **別名**：3,8-ジアミノ-5-〔3-（ジエチルメチルアンモニオ）プロピル〕-6-フェニルフェナントリディニウム ジイオダイド
- **CAS登録番号**：25535-16-4

基本データ

形状	：赤色粉末
融点	：220〜225℃
励起光/放出光波長	：535/617 nm（赤色蛍光）
分子吸光係数	：5,400（n＝535）
溶解性	：水溶性

活用法

溶媒・使用条件	：水で1 mg/mLとする
取り扱いの注意	：発癌性の可能性
保存の方法	：調製後，冷蔵庫保存
入手先	：和光純薬工業（160-16723），シグマ・アルドリッチ（P4170）

解説

【特徴】DNAに結合する蛍光色素で，細胞膜を透過しないため細胞の生死判定に用いられる．

【用途】アポトーシスの研究や蛍光抗体法での核や染色体の染色に用いられる．

プロテインA (protein A)

● **分子量**：約42,000のタンパク質

❏ 基本データ

形状　　　　　：精製タンパク質のほか，アガロースビーズに結合させたものなどがあり，用途により使い分ける

❏ 活用法

溶媒・使用条件：各社のプロトコールに従う．結合したIgGは0.1 M グリシン–HCl, pH 3.0などの溶液で回収できる
保存の方法　　：精製標品は冷凍庫−20℃，その他は冷蔵庫保存
入手先　　　　：和光純薬工業（539-72651），シグマ・アルドリッチ（P7786など）

❏ 解説

【特徴】細菌の*Staphylococcus aureus*の細胞壁から得られたタンパク質で，ヒトやウサギのIgGのFc領域に特異的に結合する．
【用途】抗体の精製，免疫沈降法など．

プロテインG (protein G)

● **分子量**：約32,000のタンパク質
● **CAS登録番号**：90698-81-0

❏ 基本データ

形状　　　　　：精製タンパク質のほか，アガロースビーズに結合させたものなどがあり，用途により使い分ける

❏ 活用法

溶媒・使用条件：各社のプロトコールに従う．結合したIgGは0.1 M グリシン–HCl, pH 2.5などの溶液で回収できる
保存の方法　　：精製標品は冷凍庫−20℃，その他は冷蔵庫保存

入手先 ：和光純薬工業（168-20271），シグマ・アルドリッチ（P3296など）

解説

【特徴】グループGの*Streptococcus*種から得られた細胞表面タンパク質で，プロテインAと同様の機能をもつが，安定性やマウスIgGへの結合性が強い．
【用途】抗体の精製，免疫沈降法など．

テキサスレッド (texas red)

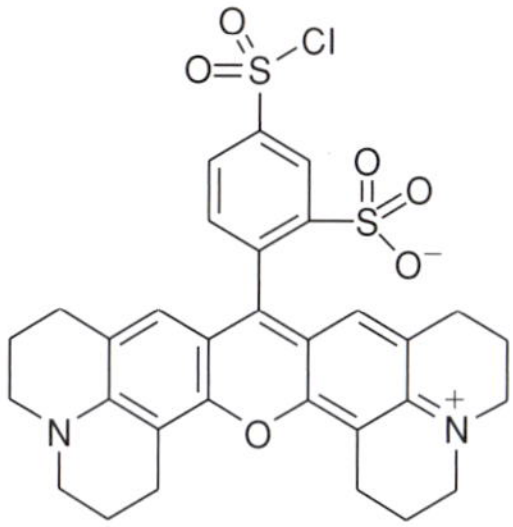

- 分子式：$C_{31}H_{29}S_2N_2O_6Cl$
- 分子量：625.15
- 別名：sulforhodamine 101 acid chloride
- CAS登録番号：82354-19-6

基本データ

形状　　　　　　：赤紫色固体
励起光/放出光波長：588/601 nm（赤色蛍光）
分子吸光係数　　：84,000（n＝588）

活用法

溶媒・使用条件：ジメチルスルホキシド（DMSO），DMFなどに標識タンパク質の100倍量のモル比で溶かし，タンパク質溶液の1/10量加える．詳しくは添付のプロトコールに従う
保存の方法　　：粉末で，遮光して冷凍庫−20℃保存
入手先　　　　：インビトロジェン（T353など）

🔲 解説

【特徴】 タンパク質や核酸を標識するための蛍光色素で，アミノ基やチオール基などと共有結合させるための反応基をもったものが各種販売されている．他の赤色蛍光色素よりも長波長の蛍光を放出し，テキサスレッド標識タンパク質の量子収率も高い．

【用途】 タンパク質，核酸の蛍光標識，蛍光抗体法や細胞系譜追跡など．

ローダミン (rhodamine)

ローダミンBの場合

- **分子式**：$C_{28}H_{31}N_2O_3Cl$
- **分子量**：479.02
- **CAS登録番号**：81-88-9

🔲 基本データ

形状	：赤色粉末
励起光/放出光波長	：544/572 nm（赤色蛍光）[テトラメチルローダミンイソチオシアネートの場合]
分子吸光係数	：84,000（n=544）[テトラメチルローダミンイソチオシアネートの場合]

🔲 活用法

溶媒・使用条件	：通常，DMSO，DMFなどに標識タンパク質の100倍量のモル比で溶かし，タンパク質溶液の1/10量加える．詳しくは添付のプロトコールに従う
保存の方法	：粉末で，冷凍庫−20℃保存
入手先	：インビトロジェン（T490など）

❏ 解説

【特徴】タンパク質などを標識するための蛍光色素で，アミノ基やチオール基などと共有結合させるための反応基をもったものが各種販売されている．テトラメチルローダミンイソチオシアネートがアミノ基への結合によく用いられる．

【用途】タンパク質などの蛍光標識，蛍光抗体法や細胞系譜追跡など．

スキムミルク

● 別名：脱脂粉乳

❏ 基本データ

形状 ：わずかに黄色みがかった白色顆粒状粉末

❏ 活用法

溶媒・使用条件：0.1％アジ化ナトリウムを含むPBSに溶解し3％溶液として用いる
保存の方法 ：調製後，冷蔵庫保存
入手先 ：スーパー，コンビニなど

❏ 解説

【特徴】脂肪成分を除いた生乳から，水分を除去した粉末である．
【用途】主にイムノブロットの際のブロッキング溶液として用いられる．

トリパンブルー (trypan blue)

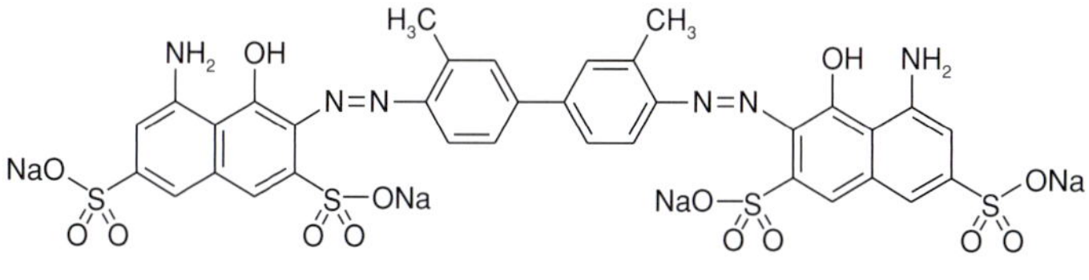

- **分子式**：$C_{34}H_{24}N_6Na_4O_{14}S_4$
- **分子量**：960.81
- **別名**：テトラナトリウム＝3,3'-〔(3,3'-ジメチル-4,4'-ビフェニリレン) ビス (アゾ)〕ビス (5-アミノ-4-ヒドロキシ-2,7-ナフタレンジスルホナート)
- **CAS登録番号**：72-57-1

基本データ

形状	：青色粉末

活用法

溶媒・使用条件	：PBSやハンクス平衡塩溶液で0.4％溶液を作製する．染色には0.1～0.3％で使用する
取り扱いの注意	：毒性がある：LD_{50}（ラット，経口投与）6,200 mg/kg
保存の方法	：粉末は，室温保存．調製後，滅菌して冷蔵庫保存
入手先	：和光純薬工業（207-03252），シグマ・アルドリッチ（T6146）

解説

【特徴】アゾ色素で，タンパク質に強く結合する．
【生理機能】細胞膜を透過せず，細胞には食作用で取り込まれる．
【用途】培養細胞の生死判定，生体染色に用いる．

ギムザ染色液 (Giemsa stain solution)

- **CAS登録番号**：51811-82-6

基本データ

形状	：乾燥粉末あるいは調製した溶液

活用法

溶媒・使用条件	：PBS，pH 6.4で4％ギムザ染色液とする．用時調製
取り扱いの注意	：溶液で販売されているものは引火性
保存の方法	：調製後，遮光して室温保存

入手先　　　　　：和光純薬工業（596-36201），シグマ・アルドリッチ（48900）

❏ 解説

【特徴】アズール，エオシン，メチレンブルーを主成分とする混合液で，細胞の核が赤紫色に，細胞質が薄い青に，好酸性と好塩基性の顆粒がそれぞれ赤および紫青色に染め分けられる．
【用途】骨髄や血液などの細胞の染色．

パパニコロ染色液（Papanicolaou stain）

● 別名：パパニコロウ染色液

❏ 基本データ
形状　　　　　　：変性アルコールを含む色素溶液

❏ 活用法
溶媒・使用条件：10種類くらいの調製済みの試薬として販売されている
取り扱いの注意：引火性
保存の方法　　：試薬は，室温保存
入手先　　　　：和光純薬工業（164-18921），シグマ・アルドリッチ（HT40316など）

❏ 解説

【特徴】パパニコロ染色は，ヘマトキシリン，リンタングステン酸，オレンジG，ファストグリーン，ビスマルクブラウン，エオシンYなどの色素で細胞を染める多重染色法である．
【用途】スメア標本による子宮頸癌の診断などに使われる．

オーラミン (auramine)

- **分子式**：$C_{17}H_{22}ClN_3$
- **分子量**：321.84
- **別名**：オーラミンO
- **CAS登録番号**：2465-27-2

基本データ

形状	：黄色い針状の結晶
融点	：267℃
溶解性	：水溶性

活用法

溶媒・使用条件	：オーラミン・ローダミン液の標準的な作製にはオーラミン1.5g、ローダミン0.75g、フェノール（結晶溶解）10 mL、グリセリン75 mL、水50 mLを用いる
取り扱いの注意	：発癌性および強い毒性がある：LD_{50}（マウス、経口投与）480 mg/kgがある
保存の方法	：結晶で、室温保存
入手先	：和光純薬工業（536-00072），シグマ・アルドリッチ（856533）

解説

【特徴】アミン誘導体のイミドベンゾフェノンで，蛍光を発する．

【生理機能】抗酸菌の細胞壁に存在する，長鎖脂肪酸であるミコール酸に結合することにより菌体を染色する．

【用途】ローダミンBとの組合わせで，抗酸菌の蛍光染色に用いられる．

ヘマトキシリン (hematoxylin)

- **分子式**：$C_{16}H_{14}O_6$
- **分子量**：302.28
- **別名**：natural black 1
- **CAS登録番号**：517-28-2

基本データ

形状	：淡黄色の結晶
融点	：200℃
溶解性	：水溶性

活用法

溶媒・使用条件	：はじめに酸化してヘマテインにした後，媒染剤を加えるが，調製法はさまざまである
保存の方法	：結晶で，室温保存
入手先	：和光純薬工業（086-07462），シグマ・アルドリッチ（H3136）

解説

【特徴】マメ科のログウッドから抽出・精製される．エオシンとともに組織切片の染色に用いられ，核を青紫色に強く染めるほか，強く酸性を呈する部分も青く染める．

【用途】組織切片などの染色，病理標本作製など．

エオシンY（eosin Y）

- **分子式**：$C_{20}H_6Br_4Na_2O_5$
- **分子量**：691.86
- **別名**：acid red 87，ブロモフルオレッセイン
- **CAS登録番号**：17372-87-1

基本データ

形状	：オレンジ色の蛍光色粉末

溶解性　　　　　：水溶性

活用法

溶媒・使用条件：温めた水で5％溶液とし，冷却後濾過して使用する
保存の方法　　：調製後，室温保存
入手先　　　　：和光純薬工業（056-06722），シグマ・アルドリッチ（293954）

解説

【特徴】蛍光色素フルオレッセインの誘導体色素で，細胞質を赤く染色することに加え，コラーゲンや筋繊維を強く染色する．
【用途】ヘマトキシリンとともに組織切片の染色に多用される．
【関連物質】エオシンB（CAS登録番号：60520-47-0）

バルサム（balsam）

- 別名：カナダバルサム（Canada balsam）
- CAS登録番号：8007-47-4

基本データ

形状　　　　：強い粘性のある透明な黄褐色の液体で芳香がある（バルサム臭）
粘度　　　　：2,000〜4,500 mPa・s（25℃）
溶解性　　　：キシレンに可溶

活用法

溶媒・使用条件：粘性が強いときにはキシレンで適度に薄める
保存の方法　　：室温保存
入手先　　　　：和光純薬工業（034-01042），シグマ・アルドリッチ（C1795）

解説

【特徴】バルサムモミの樹皮から抽出されるジテルペンやモノテルペンの樹脂酸を主成分とする．屈折率がガラスに近い．

【用途】顕微鏡試料のプレパラート作製.

ディスパーゼ (dispase)

- **分子量**：36,000のタンパク質

基本データ

　　形状　　　　　：凍結乾燥粉末

活用法

　　溶媒・使用条件：マトリゲルなどから細胞を回収する場合には，ハンクス平衡塩溶液に溶解し，35 mmディッシュ当たり100Uを加える
　　保存の方法　　：粉末は冷蔵庫保存，溶液は冷凍庫−20℃保存
　　入手先　　　　：インビトロジェン（17105-041），BDバイオサイエンス（354235）

解説

【特徴】Bacillus属由来の中性メタロプロテアーゼで，ⅠとⅡがあり，血清を含む培地中でもプロテアーゼ活性が保たれる．

【生理機能】コラーゲンⅠ，Ⅳとフィブロネクチンを分解するが，コラーゲンⅤとラミニンは分解しない．

【用途】皮膚の表皮と真皮の分離，組織やマトリゲルからの細胞の解離やフローサイトメトリーの際の細胞解離などに用いられる．

コラゲナーゼ (collagenase)

- **分子量**：約68,000〜125,000のタンパク質
- **別名**：clostridiopeptidase A
- **CAS登録番号**：9001-12-1

基本データ

　　形状　　　　　：凍結乾燥粉末

❏ 活用法

溶媒・使用条件：カルシウムを含まないハンクス平衡塩溶液などに溶解する
保存の方法　　：粉末で，冷蔵または冷凍庫−20℃保存
入手先　　　　：和光純薬工業（038-10531），シグマ・アルドリッチ（C2674）

❏ 解説

【特徴】 放線菌由来のメタロペプチダーゼで，感染した動物の筋組織の基底膜を破壊する分泌毒素である．多くの種類がある．

【生理機能】 血清存在下でも活性は失われず，カルシウムイオンによって活性化される．コラーゲンをよく切断するが，特異的という訳ではない．

【用途】 培養細胞や組織の細胞の解離・分散などに用いられる．

コラーゲン（collagen）

- **分子量**：α鎖が約100,000で，これが三量体を形成して基本単位となる
- **CAS登録番号**：9007-34-5

❏ 基本データ

形状　　　　　：凍結乾燥粉末あるいは粘性のある透明な溶液

❏ 活用法

溶媒・使用条件：コラーゲンコートする場合，pH 3.0の酸性溶液で3 mg/mLとなるように溶解し，使用時にPBSで10倍希釈する
保存の方法　　：粉末あるいは原液は冷蔵庫または冷凍庫−20℃保存
入手先　　　　：和光純薬工業（566-51321），シグマ・アルドリッチ（C7661など）

❏ 解説

【特徴】 さまざまなタイプが存在し機能分化するが，Ⅰ型コラーゲンは腱や骨に，Ⅱ型は軟骨，Ⅳ型は基底膜の主要構成成分として機能する．

【生理機能】 コラーゲン繊維を形成し，腱，軟骨や骨などの結合組織に力学的な強度を付与する．また，基底膜の主要構成成分として，皮膚などの弾

力性や強度を保つ．
【用途】細胞培養の二次元あるいは三次元基質として用いられる．また，医療や食品の分野でさまざまな産業利用がされている．

フィブロネクチン (fibronectin)

- **分子量**：250,000サブユニットのホモ二量体
- **CAS登録番号**：86088-83-7

基本データ

形状　　　：凍結乾燥粉末あるいは水溶液

活用法

溶媒・使用条件：0.5 M NaCl, 50 mMTris-HCl, pH 7.5の溶液に1 mg/mLとなるように溶かす．培養基質として用いる場合は0.5～50 μg/mLで用いる
保存の方法　：溶液は冷蔵，凍結乾燥品は冷凍庫−20℃保存
入手先　　　：和光純薬工業（300-13401），シグマ・アルドリッチ（F1141）

解説

【特徴】多価接着性の糖タンパク質で，細胞外基質のコラーゲン，フィブリンおよびヘパラン硫酸に結合する．
【生理機能】RGD配列を介して細胞膜のインテグリンと結合し，細胞の運動性や分化を制御する．
【用途】細胞の運動性や分化の研究，創傷治癒の研究，発生における細胞移動などの研究に用いられる．

ポリリジン (poly-D-lysine, poly-L-lysine)

- **分子量**：ポリマーなのでさまざまなものがある
- **CAS登録番号**：27964-99-4（poly-D-lysine），25988-63-0（poly-L-lysine）

🔲 基本データ

形状 ：凍結乾燥粉末
溶解性 ：水溶性

🔲 活用法

溶媒・使用条件：細胞培養の基質で用いる場合は，分子量3万以上のもので，50μg/mLで使用する
保存の方法 ：粉末で，冷蔵庫保存
入手先 ：和光純薬工業（168-19041），シグマ・アルドリッチ（P2636）

🔲 解説

【特徴】アミノ酸のリジンが多数連結したカチオン性のポリマーで，培養細胞の基質への接着を促進する．

【用途】組織切片や細胞培養などの接着基質として用いられる．

DEAE-デキストラン（DEAE-dextran：DEDX）

- 別名：ジエチルアミノエチル-デキストラン
- 分子量：平均分子量500,000

🔲 基本データ

形状 ：固形粉末

🔲 活用法

溶媒・使用条件：10mg/mLになるようにPBSに溶解して滅菌する．PBSで希釈したDNA溶液におよそ1/20量加える
保存の方法 ：調製，滅菌後，冷蔵庫保存
入手先 ：シグマ・アルドリッチ（30461）

🔲 解説

【特徴】合成ポリマーであるデキストランにジエチルアミノエチル（DEAE）基を導入して正電荷を付与したもので，負電荷をもつDNAと強く結合する．また，細胞には食作用で取り込まれる．

【用途】細胞へのプラスミドやウイルスベクターのトランスフェクションに用いられる．キットも市販されている．

ポリブレン（polybrene）

- 別名：ヘキサジメスリンブロミド（hexadimethrine bromide）
- CAS登録番号：28728-55-4

基本データ

形状	：固体
溶解性	：水溶性

活用法

溶媒・使用条件	：2 mg/mLに溶かして滅菌しストック溶液とする．和光純薬工業のものは調製済みの液体として販売されている
保存の方法	：固体は冷蔵庫，液体は冷凍庫－20℃保存
入手先	：和光純薬工業（551-8832），シグマ・アルドリッチ（H9268）

解説

【特徴】カチオン性ポリマーであり，哺乳類細胞へのDNA，特にウイルスベクターのトランスフェクションの際に用いられ，リポフェクションの効率を高めることが知られている．

【用途】動物細胞へのDNAのトランスフェクション，アミノ酸配列解析の際のタンパク質・ペプチドの保持に用いられる．

ポリエチレンイミン
〔poly（ethyleneimine）：PEI〕

- **分子量**：ポリマーなのでさまざまな分子量のものがある．通常使用されるのは10,000から100,000
- **別名**：エチレンイミンポリマー
- **CAS登録番号**：9002-98-6

基本データ
形状　　　　　　：粘性のある透明な水溶液

活用法
溶媒・使用条件：0.3%溶液で使用
保存の方法　　：原液は，室温保存
入手先　　　　：和光純薬工業（594-09773），シグマ・アルドリッチ（P3143）

解説
【特徴】陽イオンポリマーの一種で，細胞膜やDNAに結合する．
【用途】細胞へのDNAトランスフェクション，細胞膜やDNA結合タンパク質の解析に用いられる．

ハイグロマイシン (hygromycin B)

- **分子式**：$C_{20}H_{37}N_3O_{13}$
- **分子量**：527.52
- **CAS登録番号**：31282-04-9

基本データ

形状　　　　　：凍結乾燥粉末
溶解性　　　　：水溶性

活用法

溶媒・使用条件：PBSに50 mg/mLで溶解し滅菌する．培地には終濃度100〜800 μg/mLとなるように加える
取り扱いの注意：皮膚および眼に刺激がある
保存の方法　　：調製後，冷凍庫−20℃保存
入手先　　　　：和光純薬工業（089-06151），シグマ・アルドリッチ（H3274）

解説

【特徴】原核，真核細胞のタンパク質合成を阻害するアミノグリコシド系抗生物質．

【生理機能】70Sリボソームでのトランスロケーションを阻害し，mRNAの誤読を引き起こすことで，タンパク質合成をブロックする．

【用途】ハイグロマイシン耐性遺伝子（hygあるいはhph）の安定な形質導入真核細胞の選択と維持に使用．

コルヒチン (colchicine)

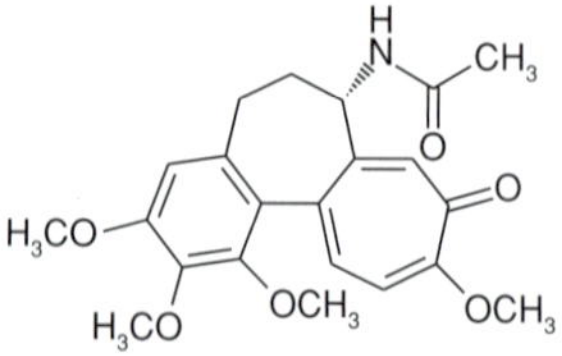

- 分子式：$C_{22}H_{25}NO_6$
- 分子量：399.44
- CAS登録番号：64-86-8

基本データ

形状	：淡黄白色粉末
融点	：142〜150℃
溶解性	：水，アルコール，クロロホルムに可溶

活用法

溶媒・使用条件	：水で10 mMとし，ストック溶液とする．1〜20 μMで使用する
取り扱いの注意	：細胞毒である
保存の方法	：調製後，冷凍庫−20℃保存
入手先	：和光純薬工業（039-03851），シグマ・アルドリッチ（C9754）

解説

【特徴】ユリ科のイヌサフランに含まれるアルカロイドで，痛風の治療薬や種なしスイカの作出に用いられてきた．

【生理機能】細胞骨格の1つである微小管を構成するタンパク質チューブリンに結合して微小管の形成を阻害する．細胞に作用させると分裂阻害以外に，JNK/SAPKシグナル経路を活性化する．また，アポトーシスを誘導する．

【用途】細胞周期，細胞分裂の研究や細胞運動の研究に用いられる．

コルセミド (colcemid)

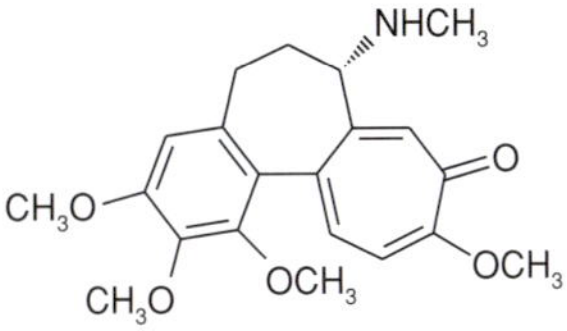

- **分子式**：$C_{21}H_{25}NO_5$
- **分子量**：371.43
- **別名**：デメコルチン（demecolcine）
- **CAS登録番号**：477-30-5

基本データ

形状	：白色粉末
溶解性	：水に不溶，エタノール，DMSOに可溶

活用法

溶媒・使用条件	：DMSOで1～10 mMとしストック溶液とする．使用濃度は0.1～10 μM
取り扱いの注意	：細胞毒である
保存の方法	：調製後，冷凍庫−20℃保存
入手先	：和光純薬工業（045-16963），シグマ・アルドリッチ（D7385）

解説

【特徴】コルヒチンの誘導体だが，細胞毒性が低く，細胞内の微小管の脱重合により特異的である．

【生理機能】微小管を脱重合し，核分裂に必要な紡錘体の形成を抑制し，細胞を分裂中期で停止させる．

【用途】細胞周期や細胞骨格の研究に用いられる．

ノコダゾール (nocodazole)

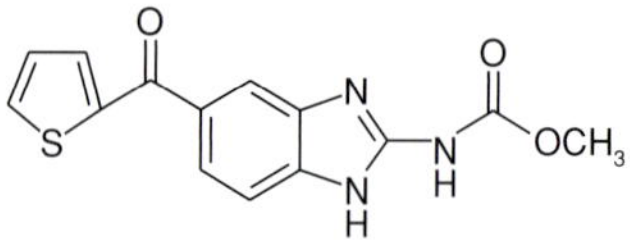

- 分子式：$C_{14}H_{11}N_3O_3S$
- 分子量：301.32
- 別名：オンコダゾール (oncodazole)
- CAS登録番号：31430-18-9

基本データ

形状	：白色粉末
融点	：300℃
溶解性	：水に不溶，DMSOに可溶

活用法

溶媒・使用条件	：0.1～1 mMとなるようにDMSOに溶かしストック溶液とする．10 nM～10 μMで使用する
保存の方法	：調製後，冷蔵庫保存
入手先	：和光純薬工業（599-07143），シグマ・アルドリッチ（M1404）

解説

【特徴】コルヒチンやビンクリスチンとは異なる微小管形成の阻害剤である．ゴルジ体の断片化も引き起こす．

【生理機能】β-チューブリンに結合し，微小管重合のダイナミクスを妨げる．細胞分裂時の微小管形成を阻害し，細胞周期をG2/Mで停止させる．

【用途】細胞周期，細胞分裂，細胞小器官，染色体の研究などに用いられる．

ビンクリスチン (vincristine)

- **分子式**：C$_{46}$H$_{56}$N$_4$O$_{10}$・H$_2$SO$_4$
- **分子量**：923.04
- **別名**：リューロクリスチン (leurocristine)，オンコビン (oncovin)
- **CAS登録番号**：2068-78-2

基本データ

形状　　　：白色粉末
溶解性　　：水，エタノール，DMSOに可溶

活用法

溶媒・使用条件：DMSOに溶解．培養細胞には 1〜10 nMで使用
保存の方法　：冷凍庫−20℃保存
入手先　　　：和光純薬工業 (221-00751)，シグマ・アルドリッチ (V8388)

解説

【特徴】植物（ビンカ）のアルカロイドで，細胞分裂阻害活性をもつ．
【生理機能】チューブリンに結合し微小管の形成を妨げるが，同時にチューブリンのらせん状集合体を形成させる．細胞分裂を阻害し，G2/M期で停止させる．モノアミンオキシゲナーゼの阻害物質でもある．
【用途】細胞運動の研究や癌の化学療法など薬理研究に用いられる．
【関連物質】ビンブラスチン (CAS登録番号：143-67-9)

タキソール (taxol)

- **分子式**：C$_{47}$H$_{51}$NO$_{14}$
- **分子量**：853.906
- **別名**：パクリタキセル (paclitaxel)
- **CAS登録番号**：33069-62-4

基本データ

形状	：白色粉末
融点	：213℃
溶解性	：DMSOに可溶，水では加水分解する

活用法

溶媒・使用条件	：DMSOに溶解して1〜10 mMのストック溶液とする．生化学的には1〜20 μMで使用する
保存の方法	：調製後，冷凍庫−20℃保存
入手先	：和光純薬工業（169-18611），シグマ・アルドリッチ（T7191）

解説

【特徴】植物（イチイ）の樹皮から抽出されたタキサン系の抗癌剤である．
【生理機能】微小管に結合し安定化させるため，細胞内の微小管重合のダイナミクスが停止し，細胞分裂の進行が抑制される．
【用途】細胞運動や細胞周期研究，癌の化学療法の研究などに用いられる．

サイトカラシンB (cytochalasin B) /CD

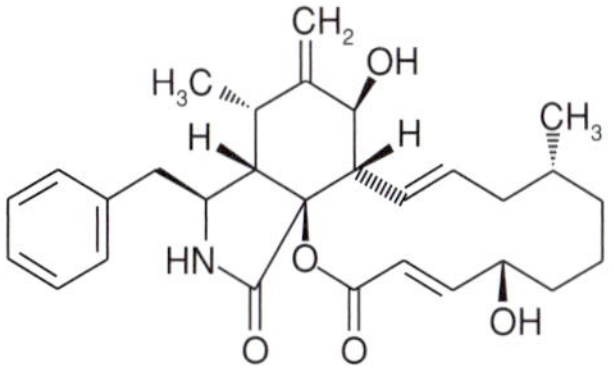

- **分子式**：$C_{29}H_{37}NO_5$
- **分子量**：479.61
- **CAS登録番号**：14930-96-2

❏ 基本データ

形状	：白色粉末
溶解性	：DMSO，エタノールに可溶

❏ 活用法

溶媒・使用条件	：DMSOに1〜10 mg/mLで溶かしストック溶液とする．使用は1〜10 μg/mL
取り扱いの注意	：細胞毒である
保存の方法	：調製後，冷凍庫−20℃保存
入手先	：和光純薬工業（030-17551），シグマ・アルドリッチ（C6762）

❏ 解説

【特徴】キノコ毒アルカロイドで，構造が少しずつ異なる10種ほどがある．
【生理機能】細胞骨格タンパク質のアクチン繊維の成長端に結合して重合を抑制することにより，細胞内のアクチン細胞骨格の脱集合を導く．
【用途】細胞分裂，細胞移動などの細胞運動の研究に用いられる．
【関連物質】サイトカラシンD（CAS登録番号：22144-77-0）．

アフィディコリン (aphidicolin：APC)

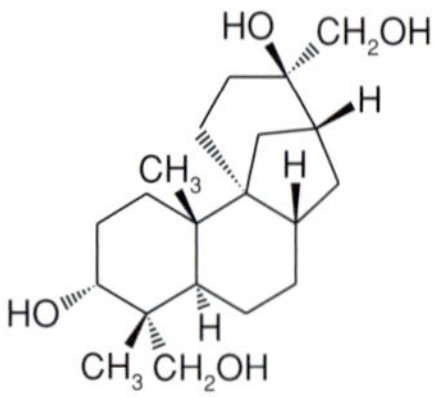

- 分子式：$C_{20}H_{34}O_4$
- 分子量：338.48
- CAS登録番号：38966-21-1

基本データ

形状	：白色粉末
融点	：227〜233℃
溶解性	：水に不溶，DMSO，メタノールに可溶

活用法

溶媒・使用条件	：DMSOで10 mg/mLのストック溶液とし，10〜50 μMで使用する
保存の方法	：遮光して粉末は冷蔵保存，溶解後は冷凍庫−20℃保存
入手先	：和光純薬工業（011-09811），シグマ・アルドリッチ（A0781）

解説

【特徴】真菌から得られた抗生物質ジテルペンで，強力な抗ウイルス剤および細胞分裂阻害剤である．

【生理機能】DNAポリメラーゼⅡの活性を阻害することにより，DNA複製を停止させ，細胞周期のS期で停止させる．反応は可逆的で，アフィディコリンを除くことによりDNA複製は再開する．

【用途】癌，ウイルス，細胞周期研究に用いられる．

第Ⅰ部：生物学的作用および用途別試薬

第18章
細菌培養関連試薬

田村隆明

本章では微生物培養に特化して使われる試薬類をあげているが，天然培地の基材となるもののなかには組成の一定しないものもある．培地に添加されるファインケミカルについては，本書の他の章，他の部を参照されたい．酵母遺伝学で汎用される選択薬剤はここにあげた．

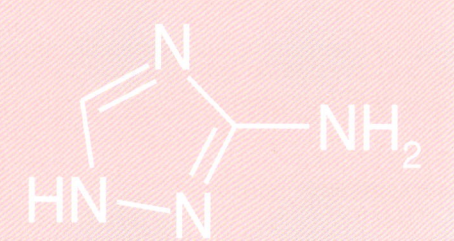

寒天粉末 (agar powder)

- CAS登録番号：9002-18-0

基本データ

形状	：白色～黄灰色の粉末
物理的性質	：粉末の状態では，水を吸って膨潤する
溶解性	：水や有機溶媒に不溶．熱水に溶ける
溶液の特性	：熱水で溶けた水溶液は冷時に半透明のゲルとなる

活用法

調製法	：水を加え，沸騰させて溶かす
使用条件	：0.7～2.0%（一般には1.2～1.5%）で使用
保存の方法	：室温保存
入手先	：和光純薬工業（018-15811），ナカライテスク（01162-15）

解説

【起源】 海藻に含まれる酸性多糖．テングサから調製したものが良質とされる．わが国ではオゴノリ由来のものが細菌培地用として販売される．

【特徴】 アガロース（不規則なα1-3，β1-4結合をもつ）を主成分とし，3割程度のアガロペクチンを含む．通常濃度の溶液は100℃近くでゾル化し，45～40℃以下に冷ますとゲル化する．再ゲル化の温度は80～90℃．酸に弱いがアルカリには強い．細菌におかされないため，固形培地の固化に汎用される．

【用途】 細菌用培地．植物培地．固化剤．薬品基材．食品．

ゼラチン (gelatin)

- 別名：グルチン
- CAS登録番号：9000-70-8

❑ 基本データ

形状	：淡黄色〜黄褐色の小塊（粉末ゼラチンの場合）
融点	：28〜35℃
物理化学的特徴	：冷水には溶けないが，徐々に水を吸って膨潤する
溶解性	：熱水，熱グリセロール，酢酸に易溶．有機溶媒にはほとんど溶けない

❑ 活用法

調製法	：温水にて溶解
使用条件	：固化させる場合は10〜15％濃度とする
保存の方法	：室温保存
入手先	：和光純薬工業（077-03155），ナカライテスク（16631-92）

❑ 解説

【起源】多細胞動物の細胞外基質の主成分タンパク質であるコラーゲンを材料とする．骨や皮をアルカリ処理し，熱水で抽出して得られる．

【特徴】三重構造をとっていないコラーゲンの総称．市販品は切断して可溶化しやすくなっている．温水で溶解し，冷ますと固化する．

【用途】微生物培地の基材．微生物保存用．ファージ懸濁液（SMバッファー：0.1％）．固化剤．緩衝液の添加物．カプセルやスライドの原料．薬品や人工臓器の基材．止血剤．食品や化粧品．

粉末酵母エキス (dried yeast extract)

● CAS登録番号：8013-01-2

❑ 基本データ

形状	：淡褐色の粉末
物理化学的特徴	：微粉末．吸湿性がある
溶解性	：水に易溶

❑ 活用法

使用条件	：培地に0.5％程度加える

保存の方法	:湿気を防ぎ，室温保存
入手先	:和光純薬工業（391-00521），Difco（212730）

解説

【起源】ビール酵母／パン酵母の水溶性成分を抽出し，乾燥，粉末化したもの．
【特徴】ビタミン群，各種ミネラルなど含む．
【用途】培養工学用試薬．微生物培養．培養基材．

ペプトン（peptone）

● 別名：トリプトン，NZアミン，ポリペプトン

基本データ

形状	:淡黄褐色の粉末
物理化学的特徴	:微粉末．吸湿性
溶解性	:水に易溶

活用法

使用条件	:細菌用培地の場合，0.5～2％（通常1％）に加える
保存の方法	:密栓して室温保存
入手先	:Difco（211677）

解説

【起源】タンパク質をペプシン，トリプシン，パパインなどで消化し，粉末にしたものを一般にペプトン類という．試薬としては牛乳カゼインやダイズタンパク質などが使用される．
【特徴】カゼイン由来のものは，トリプトファンが多いが含硫アミノ酸が少なく，動物肉由来のものはこの逆である．ポリペプトンは両者の混合物である．カゼインのパンクレアチン消化物はトリプトンという（NZアミンも同等品）．低分子ペプチドを豊富に含む．
【用途】細菌培養用．培養基材．

カサミノ酸 (casamino acids)

● 別名:カザミノ酸

基本データ

形状　　　　　:淡褐色の粉末
物理化学的特徴:吸湿性
溶解性　　　　:水に易溶
溶液の特性　　:わずかに酸性を示す

活用法

使用条件　　:0.01〜1.0%(通常0.1%)に添加する
保存の方法　:室温保存
入手先　　　:Difco (223050)

解説

【起源】カゼインの塩酸加水分解物
【特徴】すべてのアミノ酸を適当量含むがトリプトファンが少ない.用途によってはビタミン不含のものもある.
【用途】培養用基材.細菌培養用.

X-Gluc
(5-bromo-4-chloro-3-indolyl-β-D-glucuronide cyclohexylammonium salt, 5-ブロモ-4-クロロ-3-インドリル-β-D-グルクロニドシクロヘキシルアンモニウム塩)

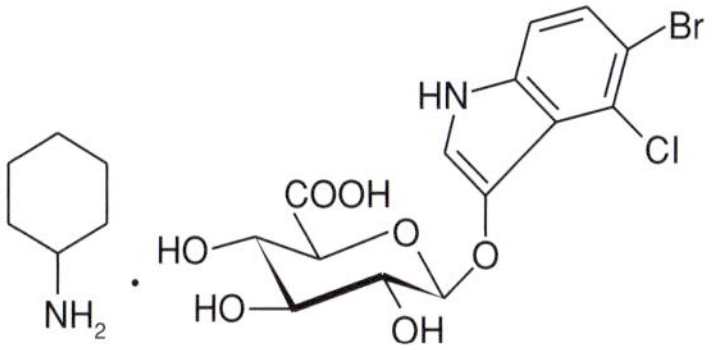

- 分子式：$C_{14}H_{13}O_7NClBr \cdot C_6H_{11}NH_2$
- 分子量：521.79
- 別名：X-Glc, X-GlucA, X-β-D-Glc
- CAS登録番号：18656-96-7

📋 基本データ

形状	：白色の結晶性粉末
溶解性	：水に易溶

📋 活用法

調製法	：水溶液
使用条件	：0.5 mM培地に添加する場合は0.1g/L
保存の方法	：冷凍庫保存
入手先	：和光純薬工業（026-10673），シグマ・アルドリッチ（B6650）

📋 解説

【構造と特徴】X-Galなどと類似のグリコシダーゼ基質で，糖部分がグルクロン酸となっている．β-クルクロニダーゼによって分解され，空気中で酸化されて青色に発色する．β-クルクロニダーゼは大腸菌などにあるが，植物や動物にないため，大腸菌検出やβ-クルクロニダーゼ遺伝子（GUS遺伝子）の選択マーカー（特に植物）として適している．

【用途】細菌用培地添加物．遺伝子工学用試薬．酵素活性測定用．

5-フルオロオロチン酸
（5-fluoroorotic acid：5-FO）

- 分子式：$C_5H_3FN_2O_4$
- 分子量：174.09
- 別名：FO, 5-FOA
- CAS登録番号：703-95-7

🔲 基本データ

形状	：白色〜わずかにうすい黄色の結晶性粉末
溶解性	：熱水に溶けるが，エタノールにはほとんど溶けない．
モル吸光係数	：ε_{284} 7,100（0.1N HCl）

🔲 活用法

調製法	：DMSOに100 mg/mLに溶かす
使用条件	：1 mg/mLになるよう培地に添加
取り扱いの注意	：毒性がある：LD_{50}（マウス，腹腔内注射）300 mg/kg
保存の方法	：遮光して冷凍庫保存
入手先	：和光純薬工業（060-03661），シグマ・アルドリッチ（F5013）

🔲 解説

【特徴】 ピリミジン前駆体であるオロチン酸（オロト酸）の誘導体．特に酵母に対して毒性を示す．

【生理機能】 オロチジン5-リン酸脱炭酸酵素（OMPカルボキシラーゼ）に作用する．

【用途】 酵母の選択マーカー（OMPカルボキシラーゼ遺伝子/*ura3*遺伝子をもつ酵母の選択致死）．酵母遺伝学の研究に用いられる．

3-アミノトリアゾール
(3-aminotriazole：3-AT)

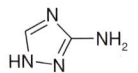

- 分子式：$C_2H_4N_4$
- 分子量：84.08
- 別名：3-アミノ-1H-1,2,4-トリアゾール
- CAS登録番号：61-82-5

🔲 基本データ

形状	：白色結晶
溶解性	：水に易溶

❏ 活用法

使用条件	：1～100mM（培地に添加する場合）
保存の方法	：冷蔵～冷凍保存
入手先	：和光純薬工業（530-73801），シグマ・アルドリッチ（A8056）

❏ 解説

【特徴】 ヒスチジン類似物質で，苦味がある．変異原性が指摘されている．

【作用機序】 カタラーゼの阻害剤．酵母の*His3*遺伝子産物であるイミダゾールグリセロールリン酸デヒドラターゼの拮抗阻害剤．濃度に依存して酵素活性を阻害する．

【用途】 酵母遺伝学の研究に用いられる．酵母ツーハイブリッド解析（3-ATを添加で内在性His3を抑えておき，強く発現する外来性His3の選択を行う）．トリプトファンの定量．組織傷害研究．樹脂硬化剤．農薬．

第Ⅰ部:生物学的作用および用途別試薬

第19章
電気泳動および核酸実験関連試薬

田村隆明

バイオ研究では,タンパク質や核酸の分析にゲル電気泳動が使われる.タンパク質ではポリアクリルアミドが用いられる.核酸も同様だが,分子量の大きなDNAの分離ではアガロースが使われる.アガロースゲルには分離能やゲル強度別にさまざまな製品が用意されている.電気泳動ではゲル作成用試薬,試料検出のための検出用試薬なども用いる.核酸に関連する実験には合成用試薬,超遠心分離のための試薬,プローブ検出用試薬など多くのものがある.なお,ヌクレオチドやタンパク質染色試薬などは,別章を参照されたい.

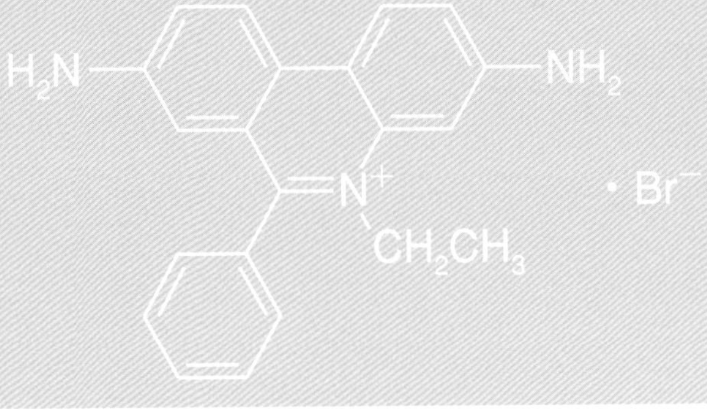

アガロース (agarose)

- **分子式**：$(C_6H_{10}O_5・C_6H_8O_4)_n$
- **別名**：バイオゲル™，セファロース™
- **CAS登録番号**：9012-36-6

基本データ

形状	：白色～わずかにうすい褐色の粉末
物理化学的特徴	：水分を吸って膨潤する
溶解性	：冷水，エタノールに溶けないが，熱水に溶ける
溶液の特性	：熱溶解溶液は冷時に半透明のゲルとなる

活用法

使用条件	：0.3～2%
保存の方法	：室温保存
入手先	：各社（和光純薬工業，同仁化学研究所，ナカライテスク，タカラバイオ）から，さまざまな種類の製品が入手可

解説

【特徴】ヘキソサンの一種で寒天の成分．寒天を精製してつくられる．D-ガラクトースと3,6-アンヒドロL-ガラクトースが1：1で交互に連結した多糖類と推定される（それ以外の糖も少量含む）．

【使い方】熱水で溶解後冷却すると，多糖鎖間の水素結合がつくる大きな網目構造をとり，高分子も拡散できる．化学処理により，低融点のもの，低分子の分離に向くもの，ゲル強度の高いものなどの製品がある．

【用途】ゲル電気泳動担体．ゲルろ過材．クロマトグラフィー用担体．遺伝子工学実験．免疫学実験．

アクリルアミド，モノマー (acrylamide, monomer)

- 分子式：$CH_2=CHCONH_2$
- 分子量：71.08
- CAS登録番号：79-06-1

基本データ

形状	：白色の結晶
融点	：85℃
物理化学的特徴	：不安定で，熱，光／紫外線，過酸化物で重合（ゲル化）してポリアクリルアミドとなる（市販品は微量の安定化剤を含む）
溶解性	：水（100 mLに215.5g溶ける），メタノール，エタノール，アセトンに易溶，クロロホルムに可溶

活用法

使用条件	：3～25%
取り扱いの注意	：発癌性，急性毒性（神経毒性）がある．LD_{50}（ラット，経口投与）124 mg/kg．重合したものは毒性が低いが，未重合のものも残存してるため，いずれも手袋をして扱う
保存の方法	：遮光して冷蔵庫保存
入手先	：和光純薬工業（011-08015），シグマ・アルドリッチ（A3553），ナカライテスク（00861-14）

解説

【使い方】メチレンビスアクリルアミドを加えてゲル化させる（図参照）．過

硫酸アンモニウムで重合する方法とリボフラビン&光で重合させる方法〔リボフラビンの項目（48ページ）を参照〕がある．通常試薬は微量の電解質を含むため，電荷の影響を抑える必要がある場合は高純度品を使用する．
【用途】タンパク質や核酸のポリアクリルアミドゲル電気泳動（PAGE）の担体．重合したものはゲルろ過剤，接着材，塗料となる．

N, N'-メチレンビスアクリルアミド
（N, N'-methylene bisacrylamide）

- 分子式： $(CH_2=CHCONH)_2CH_2$
- 分子量：154.17
- 別名：ビスアクリルアミド，ビス
- CAS登録番号：110-26-9

基本データ

形状	：白色の結晶
融点	：185℃
溶解性	：水（3.5g/100g, 30℃），エタノール，メタノールに可溶．

活用法

使用条件	：アクリルアミドに対し1〜5％（一般には5％）で混合する．
取り扱いの注意	：毒性がある：LD_{50}（ラット，経口投与）390 mg/kg
保存の方法	：遮光して冷蔵庫保存
入手先	：和光純薬工業（130-06031），シグマ・アルドリッチ（M7279），ナカライテスク（22402-02）

解説

【特徴】ポリアクリルアミドのゲル化における架橋剤となる．
【作用機序】アクリルアミドの項の図（381ページ）参照
【用途】ポリアクリルアミドゲル作製．電気泳動．PAGE用試薬．分子生物学実験．生化学実験

過硫酸アンモニウム（ammonium persulfate：APS）

- **分子式**：$(NH_4)_2S_2O_8$
- **分子量**：228.20
- **別名**：過硫酸アンモン，ペルオキソ二硫酸アンモニウム
- **CAS登録番号**：7727-54-0

基本データ

形状	：白色〜わずかにうすい黄色の結晶
融点	：120℃
物理化学的特徴	：強い酸化力をもつ
溶解性	：水に易溶
溶液の特性	：水溶液は酸性を示す

活用法

使用条件	：アクリルアミドゲル重合に関しては，TEMEDとともに10%APS溶液を1%になるよう添加して重合を開始する
取り扱いの注意	：有機物と加熱すると発火する．毒性がある：LD_{50}（ラット，経口投与）689 mg/kg
保存の方法	：冷蔵庫保存
入手先	：和光純薬工業（012-08023），ナカライテスク（02627）

解説

【特徴】ポリアクリルアミドゲルの化学重合の重合促進剤となる．

【作用機序】TEMED存在下で酸素ラジカルを発生させ，これがゲル化を開始させる．

【使い方】100 mLゲル溶液に対して数粒の結晶粒を加えてもよい．

【用途】PAGE関連試薬．重合促進剤．酸化剤．

TEMED (N, N, N', N'-tetramethylethylenediamine, N, N, N', N'-テトラメチルエチレンジアミン)

- 分子式：$C_6H_{16}N_2$
- 分子量：116.21
- CAS登録番号：110-18-9

基本データ

形状	：無色～わずかに薄い黄色の透明な液体
融点	：−55.1℃
沸点	：120℃
比重	：1.4196
物理化学的特徴	：引火性（引火点：10℃）
溶解性	：水と任意に混和する
溶液の特性	：塩基性

活用法

使用条件	：5～25 μL/10 mLのアクリルアミド溶液
取り扱いの注意	：毒性がある：LD_{50}（ラット，経口投与）1,580 mg/kg
保存の方法	：遮光して冷蔵庫保存
入手先	：和光純薬工業（205-06313），ナカライテスク（33401）

解説

【特徴】アクリルアミドゲルの重合促進剤として，過硫酸アンモニウムやリボフラビンと一緒に用いる．

【使い方】加える量により重合時間を調整できるが，溶存酸素濃度が高かったり，温度が低いと重合に時間を要する．

【用途】PAGE．アクリルアミドゲル作成試薬．酸化剤．

キシレンシアノール
〔キシレンシアノールFF（xylene cyanol FF）〕/XC

- **分子式**：$C_{25}H_{27}N_2NaO_6S_2$
- **分子量**：538.62
- **別名**：シアノールブルー
- **CAS登録番号**：2650-17-1

基本データ

形状	：暗緑色〜暗紫色の結晶性粉末
溶解性	：水，エタノールに易溶
光学特性	：極大吸光波長：λ_{max} 615nm

活用法

調製法	：水溶液
使用条件	：0.05%溶液を試料の0.2〜2容量加え，電気泳動用マーカーとする
保存の方法	：室温保存
入手先	：和光純薬工業（240-00463），ナカライテスク（36629-64）

解説

【特徴】pH 3.4以下で紫，3.9で灰色，4.4以上で緑色となる．アガロースゲル電気泳動ではBPBの約半分程度の泳動度を示す．

【用途】電気泳動用マーカー色素（トラッキング色素）．酸塩基滴定指示薬．酸化還元指示薬．青色の染料．

ブロモフェノールブルー (bromophenol blue：BPB)

- **分子式**：$C_{19}H_{10}Br_4O_5S$
- **分子量**：669.97
- **CAS登録番号**：115-39-9

基本データ

形状	：黄色～紅色の粉末
物理化学的特徴	：本来無色だが，水和物として存在して暗赤色を呈する
溶解性	：エタノールに可溶，水に難溶，アルカリに溶ける
光学特性	：極大吸光波長：λ_{max} 422nm

活用法

使用条件	：0.5 mg/mLの水溶液とし，電気泳動のときには試料の0.2～2倍量加える
保存の方法	：室温保存
入手先	：和光純薬工業（021-02911），ナカライテスク（05808）

解説

【特徴】酸塩基指示薬で，pHが3.0以下では黄色，4.6以上では赤紫色を呈する．負に荷電し，通常の電気泳動では核酸やタンパク質と同じ挙動を示す．アガロースゲル中では，XCより約2倍速く移動する．

【用途】電気泳動用マーカー（トラッキング）色素．酸塩基滴定指示薬．

塩化セシウム (cesium chloride)

- **分子式**：CsCl
- **分子量**：168.36
- **CAS登録番号**：7647-17-8

基本データ

形状	：白色の結晶
比重	：3.988
溶解性	：水に易溶，エタノールに可溶
溶液の特性	：わずかに酸性を示す

活用法

使用条件	：DNAの平衡遠心は初濃度1.4〜1.7g/mLで行う（超遠心時の回転数により異なるので，実施にあたっては具体的データを参照のこと）
取り扱いの注意	：毒性がある：LD_{50}（ラット，経口投与）2,600 mg/kg
保存の方法	：室温保存
入手先	：和光純薬工業（033-19682），ナカライテスク（07878）

解説

【特徴】比重が大きいため，超遠心分離でDNAを固有の密度（約1.7g/mL）に集める平衡遠心の溶媒として使用できる．遠心分離中に塩密度勾配を自発的に形成する．DNAの浮遊密度はGC含量に依存する．通常の遠心分離条件ではRNAは沈澱し，タンパク質は浮く．

【用途】核酸，プラスミド調製用試薬．平衡密度勾配遠心用試薬．ファージ精製．

硫酸セシウム (cesium sulfate)

- **分子式**：Cs_2SO_4
- **分子量**：361.87
- **CAS登録番号**：10294-54-9

🗆 基本データ

形状	：白色の結晶
比重	：4.243
溶解性	：水に易溶
溶液の性質	：酸性を示す

🗆 活用法

使用条件	：平衡遠心によるRNAやDNA精製では初濃度1.5〜1.6g/mLとし，適当な遠心条件を設定する
保存の方法	：室温保存
入手先	：和光純薬工業（037-02012），シグマ・アルドリッチ（230030）

🗆 解説

【特徴】塩化セシウムに類似の塩で，核酸の平衡密度勾配遠心法の媒体になる．塩化セシウムより高密度になるため，RNAも分離精製できる．

【用途】核酸調製用，平衡密度勾配遠心用試薬．セシウムイオン供給源．

セシウムTFA（CsTFA）〔トリフルオロ酢酸セシウム水溶液（cesium trifluoroacetate solution）〕

- 分子式：CF_3COOCs
- 分子量：245.92
- CAS登録番号：21907-50-6

🗆 基本データ

形状	：無色澄明の液体
比重	：1.95〜2.05
溶解性	：水と任意に混和する

🗆 活用法

使用条件	：試料溶液と等量混合し，比重を1.5g/mLにして操作する
保存の方法	：室温保存
入手先	：和光純薬工業（031-13681），GEヘルスケア（17-0847-02）

解説

【特徴】 トリフルオロ酢酸のセシウム塩で，塩化セシウムのように核酸精製のために遠心分離の担体として使用できる．タンパク質変性作用によってRNaseを阻害するので，RNA精製に適する．

【製品について】 比重2.0g/mLの溶液として販売される．試薬汚染防止の意味から，溶液試薬は優れているが，粉末（下記の関連物質）からの調製も可．

【用途】 無傷のRNAの精製．プラスミド精製．

【関連物質】 粉末のCsTFA試薬〔シグマ・アルドリッチ（C1301），ナカライテスク（07817）〕

文献

1) Mirkes P. E. : Anal. Biochem. 148 : 376-383, 1985

ジエチルピロカーボネート
(diethyl pyrocarbonate：DEPC, DPC)

$$CH_3-H_2C-O-\underset{O}{\underset{\|}{C}}-O-\underset{O}{\underset{\|}{C}}-O-CH_2-CH_3$$

- **分子式**：$(C_2H_5OCO)_2O$
- **分子量**：162.14
- **別名**：二炭酸ジエチル，ピロ炭酸ジエチル（エステル）
- **CAS登録番号**：1609-47-8

基本データ

形状	：特有の芳香をもつ無色の透明な液体
沸点	：93〜94℃（18mmHg）
比重	：1.12
物理化学的特徴	：刺激性で引火性（引火点：25℃）．熱で分解して水，二酸化炭素，エタノールになる
溶解性	：水に不溶だが，アルコール，エステル，芳香族炭化水素に易溶

🗀 活用法

調製法	：水に0.1%になるよう加える
使用条件	：RNase不活化では一晩処理の後，オートクレーブで未反応物を分解する
取り扱いの注意	：毒性がある：LD$_{50}$（ラット，経口投与）850 mg/kg．発癌性があるので注意して扱う
保存の方法	：冷蔵庫保存
入手先	：和光純薬工業（040-21901），シグマ・アルドリッチ（D5758）

🗀 解説

【特徴】RNaseを失活させる．

【作用機序】ヒスチジン残基との共有結合によるタンパク質修飾．このため，反応性-P：, -N：, -S：をもつ物質があると使用できない．

【用途】分子生物学実験．DEPC水の調製．RNase阻害剤．タンパク質（His, Tyr）修飾試薬．有機合成原料．抗菌添加剤．

EtBr（ethidium Bromide，臭化エチジウム）

- 分子式：$C_{21}H_{20}BrN_3$
- 分子量：394.32
- 別名：臭化ホミジウム，エチジウムブロマイド
- CAS登録番号：1239-45-8

🗀 基本データ

形状	：暗赤色の固体
融点	：238〜240℃
溶解性	：水に微溶（5g/100 mL），エタノールに可溶

🗀 活用法

調製法	：1％水溶液として調製する

使用条件	：0.5～100 μg/mLで核酸に接触させる
取り扱いの注意	：毒性，変異原性があるので，取り扱いや廃棄に注意する．急性毒性がある：LD_{50}（マウス，皮下注射）110 mg/kg
保存の方法	：冷蔵庫保存
入手先	：和光純薬工業（346-07451），シグマ・アルドリッチ（E8751）

❏ 解説

【特徴】紫外線（主に250～300nm）を吸収してオレンジ色（590nm）の蛍光を発する．DNA二重鎖間に挿入（インターカレート）して結合するが，結合により蛍光の強さが約20倍になる．一本鎖核酸にもわずかに結合する．DNA結合により負の超らせんを解消するように作用する．

【用途】分子生物学実験．紫外線による核酸の検出．ゲル電気泳動．細胞染色．DNA超らせん構造解析．

サイバーグリーン〔サイバーグリーンⅠ（SYBR green Ⅰ）〕

- 分子式：$C_{32}H_{37}N_4S^+$
- CAS登録番号：163795-75-3

❏ 基本データ

形状	：液体〔ジメチルスルホキシド（DMSO）に溶けている濃縮液の状態〕

❏ 活用法

調製法	：説明書に従って希釈する（例：10,000倍）
保存の方法	：冷蔵庫保存
入手先	：タカラバイオ（50512），インビトロゲン（11760100），ナカライテスク（30528-35）

解説

【特徴】非対称シアニン系色素．DNAと結合することで青色光（488nm）や紫外線（254nm）を吸収して緑色（522nm）の蛍光を発する．臭化エチジウムと類似の使い方だが，感度が高く，毒性が少ない．

【製品について】用途や性能によりさまざまな製品（例：サイバーグリーンⅠ，サイバーグリーンⅡ，サイバーゴールド）がある

【用途】ゲル電気泳動．DNA検出用試薬．リアルタイムPCR用試薬

文献

1) Rutledge, R. G. et al. : Nucl. Acids. Res., 31 : e93, 2003

ポリビニルピロリドン〔ポリビニルピロリドンK-90（polyvinylpyrrolidone K-90）〕/PVP

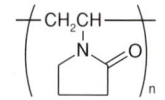

- **分子式**：$(C_6H_9ON)_n$
- **分子量**：平均360,000
- **別名**：ポビドン
- **CAS登録番号**：9003-39-8

基本データ

形状	：白色〜わずかにうすい黄色の粉末
物理化学的特徴	：重量の18%まで水を吸収する
溶解性	：水，エタノール，クロロホルムによく溶ける
溶液の特性	：粘性があり（高濃度では糊状），弱酸性を示す

活用法

調製法	：水溶液
使用条件	：2%（糊状にする場合はより高濃度に）
保存の方法	：室温保存
入手先	：和光純薬工業（162-17045），シグマ・アルドリッチ（P5288）

❏ 解説

【特徴】 N-ビニル-2-ピロリドンの重合体で，重合度によりいくつかの製品がある．バイオ実験では高分子担体，吸着防止の目的で使用される．

【製品について】 粘度により，K-25（平均分子量：25,000），K-35（平均分子量：40,000），K-90などがあるが，生物学実験ではK-90が一般的．

【用途】 核酸関連実験（デンハルトの作成など）．細胞培養．食品添加物．糊剤／接着剤．懸濁化剤．製剤原料．

DIG-dUTP
(Digoxigenin-11-dUTP tetra lithium salt, ジゴキシゲニン-11-dUTP四リチウム塩)

- **分子式**：$C_{45}H_{63}N_4O_{22}P_3Li_4$
- **分子量**：1132.7
- **構造式**：ジゴケシゲニン（DIG）

❏ 活用法

保存方法 ：冷凍庫保存
入手先 ：ロシュ・ダイアグノスティックス（11-573-152-910）

❏ 解説

【特徴】dUTPの塩基に鎖状リンカーを介してステロイド構造をもつジゴキシゲニン（DIG）（図参照）が結合した分子．DNA合成の基質になり，DIG抗体を用いる酵素抗体法でDNAを検出・可視化できるので，核酸プローブとなる．

【製品について】関連製品としてDIG-11-ddUTP，RNA標識用DIG-11-UTPがある．

【使用方法】1mMのdUTPに対して0.35mM含ませる．

【用途】標識核酸プローブ作成用試薬．サザン解析．ノーザン解析．EMSA．ISH（*in situ* hybridization）．

ポリ（dI-dC）・ポリ（dI-dC）
〔Poly（dI-dC）・Poly（dI-dC）〕

● 別名：ポリ（dI-dC）

❏ 基本データ

形状	：白色粉末，凍結乾燥品
溶解性	：水に易溶

❏ 活用法

調製法	：試薬瓶に水あるいはバッファーを加えて希望濃度にする
保存の方法	：冷凍庫保存
入手先	：シグマ・アルドリッチ（P4929）

❏ 解説

【特徴】dI-dC塩基対とdC-dI塩基対が交互に現れるDNAコポリマーの一種〔注：ホモポリマー二重鎖のポリ（dI）・ポリ（dC）と混同しないように〕．モデルDNAとなる．タンパク質の非特異的吸着能が高い．

【使用方法】EMSA（ゲルシフト解析）では0.1〜1μg/10μL加える．

【用途】EMSAでの非特異的DNA結合タンパク質の影響抑制．

【関連試薬】ポリ（dA-dT）・ポリ（dA-dT），ポリ（dG-dC）・ポリ（dG-dC）

オリゴ (dT)$_{12-18}$ 〔oligo (dT)$_{12-18}$〕

基本データ

形状　　　：白色粉末，凍結乾燥品
溶解性　　：水に易溶

活用法

調製法　　　：試薬瓶に水あるいはバッファーを加えて希望濃度にする
保存の方法　：冷凍庫保存
入手先　　　：GEヘルスケア（27-7610-01）

解説

【特徴】DNAホモオリゴマーの一種．デオキシチミジンが12～18個連結する．ポリ（A）鎖にハイブリダイズするので，DNA合成プライマーとなる（5'端がリン酸化されている必要がある）．

【使用条件】ポリ（A）鎖の重量に対しおおむね等量加える．

【用途】cDNA合成用試薬．標識DNA作成用．DNAポリメラーゼ活性測定用試薬．オリゴdTビーズ作成．

第Ⅰ部：生物学的作用および用途別試薬

第20章
タンパク質修飾および蛍光／発光試薬

佐藤成樹

生体分子の構造と機能の関係を理解するうえで化学修飾は，タンパク質の機能に関与するアミノ酸残基を同定するために重要な方法である．特定のアミノ酸残基の修飾によりタンパク質の機能に変化や消失が起これば，その残基が機能発現に関与していることがわかる．そこで本章では特定の官能基を修飾する試薬を選び，アミノ基，インドール基（トリプトファン残基），グアニジノ基（アルギニン残基），フェノール基（チロシン残基），チオエーテル基（メチオニン残基），ヒドロキシ基（セリン残基）およびチオール基（システイン残基）の修飾試薬について記述した．また合わせてタンパク質の架橋試薬，ビオチン化試薬と蛍光修飾試薬，光増感酸化試薬についても記述した．

PITC
（phenylisothiocyanate，フェニルイソチオシアネート）

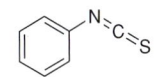

- 分子式：C$_7$H$_5$NS
- 分子量：135.18
- 別名：イソチオシアン酸フェニル
- CAS登録番号：103-72-0

基本データ

形状	：無色～黄白色液体，刺激臭
融点	：－21℃
沸点	：221℃
比重	：1.13（25/4℃）
物理化学的特徴	：可燃性液体．引火点：38℃
溶解性	：水に不溶．エタノールに可溶

活用法

使用条件	：アミノ酸測定用標準品（各アミノ酸濃度2.5 μmol/mL）10 μLに対して5 μLのPITCをアルカリ条件で，室温にて5分間反応させる．測定波長は254nm
取り扱いの注意	：毒性がある：LD$_{50}$（マウス，経口投与）87 mg/kg．火気厳禁（シアン化合物と硫黄酸化物を生じる）
保存の方法	：原液で遮光，冷蔵庫保存
入手先	：和光純薬工業（162-08473），フナコシ（26922）

解説

【特徴】一級，二級，三級アミンの誘導化剤．エドマン法によるアミノ酸配列分析，HPLCによるアミノ酸分析試薬．検出限界は10pmol．誘導体は室温で6時間，4℃で3日安定．

【用途】アミノ酸配列分析

【関連物質】amino acid standard H（フナコシ：20088）

TNBS〔トリニトロベンゼンスルホン酸〔2,4,6-トリニトロベンゼンスルホン酸ナトリウム二水和物（2,4,6-trinitrobenzenesulfonic acid sodium salt dihydrate）〕

- **分子式**：$C_6H_2N_3NaO_9S \cdot 2H_2O$
- **分子量**：351.18
- **別名**：ピクリルスルホン酸ナトリウム塩（picrylsulfonic acid sodium salt）
- **CAS登録番号**：5400-70-4

基本データ

形状	：わずかにうすい黄色～うすい黄色，結晶～結晶性粉末
融点	：>300℃
溶解性	：水に可溶．エタノール，アセトンに微溶

活用法

使用条件	：アミノ基の定量：1 mL（0.6～1.0 mg/mL）のタンパク質溶液に4％の炭酸水素ナトリウム溶液（pH 8.5）と1％TNBS水溶液をそれぞれ1 mL加え，40℃で2時間反応させる．反応液の一部に5％SDSを1 mL，1M HClを0.5 mL加え，反応を終了させる．345 nmの吸光度を測定し，$\varepsilon = 1.4 \times 10^4$ $M^{-1}cm^{-1}$を用いて反応したアミノ基の個数を決定する
取り扱いの注意	：爆発性
保存の方法	：粉末で，室温保存
入手先	：和光純薬工業（203-10481）

解説

【特徴】弱アルカリ性でアミノ基と特異的に反応し，トリニトロフェニル（TNP）誘導体を与える．アミノ基以外にはチオール（SH）基しか反応しない．TNP誘導体は340～350 nmに極大吸収をもつので，アミノ基の検出，定量に使用できるが，酸加水分解に不安定なため，N末端残基の分析には

適さない．
【用途】アミノ基特異的な修飾，定量．タンパク質の抗原性を高める．

水素化ホウ素ナトリウム
(sodium tetrahydroborate)

- 分子式：NaBH₄
- 分子量：37.83
- 別名：テトラヒドロホウ酸ナトリウム (sodium borohydride)
- CAS登録番号：16940-66-2

基本データ

形状	：白色固体，粉末
融点	：36～37℃（水和物）
沸点	：400℃
比重	：1.074
溶解性	：水に可溶〔55%（w/w），25℃〕，ただし徐々に分解する
溶液の特性	：水溶液は強い塩基性を示し，酸性にすると分解して水素を発生する

活用法

調製法	：水によって分解してホウ酸を生じるので，反応の際には少量ずつ何回かに分割して加える
使用条件	：タンパク質を2.5～10 mg/mLになるように0.2Mホウ酸緩衝液（pH 9.0）に溶かす．1 mLの反応液につき約0.5 mgのNaBH₄と37%のホルムアルデヒド溶液を2.5 μL加え，60分間反応させる
取り扱いの注意	：毒性がある：LDLo（ラット，経口投与）160 mg/kg
保存の方法	：固体，粉末は吸湿性があるので，密栓して室温保存
入手先	：ナカライテスク（31228-51），コスモ・バイオ（8063730025）

解説

【特徴】ケトンやアルデヒドなどをはじめとする，さまざまな有機化合物の

還元反応に用いられる代表的な還元剤である．pH 8.0以上でアミノ基にアルデヒドを作用させ，水素化ホウ素ナトリウムによって$-NH-CH_2-R$を生成する．

【用途】タンパク質の還元アルキル化．アミノ基の修飾．

シトラコン酸無水物（citraconic anhydride）

- **分子式**：$C_5H_4O_3$
- **分子量**：112.08
- **別名**：メチルマレイン酸無水物（methylmaleic anhydride）
- **CAS登録番号**：616-02-4

基本データ

形状	：無色～わずかにうすい黄色，澄明の液体
融点	：7℃
沸点	：213℃
比重	：1.245～1.250g/mL（20℃）
引火点	：111℃
溶解性	：エタノールに可溶，水に難溶
光学的性質	：屈折率は1.4710（20/D）

活用法

使用条件	：アミンのブロックの場合は，0.1～1Mのリン酸ナトリウム緩衝液または炭酸ナトリウム緩衝液（pH 8.0～9.0）中で，アミンに対して少なくとも5～10倍の試薬を室温で1～2時間反応させる．反応液にアミンを含む緩衝液（Trisやグリシン）は反応を阻害するので用いない．脱ブロックの場合は，酸の添加によりpH 3.5～4.0にして，室温で一晩，もしくは30℃で3時間反応させる
取り扱いの注意	：刺激性
保存の方法	：原液で，室温保存
入手先	：和光純薬工業（032-03483），フナコシ（20907）

解説

【特徴】 pH依存的に一級アミンを可逆的にブロックする．pH 8.0でマレイル化，pH 3.0〜4.0で脱マレイル化する．

【用途】 アミノ基の保護．

NBS (N-bromosuccinimide, N-ブロモスクシンイミド)

- **分子式**：$C_4H_4BrNO_2$
- **分子量**：177.98
- **別名**：1-ブロモ-2,5-ピロリジンジオン，N-ブロモコハク酸イミド
- **CAS登録番号**：128-08-5

基本データ

形状	：白色〜わずかにうすい黄色，結晶性粉末
融点	：175〜178℃
比重	：2.098
溶解性	：アセトン，テトラヒドロフラン（THF），*N, N*-ジメチルホルムアミド（DMF），ジメチルスルホキシド（DMSO），アセトニトリルに可溶．水や酢酸に難溶

活用法

使用条件	：0.1M酢酸緩衝液（pH 4.0〜4.5）中でタンパク質と反応させる
取り扱いの注意	：一般的にNBSを伴う反応は発熱反応
保存の方法	：粉末で，冷蔵庫保存
入手先	：和光純薬工業（021-07232），ナカライテスク（05823-35）

解説

【特徴】 2つのカルボニル基の電子吸引性に基づいて，臭素陽イオンを放出し，酸化反応を行う．

【用途】 トリプトファン残基の修飾，定量．アスコルビン酸の定量．

HNBB
[ヒドロキシニトロベンジルブロミド〔2-ヒドロキシ-5-ニトロベンジルブロミド（2-hydroxy-5-nitrobenzyl bromide）〕]

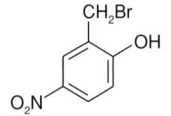

- 分子式：$C_7H_6BrNO_3$
- 分子量：232
- 別名：コシュランド試薬（Koshland reagent）
- CAS登録番号：772-33-8

基本データ

形状	：黄色結晶
融点	：147℃
溶解性	：メタノール，アセトン，ベンゼン，ジオキサンに可溶．水に難溶

活用法

調製法	：水溶液中での半減期は1分以下のため，使用直前にアセトンまたはジオキサンに溶解する
使用条件	：トリプトファンの修飾の場合はpH 2.5〜5.0中でタンパク質に対してモル比で400倍のHNBBを反応させる
取り扱いの注意	：衝撃，摩擦，加熱などにより多量に発熱，または爆発的に分解する危険性がある．腐食性物質
保存の方法	：結晶で，冷凍庫保存
入手先	：和光純薬工業（596-21051），東京化成工業（H0601）

解説

【特徴】酸性条件ではチオール基を除けば，トリプトファンに対して特異的な修飾試薬である．アルカリ性pHではフェノール性水酸基やアミノ基とも反応する．

【用途】トリプトファンの定量，修飾．

シクロヘキサンジオン
〔1,2-シクロヘキサンジオン（1,2-cyclohexanedione：CHD）〕

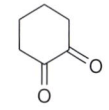

- **分子式**：$C_6H_8O_2$
- **分子量**：112.13
- **別名**：ジヒドロカテコール（dihydrocatechol）
- **CAS登録番号**：765-87-7

基本データ

形状	：ごくうすい黄色～褐色，結晶～粉末または塊
融点	：37.4℃
沸点	：193～195℃
引火点	：84℃
溶解性	：エタノールおよびアセトンに可溶，水に難溶

活用法

使用条件	：0.25Mホウ酸緩衝液（pH 8.0～9.0）中で大過剰（50mM程度）の試薬を用いて37℃付近で，30分から2時間反応させる
取り扱いの注意	：可燃性
保存の方法	：粉末または塊で，冷蔵庫保存
入手先	：和光純薬工業（035-17621）

解説

【特徴】ホウ酸イオン存在化の強アルカリ性条件でアルギニン残基のグアニジノ基と反応してDHCH-アルギニンを生成する．アルギニン残基の正荷電マスク剤である．

【用途】アルギニン残基の修飾．

フェニルグリオキサール (phenylglyoxal：PGO)

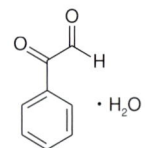

- **分子式**：$C_8H_6O_2 \cdot H_2O$
- **分子量**：152.15
- **別名**：フェニルグリオキサール水和物 (phenylglyoxal hydrate)
- **CAS登録番号**：1075-06-5

基本データ

形状	：白色～微褐色，結晶性粉末～粉末
融点	：91℃
沸点	：142℃
溶解性	：水および普通の有機溶媒に可溶

活用法

調製法	：20mM水溶液
使用条件	：アルギニン残基の修飾：0.2MのN-エチルモルホリン-酢酸緩衝液（pH 8.0）または0.2M炭酸水素ナトリウム水溶液（pH 8.5）中で10mM PGOを用いて暗所で25℃，1時間反応させる．トリプトファンの修飾：酸性条件で100℃，15分間反応させる
取り扱いの注意	：刺激性
保存の方法	：粉末で，冷蔵庫保存
入手先	：和光純薬工業（328-50301）

解説

【特徴】pH 8.0～9.0においてアルギニン残基1個あたり2分子のPGOが修飾する．トリプトファンの蛍光誘導化〔$\lambda_{ex}=385$nm，$\lambda_{em}=460$nm（λ_{ex}：励起光，λ_{em}：放射光）〕と，グアニンおよびグアニンヌクレオチ（シ）ドの蛍光誘導化を行う．

【用途】アルギニン残基の修飾と同定試薬．トリプトファンおよびグアニンの選択的蛍光試薬．

テトラニトロメタン（tetranitromethane：TNM）

- **分子式**：CN$_4$O$_8$
- **分子量**：196.04
- **CAS登録番号**：509-14-8

基本データ

形状	：無色ないしは淡灰色の液体
融点	：13℃
沸点	：125.7℃
比重	：1.6377
引火点	：113℃
物理化学的特徴	：衝撃や振動により爆発的に分解することがある
溶解性	：エタノール，エーテル，アルコール性KOHに可溶．水に不溶

活用法

使用条件	：10 mg/mLのタンパク質溶液（50mM Tris緩衝液pH 8.0，4℃）に四チオン酸カリウムを加えて，チオール基を保護する．ニトロ化は95%のTNMアルコール溶液をモル比で10倍加え，10～20分間反応させる．チオール基の再生には10mMジチオトレイトール（DTT）を含む10mMグリシン緩衝液（pH 8.5）を加え，25℃で30分間反応させる
取り扱いの注意	：衝撃，高温，可燃性物質，酸化剤，金属（鉄，亜鉛，黄銅，アルミニウムなど）との接触を避ける．刺激臭．毒性がある：LD$_{50}$（ラット，経口投与）130 mg/kg
保存の方法	：冷蔵庫保存
入手先	：シグマ・アルドリッチ（T25003）

解説

【特徴】pH 8.0～9.0でチロシン水酸基をニトロ化し，3-ニトロチロシンを生成する．しかし，チロシンよりもチオール基とより早く反応するため，チオール基を含むタンパク質でチロシンの修飾を行う場合には，四チオン酸カリウムでチオール基を可逆的に保護する必要がある．

【用途】チロシン残基の修飾，定量．アミノ酸分析．

クロラミンT（chloramine T）/ クロラミン-T三水和物（chloramine-T trihydrate）

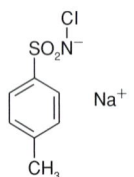

- 分子式：$C_7H_7ClNNaO_2S \cdot 3H_2O$
- 分子量：281.69
- 構造式：単体を示す
- 別名：p-トルエンスルホンクロロアミドナトリウム三水和物（sodium p-toluenesulfonchloramide Trihydrate）
- CAS登録番号：7080-50-4

基本データ

形状	：白～類白色の結晶性粉末
融点	：167～170℃
溶解性	：水に可溶（15g/100 mL）．ベンゼン，クロロホルムおよびジエチルエーテルに難溶

活用法

調製法	：10mM水溶液
使用条件	：メチオニンの選択的酸化の場合は，0.1M Tris緩衝液（pH 8.5）中でタンパク質に対してモル比で8～20倍のクロラミンTを20分間反応させる
取り扱いの注意	：空気，熱，光によって徐々に分解する
保存の方法	：粉末で，室温保存
入手先	：和光純薬工業（042374），ナカライテスク（08005-52）

解説

【特徴】活性ハロゲン試薬．pH 2.2ではメチオニンとトリプトファンの両方を酸化するが，pH 8.5ではメチオニンのみを酸化しトリプトファンには影響を与えない．

【用途】メチオニンの酸化，修飾．

N-アセチルイミダゾール (N-acetylimidazole)

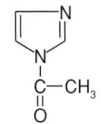

- 分子式：$C_5H_6N_2O$
- 分子量：110.11
- 別名：1-アセチルイミダゾール (1-acetylimidazole)
- CAS登録番号：2466-76-4

基本データ

形状	：白色，結晶性粉末固体
融点	：102℃
物理化学的特徴	：可燃性
溶解性	：エタノールに可溶，水に難溶

活用法

使用条件	：pH 3.0〜8.0の溶液中でアミノ基あたりモル比で27倍の試薬を反応させる
取り扱いの注意	：毒性がある：LDLo（マウス，腹腔内注射）250 mg/kg
保存の方法	：粉末で，冷凍庫保存
入手先	：和光純薬工業（016-08881），東京化成工業（A0694）

解説

【特徴】代表的なアシル化（R-CO）剤．反応性が強く，アミノ基，ヒドロキシ基の水素をアセチル基（CH_3-CO）で置換する．アミノ基の修飾の程度はN-アセチルスクシンイミドよりも低い．チロシン残基の選択的アシル化にも使用される．

【用途】ガスクロマトグラフ分析における試料前処理剤（アシル化剤）．セリン残基の修飾．

ジチオビスニトロベンゼン酸
〔5,5'-dithiobis (2-nitrobenzoic acid) : DTNB〕

- 分子式：$C_{14}H_8N_2O_8S_2$
- 分子量：396.35
- 別名：benzoic acid,3,3'-dithiobis (6-nitro-), イールマン試薬 (Ellman's Reagent)
- CAS登録番号：69-78-3

基本データ

形状	：淡黄色結晶性粉末
融点	：240〜245℃
溶解性	：水に可溶、エチルアルコールに可溶
モル吸光係数	：λ_{max} 305 nm付近を $\varepsilon=12,000$ 以上

活用法

調製法	：DTNB 39.6 mgをリン酸緩衝液（pH 7.0）10 mLに溶解する
使用条件	：① チオール基を含む試料溶液3.0 mLにリン酸緩衝液（pH 8.0）2.0 mLと蒸留水5.0 mLを加える ② ①の液から3 mLを採取し，DTNB溶液0.02 mLを加える ③ 1時間後，412nmで測定する
入手先	：同仁化学研究所（D029），シグマ・アルドリッチ（D218200）

解説

【特徴】DTNBはチオール基を比色定量する試薬で，イールマン試薬と呼ばれる．DTNBはチオール基が存在するとチオール基の量に相当する量のS-S結合が切れて，安定な5-メルカプト-2-ニトロベンゼン酸を生成する．この生成したチオールの吸光度（$\lambda_{max}=412$ nm，$\varepsilon=1.55\times10^4$）からチオール基を定量する．

【用途】生体試料中の微量チオール基の検出，比色定量．

フェニレンジマレイミド〔N, N'-p-フェニレンジマレイミド（N, N'-p-phenylenedimaleimide：pPDM）〕

- **分子式**：$C_{14}H_8N_2O_4$
- **分子量**：268.22
- **別名**：N, N'-（1,4-フェニレン）ビスマレイミド〔N, N'-（1,4-Phenylene）bis-maleimide〕
- **CAS登録番号**：3278-31-7

基本データ

形状　　：ごくうすい褐色～うすい褐色．結晶性粉末～粉末
融点　　：＞300℃
溶解性　：水に不溶，DMFに可溶

活用法

使用条件　　：ミオシンの必須チオール基の修飾：ミオシンを0.5M KCl/0.05M Tris緩衝液（pH 7.0）中で8倍量のpPDMと5℃で30分間反応させる
保存の方法：粉末で，冷蔵庫保存
入手先　　　：和光純薬工業（168-10881），シグマ・アルドリッチ（P23989）

解説

【特徴】チオール基のアルキル化試薬．2つの官能基をもつ二価性試薬で，タンパク質の分子内，分子間におけるチオール基相互間の架橋を行う．架橋長＝12.0Å

【用途】タンパク質の高次構造の研究，蛍光試薬の導入．ハプテンと抗原タンパク質の結合．

CMC
[N-シクロヘキシル-N'-(2-モルホリノエチル)カルボジイミド メト-p-トルエンスルホン酸塩〔N-cyclohexyl-N'-(2-morpholinoethyl) carbodiimide metho-p-toluenesulfonate〕]

- 分子式：$C_{14}H_{26}N_3O \cdot C_7H_7O_3S$
- 分子量：423.58
- 別名：1-シクロヘキシル-3-(2-モルホリノエチル)カルボジイミドメト-p-トルエンスルホナート
- CAS登録番号：2491-17-0 (20702-21-0, 16722-51-3)

基本データ

形状	：白色の結晶性粉末
融点	：113～115℃
溶解性	：水に可溶
溶液の特性	：pH 6.0～7.5（50g/L溶液, 25℃）

活用法

使用条件	：pH 4.5～5.0の緩衝液中でタンパク質と反応させる
取り扱いの注意	：可燃性．皮膚，眼，粘膜などを刺激する
保存の方法	：粉末で，室温保存
入手先	：和光純薬工業（037-12561），東京化成工業（C0793）

解説

【特徴】ペプチド結合（-CONH-）を生成させる水溶性カルボジイミド．CMCを使用することにより，カップリング時副生する尿素誘導体が水溶性となる．

【用途】ペプチド合成におけるカップリング反応．キャリアタンパク質との結合．

EDC
1-エチル-3-（3-ジメチルアミノプロピル）カルボジイミド塩酸塩
(1-ethyl-3-(3-dimethylaminopropyl) carbodiimide hydrochloride)

- 分子式：$C_8H_{17}N_3 \cdot HCl$
- 分子量：191.7
- 別名：WSC (water soluble carbodiimide)
- CAS登録番号：25952-53-8

基本データ

形状	：白色粉末
融点	：113〜121℃
溶解性	：水，DMFに可溶．溶解例：1 g/10 mL（水）

活用法

使用条件　　：ペプチド抗原とKLH（keyhole limpet hemocyanin）の結合：2 mgのKLHを200 μLの結合溶液（0.1M MES, pH 4.5〜5.0）に溶かす．2 mgのペプチドを500 μLの結合溶液に溶かし，200 μLのKLH溶液に加える．10 mgのEDCを1 mLの超純水に溶かし，50 μLをKLH-ペプチド溶液に加え，2時間室温で反応させる．
取り扱いの注意：吸湿注意．毒性：LD_{50}（マウス，静脈注射）56 mg/kg
保存の方法　　：粉末で，冷凍庫保存
入手先　　　　：フナコシ（22980），同仁化学研究所（W001）

解説

【特徴】アミノ基とカルボキシル基に反応してペプチド結合（-CONH-）を生成させる水溶性カルボジイミド．zero-lengthのクロスリンカー．反応終了後の過剰試薬および尿素体が容易に洗浄除去できる

【用途】ペプチド抗原やハプテンのキャリアータンパク質への結合．環状ヘキサペプチドの縮合反応．DNA結合タンパク質のアミノポリスチレンへの結合反応．アミン-PEG_2-ビチオンと目的タンパク質の架橋．

ビオチンヒドラジド (biotin hydrazide)

- **分子式**：$C_{10}H_{18}N_4O_2S$
- **分子量**：258.34
- **別名**：EZ-Link® Biotin Hydrazide
- **CAS登録番号**：66640-86-6

基本データ

形状　　：白色～微黄色粉末
溶解性　：水に可溶（～5mM），DMSOに可溶

活用法

調製法　　：DMSOで50mM溶液に調製する
使用条件　：糖タンパク質のビオチン化：酸化溶液（0.1M酢酸ナトリウム緩衝液pH 5.5）に溶解した2 mg/mLの糖タンパク質液1 mLに20mM $NaIO_4$を含む酸化溶液1 mLを加え4℃，30分間反応させる．PBSに置換した後，50mMビオチンヒドラジド/DMSO溶液を1/10量加え，室温で2時間反応させる
保存の方法：粉末で，冷凍庫保存
入手先　　：フナコシ（21339），同仁化学研究所（B303）

解説

【特徴】還元糖末端標識用ビオチンラベル化剤（スペーサーアーム：15.7Å）．

【生理機能／作用機序】糖タンパク質を過ヨウ素酸で酸化し，生じたアルデヒド基をビオチンヒドラジドのヒドラジド基と結合させ，HRPやALP標識アビジンで増感し発色させる．

【用途】糖タンパク質の標識，検出．

【関連物質】EZ-Link® Biotin-LC-Hydrazide〔フナコシ（21340）〕：ビオチンヒドラジドよりも感度が2倍高い．スペーサーアームが長く立体障害が

少ない．イムノグロブリンのFc部分をビオチン標識する．

Biotin-(AC$_5$)$_2$Sulfo-OSu

- **分子式**：C$_{26}$H$_{40}$N$_5$NaO$_{10}$S$_2$
- **分子量**：669.75
- **別名**：6-〔6-(ビオチニルアミノ)ヘキサノイルアミノ〕ヘキサン酸N-ヒドロキシ-スルホスクシンイミドエステル［6-〔6-(biotinylamino) hexanoylamino〕hexanoic acid N-hydroxy-sulfosuccinimide ester］
- **CAS登録番号**：180028-78-8（遊離酸）

基本データ

形状 ：白色～淡赤褐色粉末
溶解性 ：水に可溶

活用法

調製法 ：10 mg/mL（水）
使用条件 ：炭酸水素ナトリウム緩衝液（pH 7.0～9.0）中で1～5 mgのタンパク質に対して1 mgの試薬で2時間，25℃でラベル化する．
保存の方法：加水分解しやすいため，水溶液での保存は避ける．粉末で，-20℃冷凍保存
入手先 ：同仁化学研究所（B321）

解説

【特徴】水溶性の活性エステルタイプのビオチン化試薬である．
【用途】タンパク質の遊離のアミノ基をビオチンラベル化して，アビジンや

Sulfo-NHS-LC-Biotin
〔sulfosuccinimidyl-6-(biotin-amido) hexanoate〕

- **分子式**：$C_{20}H_{30}N_4O_9S_2Na$
- **分子量**：556.59
- **別名**：EZ-Link® Sulfo-NHS-LC-Biotin
- **CAS登録番号**：191671-46-2

基本データ

形状　　：粉末
溶解性　：水に可溶

活用法

調製法　　：360 μLの超純水に2.0 mgの試薬を溶かす（10mM溶液）
使用条件　：PBSや炭酸水素ナトリウム緩衝液（pH 7.0〜8.0）中で1〜10 mgのタンパク質に対してモル比20倍以上で室温，30分間反応させる．一級アミンを含む緩衝液（Trisやグリシン）は使用しない
保存の方法：粉末で，冷凍庫保存
入手先　　：フナコシ（21335）

解説

【特徴】タンパク質の一級アミンと反応し，ビオチン化する．水溶性で，スペーサーアームが長いため（22.4Å）立体障害が少ない．細胞膜非透過性．
【用途】タンパク質，ペプチドのアミノ基のビオチン標識．細胞膜表面タン

パク質のビオチン化.
【関連物質】 Sulfo-NHS-LC-Biotinylation Kit（フナコシ：21435），Sulfo-NHS-LC-Biotin, No-Weigh（フナコシ：21327）

NHS-PEO₄-Biotin

- 分子式：$C_{25}H_{40}N_4O_{10}S$
- 分子量：588.67
- 別名：EZ-Link® NHS-PEO₄-Biotin
- CAS登録番号：459426-22-3

基本データ

形状	：粉末
溶解性	：水に可溶．DMSO，DMFに可溶

活用法

調製法	：使用直前に170 μLの超純水に2 mgの試薬を溶かす（20mM溶液）．またはDMSOやDMFに100～200mMで溶かし，ストック溶液とする
使用条件	：PBSや炭酸水素ナトリウム緩衝液（pH 7.0～8.0）中で1～10 mgのタンパク質に対してモル比20倍以上で室温，30分間反応させる．一級アミンを含む緩衝液（Trisやグリシン）は使用しない
保存の方法	：粉末で，冷蔵庫保存，乾燥（－20℃で数カ月間安定）
入手先	：フナコシ（21330）

解説

【特徴】 NHS-PEO₄-Biotinは，長いPEO（polyethylene oxide）スペーサー

アーム（29Å）を有し，立体障害が少ない．親水性のため，標識した化合物の凝集を防ぎ，標識物の長期保存が可能である．細胞膜非透過性．
【用途】タンパク質，ペプチドのアミノ基のビオチン標識．細胞膜表面タンパク質のビオチン化．
【関連物質】NHS-PEO$_4$ Biotinylation Kit（フナコシ：21455），NHS-PEO$_4$-Biotin, No-Weigh（フナコシ：21329）

NHS-LC-Biotin

- 分子式：C$_{20}$H$_{30}$N$_4$O$_6$S
- 分子量：454.54
- 別名：EZ-Link® NHS-LC-Biotin/Succinimidyl-6-（Biotinamido）Hexanoate
- CAS登録番号：72040-63-2

基本データ

形状	：粉末
溶解性	：水に不溶．DMSO，DMFに可溶

活用法

調製法	：使用直前に500 μLのDMSOまたはDMFに2.3 mgの試薬を溶かす（10 mM溶液）
使用条件	：PBSや炭酸水素ナトリウム緩衝液（pH7.0〜8.0）中で1〜10 mgのタンパク質に対してモル比20倍以上で室温，30分間反応させる．一級アミンを含む緩衝液（Trisやグリシン）は使用しない
保存の方法	：粉末で，冷蔵庫保存
入手先	：フナコシ（21336）

解説

【特徴】 タンパク質の一級アミンと反応し，ビオチン化する．スペーサーアーム（22.4Å）が長く，立体障害が少ない．細胞膜透過性．

【用途】 タンパク質，ペプチドのアミノ基のビオチン標識．細胞内タンパク質のビオチン化．

Amine-PEG$_2$-Biotin

- 分子式：C$_{16}$H$_{30}$N$_4$O$_4$S
- 分子量：374.50
- 別名：Biotin-PEO$_2$-Amine／EZ-Link®-Amine-PEG$_2$-Biotin／(＋)-Biotinyl-3,6-Dioxaoctanediamine
- CAS登録番号：138529-46-1

基本データ

形状	粉末
溶解性	水溶性（＞25 mg/mL）

活用法

調製法	1 mLの超純水に19 mgの試薬を溶かす（50mM溶液）
使用条件	0.1M MES（pH 5.0）などの1級アミンやカルボキシル基を含まない緩衝液中で，2 mgのタンパク質に対してモル比100倍以上のAmine-PEG$_2$-Biotinと10倍以上の1-エチル-3-(3-ジメチルアミノプロピル)カルボジイミド塩酸塩（EDC）で室温，2時間反応させる
保存の方法	粉末で，冷蔵庫保存，乾燥
入手先	フナコシ（21346）

解説

【特徴】 Amine-PEG$_2$-Biotinは，長いPEG（polyethyleneglycol）スペーサーアーム（20.4Å）をもつ．親水性，細胞膜非透過性．EDCを用いて目的タンパク質のカルボキシル基に架橋する．

【用途】 タンパク質，ペプチドのカルボキシル基のビオチン標識．細胞膜表面タンパク質のビオチン化．

ダンシルクロリド（dansyl chloride：DNS-Cl）

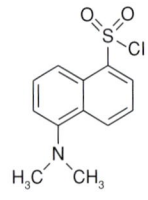

- **分子式**：C$_{12}$H$_{12}$ClNO$_2$S
- **分子量**：269.75
- **別名**：5-ジメチルアミノ-1-ナフタレンスルホニルクロリド〔5-(dimethylamino)-1-naphthalenesulfonyl chloride〕
- **CAS登録番号**：605-65-2

基本データ

形状	：橙色，結晶性粉末および小塊
融点	：69℃
溶解性	：水にやや難溶（10g/L）．エタノール，アセトンに易溶

活用法

使用条件	：試料のアセトニトリル溶液（5 mg/mL）に対してKOHのアセトニトリル溶液（0.01M KOH-エタノール溶液をアセトニトリルで25倍希釈）と0.05%DNS-Clのアセトン溶液をそれぞれ0.2 mL加える．暗所で5分間放置したのち，アセトン3 mLを加えて蛍光を測定する．0.3～1 μgの定量下限が得られる
取り扱いの注意	：刺激性．水または湿気に触れると分解して塩化水素ガスを発生する．毒性がある：LD$_{50}$（マウス，静脈注射）56 mg/kg
保存の方法	：粉末および小塊で，－20℃冷凍保存
入手先	：和光純薬工業（042-18254），ナカライテスク（10416-31）

解説

【特徴】 一級，二級アミンおよびアミノ酸と反応して黄緑色の蛍光を有するスルホンアミド誘導体を与える．測定波長 λ_{ex}=366nm，λ_{em}=510nm．

【用途】 ペプチド，タンパク質構造研究用アミン標識蛍光プローブ．HPLCなどのアミノ酸蛍光ラベル化剤．

FITC（fluorescein isothiocyanate，フルオレセインイソチオシアネート）

- **分子式**：$C_{21}H_{11}NO_5S$
- **分子量**：389.4
- **別名**：イソチオシアン酸フルオレセイン（fluorescein isothiocyanate）5-イソチオシアン酸フルオレセイン，異性体1（fluorescein 5-isothiocyanate, isomer 1）
- **CAS登録番号**：3326-32-7

基本データ

形状	：黄橙色粉末
融点	：359.5℃
溶解性	：水およびDMFに可溶

活用法

使用条件	：タンパク質あたりモル比で24倍のFITCを反応させる．例：IgG 1 mg/mL（50mMホウ酸緩衝液, pH 8.5）に対して10 mg/mL（DMF）のFITCを6.2μL使用する．反応液に一級アミンを含む緩衝液（Trisやグリシン）はラベル化を阻害するので用いない
取り扱いの注意	：遮光
保存の方法	：粉末で暗所，冷凍庫保存
入手先	：フナコシ（46424），インビトロジェン（F143）

解説

【特徴】フルオレセインの代表的な誘導体．黄緑色蛍光（λ_{ex} = 495nm, λ_{em} = 520nm）を発する蛍光色素．アミノ基反応性のイソシアネート基をもつ．

【用途】核酸や抗体，タンパク質などの蛍光ラベル．

【関連物質】Fluorescein Isothiocyanate Protein Labeling Kit（フナコシ：53004）

TRITC〔Tetramethylrhodamine-5-(and-6)-isothiocyanate, テトラメチルローダミン-イソチオシアネート〕

- **分子式**：$C_{25}H_{22}ClN_3O_3S$
- **分子量**：478.97
- **CAS登録番号**：6749-36-6

基本データ

形状	：赤緑色粉末
溶解性	：DMF，DMSOに可溶

活用法

調製法	：1 mg/mLでDMSOに溶解
使用条件	：6 mg/mLのタンパク質溶液（100mM炭酸緩衝液，pH 9.0）1 mLに対して，1 mg/mL（DMSO）のTRITCを35μL反応させる．
取り扱いの注意	：遮光
保存の方法	：粉末で，冷凍庫保存
入手先	：フナコシ（46112）

❏ 解説

【特徴】赤色蛍光($\lambda_{ex}=541$nm,$\lambda_{em}=572$nm)を発する蛍光色素.アミノ基反応性のイソシアネート基をもつ.
【用途】タンパク質,その他のアミノ基の蛍光標識.
【関連物質】ローダミンBイソチオシアネート(RITC)($\lambda_{ex}=570$nm,$\lambda_{em}=595$nm)

Cy3(Cy3 NHS ester)

- **分子式**:$C_{35}H_{41}N_3O_{10}S_2$
- **分子量**:765.95
- **別名**:Cy3 monofunctional dye
- **CAS登録番号**:146368-16-3

❏ 基本データ

形状 :乾燥,定量済み
溶解性 :水に可溶

❏ 活用法

使用条件 :1 mgのIgGを1 mLの炭酸ナトリウム緩衝液(pH 9.3)で溶解し,Cy3 Mono-reactive Dyeに加えて,室温で30分間反応させる.標識産物は$\lambda_{ex}=550$nm,$\lambda_{em}=570$nmで観察する
取り扱いの注意:遮光
保存の方法 :原試薬は遮光,冷蔵庫保存

入手先 ：Cy3 Mono-reactive Dye Pack〔GEヘルスケア（PA23001）〕

解説

【特徴】 シアニン型の蛍光試薬のCy3にN-ヒドロキシスクシンイミドが付加されており，一級アミノ基をもつ分子を標識できる．オレンジ色の蛍光（$\lambda_{ex}=550$nm，$\lambda_{em}=570$nm）を発する．ローダミンのフィルターセットで観察できる．

【用途】 抗体，タンパク質，修飾オリゴヌクレオチドの蛍光標識．

Cy5 （Cy5 NHS ester）

- **分子式**：$C_{37}H_{43}N_3O_{10}S_2$
- **分子量**：791.99
- **別名**：Cy5 monofunctional dye
- **CAS登録番号**：146368-14-1

基本データ

形状 ：乾燥，定量済み
溶解性 ：水に可溶

活用法

使用条件 ：1 mgのIgGを1 mLの炭酸ナトリウム緩衝液（pH 9.3）で溶解し，Cy5 Mono-reactive Dyeに加えて，室温で30分間反応させる．標識産物は$\lambda_{ex}=649$nm，$\lambda_{em}=670$nmで観察する
取り扱いの注意：遮光

| 保存の方法 | ：原試薬は，遮光，冷蔵庫保存 |
| 入手先 | ：Cy5 Mono-reactive Dye Pack〔GEヘルスケア（PA25001）〕 |

❏ 解説

【特徴】シアニン型の蛍光試薬のCy5にN-ヒドロキシスクシンイミドが付加されており，一級アミノ基をもつ分子を標識できる．遠赤外の蛍光（λ_{ex}=649nm，λ_{em}=670nm）を発する．CCDカメラや赤外線フィルムを用いて観察する．

【用途】抗体，タンパク質，修飾オリゴヌクレオチドの蛍光標識．

SYPRO® Ruby

● CAS登録番号：260546-55-2

❏ 基本データ

| 形状 | ：液体 |

❏ 活用法

調製法	：ミニゲル1枚あたり約25～50 mLのSYPRO® Rubyを使用する
使用条件	：①固定：50%メタノール，7％酢酸で15分間振とうする．②染色：遮光して一晩振とう（basic protocol）．またはマイクロウェーブで30秒処理後，30秒振とう，マイクロウェーブで30秒処理後5分間振とう，マイクロウェーブで30秒処理後，23分間振とうする（rapid protocol）．③脱染色：10%メタノール，7％酢酸で30分間振とうする
保存の方法	：遮光．室温で9カ月以上
入手先	：インビトロジェン（S12000）

❏ 解説

【特徴】検出限界が1 ng/バンド（～0.12 ng/mm^2）で銀染色法に匹敵する非常に高感度のタンパク質染色剤．直線定量範囲が広く，ゲル間の染色に一貫性がある．質量分析およびマイクロシークエンシングが可能．UVトランスイルミネーターまたはレーザースキャナーで視覚化することができる

(λ_{ex}=280nm/450nm, λ_{em}=610nm).
【用途】定量タンパク質発現解析.

Fura-2-AM

R：・CH_2OCOCH_3

- 分子式：$C_{44}H_{47}N_3O_{24}$
- 分子量：1001.85
- 別名：1-〔6-amino-2-(5-carboxy-2-oxazolyl)-5-benzofuranyloxy〕-2-(2-amino-5-methylphenoxy) ethane-N, N, N', N'-tetraacetic acid, pentaacetoxymethyl ester
- CAS登録番号：108964-32-5

基本データ

形状	：黄色〜橙黄色固体
溶解性	：水に不溶，DMSOに可溶

活用法

調製法	：1mMになるようにDMSOに溶かし，ストック溶液とする
使用条件	：骨格筋細胞（C2C12）では5μMで取り込ませる
取り扱いの注意	：遮光
保存の方法	：調製後，遮光，冷凍庫保存
入手先	：インビトロジェン（F1201），同仁化学研究所（F015）

解説

【特徴】 2波長励起型膜透過タイプの細胞内カルシウムイオン測定用蛍光プローブ．Fura-2の膜浸透型アセトキシメチル（AM）エステル誘導体．細胞膜透過性．

【生理機能／作用機序】 カルボキシル基にCaが結合する際，励起光により蛍光現象を起こす〔$\lambda_{ex}=380$nm（カルシウムなし），$\lambda_{ex}=340$nm（カルシウム複合体），$\lambda_{em}=510$nm〕．

【用途】 細胞内カルシウムの蛍光測定．

ローズベンガル（rose bengal）

- **分子式**：$C_{20}H_2Cl_4I_4Na_2O_5$
- **分子量**：1017.64
- **別名**：テトラヨードテトラクロロフルオレセインニナトリウム塩（tetraiodotetrachlorofluorescein disodium salt）
- **CAS登録番号**：632-69-9

基本データ

形状	：赤色～赤紫色の粉末
溶解性	：水に易溶，酸に不安定
溶液の特性	：水に溶けて赤紫を呈する
光学的性質	：吸収波長は545 nm

活用法

使用条件	：50mM Tris-HCl緩衝液（pH 8.3）中，25℃で酵母エノラーゼのヒスチジン残基が修飾される
取り扱いの注意	：TDLo（ラット，経口投与）650 mg/kg
保存の方法	：粉末で吸湿を避け，密閉容器にて遮光，冷蔵庫保存
入手先	：ナカライテスク（30237-32），フナコシ（A4439.0010）

解説

【特徴】光酸化の増感剤.

【生理機能／作用機序】タンパク質の光増感酸化は可視光（λ_{max}=544～550nm）が存在すると起こり，光照射を止めると停止する．修飾される残基はタンパク質の種類やpHによって異なる．

【用途】タンパク質の光増感酸化.

第Ⅰ部：生物学的作用および用途別試薬

第21章
電子伝達に用いられる試薬

伊藤光二

ミトコンドリア，クロロプラストなどで酸化還元反応が連鎖的に起こって，電子の移動が行われる系を電子伝達系という．この系を研究するうえでは電子伝達の阻害剤，人工の電位供与体，電子受容体が用いられている．

2,6-ジクロロフェノールインドフェノールナトリウム塩 (2,6-dichloroindophenol sodium salt dihydrate)

- 分子式：$C_{12}H_6Cl_2NNaO_2 \cdot 2H_2O$
- 分子量：290.08
- 別名：2,6-dichlorophenolindophenol sodium salt, sodium2, 6-dichlorobenzenone-indo-phenol（DCIP）
- CAS登録番号：620-45-1

基本データ

形状　　：濃緑色の粉末

活用法

保存の方法：粉末で，室温保存
入手先　　：和光純薬工業（210953），東京化成工業（D0375）

解説

【用途】濃緑色だが還元されると無色になる．この性質を利用してNADHデヒドロゲナーゼやコハク酸デヒドロゲナーゼなどの人工の電子受容体として使われる．また，ビタミンCの定量にも使われる．

亜ジチオン酸ナトリウム (sodium dithionate)

- **分子式**：$Na_2S_2O_4$
- **分子量**：174.10
- **別名**：ハイドロサルファイトナトリウム (sodium hydrosulfite)
- **CAS登録番号**：7775-14-6

基本データ

形状	：白色の粉末
臭い	：弱い二酸化硫黄の刺激臭あり
溶解性	：水に易溶．エタノールにわずかに溶ける

活用法

保存の方法	：粉末で，室温保存．空気によって酸化を受けるので密閉する
取り扱いの注意	：有害性がある．可燃性，自己発火性あり
入手先	：和光純薬工業 (190-02115)

解説

【特徴】 還元性が強い．アルカリ性の水溶液中では安定で強力な還元性を示す．酸性溶液中では不安定で分解する．

【用途】 染料・繊維・食品工業での還元剤や漂白剤として広く用いられている．また，生理学の研究において酸化還元電位を下げるのに用いられる．

メナジオン (menadione)

- **分子式**：$C_{11}H_8O_2$
- **分子量**：172.18
- **別名**：ビタミンK_3，2-メチル-1,4-ナフトキノン (2-methyl-1,4-naphthoquinone)
- **CAS登録番号**：58-27-5

❏ 基本データ

形状	：うすい黄色～黄色の粉末
溶解性	：エタノールにやや溶けやすい．水にほとんど溶けない
融点	：104～105℃

❏ 活用法

調製法	：ジメチルスルホキシド（DMSO）に溶かしてストックとする
保存の方法	：溶媒に溶かして，室温保存
取り扱いの注意	：有害性がある：LD_{50}（マウス，経口投与）500 mg/kg
入手先	：和光純薬工業（134-08131）

❏ 解説

【特徴】ビタミンK_2の前駆体ビタミンK群の1つ．ビタミンKは，脂溶性ビタミンの一種で，血液凝固を促進させるに必要なビタミンである．しかし，メナジオンは過剰摂取により副作用も報告されており，栄養補助剤としては使われていない．

【用途】ミトコンドリア呼吸系コンプレックスの阻害剤．活性酵素誘導剤．

ネオテトラゾリウムクロリド
(neotetrazolium chloride)

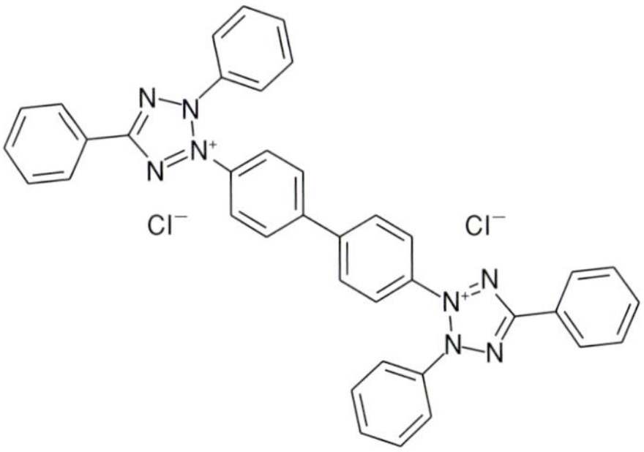

- **分子式**：C$_{38}$H$_{28}$Cl$_2$N$_8$
- **分子量**：667.6
- **別名**：塩化ネオテトラゾリウムジホルマザン (neotetrazolium chloride diformazan)
- **CAS登録番号**：298-95-3

基本データ

形状	：酸化型は可溶性で無色だが，還元されると不溶性で紫色になる
融点	：233℃

活用法

保存の方法	：粉末で，冷蔵庫保存
取り扱いの注意	：有害性あり
入手先	：シグマ・アルドリッチ (N2251)

解説

【特徴】代表的なテトラゾリウム化合物．

【用途】脱水素酵素の活性測定や組織科学的検出．

文献
1) Van Noorden, C. J. F. et al.; Acta Histochem. Suppl., 24：231-236, 1981

p-フェニレンジアミン
(p-phenylenediamine:PPD)

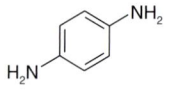

- 分子式:$C_6H_8N_2$
- 分子量:108.1
- 別名:1,4-diaminobenzene
- CAS登録番号:106-50-3

❑ 基本データ

形状	:白色〜わずかにうすい紫色の塊
溶解性	:水に可溶,エタノールに易溶,エーテルに可溶
融点	:147℃
沸点	:267℃

❑ 活用法

保存の方法	:粉末で,冷凍庫−20℃保存
取り扱いの注意	:有害性あり:LD_{50}(ラット,経口投与)80 mg/kg
入手先	:和光純薬工業(164-01532),シグマ・アルドリッチ(P6001)

❑ 解説

【特徴】 α-ナフトールの存在下に,シトクロムcオキシダーゼの作用でインドフェノールブルーを生じる.

【用途】 ミトコンドリアのフェリシトクロムcに対する電位供与体になるので,人工的呼吸基質として用いられる.

文献
1) Storz, H. & Jelke, E.:Acta. Histochem., 75:133-139, 1984

フェナジンメトサルフェート
[メト硫酸フェナジン（phenazine methosulfate：PMS)]

- **分子式**：$C_{14}H_{14}N_2O_2S$
- **分子量**：306.34
- **CAS登録番号**：299-11-6

基本データ

形状	：赤みの黄色～暗黄褐色または暗緑黄褐色の結晶性粉末
溶解性	：水に易溶
融点	：158～160℃
最大吸収波長	：386 nm

活用法

保存の方法	：粉末で，冷蔵庫保存
取り扱いの注意	：有害性あり：LD_{50}（マウス，投与方法は未報告）19 mg/kg
入手先	：和光純薬工業（166-09211），シグマ・アルドリッチ（P9625）

解説

【特徴】光分解されやすい．自動酸化性をもつ．多くのフラビン酵素の電子受容体になる．

【用途】還元型のものは，シトクロムcオキシダーゼの人工基質となることが知られており，光合成の人工電子伝達体として用いられている．

文献

1) Hoglen, J. & Hollocher, T. C.：J. Biol. Chem., 264：7556-7563, 1989
2) Heiss, B. et al.：J. Bacteriol., 171：3288-3297, 1989

シトクロム c (cytochrome c)

- **分子量**：12,327（bovine heart）
- **CAS登録番号**：9007-43-6

❏ 基本データ

形状	：褐赤色の結晶性粉末
溶解性	：水に溶け，エタノールおよびアセトンにほとんど溶けない

❏ 活用法

保存の方法	：粉末で，冷凍庫－20℃保存
入手先	：和光純薬工業（033-16821），シグマ・アルドリッチ（C2037）

❏ 解説

【生理機能】ミトコンドリアの内膜に存在し，ミトコンドリアの呼吸系に必須の電子伝達タンパク質．アポトーシス経路において重要な役割を果たしている（細胞質に漏出し，その他のアポトーシス誘導タンパク質とともにカスパーゼ-9を活性化する）．

第Ⅰ部：生物学的作用および用途別試薬

第22章
染色剤，指示薬

田村隆明

　バイオ実験で，最終的に分子を検出する方法の1つに染色があり，適切なものを選ぶ必要がある．タンパク質染色であれば，アミドブラック10BやCBB，ポンソーSなどがあるが，試料がゲル中にあるかメンブレン上にあるかなどで使い分けられる．アクリジンオレンジは核酸も染めることができる．タンパク質修飾や組織化学／細胞化学で使用される染色剤，蛍光色素についてはⅠ部-20章を参照されたい．組織化学，生体染色，微生物染色用に使用される通常色素の種類は非常に多いが，本章でクリスタルバイオレット，サフラニンなど汎用されるものを記す．BTB，MR，PR，NRなどの色素は，染色剤としてよりは酸化還元指示薬，あるいは酸塩基指示薬として使用される．

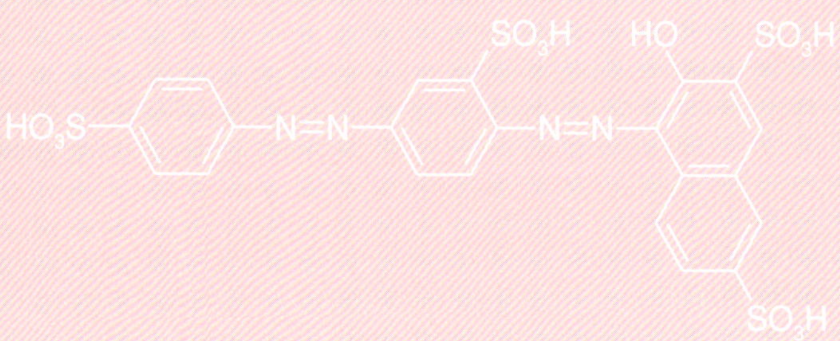

メチレンブルー
〔メチレンブルー三水和物 (methylene blue trihydrate)〕

酸化型 / 還元型

- **分子式**：$C_{16}H_{18}N_3SCl \cdot 3H_2O$（酸化型）
- **分子量**：373.90
- **別名**：ベーシックブルー9，スイスブルー
- **構造式**：無水を示す
- **CAS登録番号**：7220-79-3

📋 基本データ

形状	：暗緑色の結晶
物理化学的特徴	：青色の酸化還元色素．標準酸化還元電位：＋11mV（pH 7.0）
溶解性	：水，アルコール，クロロホルムに溶ける
光学的性質	：極大吸収波長：λ_{max} 665nm

📋 活用法

使用条件	：1〜5％を保存溶液とし，0.001〜0.1％の範囲で使用する．指示薬の場合はおよそ0.05％
取り扱いの注意	：強酸，強アルカリ，酸化剤に対して不安定
保存の方法	：室温保存
入手先	：和光純薬工業（133-06962），シグマ・アルドリッチ（M44907）

📋 解説

【特徴】 酸化還元指示薬であることを利用し，人工的電子受容体として生化学反応，あるいはメトヘモグロビン血症やシアン化合物中毒治療に使用される．青色は酸化型で，還元されると無色となる．

【用途】 酸化還元滴定．生体染色．吸着試験用．殺菌剤．医薬品．染料．

【関連物質】 メチレンブルー無水（CAS登録番号：61-73-4，分子量：319.85）．

アミドブラック
〔アミドブラック10B (amido black 10B)〕

- **分子式**：$C_{22}H_{14}N_6Na_2O_9S_2$
- **分子量**：616.49
- **別名**：アミドシュワルツ10B，ナフトールブルーブラック
- **CAS登録番号**：1064-48-8

基本データ

形状　　　：暗褐色の結晶
溶解性　　：水，アルコールに可溶
光学的性質：極大吸収波長：λ_{max} 620〜624nm

活用法

調製法　　：酢酸，あるいは酢酸−メタノールに0.1〜0.25％で溶解する
保存の方法：室温保存
入手先　　：和光純薬工業（015-02192），ナカライテスク（02001-14）

解説

【特徴】タンパク質など，正電荷をもつ物質に結合する．糖タンパク質はよく染まる．感度はCBBの数分の1．ゲル中，セルロースアセテート膜上のタンパク質染色に用いる．タンパク質量と結合量との相関がよい．

【用途】染色剤．タンパク質染色剤．色素結合による比色定量．

CBB (coomassie brilliant blue R-250, クーマシーブリリアントブルーR-250)

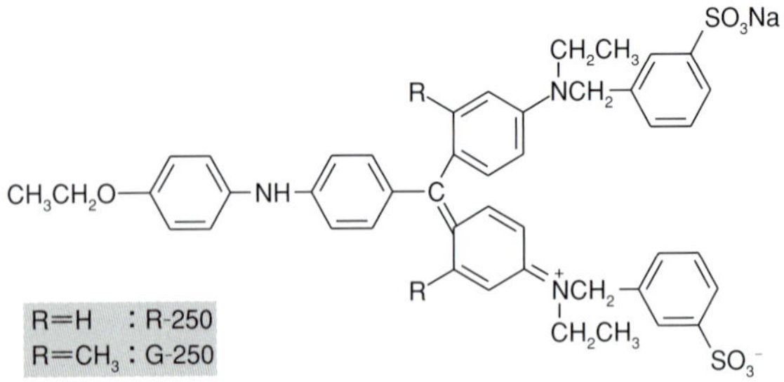

R=H : R-250
R=CH₃ : G-250

- **分子式**：$C_{45}H_{44}N_3O_7S_2Na$
- **分子量**：825.99
- **CAS登録番号**：6104-59-2
- **構造式**：CBB R-250とCBB G-250の両方を示す

❏ 基本データ

形状　　：青色〜暗赤紫色
溶解性　：水，水—メタノール〔1：1 (v/v)〕に可溶

❏ 活用法

調製法　　　：酢酸—メタノールに0.1〜0.6%（通常0.25%）の濃度で溶解する
保存の方法：室温保存
入手先　　　：和光純薬工業（031-17922），ナカライテスク（09408-52）

❏ 解説

【特徴】ポリアクリルアミドゲル中のタンパク質染色に適する．タンパク質を青〜紫色に染める．強酸性タンパク質は染まりにくい．10〜100ng/バンドのタンパク質を検出できる．

【製品について】クーマシーブルーとは異なる物質．CBB G-250は表面タンパク質染色に適する．

【用途】PAGE分離タンパク質の染色．タンパク質定量．

スダンブラックB (sudan black B)

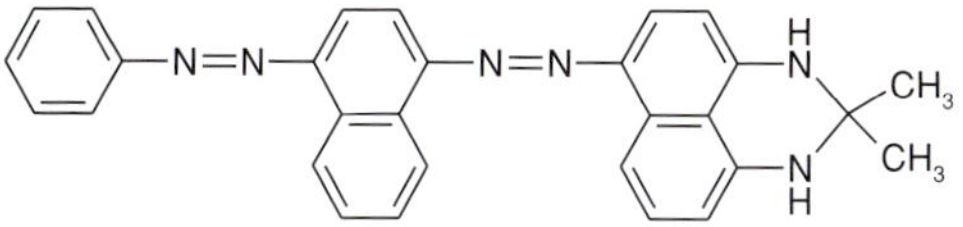

- **分子式**：$C_{29}H_{24}N_6$
- **分子量**：456.54
- **別名**：ズダンブラックB，セレスブラックB
- **CAS登録番号**：4197-25-5

❏ 基本データ

形状	：黒紫色〜暗褐色の粉末
融点	：124℃
物理化学的特徴	：脂溶性色素
溶解性	：エタノール，アセトン，トルエンに可溶
光学的性質	：極大吸収波長：λ_{max} 600nm

❏ 活用法

調製法	：60%エタノール溶液で0.5%溶液とする
取り扱いの注意	：毒性がある：LD_{50}（マウス，静脈注射）63 mg/kg
保存の方法	：室温保存
入手先	：和光純薬工業（192-04412），ナカライテスク（32434-82）

❏ 解説

【特徴】パラフィン切片中やフィルター上のリポタンパク質や脂肪を黒〜濃紺に染める．比較的不安定．

【用途】組織化学研究．脂肪染色剤．

アクリジンオレンジ〔アクリジンオレンジ,ヘミ亜鉛塩（acridine orange, hemizinc salt）〕

- **分子式**：$C_{17}H_{20}ClN_3 \cdot xZnCl_2$
- **CAS登録番号**：10127-02-3
- **構造式**：塩酸塩を示す

基本データ

形状	：赤色〜褐色の粉末
物理化学的特徴	：高濃度で二量体となる
溶解性	：水およびエタノールに溶ける
光学的性質	：極大吸収波長：$\lambda_{max}=429nm$．強い蛍光（単量体：533nm, 二量体：656nm）を発する

活用法

使用条件	：0.1（細胞処理，細胞傷害）〜100μM（DNA染色の場合）
保存の方法	：室温保存
入手先	：和光純薬工業（012-08942），シグマ・アルドリッチ（A6014）

解説

【特徴】アクリジン色素の一種で，油溶性の染料．アクリルアミドゲル中のDNA染色剤として，細胞傷害剤としても使用される．

【作用機序】弱塩基性のため，細胞器官を染めることができる．DNA/RNAにインターカレートするので核酸も染める．

【用途】細胞構造研究．細胞染色．アポトーシス研究．DNA染色．変異原．

BTB（bromothymol blue，ブロモチモールブルー）

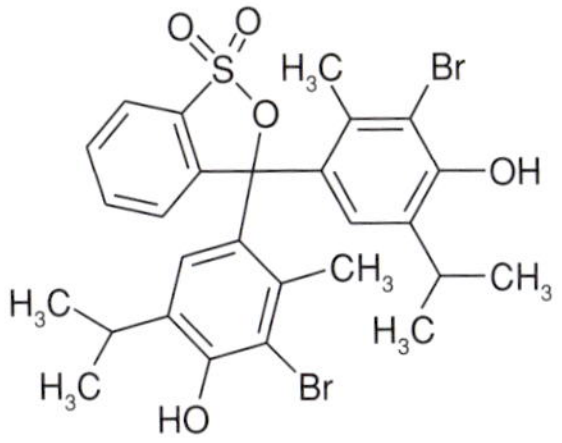

- 分子式：$C_{27}H_{28}Br_2O_5S$
- 分子量：624.39
- CAS登録番号：76-59-5

❏ 基本データ

形状	：うすい黄色〜赤褐色の結晶性粉末
溶解性	：エタノールに可溶．水に難溶だが，アルカリに可溶
物理化学的特徴	：pK=4.0
溶液の特性	：pH 6.0以下では黄色，pH7.6以上で青色に呈色する

❏ 活用法

調製法・使用条件	：エタノールに溶かし，等量の水を加え0.1%溶液とする
保存の方法	：遮光して室温保存
入手先	：和光純薬工業（021-03055，05902-11）

❏ 解説

【特徴】一般的なpH指示薬の1つで，中性付近のpHチェックに適する．
【用途】pH指示薬．吸着指示薬．

PR (phenol red, フェノールレッド)

- **分子式**：$C_{19}H_{14}O_5S$
- **分子量**：354.38
- **別名**：フェノールスルホンフタレイン（PSP）
- **CAS登録番号**：143-74-8

基本データ

形状	：赤色～暗赤色の結晶
物理化学的特徴	：pK=7.9
溶解性	：水（0.7 mg/mL），有機溶媒に難溶．希水酸化ナトリウム溶液に可溶

活用法

調製法	：0.02～0.05%エタノール溶液．あるいは少量の0.1N水酸化ナトリウム溶液に溶解後，水を加えて0.2%溶液とする
使用条件	：培養液には上記水溶液を1/100～1/1000容加える
取り扱いの注意	：毒性がある：LD_{50}（マウス，皮下注射）600 mg/kg
保存の方法	：室温保存
入手先	：和光純薬工業（165-01121），シグマ・アルドリッチ（P5530）

解説

【特徴】中性付近の酸塩基指示薬として汎用される．pH6.8以下で黄色，pH8.4以上で赤色となる．ヒトでは分解されず尿として排出される．

【用途】微生物／組織培養用指示薬．腎機能診断薬．

NR (neutral red, ニュートラルレッド)

- 分子式：$C_{15}H_{17}ClN_4$
- 分子量：288.78
- 別名：トルイレンレッド
- CAS登録番号：553-24-2

基本データ

形状	：暗緑色または黒褐色の粉末
物理化学的特徴	：酸塩基指示薬：pK=7.4．酸化還元指示薬：標準酸化還元電位，－0.34V
溶解性	：水（4.0%），エタノール（1.8%）に可溶
溶液の特性	：水溶液は深紅色を呈する

活用法

調製法	：0.5%水溶液とする
使用条件	：培養系には150μg/mLになるように加える
取り扱いの注意	：毒性がある：LD_{50}（ラット，静脈注射）112 mg/kg
保存の方法	：室温保存
入手先	：和光純薬工業（140-00932），ナカライテスク（24206-22）

解説

【特徴】pH6.8以下で赤，8.0以上で黄みがかった橙色に変化する．還元されると無色となる．

【生理機能／作用機序】生細胞に取り込まれ，リソソームに蓄積する．核は染まらないが，死細胞では染色される．

【用途】細胞組織化学．細胞染色剤．細胞培養用試薬．pH指示薬．染料．有機合成原料．

ポンソーS
〔ポンソーS, ナトリウム塩（ponceau S, sodium salt）〕

- 分子式：$C_{22}H_{12}N_4O_{13}S_4Na_4$
- 分子量：760.6
- 別名：アシッドレッド112
- CAS登録番号：6226-79-5

◻ 活用法
調製法　　：5％酢酸を用いて0.2〜2％に溶かす
保存の方法：室温保存
入手先　　：和光純薬工業（596-32281），シグマ・アルドリッチ（81460）

◻ 解説
【特徴】赤色アゾ色素の一種でタンパク質を染める．メンブラン上のタンパク質染色に適する．感度はCBBより低い．
【用途】タンパク質染色．ウエスタンブロッティング．タンパク質構造解析．

エバンスブルー〔エバンスブルー, ナトリウム塩（Evans blue/Evan's blue sodium salt）〕

- **分子式**：$C_{34}H_{24}N_6Na_4O_{14}S_4$
- **分子量**：960.81
- **別名**：T-1824
- **CAS登録番号**：314-13-6

基本データ

形状	：暗褐色〜黒紫色の結晶
溶解性	：水，エタノール，酸，アルカリ，いずれにも溶ける
光学的性質	：極大吸収波長：λ_{max} 605nm

活用法

使用条件	：水溶液とし，微生物染色では1％，マウス in vivo 染色では30 mg/kgで用いる
取り扱いの注意	：毒性がある：LD_{50}（マウス，腹腔内注射）340 mg/kg
保存の方法	：室温保存
入手先	：和光純薬工業（056-04061），シグマ・アルドリッチ（E2129）

解説

【特徴】青色アゾ色素に一種．pH10付近で色調が変わる．生体染色に適する．オートクレーブ可能だが，塩溶液中では行わない．

【用途】生体染色．組織染色剤．診断用試薬．

クリスタルバイオレット〔クリスタルバイオレット九水和物 (crystal violet 9 hydrate)〕

- **分子式**：$C_{25}H_{30}ClN_3 \cdot 9H_2O$
- **分子量**：570.12
- **別名**：ゲンチアンバイオレットB，メチルバイオレット2B
- **CAS登録番号**：548-62-9

基本データ

形状	：金属光沢のある暗い黄色～暗い緑色の結晶
溶解性	：エタノールに溶けやすく，水にやや溶けにくい

活用法

使用条件	：水，エタノール，あるいは1％酢酸に溶かす．培地添加剤（1 μg/mL）～細菌染色（40 mg/mL）．顕微鏡染色用では，1％酢酸溶液での使用例が多い
保存の方法	：遮光して室温保存
入手先	：和光純薬工業（038-04862），ナカライテスク（09803-62）

解説

【特徴】青色の色素で，酸塩基滴定でも使用される．酸性が増すに従い，紫→緑→黄色に変化する．着色力が大きく，殺菌作用もある．

【製品について】細菌染色用，病理染色用など，専用の溶液も入手できる．

【用途】細菌（グラム）染色．病理組織染色（グラム染色，Hiss染色，異染小体染色）．生体染色．培地材料．青色染料．

サフラニン〔サフラニンO (safranine O)〕

- **分子式**：$C_{20}H_{19}ClN_4$
- **分子量**：350.85
- **CAS登録番号**：477-73-6

基本データ

形状	：黒緑色または黒褐色～黒色の粉末
溶解性	：水，エタノールに可溶

活用法

調製法　　　　：0.5～1％水溶液で使用する
取り扱いの注意：毒性がある：LD_{50}（ラット，静脈注射）28.74 mg/kg
保存の方法　　：室温保存
入手先　　　　：和光純薬工業（196-00032），シグマ・アルドリッチ（52255）

解説

【特徴】鮮やかな赤～赤紫色の色素．コラーゲンは黄色に染まる．
【用途】植物組織観察（押しつぶし染色など）．細菌染色（グラム染色，抗酸菌染色）．

塩基性フクシン（basic Fuchsin）

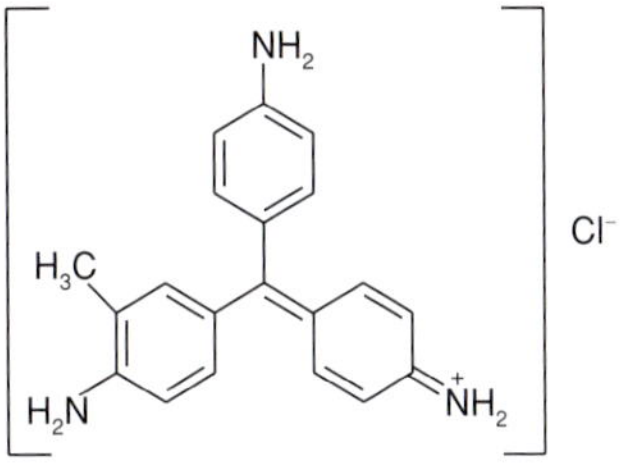

- 分子式：$C_{20}H_{20}ClN_3$
- 分子量：337.85
- 別名：マゼンタⅠ，塩基性マゼンタ
- CAS登録番号：632-99-5

基本データ

形状　　　　　：暗緑色の結晶
溶解性　　　　：冷水に難溶，温水に可溶．アルコールに易溶
溶液の特性　　：水に溶けて赤紫色を呈する
モル吸光係数　：ε_{543} 93,000

活用法

使用条件　　　：染色には0.1～0.25％で用いる
保存の方法　　：室温保存
入手先　　　　：和光純薬工業（066-00581），シグマ・アルドリッチ（857343）

解説

【特徴】塩基性の色素で，病理組織染色，細菌染色に汎用される．
【用途】組織細胞化学．グラム染色．培地添加剤．シッフ試薬．染料．

酸性フクシン（acid fuchsin）

- 分子式：$C_{20}H_{17}Na_2N_3O_9S_3$
- 分子量：585.54
- 別名：アシッドマゼンタ
- CAS登録番号：3244-88-0

基本データ

形状	：緑褐色～黒褐色の結晶
溶解性	：水に溶けやすい
溶液の特性	：水に溶けて赤色を呈する
光学特性	：極大吸収波長：λ_{max} 545nm

活用法

使用条件	：水溶液を調製し，染色には0.1～2%で用いる
保存の方法	：室温保存
入手先	：和光純薬工業（061-01332），シグマ・アルドリッチ（F8129）

解説

【特徴】酸性の色素．pH 12.0～14.4で無色に変化する．
【用途】組織細胞化学．アルデヒド・フクシン染色．植物などの生体染色．

マラカイトグリーン〔マラカイトグリーンシュウ酸塩（malachite green oxalate salt）〕

- **分子式**：$[(C_{23}H_{25}N_2)(C_2HO_4)]_2 \cdot C_2H_2O_4$
- **分子量**：927.00
- **別名**：ライトグリーンN，ベーシックグリーン
- **構造式**：塩酸塩単体を示す
- **CAS登録番号**：569-64-2

基本データ

形状	：光沢のある青緑色結晶
溶解性	：水（青緑色），エタノールに溶ける
光学特性	：極大吸収波長：λ_{max} 617nm

活用法

使用条件	：水溶液とし，細菌染色では0.1～0.2%で使用
取り扱いの注意	：毒性がある：LD_{50}（マウス，経口投与）80 mg/kg
入手先	：ナカライテスク（21015-12），シグマ・アルドリッチ（M6880）

解説

【**特徴**】pH 2.0以下で黄色，pH14.0で無色になる．

【**用途**】生体染色．細菌染色（特に芽胞）．染料．分析試薬（亜硫酸塩，遊離リン酸の検出）．pH指示薬．防腐剤（現在は禁止になっている）．

第Ⅰ部：生物学的作用および用途別試薬

第23章
シンチレーター用試薬

伊藤光二

放射性粒子の通過によりエネルギーを得て，励起された蛍光体は可視光を放出する．この可視光の発光体をシンチレーターという．シンチレーターとして種々の結晶，有機溶媒が開発されている．生化学の分野では液体シンチレーションカウンターに使われている．

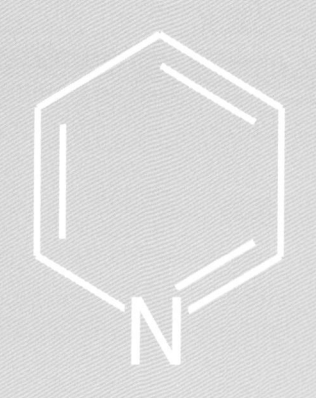

1,4-ジオキサン (1,4-dioxane)

- 分子式：$C_4H_8O_2$
- 分子量：88.11
- CAS登録番号：123-91-1

❏ 基本データ

形状	：無色澄明の液体
臭い	：エーテルの臭気を弱くしたような臭いあり
溶解性	：水，エタノール，アセトンおよびジエチルエーテルなどの有機溶媒と任意の割合で混和する
融点	：11.8℃
沸点	：101.4〜101.6℃
引火点	：11℃
密度	：1.031〜1.036 g/mL（20℃）
比重	：1.033（20/4℃）
屈折率	：1.4175（20℃）

❏ 活用法

調製法	：エタノール，エーテル，ジメチルスルホキシド（DMSO）などの有機溶媒でストックを調製
保存の方法	：室温保存
取り扱いの注意	：有害性がある：LD_{50}（ラット）7,120 mg/kg
入手先	：和光純薬工業（042-28345）

❏ 解説

【特徴】エーテル類に分類される有機化合物．よく非プロトン性有機溶媒として用いられる．

【用途】液体シンチレーターなど，吸光分析をはじめとする各種分光分析の溶媒．高速液体クロマトグラフィーの溶媒．

DPO, PPO
(2,5-diphenyloxazole, 2,5-ジフェニルオキサゾール)

- 分子式：$C_{15}H_{11}NO$
- 分子量：221.25
- CAS登録番号：92-71-7

基本データ

形状	：白色結晶性粉末
溶解性	：水にはほとんど溶けないが，含水アルコールおよび有機溶媒にはよく溶ける
融点	：69〜74℃
沸点	：360℃
最大蛍光波長	：366 nm

活用法

調製法	：エタノールなどの有機溶媒に溶かす
使用条件	：シンチレーターの第一溶質として最適溶質濃度 4〜7 g/L
保存の方法	：室温保存
取り扱いの注意	：有害性がある：LD_{50}（マウス，腹腔内注射）750 mg/kg
入手先	：和光純薬工業（342-01113），シグマ・アルドリッチ（D4630）

解説

【特徴】β 線，宇宙線など放射線の照射で366 nmに極大波長をもつ蛍光を発する．

【用途】液体シンチレーション計数用第一次シンチレーターとして，最も広く使用されている．

POPOP〔1,4-bis（5-phenyl-2-oxazolyl）benzene，1,4-ビス（5-フェニル-2-オキサゾリル）ベンゼン〕

- 分子式：$C_{24}H_{16}N_2O_2$
- 分子量：364.4
- CAS登録番号：1806-34-4

❑ 基本データ

形状	：淡黄色針状結晶
溶解性	：水，アルコールなどにはほとんど溶けず，トルエンにはわずかに溶け，ピリジンにはかなりよく溶ける
融点	：242〜244℃
最大蛍光波長	：418 nm

❑ 活用法

調製法	：トルエンに溶解させる
保存の方法	：室温保存
使用条件	：シンチレーターの第二溶質として最適溶質濃度0.1〜0.2 g/L
取り扱いの注意	：有害性がある
入手先	：和光純薬工業（340-02253），シグマ・アルドリッチ（P3754）

❑ 解説

【特徴】β線，宇宙線など放射線の照射で418 nmに極大波長をもつ蛍光を発する．

【用途】液体シンチレーション計数用第二次シンチレーターとして，PPOと混合して使用される．レーザー用色素としても使用できる．

BBOT 〔2,5-bis (5-t-butyl-2-benzoxazolyl) thiophene, 2,5-ビス (5-t-ブチル-2-ベンゾキサゾリル) チオフェン〕

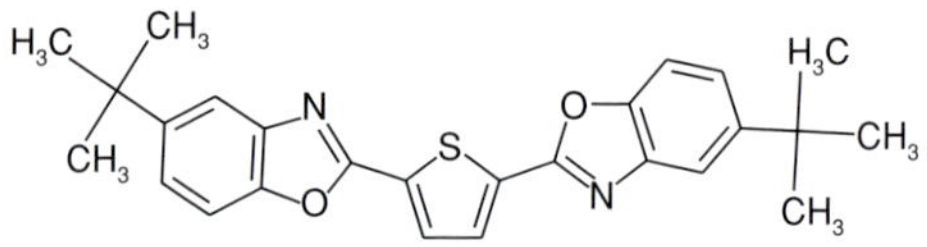

- 分子式：$C_{26}H_{26}N_2O_2S$
- 分子量：430.57
- CAS登録番号：7128-64-5

基本データ

形状　　　　　：白色〜淡黄色，結晶性粉末〜粉末
融点　　　　　：199〜201℃
最大蛍光波長：375 nm

活用法

保存の方法　：室温保存
入手先　　　：和光純薬工業（321-40303）

解説

【特徴】β線，宇宙線など放射線の照射で375 nmに極大波長をもつ蛍光を発する．

【用途】液体シンチレーション計数用第一次シンチレーターとして，使用される．また，蛍光増白剤としても使用される．

ナフタレン（naphthalene）

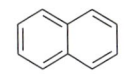

- **分子式**：$C_{10}H_8$
- **分子量**：128.18
- **CAS登録番号**：91-20-3

❏ 基本データ

形状	：白色，結晶または塊
溶解性	：水に難溶（3 mg/100 mL），各種有機溶剤に可溶
融点	：80.3℃
沸点	：218℃
引火点	：77℃
比重	：1.145

❏ 活用法

調製法	：エタノールなど有機溶剤に溶かす
保存の方法	：室温保存
取り扱いの注意	：有害性がある：LD_{50}（ラット，経口投与）490 mg/kg
入手先	：和光純薬工業（147-00045）

❏ 解説

【特徴】アセン類として最も単純な化合物．ベンゼンよりもはるかに求核置換反応を受けやすい．

【用途】シンチレーターの補助添加剤として用いられている．また，防虫剤として使用されている．

ピリジン

- **分子式**：C$_5$H$_5$N
- **分子量**：79.10
- **CAS登録番号**：110-86-1

基本データ

形状	：無色澄明の液体
臭い	：特異な悪臭あり
溶解性	：水，エタノールおよびジエチルエーテルにきわめて溶けやすい
融点	：−41.6℃
沸点	：約116℃
引火点	：17℃
密度	：約0.98g/mL
比重	：0.978（25/4℃）
屈折率	：1.5092（21℃）

活用法

保存の方法	：室温保存
取り扱いの注意	：有害性がある：LD$_{50}$（ラット，経口投与）891 mg/kg，LD$_{50}$（ウサギ，皮下注射）1,121 mg/kg
入手先	：和光純薬工業（162-05313）

解説

【特徴】窒素原子はsp2混成している．ベンゼンと同じように無極性溶媒に溶けるが，極性溶媒である水にも溶ける．これはピリジンの窒素原子が水と水素結合を形成し，溶媒和とするためである．

【用途】多くの物質を溶解させるので，合成反応，抽出，分析，クロマトグラフィー，液体シンチレーターなどにおいて有用な溶媒として，広く用いられている．

ジメチルPOPOP (dimethyl POPOP)

- **分子式**：$C_{26}H_{20}N_2O_2$
- **分子量**：392.46
- **別名**：1,4-ビス（4-メチル-5-フェニルオキサゾール-2-イル）ベンゼン〔1,4-bis（4-methyl-5-phenyloxazol-2-yl）benzene〕
- **CAS登録番号**：3073-87-8

基本データ

〔POPOP（453ページ）の項参照〕

活用法

使用条件　　　：シンチレーターの第二溶質として最適溶質濃度0.2〜0.5 g/L
取り扱いの注意：有害性がある
入手先　　　　：和光純薬工業（33715）

解説

【特徴】β線，宇宙線など放射線の照射で427nmに極大波長をもつ蛍光を発する．
【用途】液体シンチレーション計数用第二次シンチレーターとして，PPOと混合して使用される．
【関連物質】POPOP.

p-テルフェニル (*p*-terphenyl)

- 分子式：C$_{18}$H$_{14}$
- 分子量：230.31
- 別名：p-ジフェニルベンゼン (p-diphenylbenzene)
- CAS登録番号：92-94-4

❏ 基本データ

形状	：白色〜緑白色の結晶または結晶性粉末
溶解性	：熱ベンゼンに可溶．エーテル，二硫化炭素に易溶．エタノール，酢酸に難溶
融点	：213℃
沸点	：389℃
引火点	：110℃
最大蛍光波長	：360 nm

❏ 活用法

使用条件	：液体シンチレーション計数用第一次シンチレーターとしての最適溶質濃度は 4〜7g/L
保存の方法	：室温保存
入手先	：和光純薬工業 (329-25002)

❏ 解説

【特徴】β 線，宇宙線など放射線の照射で極大蛍光波長360nmの蛍光を発する．

【用途】液体シンチレーション計数用第一次シンチレーターとして用いるが，溶解性が悪いためPPOほど広く利用されていない．

エチレングリコールモノエチルエーテル
(ethylene glycol monoethyl ether)

- **分子式**：$C_4H_{10}O_2$
- **分子量**：90.12
- **別名**：2-エトキシエタノール (2-ethoxyethanol)
- **CAS登録番号**：110-80-5

基本データ

形状	：無色澄明の液体
溶解性	：水, エタノール, ジエチルエーテル, アセトンと混和できる
融点	：－90℃
沸点	：134.8℃
引火点	：42℃
密度	：0.928～0.932g/mL (20℃)

活用法

保存の方法	：室温保存
取り扱いの注意	：有害性あり：LD_{50} (ラット, 経口投与) 2,125 mg/kg. 引火性あり
入手先	：和光純薬工業 (054-01061)

解説

【特徴】 エーテル結合と水酸基 (活性水素) をもつ広範囲に使用できる溶剤である．

第Ⅰ部：生物学的作用および用途別試薬

第24章 その他

田村隆明

バイオ実験では実験の補助的目的のため，消毒薬，吸着防止剤，乾燥剤や二酸化炭素除去剤，水分保持剤や蒸発防止剤などが使われる．これらには純粋な化学物質もあるが，混合物もある．本章ではその代表的なものをとりあげた．

$$\left[CH_3(CH_2)_{13}\overset{\underset{\displaystyle CH_3}{|}}{\underset{\underset{\displaystyle CH_3}{|}}{N^+}}-CH_2-\bigcirc \right] Cl^-$$

塩化ベンザルコニウム〔10%塩化ベンザルコニウム溶液（10%benzalkonium chloride solution）〕

$$\left[CH_3(CH_2)_{13}\overset{CH_3}{\underset{CH_3}{N^+}}-CH_2-\underset{}{\bigcirc} \right] Cl^-$$

- 分子式：$C_{23}H_{42}ClN$
- 分子量：368.05
- 別名：オスバン
- CAS登録番号：8001-54-5

❏ 基本データ

形状	：無色～わずかに薄い透明な液体．原品は無色の固体
物理化学的特徴	：解離すると塩素イオンを放出して正に荷電する
溶解性	：任意に水と混合する．原品も水，エタノールに易溶．水溶液は泡立ちやすい
比重	：0.98

❏ 活用法

使用条件	：消毒では0.05～0.2%溶液で清拭，あるいは噴霧する
取り扱いの注意	：毒性がある：LD_{50}（ラット，皮下注射）400 mg/kg
保存の方法	：室温保存
入手先	：和光純薬工業（028-05466）．〔固体試薬の場合，和光純薬工業（598-29573），ナカライテスク（04010-05）〕

❏ 解説

【特徴】逆性石鹸の一種．通常細菌や真菌類に効果があるが，結核菌，細菌芽胞，多くのウイルスには無効である．器具，手指の消毒に適す（粘膜には使用しない）．通常，石鹸と併用すると効果がなくなる．
【作用機序】タンパク質変性作用によって殺菌作用を示す．
【用途】消毒薬．分析化学用試薬．

塩化ベンゼトニウム（benzethonium chloride）

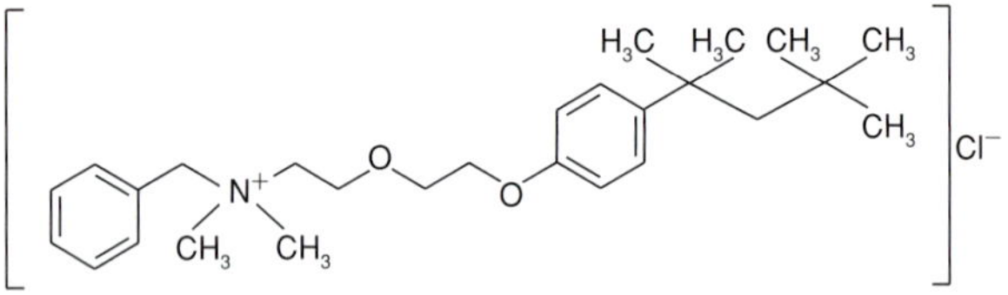

- 分子式：$C_{27}H_{42}ClNO_2$
- 分子量：448.09
- 別名：ハイアミン
- CAS登録番号：121-54-0

❏ 基本データ

形状　　　：白色～ほとんど白色
溶解性　　：水，エタノールに易溶

❏ 活用法

使用条件　　　　：消毒では0.05～0.2％水溶液として使用する
取り扱いの注意　：毒性がある：LD_{50}（ラット，経口投与）368 mg/kg
保存の方法　　　：室温保存
入手先　　　　　：和光純薬工業（029-11665），ナカライテスク（04128-14）

❏ 解説

【特徴】逆性石鹸の一種．（塩化ベンザルコニウムの項参照）
【用途】消毒殺菌剤．

ジメチルクロロシラン（dimethylchlorosilane：DMCS）

- 分子式：$H(CH_3)_2SiCl$
- 分子量：94.62
- 別名：クロロジメチルシラン
- CAS登録番号：1066-35-9

基本データ

形状	:透明な液体
融点	:-111℃
沸点	:36～37℃
比重	:0.852
溶解性	:有機溶媒に溶ける

活用法

使用条件	:ガラスのシリコン処理では2％溶液でクロロホルムに溶かす
保存の方法	:遮光して冷蔵庫保存
入手先	:和光純薬工業（305-60405），ナカライテスク（13001-32）

解説

【作用機序】水酸基やケト基と塩素が容易に反応して，加水分解されない共有結合を形成する．処理された物質は非極性で撥水性の性質をもつ．

【使用方法】シリコン処理（紙などにつけ，ガラスを拭くようにして処理する）はドラフト内で行う．

【用途】シリコン化（シラン化）試薬．ジメチルシリル化剤．分子生物学実験／核酸やポリアクリルアミドゲルの接着防止．

シリカゲル〔乾燥用粒状シリカゲル（granular silica gel for desiccation）〕

- 分子式：$SiO_2 \cdot nH_2O$
- CAS登録番号：7631-86-9

基本データ

形状	:直径1～6mm程度の固形粒（青く着色されてるものもある）
溶解性	:通常の溶媒に不溶．フッ化水素酸や強アルカリに溶解

活用法

保存の方法	:密栓して室温保存
入手先	:各種メーカーから入手可能

❏ 解説

【特徴】 モノケイ酸がランダムに結合した無定型キセロゲル．多孔質で，吸着性，吸水性が高い．本品は大きな粒状となっており，デシケーター用吸水剤に適する．吸水しても，電子レンジなどで脱水できる．

【製品について】 塩化コバルトで着色されたものもある（例：水分を吸って青色から赤色に変化する）．150℃以下の加熱で物理的吸着水が除去されるが，200℃以上にすると結合水が分解し，構造変化が起こる．

【用途】 デシケーター用乾燥剤．

ソーダライム（soda lime）

- 別名：ソーダ石灰
- CAS登録番号：8006-28-8

❏ 基本データ

形状	：白色〜わずかに薄い褐色の粒状個体（直径数mmで凹凸がある）
溶解性	：希塩酸に溶け，水に部分的に溶ける

❏ 活用法

保存の方法	：密栓して室温保存
取り扱いの注意	：腐食性があるので注意して扱う
入手先	：和光純薬工業（196-10525）

❏ 解説

【特徴】 二酸化炭素吸着用の混合物．水酸化カルシウム（〜80％），水酸化ナトリウム（5％）を主成分とし，少量の水と珪砂を含む．気体の通路に接続した容器に入れ，二酸化炭素除去に用いる．

【用途】 二酸化炭素吸着剤．酸性ガス吸収剤．

ミネラルオイル，軽質 (mineral oil light white)

- **別名**：流動パラフィン（流パラ），ヌジョール，パラフィン油
- **CAS登録番号**：8042-47-5

基本データ

形状	：無色の透明な液体
物理化学的特徴	：油状で粘性がある．
溶解性	：水やエタノール（95%）にほとんど溶けない
比重	：〜0.85

活用法

保存の方法	：密栓して室温保存
取り扱いの注意	：可燃性のため，取り扱いに注意する．毒性がある：LD_{50}（マウス，経口投与）22 gm/kg
入手先	：和光純薬工業（592-07535），ナカライテスク（23304-04）

解説

【特徴】石油から得られる炭化水素類の混合物．精製の仕方によりさまざまな形状，物理的性質を示す．

【製品について】本品は粘度が少ないが，別に重質／高粘度のものもある．

【用途】分子生物学実験（遠心分離後の試料の分画補助剤．水分蒸発防止（PCRチューブなど）．機器分析．

第Ⅱ部：無機化合物

第1章 ハロゲン化物および関連物質

田村隆明

塩酸 (hydrochloric acid)

- 分子式：HCl
- 分子量：36.46
- 別名：塩化水素
- CAS登録番号：7647-01-0

📋 基本データ

形状	：無色透明の液体で発煙性，刺激臭がある．濃塩酸は37.0%の塩化水素を含む（12mol/L）
融点	：−114℃
沸点	：−85℃
比重	：1.179（濃塩酸），気体は1.3
引火点	：10℃
物理化学的特徴	：完全解離する強酸（$pK_a=-4$）．1N塩酸のpHは0.1
溶解性および溶液の特性	：水やエタノール，水と混和する有機溶媒と任意の割合で混和する
取り扱いと保存	：毒性〔LDLo（ヒト，経口投与）2.8 mg/kg〕や腐食性がある．ドラフト内で扱い，身体（特に目）への付着に注意し，吸引しない．気密容器に入れ，暗所で保存（ガラスビンは曇る）

解説

【特徴&生理機能】 多くの金属と反応して塩化物をつくる．胃酸に含まれ，ペプシンの働きを助ける．

【用途】 バッファー．pHの調整．タンパク質の加水分解．汎用生化学試薬．

過塩素酸 〔過塩素塩酸（perchloric acid）〕

- **分子式**：$HClO_4$
- **分子量**：100.46
- **CAS登録番号**：7601-90-3

基本データ

形状	：無色透明の液体で発煙性がある
融点	：$-112℃$
沸点	：$-39℃$（56mmHg）
比重	：1.76（60%溶液は1.540）
物理化学的特徴	：酸化力が強く，強酸性．吸湿性
溶解性および溶液の特性	：水と任意の割合で混和する．ただし発熱し，激しく反応するため，使いやすい60〜70%水溶液として商品化されている
取り扱いと保存	：有害性がある：LD_{50}（ラット，経口投与）1.1 mg/kg．腐食性が高いので，皮膚や粘膜への接触を避ける．高濃度品は危険性が高い．密栓して暗所保存

解説

【特徴&生理機能】 金属や有機塩基と反応して，過塩素酸塩を生ずる．

【用途】 酸化剤・吸収スペクトル測定．

塩化カルシウム 〔塩化カルシウム二水和物（calcium chloride dihydrate）〕

- **分子式**：$CaCl_2 \cdot 2H_2O$

- **分子量**：147.01（無水物：110.99）
- **CAS登録番号**：10035-04-8，10043-52-4（無水物）

基本データ

形状	：無水とも白色の結晶〜結晶性粉末または塊
比重	：2.15（無水物）
物理化学的特徴	：無水物とも（無水は特に），吸湿性，潮解性が強い．凝固点効果の作用が大きい
溶解性および溶液の特性	：無水物とも水〔100g（20℃）の水に74.5g溶ける（無水）〕やエタノールに易溶．水に溶けるときに発熱する．水溶液はアルカリ性（pH8.0〜10.0）を示す
取り扱いと保存	：密栓して室温保存

解説

【特徴＆生理機能】無水，一，二，四，六水和物があるが，試薬では二水和物がよく使われる．一般では融雪剤やタンスなどの乾燥剤として使用される．カルシウムは細胞機能調節，酵素や調節因子の活性化因子，膜電位，神経機能，筋収縮，骨形成など，きわめて広い範囲で用いられる重要な元素．

【用途】生化学実験や分子生物学実験．乾燥剤や水分測定用．細胞膜研究．カルシウム動態研究．電子伝達系の阻害．冷剤．

塩化クロム ［塩化クロム（Ⅲ）六水和物 〔chromium（Ⅲ）chloride hexahydrate〕］

- **分子式**：$CrCl_3 \cdot 6H_2O$
- **分子量**：266.45
- **別名**：塩化第二クロム六水和物
- **CAS登録番号**：10060-12-5

基本データ

形状	：暗緑色，結晶〜結晶性粉末
融点	：83℃

溶解性および溶液の特性：水およびエタノールに溶けやすい
取り扱いと保存：室温保存．有害性がある：LD$_{50}$（ラット，経口投与）1.79 g/kg

解説

【特徴&生理機能】 三価クロムの塩化物．無水物は赤紫色の結晶．クロムは生物にとっての微量必須元素の1つ．
【用途】 有機反応触媒．皮革工業．
【関連物質】 二塩化クロム（CAS登録番号：10049-05-5，分子量：122.90，無色結晶で還元性）．

塩化コバルト ［塩化コバルト（Ⅱ）六水和物 〔Cobalt（Ⅱ）chloride hexahydrate〕］

- **分子式**：CoCl$_2$・6H$_2$O
- **分子量**：237.93
- **別名**：塩化第一コバルト六水和物
- **CAS登録番号**：7791-13-1

基本データ

形状 ：赤色結晶
融点 ：87℃
物理化学的特徴：無水物（青色）は潮解性がある
溶解性および溶液の特性：水（赤色）やエタノール（青色）によく溶ける
　　　　　　　　　　　　水溶液のpH 3.0〜6.0
取り扱いと保存：密栓して室温〜冷蔵庫保存．有害性：LD$_{50}$（ラット，経口投与）766 mg/kg

解説

【特徴&生理機能】 水溶液を加熱したり塩酸を加えると青色になる．二水和物（赤紫色），四水和物（桃赤色）もある．コバルトはビタミンB$_{12}$の成分．
【用途】 ビタミンB$_{12}$の原料．シリカゲルに混ぜて水分指示薬．陶磁器の着色料．触媒．化学反応におけるコバルトイオンの供給源．

塩化銅 ［塩化銅（Ⅱ）〔copper（Ⅱ）chloride〕］

- 分子式：$CuCl_2$
- 分子量：134.46
- 別名：二塩化銅
- CAS登録番号：7447-39-4

基本データ

形状　　　　　　　　：褐色の結晶性粉末
物理化学的特徴　　　：潮解性が強く，水溶液は酸性．アルカリ性で沈殿する
溶解性および溶液の特性：水やエタノールに易溶．溶解度：70.7g/100mL（0℃）
取り扱いと保存　　　：腐食性で有毒である：LD_{50}（ラット，経口投与）
　　　　　　　　　　　140 mg/kg．密栓して室温保存

解説

【特徴&生理機能】二価銅の代表的化合物．他に二水和物（CAS登録番号：10125-13-0，青緑色）がある．銅は動植物にとっての必須元素で，ヘモシアニンの成分になったり，多くの酵素の活性化因子となる．

【用途】生化学実験．銅イオン供給源．

【関連物質】塩化銅（Ⅰ）（CAS登録番号：7758-89-6，分子量：98.99，白~緑色固体．水に難溶）．

塩化鉄 ［塩化第二鉄六水和物〔iron（Ⅲ）chloride hexahydrate〕］

- 分子式：$FeCl_3 \cdot 6H_2O$
- 分子量：270.30
- 別名：塩化鉄（Ⅲ）六水和物
- CAS登録番号：10025-77-1

基本データ

形状　：黄褐色の塊
融点　：37℃（無水物：282℃）

物理化学的特徴：潮解性．結晶には酸化力がある
溶解性および溶液の特性：無水物とも水に易溶．強酸性
取り扱いと保存：密栓して室温～冷蔵庫保存

❏ 解説

【生理機能】鉄はヘムや金属酵素の成分となり，必須要素である．
【用途】生化学実験．無機化学反応．鉄イオンの供給源．
【関連物質】無水物（CAS登録番号：7705-08-0，分子量：162.20，紫赤／暗緑色結晶）．塩化鉄（Ⅱ）無水物（CAS登録番号：7758-94-3，分子量：126.75，黄色結晶．空気で酸化される）．

塩化マグネシウム〔塩化マグネシウム六水和物（magnesium chloride hexahydrate）〕

- **分子式**：$MgCl_2 \cdot 6H_2O$
- **分子量**：203.30
- **CAS登録番号**：7791-18-6

❏ 基本データ

形状	：白色の結晶
融点	：117℃
物理化学的特徴	：吸湿性，潮解性が強い
溶解性および溶液の特性	：水，エタノールに易溶．水溶液のpH5.0～7.0（50g/L，25℃）
取り扱いと保存	：密栓して室温～冷蔵庫保存

❏ 解説

【特徴＆生理機能】海水から塩化ナトリウムを除いた後の主成分．苦味がある．マグネシウムイオンは生物にとって，酵素活性化，細胞構造の維持，クロロフィル構成要素などと必須要素である．
【用途】汎用生化学用，分子生物学用試薬．酵素活性化因子．PBSなどの塩溶液作製．一般的なマグネシウムイオン供給源．豆腐製造〔ニガリの成分（20％を占める）〕

【関連物質】無水物（CAS登録番号：7786-30-3，分子量：95.21）

塩化マンガン [塩化マンガン（Ⅱ）四水和物〔manganese（Ⅱ）chloride tetrahydrate〕]

- **分子式**：$MnCl_2 \cdot 4H_2O$
- **分子量**：197.91
- **別名**：塩化マンガン四水和物
- **CAS登録番号**：13446-34-9

基本データ

形状　　　　：うすい紅色結晶
融点　　　　：87.6℃
物理化学的特徴：無水物とも潮解性
溶解性および溶液の特性：水に易溶（pH4.0〜6.5），エタノールに可溶
取り扱いと保存：有害性がある：LD_{50}（ラット，経口投与）1.484 g/kg．密栓して室温保存

解説

【生理機能】マンガンは生物における酵素の活性化，植物での光合成，など，必須微量元素である．

【用途】生化学，分子生物学に使用．酵素活性化因子．マンガンイオンの一般的供給源．有機合成触媒．

【関連物質】無水物（CAS登録番号：7773-01-5，分子量：125.84，バラ赤色の結晶）．

塩化水銀 [塩化水銀（Ⅱ）〔mercury（Ⅱ）chloride〕]

- **分子式**：$HgCl_2$
- **分子量**：271.50
- **別名**：塩化第二水銀，昇汞（しょうこう）
- **CAS登録番号**：7487-94-7

基本データ

形状 ：白色（～わずかにうすい褐色）の結晶
溶解性および溶液の特性：100gの水（0℃）に3.6g溶ける（100℃だと61.3g）．エタノールにも可溶
取り扱いと保存：きわめて毒性が強く，ヒトにおける致死量は0.2〜0.4g．LD_{50}（マウス，経口投与）6 mg/kg

解説

【特徴&生理機能】タンパク質変性作用がある．

【用途】分析試薬，有機合成試薬．かつては消毒剤やRNA変性剤として使用されていた．

【関連物質】塩化水銀（I）（Hg_2Cl_2と表記，CAS登録番号：10112-91-1，分子量：236.04．白色結晶．水にほとんど溶けず，毒性は弱い）．

過塩素酸カリウム (potassium perchlorate)

- **分子式**：$KClO_4$
- **分子量**：138.55
- **CAS登録番号**：7778-74-7

基本データ

形状 ：白色の結晶
物理化学的特徴：高温で分解し酸素を出す
溶解性および溶液の特性：冷水にわずかに溶ける
取り扱いと保存：冷蔵庫保存

解説

【用途】分析用試薬，火薬やロケット燃焼．

塩化カリウム (potassium chloride)

- **分子式**：KCl
- **分子量**：74.55
- **別名**：塩化カリ
- **CAS登録番号**：7447-40-7

基本データ

形状　　　　：白色結晶
溶解性および溶液の特性：水に可溶（27.6g/100g，0℃）だが，エタノールに難溶．水溶液のpHは中性
取り扱いと保存：多量に摂取すると有毒：LD_{50}（ラット，経口投与）2.6 g/kg．室温保存

解説

【特徴&生理機能】苦い辛味がある．体内では血圧調節にかかわり，大量に摂取すると血圧降下を招き危険．にがりの成分の1つ．カリウムイオンは膜電位の発生や酵素活性化因子，など多様な生理機能を発揮し，生体には多量に必要．

【用途】汎用生化学，分子生物学試薬．種々の塩溶液の調製．肥料．化学合成．

塩化ナトリウム (sodium chloride)

- **分子式**：NaCl
- **分子量**：58.44
- **別名**：食塩
- **CAS登録番号**：7647-14-5

基本データ

形状　　　　：白色結晶
溶解性および溶液の特性：水に可溶（35.7g/100g，0℃）で，エタノールに難溶．水溶液のpHは中性

取り扱いと保存：室温保存

解説

【特徴&生理機能】海水に2.8%含まれる．動物の生活に必要な物質．ナトリウムイオンは浸透圧の維持，膜電位の発生など，多くの部分で重要な機能を果たす．

【用途】汎用生化学，分子生物学試薬．種々の塩溶液の調製．細菌培養液．化学合成の原料．石鹸製造．

次亜塩素酸ナトリウム〔次亜塩素酸ナトリウム溶液（sodium hypochlorite solution）〕

- 分子式：NaClO
- 分子量：74.44
- 別名：次亜塩素酸ソーダ，ミルトン，アンチホルミン
- CAS登録番号：7681-52-9

基本データ

形状	：うすい黄色の液体（原品は無色の固体）．塩素のような特異臭
融点	：原品は18℃（五水和物）
物理化学的特徴	：原品は不安定なため，水溶液（～12%）として扱われる．酸化作用が強い
溶解性および溶液の特性	：強アルカリ性
取り扱いと保存	：腐食性がある．密栓して室温保存

解説

【特徴】塩素の水酸化ナトリウム溶液．強い酸化作用，漂白作用，殺菌作用がある．酸を加えると塩素を発生するので危険．

【用途】殺菌剤，塩素系漂白剤（ブリーチなど）．

【関連物質】次亜塩素酸カルシウム（カルキ，さらし粉）〔$Ca(ClO)_2$：CAS登録番号：7778-54-3，分子量：142.98〕も漂白，消毒に使用される．

第1章 ハロゲン化物および関連物質

塩化リチウム (lithium chloride)

- 分子式：LiCl
- 分子量：42.39
- CAS登録番号：7447-41-8（無水）

基本データ

形状　　　　　：白色結晶
物理化学的特徴：吸湿性がある
溶解性および溶液の特性：水に易溶（67g/100g，0 ℃）．水溶液は微酸性：50g/LのpH 5.0〜7.0（25℃）．エタノール，エーテルなどにも可溶
取り扱いと保存：密栓して室温保存．毒性がある：LD_{50}（ラット，経口投与）526 mg/kg

解説

【特徴】塩化ナトリウムや塩化カリウムにくらべて，極性溶媒によく溶ける．リチウムイオンはドデシル硫酸塩を沈殿させず，ドデシル硫酸リチウム（LDS）は溶解度が高いので，SDSの代わりに用いることがある．

【用途】生化学実験での塩溶液作製．分子生物学実験における核酸の沈殿（特にRNAや一本鎖DNA）．

ヨウ化カリウム (potassium iodide)

- 分子式：KI
- 分子量：166.00
- 別名：一ヨウ化カリウム
- CAS登録番号：7681-11-0

基本データ

形状　　　　　：白色，結晶〜結晶性粉末
物理化学的特徴：潮解性がある
溶解性および溶液の特性：水に易溶（24.4g/100mL），エタノールなどの極性溶媒に可溶

取り扱いと保存：室温保存．毒性がある：ラットにおける致死量は285 mg/kg（静脈注射）

解説

【特徴と生理機能】ヨウ素は海藻に多く，甲状腺ホルモンに含まれる必須元素．デンプンのアミロースに結合する．

【用途】他のヨウ素化合物や医薬品の原料．汎用試薬の1つ．

【関連物質】ヨウ素をヨウ化カリウム溶液に溶かしたもの（I_2–KI）をヨウ素液といい，ヨウ素デンプン反応に用いる．

過ヨウ素酸カリウム (potassium periodate)

- **分子式**：KIO_4
- **分子量**：230.00
- **別名**：メタ過ヨウ素酸カリウム
- **CAS登録番号**：7790-21-8

基本データ

形状　　　　　：白色，冷水に微溶，熱水に易溶結晶
物理化学的特徴：強酸化性
溶解性および溶液の特性：冷水に微溶，熱水に易溶．溶液は酸性（pH 4.5〜5.5）を示す
取り扱いと保存：室温保存．皮膚や粘膜への付着を避ける

解説

【用途】分析用試薬．有機物の酸化適定．

過ヨウ素酸〔オルト過ヨウ素酸 (orthoperiodic acid)〕

- **分子式**：H_5IO_6
- **分子量**：227.94
- **CAS登録番号**：10450-60-9

基本データ

形状　　　　　　：白色～わずかにうすい黄色の結晶
物理化学的特徴　：強酸性．二価の酸だが，過塩素酸より弱い
溶解性および溶液の特性：水に易溶，エタノールに可溶
取り扱いと保存　：室温保存．吸湿性．皮膚や粘膜への付着を避ける

解説

【用途】分析用試薬．有機物の酸化滴定．

ヨウ化ナトリウム（sodium iodide）

- 分子式：NaI
- 分子量：149.89
- CAS登録番号：7681-82-5

基本データ

形状　　　　　　：白色の結晶性粉末
物理化学的特徴　：潮解性．空気で酸化され赤紫色を帯びる
溶解性および溶液の特性：水に易溶（158.7g/100g，0℃）．アルコールに可溶．
　　　　　　　　　　　水溶液はアルカリ性（pH 8.0～9.5）を示す
取り扱いと保存　：密栓して冷蔵庫保存

解説

【特徴&生理機能】毒性があるが，ヨウ化カリウムよりは弱い．
【用途】ヨウ素欠乏症の治療．化学反応（ハロゲン交換反応）．分子生物学実験（PCRやアガロースゲルの溶解）．

臭化ナトリウム（sodium bromide）

- 分子式：NaBr
- 分子量：102.89
- CAS登録番号：7647-15-6

基本データ

形状　　　　：白色の結晶性粉末
物理化学的特徴：酸化性．吸湿性
溶解性および溶液の特性：水に易溶（90g/100g，20℃），エタノールに難溶
取り扱いと保存：密栓して室温保存

解説

【用途】臭素化合物の合成．医薬品，写真に用いる．

フッ化ナトリウム (sodium fluoride)

- **分子式**：NaF
- **分子量**：41.99
- **CAS登録番号**：7681-49-4

基本データ

形状　　　　：白色の結晶性粉末
溶解性および溶液の特性：水にやや溶け（4.3g/100mL，25℃），エタノールには溶けない
取り扱いと保存：毒性がある：LD_{50}（ラット，経口投与）52mg/kg．密栓して冷蔵庫保存

解説

【特徴】ガラスを溶かす．
【用途】汎用試薬．フッ素化剤．歯の強化．ガラスの融剤．酵素阻害剤．
【関連物質】フッ化カリウム（CAS登録番号：7789-23-3）

塩化亜鉛 (zinc chloride)

- **分子式**：$ZnCl_2$
- **分子量**：136.32
- **CAS登録番号**：7646-85-7

🔲 基本データ

形状　　　　　　　　：白色の結晶
物理化学的特徴：吸湿性が高い
溶解性および溶液の特性：水（432g/100mL，25℃）やエタノールなどの有機溶媒に可溶．水溶液は酸性（pH 4.0）を示す
取り扱いと保存：毒性がある：LD_{50}（ラット，経口投与）350 mg/kg．密栓して室温保存

🔲 解説

【特徴＆生理機能】 亜鉛は種々の組織に比較的多く存在する微量元素．酵素や調節因子の補因子となる．

【用途】 汎用試薬（亜鉛の供給源）．医薬品．電池の電解質．ハンダ溶剤．

ヨウ素（iodine）

- **分子式**：I_2
- **分子量**：126.90447
- **別名**：ヨード
- **CAS登録番号**：7553-56-2

🔲 基本データ

形状　　　　　　　　：光沢のある黒紫色の固体
融点　　　　　　　　：113.5℃
物理化学的特徴：腐食性がある．昇華性があり，反応性を有する．熱すると有害な蒸気を発する
溶解性および溶液の特性：水に難溶（0.03g/100 mL，20℃），エタノールなどの有機溶媒に可溶．ヨウ化カリウム溶液にはよく溶ける
取り扱いと保存：毒性がある：LD_{50}（ラット，経口投与）14 g/kg．冷蔵庫保存

🔲 解説

【特徴＆生理機能】 ハロゲンの一種．デンプンと結合して青色に呈色する（ヨウ素デンプン反応）．海藻類に多く含まれる．

【用途】酸化還元滴定．化学合成．医薬品原料．消毒薬（ヨードチンキ，ルゴール液）．

塩素 (chloine)

- **分子式**：Cl
- **分子量**：70.90
- **CAS登録番号**：7782-50-5

基本データ

形状	：特有の臭いをもつ黄緑色の気体．黄色のボンベで販売される
融点	：−101.5℃
沸点	：−34.04
比重	：2.49
物理化学的特徴	：反応性が高い．酸化力が強く，フッ素，酸素に次いで電気陰性度が高い．金属や有機物と反応して塩化物をつくる
溶解性および溶液の特性	：水には0.641g/100 mL（25℃）で溶解する
取り扱いと保存	：腐食性，毒性がある：LC_{50} 293 ppm（ラット，1時間吸引）．換気のよい場所で十分注意して扱う

解説

【特徴&生理機能】ハロゲンの一種．水溶液（塩素水）には漂白作用，殺菌作用がある

【用途】汎用化学合成試薬．漂白剤．酸化剤．

第Ⅱ部：無機化合物

第2章 硫黄，リンを含む物質

田村隆明

硫酸 (sulfuric acid)

- 分子式：H_2SO_4
- 分子量：98.08
- CAS登録番号：7664-93-9

基本データ

形状　　　　　：無臭，無色澄明の粘性のある液体
融点　　　　　：10.4℃
比重　　　　　：1.835
物理化学的特徴：吸湿性，脱水性が強い．ほとんどの金属と反応して硫酸塩を与える．不揮発性
溶解性および溶液の特性：水やエタノールに強く発熱して，任意の割合で混和する
取り扱いと保存：密栓して室温保存．毒性がある：LD_{50}（ラット，経口投与）2.14g/kg．皮膚（火傷になる）や衣服に付着しないように注意する．稀釈液調製の際は水を注入せず，水に試薬を添加する

解説

【特徴】代表的鉱酸．ほとんど電離せず（$pK_a=2.7×10^{-4}$），酸としての性質は弱い．熱すると強い酸化力を示す．濃硫酸の酸濃度は18M．希硫酸は酸

化力はないが，酸性度は強い（第一段：完全解離，第二段：pK_2=1.9）．有機物を脱水／炭化する．

【用途】脱水剤，汎用試薬．糖の定量．電解液／バッテリー液．医薬品合成．化学合成．肥料合成．

硫酸マグネシウム〔硫酸マグネシウム七水和物（magnesium sulfate heptahydrate）〕

- **分子式**：$MgSO_4 \cdot 7H_2O$
- **分子量**：246.48
- **別名**：硫酸マグネシウム（結晶），エプソム塩
- **CAS登録番号**：100314-99-8

基本データ

形状 ：塩味〜苦味のある白色の結晶
溶解性および溶液の特性：水に易溶（72.4g/100g，0℃），エタノールに可溶．水溶液はほぼ中性
取り扱いと保存：室温保存

解説

【特徴】無水物（吸湿性）のほか，さまざまな水和物がある．にがりに少量含まれる．

【用途】生化学／分子生物学実験．酵素反応．塩溶液作製．医薬．肥料．

【関連物質】硫酸マグネシウム無水物（CAS登録番号：7487-88-9，分子量：120.37）

硫酸ナトリウム〔硫酸ナトリウム十水和物（sodium sulfate decahydrate）〕

- **分子式**：$Na_2SO_4 \cdot 10H_2O$
- **分子量**：322.20

- 別名：グラウバー塩，芒硝（ぼうしょう）
- CAS登録番号：7727-73-3

基本データ

形状　　　　：白色の結晶
融点　　　　：32.4℃
溶解性および溶液の特性：水に可溶（36g/100g，15℃）．エタノールに不溶
取り扱いと保存：密栓して冷蔵庫保存

解説

【特徴】空気中で風解し，約32℃で溶融（水和水から結晶水に変化）する．
【用途】塩溶液作製．生化学実験汎用試薬．医薬品．ガラスやパルプの製造．
【関連物質】硫酸ナトリウム無水物（CAS登録番号：7757-82-6，分子量：142.04）は水に5 g/100 mLで溶ける．

チオ硫酸ナトリウム〔チオ硫酸ナトリウム五水和物 (sodium thiosulfate pentahydrate)〕

- 分子式：$Na_2S_2O_3 \cdot 5H_2O$
- 分子量：248.19
- 別名：ハイポ，次亜硫酸ナトリウム五水和物
- CAS登録番号：10102-17-7

基本データ

形状　　　　：白色の結晶
融点　　　　：48.5℃
物理化学的特徴：還元力がある．48.5℃で結晶水に溶ける
溶解性および溶液の特性：水に易溶（74.7g/100g，0℃），溶解熱を奪う．アルコールに微溶
取り扱いと保存：酸と混合しないようにする（有毒の亜硫酸ガスを発生する）．室温保存

❏ 解説

【用途】溶液中の塩素やヨウ素の除去．写真の定着剤．

硫酸銅 [硫酸銅（Ⅱ）五水和物 〔copper（Ⅱ）sulphate pentahydrate〕]

- 分子式：$CuSO_4 \cdot 5H_2O$
- 分子量：249.69
- 別名：硫酸第二銅五水和物，硫酸銅五水和物
- CAS登録番号：10101-41-4

❏ 基本データ

形状　　　　　　　　：鮮やかな青色の結晶
融点　　　　　　　　：110℃
溶解性および溶液の特性：水に溶けやすく，エタノールにほとんど溶けない
取り扱いと保存　　　：毒性がある：LD_{50}（ラット，経口投与）300mg/kg．室温保存

❏ 解説

【用途】化学反応における銅イオンの供給源，糖やタンパク質の定量用試薬．医薬原料，メッキ，電池．殺菌剤（ボルドー液）

【関連物質】硫酸銅（Ⅱ）無水物（CAS登録番号：7758-98-7，分子量：159.61）は白色粉末．

亜硫酸ナトリウム（sodium sulfite）

- 分子式：Na_2SO_3
- 分子量：126.04
- CAS登録番号：7757-83-7

基本データ

形状 ：白色の結晶性粉末
物理化学的特徴 ：風解性で酸化されやすい
溶解性および溶液の特性 ：水に溶けやすい（13.9g/100 mL，0 ℃）
取り扱いと保存 ：毒性がある：LD_{50}（マウス，経口投与）820mg/kg．室温保存

解説

【用途】還元剤．塩素などハロゲンの除去．写真．食品添加物（漂白剤）．

硫酸鉄 〔硫酸鉄（Ⅱ）七水和物 (iron(Ⅱ)sulfate heptahydrate)〕

- **分子式**：$FeSO_4 \cdot 7H_2O$
- **分子量**：278.02
- **別名**：硫酸第一鉄七水和物
- **CAS登録番号**：7782-63-0

基本データ

形状 ：うすい青緑色の結晶
融点 ：64℃
溶解性および溶液の特性 ：水に溶けやすく（32.8g/100g，0 ℃），エタノールにほとんど溶けない
取り扱いと保存 ：毒性がある：LD_{50}（マウス，経口投与）1.52 g/kg．室温保存

解説

【特徴】無水物は無色だが，他の水和物は淡緑色〜緑青色を呈する
【用途】インキ，顔料，青写真，媒染剤，医薬品．
【関連物質】硫酸鉄（Ⅲ）（CAS登録番号：10028-22-5，分子量：399.87）は鉄ミョウバンの原料．

リン酸 (phosphoric acid)

- **分子式**：H₃PO₄
- **分子量**：98.00
- **別名**：オルト（正）リン酸
- **CAS登録番号**：7664-38-2

基本データ

形状	：無色無臭，澄明な液体
融点	：42.35℃
物理化学的特徴	：粘性がある
溶解性および溶液の特性	：水およびエタノールに溶けやすい．三価の酸（pK_1=2.15, pK_2=7.09, pK_1=12.32）で，0.1N溶液のpHは1.5
取り扱いと保存	：毒性がある：LD₅₀（ラット，経口投与）1.53 g/kg．室温保存

解説

【特徴&生理機能】 生体ではリン酸エステルとして，多くの代謝調節にかかわる．通常は〜88%溶液として使用される．

【用途】 生化学実験．リン酸塩の原料．医薬品製造．

リン酸二水素カリウム (potassium dihydrogen phosphate)

- **分子式**：KH₂PO₄
- **分子量**：136.09
- **別名**：第一リン酸カリウム，リン酸一カリウム
- **CAS登録番号**：7778-77-0

基本データ

形状	：白色の結晶
溶解性および溶液の特性	：水に可溶．水溶液は弱酸性〔pH約4.4，（25℃）〕
取り扱いと保存	：室温保存

❏ 解説

【用途】生化学実験汎用試薬．バッファー．塩溶液作製．pH標準液．培地．肥料．

リン酸水素二カリウム (dipotassium hydrogen phosphate)

- **分子式**：K_2HPO_4
- **分子量**：174.18
- **別名**：リン酸二カリウム
- **CAS登録番号**：7758-11-4

❏ 基本データ

形状　　　　：白色の結晶〜粉末
物理化学的特徴：強い吸湿性がある
溶解性および溶液の特性：水にきわめて溶けやすく，エタノールにやや溶けにくい．水溶液はアルカリ性を示す（5％溶液でpH 8.7〜9.4）
取り扱いと保存：密栓して室温保存

❏ 解説

【用途】生化学実験汎用試薬．バッファー．塩溶液作製．培地．医薬品製造．

リン酸二水素ナトリウム〔リン酸二水素ナトリウム二水和物 (sodium dihydrogenphosphate dihydrate)〕

- **分子式**：$NaH_2PO_4 \cdot 2H_2O$
- **分子量**：156.01
- **別名**：リン酸一ナトリウム二水和物
- **CAS登録番号**：13472-35-0

基本データ

形状 ：白色の結晶～結晶性粉末
融点 ：60℃
溶解性および溶液の特性：水溶液は酸性を示す〔5％溶液でpH 4.5（25℃）〕
取り扱いと保存：室温保存

解説

【用途】生化学実験汎用試薬．バッファー．塩溶液作製．培地．細胞組織化学．

リン酸水素二ナトリウム (disodium hydrogen phosphate)

- **分子式**：Na_2HPO_4
- **分子量**：141.96
- **CAS登録番号**：7558-79-4

基本データ

形状 ：白色，結晶
物理化学的特徴：吸湿性
溶解性および溶液の特性：水に可溶，エタノールに不溶．水溶液はアルカリ性を示す〔1％溶液で，pH 9.1（25℃）〕
取り扱いと保存：密栓して室温保存

解説

【用途】生化学実験汎用試薬．バッファー．塩溶液作製．培地．pH標準液．
【関連物質】リン酸水素二ナトリウム十二水和物（CAS登録番号：10039-32-4，分子量：358.14）：融点35℃．

ニリン酸ナトリウム〔ニリン酸ナトリウム十水和物（sodium diphosphate decahydrate）〕

- **分子式**：$Na_4P_2O_7 \cdot 10H_2O$
- **分子量**：446.06
- **別名**：ピロリン酸ナトリウム十水和物
- **CAS登録番号**：13472-36-1

基本データ

形状	：白色の結晶
融点	：79.5℃
物理化学的特徴	：空気中で風解する
溶解性および溶液の特性	：水にやや溶けやすく，エタノールにほとんど溶けない．水溶液はアルカリ性を示す〔5％溶液でpH 10.0〜10.7（25℃）〕
取り扱いと保存	：室温保存

解説

【特徴＆生理機能】 無機ピロリン酸ともいい，PPiと略される．ATP→AMP反応で生じ，ピロホスファターゼで分解される．高エネルギーを含み，生体ではエネルギー貯蔵に用いられる．

【用途】 生化学実験．食品添加物．金属表面処理剤．

第Ⅱ部：無機化合物

第3章 硝酸化物および窒素を含む物質

田村隆明

硝酸 (nitric acid)

- 分子式：HNO_3
- 分子量：63.01
- CAS登録番号：7697-37-2

❏ 基本データ

形状	：刺激臭のある無色澄明の液体（68%含有）
融点	：−42℃（無水）
沸点	：120.5℃（無水：82.6℃）
比重	：1.42（無水：1.51）
物理化学的特徴	：無水のものは発煙する（発煙硝酸という．濃度68%で水との共沸点物を形成する．強力な酸化剤で，多くの金属を溶かして塩をつくる）

溶解性および溶液の特性：水と任意に混和する．一価の強酸
取り扱いと保存：毒性と腐食性が強い．皮膚への接触を避ける．暗所保存

❏ 解説

【特徴】通常60〜70%溶液（濃硝酸）として入手できる．有機物と反応して酸化，ニトロ化，エステル化を起こす．皮膚に触れるとキサントプロテイン反応で黄色になる．塩酸との混合溶液（王水）は金も溶かす酸化力があ

る.
【用途】化学における汎用試薬.化学合成.肥料.爆薬.各種硝酸塩の合成.
【関連物質】発煙硝酸(CAS登録番号:52583-42-3)は濃硝酸に二酸化窒素を吸引させたもの.

硝酸カリウム(potassium nitrate)

- **分子式**:KNO$_3$
- **分子量**:101.10
- **別名**:硝石
- **CAS登録番号**:7757-79-1

基本データ

形状　　　　　　　　:白色の結晶
物理化学的特徴:酸化力がある
溶解性および溶液の特性:水に可溶(20℃で24%溶ける.pHは中性).エタノールに難溶
取り扱いと保存:冷蔵庫保存.有機物の混入を避ける

解説

【特徴&生理機能】亜硝酸菌は亜硝酸塩を硝酸塩に酸化し,天然には硝石として産出する.辛味がある.硫黄,炭素,還元性有機物存在下で爆発性を示す.
【用途】化学実験での汎用試薬.火薬.肥料.

硝酸ナトリウム(sodium nitrate)

- **分子式**:NaNO$_3$
- **分子量**:84.99
- **CAS登録番号**:7631-99-4

基本データ

形状 ：白色の結晶
融点 ：306℃（分解する）
物理化学的特徴：酸化力がある．潮解性
溶解性および溶液の特性：水に易溶（92.1g/100 mL，25℃），エタノールに微溶
取り扱いと保存：冷蔵庫保存．有機物の混入を避ける．毒性がある：LD_{50}（ラット，経口投与）1.267 g/kg．密栓して冷蔵庫保存

解説

【特徴】葉類に多く含まれ，チリ硝石として産出する．高温で熱すると分解して酸素を発生させる．

【用途】硝酸塩の合成．酸化剤．融剤．ガラス．火薬，マッチ，ロケット燃料補助剤．食品添加物．

亜硝酸ナトリウム（sodium nitrite）

- **分子式**：$NaNO_2$
- **分子量**：69.00
- **別名**：亜硝酸ソーダ
- **CAS登録番号**：7632-00-0

基本データ

形状 ：白色～わずかにうすい黄色の結晶
融点 ：271℃
物理化学的特徴：吸湿性がある
溶解性および溶液の特性：水に易溶，アルコールに難溶．水溶液は微アルカリ性
取り扱いと保存：毒性がある：LD_{50}（ラット，経口投与）180 mg/kg．密栓して室温保存

解説

【特徴&生理機能】硝酸細菌（亜硝酸酸化細菌）により，硝酸ナトリウムとなる．

【用途】汎用試薬．ニトロソ化剤．写真．漂白剤．食品添加物（肉などの発色剤）．

硝酸銀 (silver nitrate)

- **分子式**：AgNO$_3$
- **分子量**：169.87
- **CAS登録番号**：7761-88-8

基本データ

形状　　　　　　　　：白色の結晶
物理化学的特徴：酸化力がある．腐食性
溶解性および溶液の特性：水にきわめて溶けやすく（弱酸性を示す），エタノールにやや溶けにくい
取り扱いと保存：毒性がある：LD$_{50}$（ラット，経口投与）1,173 mg/kg．皮膚などへの付着を避け（黒変する），アンモニアと混ぜないように注意する（爆発性の高い雷銀を生ずる）．遮光して室温保存

解説

【特徴】アルデヒドなどの還元物質を酸化する（銀鏡反応）．タンパク質を変性凝固させる．塩素と不溶性の沈殿（塩化銀）をつくる．

【用途】細胞やタンパク質の染色．電子染色剤．汎用試薬．分析試薬．メッキ．写真．

臭化シアン (cyanogen bromide)

- **分子式**：BrCN
- **分子量**：105.92
- **別名**：シアン化臭素，ブロモシアン
- **CAS登録番号**：506-68-3

🔲 基本データ

形状	：刺激臭のある白色～わずかにうすい黄褐色固体
融点	：52℃
沸点	：61.6℃
蒸気比重	：3.26
物理化学的特徴	：加熱で分解する
溶解性および溶液の特性	：水やアルコールに易溶．酸性にすると大量のシアン化水素を発生する（水に溶けても発生する）
取り扱いと保存	：腐食性．猛毒性（下記）．蒸気や反応産物のシアン化水素（比重：0.688）を吸わないなど，ドラフト内で十分に注意して扱う．密栓して冷蔵庫保存

🔲 解説

【特徴＆生理作用】 猛毒のシアン化化合物の1つ．毒性はシアン化水素（ヒトの致死量：60 mg）に匹敵する．LC_{50}：350 ppm（ラット，1時間），ヒトに対するLCLoは92 ppm（10分間）/16ppm（1時間）（いずれも空気中濃度）．シアン化物の毒性は，ミトコンドリアのシトクロムcオキシダーゼの鉄原子に結合し，これを不活化することによる．廃液はあらかじめpH11.0以上にしてから次亜塩素酸ナトリウムを加えて分解し，中和してから廃棄する．

【用途】 生化学分野における架橋剤．タンパク質におけるメチオニンでの切断．

【関連物質】 シアン化水素（hydrogen cyanide：青酸ガス，HCN，CAS登録番号：74-90-8，分子量：27.03）無色のきわめて有毒な気体（融点：－13.3℃，沸点：25.7℃）．

シアン化カリウム (potassium cyanide)

- **分子式**：KCN
- **分子量**：65.12
- **別名**：青酸カリウム，青酸カリ
- **CAS登録番号**：151-50-8

基本データ

形状：白色の結晶〜結晶性粉末
物理化学的特徴：潮解性．空気中で二酸化炭素と反応し，シアン化水素を発生して，徐々に炭酸カリウムに変化する
溶解性および溶液の特性：水（71.5g/100 mL，25℃，アルカリ性を呈する）やグリセロールに易溶．エタノールに難溶
取り扱いと保存：きわめて毒性が強い：ヒトに対するLDLo100 mg/kg（経口投与）．LD_{50}：10 mg/kg（ラット，経口投与）．酸と混ぜない．密栓して冷蔵庫保存

解説

【特徴&生理機能】毒性などは，臭化シアンの項（494ページ）を参照．飲むと胃酸と反応して猛毒のシアン化水素を発生する．高濃度でケト酸と反応し，脱共役作用を示す．
【用途】細胞研究用試薬．電子伝達系阻害剤．脱共役剤．メッキ．写真．

シアン化ナトリウム (sodium cyanide)

- **分子式**：NaCN
- **分子量**：49.01
- **別名**：青酸ナトリウム，青酸ソーダ
- **CAS登録番号**：143-33-9

基本データ

形状：白色〜わずかにうすい黄色の結晶〜粉末
溶解性および溶液の特性：水にきわめて溶けやすく，エタノールに溶けにくい
取り扱いと保存：毒性が高い：LD_{50}（ラット，経口投与）10 mg/kg．密栓して冷蔵庫保存

解説

【特徴&生理機能】物理化学的性質はシアン化カリウムに類似する．毒性などは，臭化シアンの項（494ページ）を参照．
【用途】シアン化カリウムにくらべ，鉱工業での役割が高い．金属精錬．合

成化学．メッキ．写真．

ヒドラジン
〔ヒドラジン一水和物（hydrazine monohydrate）〕

- **分子式**：$H_2NNH_2 \cdot H_2O$
- **分子量**：50.06
- **別名**：抱水ヒドラジン
- **CAS登録番号**：7803-57-8

基本データ

形状	：発煙性の無色澄明な液体
融点	：$-51.7℃$
引火点	：$96℃$
物理化学的特徴	：還元性が強い
溶解性および溶液の特性	：水に易溶で，強塩基性を示す
取り扱いと保存	：毒性が強い：LD_{50}（ラット，経口投与）129 mg/kg．蒸気を吸い込まないように注意し，ドラフトで操作する．冷蔵庫保存

解説

【用途】糖分析用試薬．マクサム—ギルバート法．還元剤．燃料電池．

【関連物質】無水ヒドラジン（CAS登録番号：302-01-2，分子量：32.03，融点：1.4℃，沸点：113.5℃）．アンモニア様の刺激臭をもつ，可燃性の無色の液体．人工衛星の燃料．

チオシアン酸カリウム（potassium thiocyanate）

- **分子式**：KSCN
- **分子量**：97.18
- **別名**：ロダンカリ
- **CAS登録番号**：333-20-0

基本データ

形状	：白色の結晶
物理化学的特徴	：潮解性．水に溶解し，溶解熱を奪う
溶解性および溶液の特性	：水に易溶（177g/100g，0 ℃）で，エタノールに可溶．水溶液はほぼ中性
取り扱いと保存	：毒性がある：LD_{50}（ラット，経口投与）854 mg/kg

解説

【用途】寒剤．チオ尿素，染料，医薬品の原料．分析試薬．

硝酸アンモニウム（ammonium nitrate）

- **分子式**：NH_4NO_3
- **分子量**：80.04
- **別名**：硝安
- **CAS登録番号**：6484-52-2

基本データ

形状	：白色の結晶
融点	：169.6℃
物理化学的特徴	：吸湿性．酸化性．210℃で加熱すると酸素を発生させる
溶解性および溶液の特性	：水に易溶（214g/100g，25℃），エタノールに可溶．水溶液は弱酸性（0.1M，pH 5.3）を示す．溶解熱を奪う
取り扱いと保存	：密栓して冷蔵庫保存．還元性有機物と混合しない

解説

【特徴】衝撃により爆発する．液体でも爆発する場合がある．
【用途】火薬．肥料．

第Ⅱ部：無機化合物

第4章 炭酸やアンモニアに関する化合物

田村隆明

炭酸カルシウム (calcium carbonate)

- 分子式：$CaCO_3$
- 分子量：100.09
- CAS登録番号：471-34-1

基本データ

形状　　　　　：白色の粉末
物理化学的特徴：3種類の結晶構造があり，それにより融点が異なる
溶解性および溶液の特性：水やエタノールに不溶．薄い鉱酸や酢酸に泡立って溶ける
取り扱いと保存：粉末で室温保存

解説

【特徴&生理機能】天然に大理石，石灰石，方解石，サンゴ，貝殻など，結晶／非結晶として産出する．水酸化カルシウム溶液に二酸化炭素を加えると生ずる（ただし，過剰の添加では炭酸水素カルシウムとなって溶ける）．
【用途】汎用化学試薬．中和剤．セメント製造．建材．製紙．医薬品（制酸剤）．化学分析．チョーク．

炭酸ナトリウム (sodium carbonate)

- **分子式**：Na_2CO_3
- **分子量**：105.99
- **別名**：ソーダ灰，炭酸ソーダ
- **CAS登録番号**：497-19-8

基本データ

形状	：白色の粉末または顆粒
物理化学的特徴	：吸湿性，強塩基性
溶解性および溶液の特性	：水に溶けやすく，エタノールにほとんど溶けない．水溶液はpH 11.6
取り扱いと保存	：粉末で密栓して室温保存

解説

【特徴&生理機能】 二酸化炭素を吸収して炭酸水素ナトリウムを生ずる．

【用途】 生化学実験汎用試薬．バッファー．pH標準液．各種塩溶液作製．医薬品や石鹸の製造．写真現像．かんすい．

【関連物質】 十水和物（CAS登録番号：6132-02-1，分子量：286.14）は白色結晶で，空中で風解し，32℃で結晶水に溶ける．

炭酸水素ナトリウム (sodium hydrogen carbonate)

- **分子式**：$NaHCO_3$
- **分子量**：84.01
- **別名**：重炭酸ナトリウム（sodium bicarbonate），重炭酸ソーダ，重曹
- **CAS登録番号**：144-55-8

基本データ

形状	：白色の結晶性粉末
物理化学的特徴	：加熱や酸により炭酸ガスを放出する

溶解性および溶液の特性：水に可溶（6.9 g/100 mL，10℃）．エタノールに不溶．水溶液は微アルカリ性（約pH8.0）を示す
取り扱いと保存：粉末で室温保存

解説

【特徴&生理機能】 食品にも多く使用され安全だが，多量に摂取すると毒となる〔TDLo：（ヒト乳幼児，経口投与），1.260 g/kg〕．

【用途】 組織培養．PH標準液．バッファー．汎用試薬．中和剤，制酸剤．化学合成．ベーキングパウダー．清涼飲料原料．消火剤．

二酸化炭素（carbon dioxide）

- **分子式**：CO_2
- **分子量**：44.01
- **別名**：炭酸ガス，ドライアイス（固体）
- **CAS登録番号**：124-38-9

基本データ

形状　　　　　：無色，無臭の気体．ボンベは緑色
沸点　　　　　：−78.5℃
比重　　　　　：1.53
物理化学的特徴：反応性に乏しい．低温（−56.6℃），高圧（0.52 Mpa）で液化する
溶解性および溶液の特性：常温常圧では1容の水に1容の気体が溶ける．水中で炭酸（H_2CO_3）を生じ，解離してわずかに酸性を示す
取り扱いと保存：毒性（呼吸中枢麻痺など）があり，3％を超える頭痛などの自覚症状を呈し，7％を超えると窒息する．密閉した部屋で扱わない

解説

【特徴&生理機能】 最も代表的な炭素の酸化物．水溶液は炭酸，炭酸水とよばれる．大気中に0.03％（v/v）含まれる．温室効果ガスの1つで，海水酸性化の原因．

【用途】組織培養．化学合成．消化剤．レーザー．植物成長促進．

【関連物質】固体二酸化炭素（ドライアイス）：白色粉末，比重：1.56，昇華温度：−78.5℃．ブロック状のものは少量の水を含んでいる．冷剤として使用．手袋をして扱い，密閉容器に入れない（破裂する）．

炭酸アンモニウム（ammonium carbonate）

- 分子式：$(NH_4)_2CO_3$
- 分子量：96.086
- 別名：炭安
- CAS登録番号：506-87-6

基本データ

形状	：アンモニア臭のある白色の結晶．市販品は炭酸水素アンモニウムとカルバミン酸アンモニウムの混合物．通常アンモニアとして30〜34％を含む
融点	：58℃（分解）
物理化学的特徴	：58℃で分解し，二酸化炭素とアンモニアと水になる
溶解性および溶液の特性	：水に易溶（100 g/100 g，15℃）でアルカリ性を示す
取り扱いと保存	：毒性がある：LD_{50}（マウス，静脈注射）96 mg/kg．密栓して結晶で，冷蔵庫保存

解説

【用途】バッファー．中和剤．分析試薬．ベーキングパウダー．接着剤．

塩化アンモニウム（ammonium chloride）

- 分子式：NH_4Cl
- 分子量：53.49
- 別名：塩化アンモン，塩安
- CAS登録番号：12125-02-9

基本データ

形状	：白色の結晶
物理化学的特徴	：吸湿性がある．強塩基と混ぜるとアンモニアが発生する
溶解性および溶液の特性	：水に溶けやすく（29.4 g/100 mL，0 ℃．微酸性），エタノールに溶けにくい
取り扱いと保存	：毒性がある：LD$_{50}$（ラット，経口投与）1.65 g/kg．結晶で，室温保存

解説

【用途】汎用生化学実験試薬．塩溶液作成．分析用試薬．合成原料．電池．メッキ．食品添加物．肥料．

硫酸アンモニウム（ammonium sulfate）

- 分子式：$(NH_4)_2SO_4$
- 分子量：132.14
- 別名：硫安
- CAS登録番号：7783-20-2

基本データ

形状	：白色の結晶
比重	：1.769
物理化学的特徴	：290 ℃以上で分解してアンモニアを生する．水溶液の温度が高いとpHがより低下する
溶解性および溶液の特性	：水に易溶（70.6 g/100 g，0 ℃），エタノール，アセトンに不溶．水溶液は弱酸性を示す（5％pH 4.5〜6.0）
取り扱いと保存	：腐食性があるので注意して取り扱う．毒性がある：TDLo（ヒト，経口投与）1.5 g/kg

解説

【用途】汎用試薬．生化学実験での塩析（硫安分画）．塩溶液作製．肥料．

アンモニア水 (ammonia water)

- **分子式**：NH_4OH
- **分子量**：17.03
- **別名**：水酸化アンモニウム，安水
- **CAS登録番号**：1336-21-6

基本データ

形状 ：無色澄明の刺激臭（アンモニア臭）のある液体．アンモニアを28.0〜30.0%含む

比重 ：0.90

物理化学的特徴：腐食性がある．水中ではNH_4^+イオンとOH^-イオンに完全解離し（解離平衡定数：pK_b=4.75），塩基性を示す（0.1N溶液でpH 11.1）

溶解性および溶液の特性：水，エタノールと自由に混和する

取り扱いと保存：毒性がある：TDLo（ヒト，経口投与）15μL/kg，TCLo（ヒト，粘膜について）20 ppm（いずれもアンモニアとして）．吸引を避け，特に目を保護する．ドラフト内で使用する．密栓して冷蔵庫保存

解説

【特徴&生理機能】塩酸を近づけると塩化アンモニウムの白煙を生じ，ネスラー試薬で褐色の沈澱を生ずる．高等生物では，アミノ酸の分解で生じたアンモニアはグルタミン酸合成に再利用され，一部は排泄される．高等脊椎動物では，毒性の少ない尿酸や尿素に変換されてから排泄される．

【用途】生化学実験汎用試薬．pH調整．化学合成における窒素源．肥料合成．

【関連物質】アンモニア（NH_3，CAS登録番号：7664-41-7，分子量：17.03）．刺激臭のある無色の気体．融点：-77.7℃，沸点：-33.4℃．比重：0.5967．高圧下で液化する（ボンベに入っている製品）．蒸発熱が大きく，冷媒として使用される．

第Ⅱ部：無機化合物

第5章 その他の無機物質

田村隆明

水酸化カルシウム (calcium hydroxide)

- **分子式**：$Ca(OH)_2$
- **分子量**：74.09
- **別名**：消石灰
- **CAS登録番号**：1305-62-0

基本データ

形状　　　　　　　：白色の結晶〜粉末
物理化学的特徴　：500℃で水を失い，酸化カルシウム（生石灰，508ページ参照）となる
溶解性および溶液の特性：水に難溶（0.185g/100g，0℃），酸に可溶．水溶液（石灰水）は強いアルカリ性（pH 12.4）を示す
取り扱いと保存　：密栓して室温保存

解説

【特徴&生理機能】グランドに白線を引くときに使う粉末．水溶液は石灰水という．二酸化炭素を吹き込むと炭酸カルシウムが析出して白濁する（さらに吹き込むと炭酸水素カルシウムとなり，溶ける）．

【用途】汎用試薬．中和剤．二酸化炭素吸収剤．化学合成．漆喰．肥料．食品添加物．

【関連物質】粉末に塩素ガスを吸収させたものをさらし粉という．

水酸化カリウム (potassium hydroxide)

- **分子式**：KOH
- **分子量**：56.11
- **別名**：苛性カリ
- **CAS登録番号**：1310-58-3

基本データ

形状	：白色粒状の固体
融点	：360℃
物理化学的特徴	：潮解性．強塩基性
溶解性および溶液の特性	：水に溶けやすく（110g/100 mL，25℃：激しく発熱する），エタノールにも溶ける．水溶液は水酸化ナトリウム以上の強アルカリ性を示す．0.1M溶液で，pH 13.5
取り扱いと保存	：腐食性．皮膚や粘膜（特に目）への接触を避ける．毒性がある：LD_{50}（ラット，経口投与）273 mg/kg．密栓して室温保存

解説

【特徴&生理機能】 代表的な強塩基．皮膚に付くとヌルヌル感を呈する．タンパク質を溶解させる．二酸化炭素を吸収する（炭酸カリウムが易溶性のため，水溶液での沈殿は生じない）．

【用途】 バッファー．pH調整．分析薬．二酸化炭素吸収剤．化学合成．写真や印刷．石鹸．

水酸化ナトリウム (sodium hydroxide)

- **分子式**：NaOH
- **分子量**：40.00
- **別名**：苛性ソーダ
- **CAS登録番号**：1310-73-2

基本データ

形状 ：白色粒状／フレーク状の固体
融点 ：318℃
物理化学的特徴：潮解性．強塩基性
溶解性および溶液の特性：水にきわめて溶けやすく（激しく発熱する），エタノールにも溶けやすい．完全解離するため（pK_b = 0.2），水溶液は強アルカリ性を示す．0.5％溶液で，pH 13.0，5％溶液で，pH 14.0
取り扱いと保存：腐食性．皮膚や粘膜（特に目）への接触を避ける．毒性が高い：LD_{50}（マウス，腹腔内注射）40 mg/kg．密栓して室温保存．ガラスと反応するので，プラスチック製容器を使用する

解説

【特徴＆生理機能】 代表的な強塩基．二酸化炭素を吸収する（炭酸ナトリウムを生成する）．皮膚に付くとヌルヌル感を呈し，タンパク質を溶解させる．
【用途】 バッファー．pH調整．分析薬．乾燥剤や二酸化炭素吸収剤．化学合成．ナトリウム塩の製造．石鹸．アルミニウム精錬．

水酸化マグネシウム（magnesium hydroxide）

- **分子式**：$Mg(OH)_2$
- **分子量**：58.32
- **CAS登録番号**：1309-42-8

基本データ

形状 ：白色～うすい黄色の粉末
物理化学的特徴：二酸化炭素を吸収して，炭酸水酸化マグネシウムを生ずる
溶解性および溶液の特性：うすい塩酸に溶けやすく，水にほとんど溶けない．ただし，アルカリ性（pH 9.5～10.5）を呈する
取り扱いと保存：密栓して室温保存

解説

【用途】 化学合成．肥料．医薬品（下剤）．

酸化カルシウム（calcium oxide）

- 分子式：CaO
- 分子量：56.08
- 別名：酸化石灰，焼石灰，生石灰
- CAS登録番号：1305-78-8

基本データ

形状　　　　　　　　：白色のやわらかい粉末
物理化学的特徴　　　：水と発熱して反応して水酸化カルシウム（消石灰，505ページ参照），二酸化炭素を吸収して炭酸カルシウムとなる
溶解性および溶液の特性：水に微溶（0.13g/100g，10℃）．酸に可溶
取り扱いと保存　　　：密栓して室温保存

解説

【特徴&生理機能】石灰石を焼いて製造される．
【用途】建設材料．セメント．さらし粉．中和剤．乾燥剤．医薬品原料．

過酸化水素（hydrogen peroxide）

- 分子式：H_2O_2
- 分子量：34.01
- 別名：3％液体オキシドール™，オキシフル™
- CAS登録番号：7722-84-1

基本データ

形状　　　　　　　　：無色澄明の液体．約30〜35％の過酸化水素を含む
融点　　　　　　　　：−0.43℃（無水）
沸点　　　　　　　　：152℃（無水）
比重　　　　　　　　：1.11（液体），1.18（蒸気）
物理化学的特徴　　　：酸化力が強く，可燃物との混合で発火する．不安定で酸素を発生させる〔二酸化マンガンや酵素（カタラーゼ）が触媒となる〕
溶解性および溶液の特性：水に混和し，エタノールに可溶．極微弱な酸

($pK_a=1.5 \times 10^{-12}$)

取り扱いと保存：高濃度のものは腐食性があり，取り扱いに注意する．毒性が強い：LDLo（小児，経口投与）12 mL/kg．さまざまな臓器に影響を与える．遮光して，冷蔵庫保存

解説

【特徴&生理機能】3～90％の水溶液として販売されている．殺菌力がある．より酸化力の強いヒドロキシラジカルを生成しやすい．生体ではエネルギー代謝の過程で発生するが，カタラーゼで分解される．

【用途】汎用試薬．酸化剤／還元剤．化学分析．酸素発生源．有機合成．殺菌剤（3％溶液）．防腐剤．漂白剤．

【関連物質】無水過酸化水素：比重1.46の無色～薄青色の油状液体．ロケット燃料．

一酸化炭素 (carbon monoxide)

- **分子式**：CO
- **分子量**：28.01
- **CAS登録番号**：630-08-0

基本データ

形状	：無色無臭の気体
沸点	：−192℃
比重	：0.968
物理化学的特徴	：青い炎をあげてよく燃え，二酸化炭素となる
溶解性および溶液の特性	：水100容に対し3.3容溶ける．エタノールには水の7倍溶ける
取り扱いと保存	：毒性が強く，ドラフト内で扱うなど注意する．500ppmから頭痛などの症状が現れ，1500ppm以上で死に至る

解説

【特徴&生理機能】酸素にくらべ，200倍以上にヘモグロビンと結合しやすく（ピンク色を呈する），血中酸素分圧の低下を招き，酸素が十分にあっても一酸化炭素中毒を起こす．シトクロムcの鉄と結合して，電子伝達系を阻害

する．日常では，炭素燃料の不完全燃焼により発生する．
【用途】炭素1化合物合成の原料．有機合成化学．

一酸化窒素 (nitric monoxide)

- 分子式：NO
- 分子量：30.01
- 別名：酸化窒素
- CAS登録番号：10102-43-9

基本データ

形状	：無色無臭の気体
融点	：－163.6℃
沸点	：－151.7℃
比重	：1.036
物理化学的特徴	：酸素によりすみやかに二酸化窒素となる．空気よりやや重い
溶解性および溶液の特性	：水100容に対し4.6容溶ける

解説

【特徴＆生理機能】生体では，一酸化窒素合成酵素（NOS）によりアルギニンと酸素から生成する．アデニルシクラーゼを活性化し，シグナル伝達にかかわる．血管拡張作用をもつ（ニトログリセリンなどの亜硝酸誘導体が心臓／循環器系治療に用いられる理由）．マクロファージが異物を攻撃するために作用し，神経伝達物質としても働く．

過マンガン酸カリウム (potassium permanganate)

- 分子式：$KMnO_4$
- 分子量：158.03
- CAS登録番号：7722-64-7

基本データ

形状 ：深紫色の結晶
物理化学的特徴：非常に強い酸化力をもつ．マンガンの酸化数は＋7．塩酸と反応して塩素を発生させる．200℃で酸素を放って分解する
溶解性および溶液の特性：水に可溶（5.3g/100 mL，15℃）
取り扱いと保存：急性毒性のほかさまざまな毒性を有する．LD_{50}（ラット，経口投与）1.09g/kg．注意して扱い，有機物（例：グリセリロール）や酸化されやすいもの（例：硫酸）と一緒にしない（発熱，爆発する）．遮光して室温保存

解説

【特徴＆生理機能】化学分析上最も重要で強力な酸化剤の1つ．
【用途】汎用試薬．酸化還元滴定．化学合成．漂白剤．殺菌．

タングストリン酸〔タングストリン酸n水和物（tungstophosphoric acid n-hydrate）〕

- **分子式**：$H_3(PW_{12}O_{40})\cdot nH_2O$
- **別名**：リンタングステン酸，12タングスト（Ⅵ）リン酸
- **CAS登録番号**：12501-23-4

基本データ

形状 ：白色～うすい黄緑色の結晶
溶解性および溶液の特性：水に可溶．エーテル，エタノールに易溶
取り扱いと保存：冷蔵庫保存

解説

【特徴＆生理機能】電子密度が高いため，電子顕微鏡観察でコントラストを得るのに優れる．
【用途】細胞組織化学．電子染色剤．染色固定剤．分析試薬．
【関連物質】モリブデンリン酸n水和物（CAS登録番号：51429-74-4）：黄色の結晶で水やエタノールにやや溶けやすい．

フェリシアン化カリウム (potassium ferricyanide)

- 分子式：$K_3[Fe(CN)_6]$
- 分子量：329.25
- 別名：ヘキサシアノ鉄（Ⅲ）酸カリウム，赤血塩，ブルシアンレッド
- CAS登録番号：13746-66-2

基本データ

形状　　　　　　　　：暗赤色の結晶
物理化学的特徴　　　：弱い酸化力がある
溶解性および溶液の特性：水に易溶．エタノールにほとんど不溶
取り扱いと保存　　　：毒性がある．LD_{50}（マウス，経口投与）2.97 g/kg．無機シアンのような強い毒性はない．室温保存

解説

【特徴&生理機能】代表的鉄錯塩の1つ．

【用途】生理学実験（酸化還元電位の増加の目的）．医薬品製造．写真．青写真．塗料．染料．

【関連物質】フェロシアン化カリウム（三水和物）[CAS登録番号：14459-95-1，$K_4[Fe(CN)_6]\cdot 3H_2O$，分子量：422.39] ヘキサシアノ鉄（Ⅱ）酸カリウム，黄血塩ともいう．

ホウ酸 (boric acid)

- 分子式：H_3BO_3
- 分子量：61.83
- 別名：オルト（正）ホウ酸
- CAS登録番号：10043-35-3

基本データ

形状　　　　　　：白色の結晶
融点　　　　　　：約171℃
物理化学的特徴　：弱い酸性を示す

溶解性および溶液の特性：水およびエタノールにやや溶けやすい
取り扱いと保存：毒性がある：LDLo（ヒト，経口投与）429 mg/kg．室温保存

解説

【用途】無機合成原料．ガラス製造．殺虫剤．バッファー（TBEバッファー）．

カコジル酸ナトリウム〔カコジル酸ナトリウム三水和物（sodium cacodylate trihydrate）〕

- **分子式**：$(CH_3)_2AsO_2Na \cdot 3H_2O$
- **分子量**：214.02
- **別名**：ジメチルアルシン酸ナトリウム
- **CAS登録番号**：124-65-2

基本データ

形状：わずかに臭いのある白色の結晶
溶解性および溶液の特性：水（1g/0.5 mL），エタノールに可溶．水溶液はアルカリ性を呈する（pH 8.0〜9.0）
取り扱いと保存：毒性がある：LD_{50}（ラット，経口投与）2.6 g/kg．密栓して室温保存

解説

【用途】バッファー．

硫酸カリウムアルミニウム〔硫酸カリウムアルミニウム・12水（aluminium potassium sulfate 12-water）〕

- **分子式**：$AlK(SO_4)_2 \cdot 12H_2O$
- **分子量**：474.38
- **別名**：カリウムミョウバン，ミョウバン
- **CAS登録番号**：7784-24-9

基本データ

形状　　　　：渋みのある白色の結晶
融点　　　　：92.5℃
物理化学的特徴：硫酸アルミニウムと硫酸カリウムの複塩
溶解性および溶液の特性：冷水に可溶，熱水に易溶
取り扱いと保存：室温保存

解説

【特徴&生理機能】収れん作用（組織のタンパク質を結び付けて，組織や血管を締める作用）がある．アストリンゼン効果．

【用途】収れん性の医薬品．化粧品．食品添加物（煮崩れ防止，アントシアニンの安定化／ナスの色相を出す）．染色／顔料．防腐剤．

【関連物質】ミョウバンにはこのほかにナトリウムミョウバン，鉄ミョウバン，アンモニウム鉄ミョウバン，クロムミョウバンなどがある．

活性炭素 (charcoal activated)

- 分子式：C
- 分子量：12.011
- 別名：活性炭
- CAS登録番号：7440-44-0

基本データ

形状　　　　：黒色の粉末，顆粒，あるいは塊

解説

【特徴】化学的，物理的処理を施して活性化（賦活化）させた，多孔質の炭素．その表面に有機物など多くの物質を吸着させる．植物や鉱物（石炭質など）などを炭化して製造する．

【用途】脱色．解毒．クロマトグラフィー担体．浄水．

水素 (hydrogen)

- 分子式：H_2
- 分子量：2.01
- CAS登録番号：1333-74-0

基本データ

形状　　　　：無色無臭の気体．ボンベは赤
沸点　　　　：252.6℃
比重　　　　：0.0695
物理化学的特徴：最も軽い気体．燃えやすい．酸化剤としても還元剤としても働く
溶解性および溶液の特性：水にあまり溶けない（0.02容量）
取り扱いと保存：火気に注意して扱う

解説

【特徴&生理機能】空気中には1 ppmとほとんど存在していない．水の電気分解や亜鉛と塩酸の反応で発生する．
【用途】化学合成．ロケット燃料．燃料電池．

ヘリウム (helium)

- 分子式：He
- 分子量：4.00
- CAS登録番号：7440-59-7

基本データ

形状　　　　：無色，無臭の気体．ボンベは灰色
融点　　　　：-277.2℃/0.95K
沸点　　　　：-268.93℃/4.22K
比重　　　　：0.138
物理化学的特徴：1原子気体．不燃性
溶解性および溶液の特性：水にほとんど溶けない（0.94 mL/100 mL）

取り扱いと保存：毒性は少ないが，大量に吸い込むと酸欠状態になる

解説

【特徴&生理機能】不活性ガス（稀ガス）で最も軽い．不燃性のため，浮揚ガスとして適する．

【用途】液体状態で低温素材や超伝導．浮揚用ガス．ガスクロマトグラフィーの輸送ガス．

アルゴン（argon）

- **分子式**：Ar
- **分子量**：39.948
- **CAS登録番号**：7440-37-1

基本データ

形状　　　　　：無色，無臭の気体．ボンベは灰色
融点　　　　　：－189.2℃
沸点　　　　　：－185.7℃
物理化学的特徴：1原子気体
溶解性および溶液の特性：水1Lに33.6 mL溶ける（20℃）

解説

【特徴&生理機能】不活性ガス（稀ガス）の一種．空気中に0.93%含まれる．

【用途】水銀灯／蛍光灯／真空管．レーザー．ガスクロマトグラフィーの輸送ガス．食品の酸化防止．

酸素（oxgen）

- **分子式**：O_2
- **分子量**：32.00
- **別名**：酸素ガス

- CAS登録番号：7782-44-7

基本データ

形状	：常温，常圧で無色の気体．ボンベは黒
融点	：−218.79℃
沸点	：−182.96℃
物理化学的特徴	：フッ素に次いで2番目に電気陰性度が高く，希ガス以外のほとんどの元素と化合結合する．助燃性がある．強い酸化剤．紫外線やスパークによってオゾンに変化する
溶解性および溶液の特性	：32容の水に1容溶ける（20℃）
取り扱いと保存	：高濃度（60%以上）の酸素を数時間以上吸引すると危険である．火気を避けて使用する

解説

【特徴&生理機能】空気中で20.95%を占める．生態系では嫌気性菌や植物の光合成によりつくられ，呼吸により消費される．（酸素）呼吸する生物にとっては必須であるが，同時に有害でもある．活性酸素は生体高分子を酸化させる．

【用途】酸化剤．医療（酸素吸入）．助燃剤．アセチレン溶接．ロケットエンジン．

【関連物質】オゾン（O_3，CAS登録番号：10028-15-6，分子量：48）淡青色の気体．密度：1.6．腐食性が高く，特有の刺激臭をもつ．不安定で，酸素ガスに変化し，強力な酸化力がある．高濃度では猛毒．成層圏にオゾン層として多量に存在し，地表に届く紫外線の量を減らす．殺菌，脱色，脱臭に使用．

窒素（nitrogen）

- 分子式：N_2
- 分子量：28.01
- CAS登録番号：7727-37-9

基本データ

形状　　　　　：常温で無色無臭の気体．ボンベは灰色
融点　　　　　：−210℃
沸点　　　　　：−195.8℃
比重　　　　　：0.808
物理化学的特徴：化学的に安定
溶解性および溶液の特性：1.6%（v/v）で水に溶ける（20℃）

解説

【特徴＆生理機能】生物にとって必須な気体．窒素固定細菌によりアンモニアに固定される．大気中で最も大量に存在する（78.3%）．

【用途】冷却剤（液体窒素）．アンモニアの合成．生物材料や細胞の凍結．

第Ⅲ部：有機化合物

第1章 アミン，アミド，アミノ酸，ペプチド

池田香織

アラニン〔L-アラニン（L-alanine）/Ala, A〕

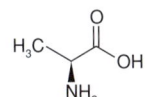

- 分子式：$C_3H_7NO_2$
- 分子量：89.09
- 別名：2-アミノプロピオン酸
- CAS登録番号：56-41-7

❏ 基本データ

形状	：白色結晶または結晶性粉末
物理化学的特徴	：中性の非極性アミノ酸
溶解性	：水（15.5g/100g）およびギ酸に易溶，エタノールほか有機溶媒に不溶，希塩酸および希硫酸に可溶
溶液の特性	：pK_a=2.35, 9.87, pH_i=6.10
取り扱いと保存	：遮光し，冷蔵庫で密閉して保存する．酸化剤および酸化性の強い物質と共存させない

❏ 解説

【特徴】グリシンに次いで2番目に小さなアミノ酸．

【生理機能】糖原性をもつ．生体内では，ピルビン酸がグルタミン酸からのアミノ基転移を受けて合成される．D-アラニンは生体内にわずかに存在し，

神経情報伝達やホルモン分泌の制御に関与する．
【用途】ペプチド合成用，微生物培養用，細胞培養用，調味料，栄養強化剤
【関連物質】D-アラニン（CAS登録番号：338-69-2）．

アルギニン〔L-アルギニン（L-arginine）/Arg, R〕

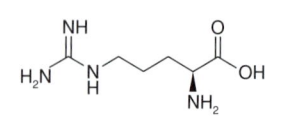

- **分子式**：$C_6H_{14}N_4O_2$
- **分子量**：174.20
- **別名**：5-グアニジノ-2-アミノペンタン酸，5-グアニジノ-2-アミノ吉草酸
- **CAS登録番号**：74-79-3

基本データ

形状	：白色結晶，粉末および顆粒
物理化学的特徴	：塩基性アミノ酸で，タンパク質を構成するアミノ酸のなかで最も塩基性が高い
溶解性	：水に易溶〔8.3g/100g（0℃），40g/100g（50℃）〕，エタノールほか有機溶媒にきわめて難溶
溶液の特性	：水溶液は強塩基性で，空気中の二酸化炭素を吸収する．pK_a=1.82，8.99，pH_i=10.76
取り扱いと保存	：容器は遮光し，冷蔵庫で密閉して保存する．酸性物質と共存させない

解説

【生理機能】条件的必須アミノ酸の1つ．尿素回路の中間体であり，投与によりアンモニアの生体内解毒を助ける．糖原性をもつ．血管拡張作用がある．

【用途】微生物培養用，細胞培養用，栄養強化剤，臨床検査用試薬．下垂体機能検査にも用いられる．

【関連物質】L-アルギニン塩酸塩（CAS登録番号：1119-34-2，分子量：210.7）．

アスパラギン〔L-アスパラギン一水和物（L-asparagine monohydrate）/Asn, N〕

- **分子式**：$C_4H_8N_2O_3 \cdot H_2O$
- **分子量**：150.1
- **別名**：2-アミノ-3-カルバモイルプロピオン酸
- **構造式**：単体を示す
- **CAS登録番号**：5794-13-8（単体は70-47-3）

基本データ

形状	白色結晶～結晶性粉末．酸味，苦味がある（閾値：1mg/mL）
物理化学的特徴	中性の極性アミノ酸
溶解性	水にやや難溶（2.36g/100g），酸・アルカリに可溶，有機溶媒に不溶
溶液の特性	pK_a=2.02, 8.80, pH_i=5.41
取り扱いと保存	直射日光を避け，冷蔵庫で密閉して保存する

解説

【生理機能】生体内でアスパラギン酸から可逆的に合成が可能で，グリコーゲン同化能をもつ．

【用途】微生物培養用，細胞培養用，調味料，栄養強化剤．

【関連物質】L-アスパラギン（CAS登録番号：70-47-3，分子量：132.1）．

アスパラギン酸〔L-アスパラギン酸（L-aspartic acid）/Asp, D〕

- **分子式**：$C_4H_7NO_4$
- **分子量**：133.10
- **別名**：アミノコハク酸，2-アミノブタン二酸
- **CAS登録番号**：56-84-8

基本データ

形状	：白色板状晶性粉末．酸味，弱い旨味がある（閾値：0.03mg/mL）
物理化学的特徴	：酸性の極性アミノ酸
溶解性	：水にやや難溶（0.42g/100g），エタノールに不溶．希塩酸および希硫酸に可溶（50 mg/mL，1N HCl）
溶液の特性	：pK_a=1.99，10.00，側鎖pK_a=3.96，pH_i=2.77
取り扱いと保存	：直射日光を避け，冷蔵庫で密閉して保存する

解説

【生理機能】生体内では，オキサロ酢酸にグルタミン酸のアミノ基を転移することにより合成される．尿素サイクル，プリンやピリミジンの生合成の材料となる．

【用途】微生物培養用，細胞培養用，アスパラギン，アラニンの工業原料，医薬品．

システイン〔L-システイン（L-cysteine）/Cys, C〕

- **分子式**：$C_3H_7NO_2S$
- **分子量**：121.16
- **別名**：2-アミノ-3-メルカプトプロピオン酸
- **CAS登録番号**：52-90-4

基本データ

形状	：白色結晶または粉末
物理化学的特徴	：側鎖にチオール基をもつ中性の極性アミノ酸
溶解性	：水に易溶（16g/100g），エタノールに不溶，希塩酸に可溶（1M，1M HCl）
溶液の特性	：pK_a=1.89，10.78，側鎖pK_a=8.38，pH_i=5.07
取り扱いと保存	：直射日光を避け，冷蔵庫で密閉して保存する．酸化剤，酸化性の強い物質と共存させない

解説

【特徴】 水溶液は酸性条件下では安定だが，中性またはアルカリ性条件下では鉄，銅など微量の重金属イオンにより空気酸化されてシスチンとなる．

【生理機能】 糖原性をもつ．タンパク質を分子間で架橋させる．細胞内では，ポリペプチド中のシステイン間のジスルフィド結合によりタンパク質の二次構造が維持されている．

【用途】 微生物培養用，細胞培養用，植物成長調整剤，血液作用薬，代謝作用薬．

【関連物質】 L-システイン塩酸塩（CAS登録番号：52-89-1，分子量：157.6）．

グリシン (glycine) /Gly, G

- 分子式：$C_2H_5NO_2$
- 分子量：75.07
- 別名：グリココル，アミノ酢酸
- CAS登録番号：56-40-6

基本データ

形状	：甘み（閾値：1.1 mg/mL）のある白色結晶性粉末
比重	：1.1607
物理化学的特徴	：中性の非極性アミノ酸
溶解性	：水（25g/100g），ギ酸に易溶，エタノールに不溶
溶液の特性	：pK_a=1.89, 10.78，側鎖pK_a=8.38，pH_i=5.07
取り扱いと保存	：直射日光を避け，冷蔵庫で密閉して保存する

解説

【特徴】 タンパク質を構成するアミノ酸のなかで最も単純な構造であり，側鎖がHで光学活性体をもたない．コラーゲンに多く含まれる．

【生理機能】 糖原性をもつ．ヘモグロビンや肝臓の酵素などの構成成分．

【用途】 微生物培養用，細胞培養用，食品添加物（甘味料）．

ヒスチジン〔L-ヒスチジン（L-histidine）/His, H〕

- **分子式**：$C_6H_9N_3O_2$
- **分子量**：155.15
- **別名**：2-アミノ-3-(4-イミダゾリル)プロピオン酸
- **CAS登録番号**：71-00-1

基本データ

形状	：白色針状晶～粉末
物理化学的特徴	：塩基性アミノ酸．イミダゾール基をもつ
溶解性	：水（3.84g/100g），ギ酸，希塩酸に可溶，有機溶媒に不溶
溶液の特性	：窒素原子に結合したH^+の着脱を起こし，塩基または非常に弱い酸として働く．pK_a=1.81，9.15，側鎖pK_a=6.00，pH_I=7.59
取り扱いと保存	：直射日光を避け，冷蔵庫で密閉して保存する

解説

【特徴】タンパク質中では金属との結合部位となったり，水素結合やイオン結合を介したりするなどして高次構造の維持に関与する．脱炭酸によりヒスタミンとなる．

【生理機能】必須アミノ酸の1つ．糖原性をもつ．酵素の活性中心になることが多く，イミダゾール基を介するタンパク質分子内のプロトン移動に関与する．

【用途】微生物培養用，細胞培養用，オリゴヒスチジンタグとしてタンパク質精製に用いられる．

【関連物質】L-ヒスチジン一塩酸塩一水和物（CAS登録番号：5934-29-2，分子量：209.6）．

グルタミン〔L-グルタミン（L-glutamine）/Gln, Q〕

- **分子式**：$C_5H_{10}N_2O_3$
- **分子量**：146.15
- **別名**：2-アミノ-4-カルバモイル酪酸，2-アミノグルタルアミド酸
- **CAS登録番号**：56-85-9

基本データ

形状	：白色結晶～粉末
物理化学的特徴	：中性の極性アミノ酸．日光，熱に不安定
溶解性	：水にやや易溶（3.73g/100g），エタノールに不溶
溶液の特性	：pK_a=2.17, 9.13, pH_i=5.65
取り扱いと保存	：直射日光，熱を避け，冷蔵庫で密閉して保存する

解説

【特徴】アミドをもち，グルタミン酸のヒドロキシ基をアミノ基に置換した構造．酸加水分解によりグルタミン酸になる．

【生理機能】グルタミンシンテターゼによりグルタミン酸から生合成される．多くの化合物の生合成において，窒素源として用いられる．

【用途】細菌培養用，細胞培養用，外科手術後の回復補助剤．

グルタミン酸
〔L-グルタミン酸（L-glutamic acid, glutamate）/Glu, E〕

- **分子式**：$C_5H_9NO_4$
- **分子量**：147.13
- **別名**：グルタメート，2-アミノペンタン二酸
- **CAS登録番号**：56-86-0

基本データ

形状	：白色結晶性粉末．酸味，旨味がある（閾値：0.05 mg/mL）．ナトリウム塩は旨味，弱い甘味と弱い塩味がある（閾値：1 mg/mL）
物理化学的特徴	：酸性の極性アミノ酸
溶解性	：ギ酸に易溶，水に難溶（0.72g/100g），有機溶媒にほとんど不溶
溶液の特性	：pK_a=2.13, 9.95，側鎖pK_a=4.32, pH_i=3.22
取り扱いと保存	：直射日光を避け，冷蔵庫で密閉して保存する

解説

【特徴】加熱するとピログルタミン酸になる．

【生理機能】糖原性をもつ．動物においては興奮性の神経伝達物質としても機能し，伝達はグルタミン酸受容体を介して行われる．

【用途】微生物培養用，細胞培養用，ナトリウム塩は食品添加物（旨味調味料）として使用される．

【関連物質】グルタミン酸ナトリウム（CAS登録番号：6106-04-3, 分子量：169.1），グルタミン酸カリウム一水和物（CAS登録番号：19473-49-5, 分子量：203.2）．

イソロイシン〔L-イソロイシン（L-isoleucine）/Ile, I〕

- 分子式：$C_6H_{13}NO_2$
- 分子量：131.17
- 別名：2-アミノ-3-メチル吉草酸
- CAS登録番号：73-32-5

基本データ

形状	：白色結晶または結晶性粉末
物理化学的特徴	：ロイシンの構造異性体
溶解性	：ギ酸に易溶，水にやや難溶（4.12g/100g，20℃），エタノールに不溶，希塩酸に可溶（50 mg/mL，1N HCl）
溶液の特性	：pK_a=2.32, 9.76, pH_i=6.02

取り扱いと保存：直射日光，熱を避け，冷蔵庫で密閉して保存する．強酸化剤と共存させない

解説

【特徴】 合成も可能であるが，DL-体，DL-アロ体の混合物を生ずる．
【生理機能】 中性の非極性アミノ酸で，分岐鎖アミノ酸（BCAA）の1つ．糖原性とケト原性両方の性質をもつ．必須アミノ酸の1つで，生体内では2-オキソ酪酸から生合成される．筋肉のエネルギー代謝に関与する．
【用途】 細菌培養用，細胞培養用．

ロイシン〔L-ロイシン（L-leucine）/Leu, L〕

- **分子式**：$C_6H_{13}NO_2$
- **分子量**：131.17
- **別名**：2-アミノ-4-メチルペンタン酸，4-メチル-2-アミノ吉草酸
- **CAS登録番号**：61-90-5

基本データ

形状	：白色結晶または結晶性粉末
物理化学的特徴	：疎水性アミノ酸
溶解性	：ギ酸に可溶，水にやや難溶（2.38g/100g），エタノールに微溶
溶液の特性	：pK_a=2.33, 9.74, pH_i=5.98
取り扱いと保存	：直射日光，熱を避け，冷蔵庫で密閉して保存する

解説

【特徴】 側鎖にイソブチル基をもつ．安定であるが，293～295℃で分解する．
【生理機能】 非極性で分枝をもつアミノ酸（BCAA）の1つ．ケト原性をもつ．必須アミノ酸の1つで，ヒトにおいては幼児では成長，成人では窒素平衡に必須である．タンパク質の生成，分解を調節して筋肉の維持に関与する．

【用途】微生物培養用，細胞培養用，ペプチド合成用．

リシン〔L-リシン（L-lysine）/Lys, K〕

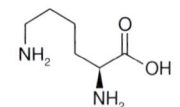

- 分子式：$C_6H_{14}N_2O_2$
- 分子量：146.19
- 別名：2,6-ジアミノヘキサン酸
- CAS登録番号：56-87-1

基本データ

形状	：白色～微黄色の小塊または粉末
物理化学的特徴	：塩基性アミノ酸．側鎖に4-アミノブチル基をもつ．側鎖にはメチル化されうる部位が3カ所，水酸化されうる部位が1カ所ある
溶解性	：水に可溶（≧0.1g/100g），エタノールに難溶
溶液の特性	：pK_a=2.16, 9.20，側鎖pK_a=10.80，pH_i=9.74
取り扱いと保存	：直射日光を避け，冷蔵庫で密閉して保存する

解説

【特徴】ケトン同化性がある．タンパク質中のリシン残基はメチル化やアセチル化による翻訳後修飾が起こる．

【生理機能】必須アミノ酸の1つで，欠乏するとナイアシンの不足を招き，成長障害となることがある．

【用途】微生物培養用，細胞培養用，ペプチド合成用，ヘルペスウイルス治療薬．

【関連物質】L-リシン一塩酸塩（CAS登録番号：657-27-2，分子量：182.7），L-リシン二塩酸塩（CAS登録番号：657-26-1，分子量：219.12）．

メチオニン〔L-メチオニン（L-methionine）/Met, M〕

- 分子式：C$_5$H$_{11}$NO$_2$S
- 分子量：149.21
- 別名：2-アミノ-4-（メチルスルファニル）ブタン酸
- CAS登録番号：63-68-3

基本データ

形状	：白色板状晶または結晶性粉末．特異臭がある
比重	：1.34
物理化学的特徴	：中性の非極性アミノ酸．
溶解性	：水にやや易溶（4.80g/100g），有機溶媒にきわめて難溶，酸およびアルカリ溶液に可溶（0.5M，1MHCl）
溶液の特性	：pK_a=2.17，9.27，pH_I=5.74
取り扱いと保存	：直射日光，熱を避け，冷蔵庫で密閉して保存する．酸化剤，強酸化性物質と共存させない

解説

【特徴】翻訳において開始アミノ酸となる．

【生理機能】側鎖に硫黄を含む含硫アミノ酸．糖原性をもつ．必須アミノ酸の1つであるが，植物や微生物ではアスパラギン酸とシステインから生合成可能である．生体内ではメチル基供与体として働く．硫黄移動経路によりシステイン，カルニチン，タウリンの生合成，レシチンのリン酸化など，リン脂質の生成に関与する．

【用途】微生物培養用，細胞培養用，ペプチド合成用．セレノ-L-メチオニンはタンパク質構造研究に用いられる．

【関連物質】セレノ-L-メチオニン（CAS登録番号：3211-76-5，分子量：196.11）．

フェニルアラニン
〔L-フェニルアラニン（L-phenylalanine）/Phe, F〕

- **分子式**：C$_9$H$_{11}$NO$_2$
- **分子量**：165.19
- **別名**：α-アミノ-β-フェニルプロピオン酸
- **CAS登録番号**：63-91-2

❏ 基本データ

形状	：白色結晶～結晶性粉末
物理化学的特徴	：中性の非極性アミノ酸
溶解性	：ギ酸に易溶，水にやや難溶（2.74g/100g），メタノールおよびエタノールに不溶，希塩酸に可溶（50 mg/mL, 1N HCl）
溶液の特性	：pK_a=2.58, 9.24, pH_i=5.48
取り扱いと保存	：直射日光，熱を避け，冷蔵庫で密閉して保存する

❏ 解説

【特徴】芳香族アミノ酸で側鎖にベンジル基をもつ．脳内で神経伝達物質に変換される．

【生理機能】糖原性をもつ．必須アミノ酸の1つで，動物体内ではチロシンに変換される．この際に働く酵素フェニルアラニン4-モノオキシゲナーゼが欠損しているとフェニルケトン尿症になる．

【用途】細菌培養用，細胞培養用．

プロリン〔L-プロリン（L-proline）/Pro, P〕

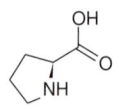

- **分子式**：C$_5$H$_9$NO$_2$
- **分子量**：115.13
- **別名**：ピロリジン-2-カルボン酸
- **CAS登録番号**：147-85-3

❑ 基本データ

形状	：白色結晶または結晶性粉末
物理化学的特徴	：中性の非極性アミノ酸
溶解性	：水にきわめて易溶（162g/100g），エタノールにやや易溶
溶液の特性	：pK_a=1.95，10.64，pH_i=6.30
取り扱いと保存	：直射日光を避け，冷蔵庫で密閉して保存する

❑ 解説

【特徴】唯一，アミノ基をもたないアミノ酸．体の結合組織，心筋の合成の主な材料となる．

【生理機能】糖原性をもつ．生体内では主に肝臓と小腸でオルニチンから合成される．

【用途】細菌培養用，細胞培養用．

トリプトファン
〔L-トリプトファン（L-tryptophan）/Trp, W〕

- 分子式：$C_{11}H_{12}N_2O_2$
- 分子量：204.23
- 別名：2-アミノ-3-（インドリル）プロピオン酸
- CAS登録番号：73-22-3

❑ 基本データ

形状	：白色〜黄白色の結晶性粉末
物理化学的特徴	：中性の非極性アミノ酸
溶解性	：水に難溶（1.06g/100g），エタノールにきわめて難溶，希塩酸に可溶（10 mg/mL，1N HCl）
溶液の特性	：pK_a=2.43，9.44，pH_i=5.89
取り扱いと保存	：直射日光，熱，強酸化剤を避け，冷蔵庫で密閉して保存する．急性毒性：LD_{50}（ラット，経口投与）16 gm/kg

解説

【特徴】 側鎖にインドール環をもつ芳香族アミノ酸．生殖細胞変異原性，DNA阻害活性（ヒトリンパ球，1mmol/L）がある．

【生理機能】 必須アミノ酸の1つ．生体内ではセロトニンやメラトニンの原料となり，精神機能の維持に関与する．セロトニン経路，グルタル酸経路，NAD経路などさまざまな代謝経路にかかわる．

【用途】 微生物培養用，細胞培養用，栄養強化剤，合成オーキシン．

チロシン〔L-チロシン（L-tyrosine）/Tyr, Y〕

- **分子式**：$C_9H_{11}NO_3$
- **分子量**：181.19
- **別名**：2-アミノ-3-（4-ヒドロキシフェニル）プロピオン酸，p-ヒドロキシフェニルアラニン
- **CAS登録番号**：60-18-4

基本データ

形状	：白色結晶性粉末
物理化学的特徴	：中性の極性アミノ酸
溶解性	：ギ酸に可溶，水にきわめて難溶（0.038g/100g, 20℃），エタノールに不溶，希塩酸および希硫酸に可溶（25 mg/mL, 1N HCl）
溶液の特性	：pK_a=2.20, 9.11, pH_i=5.66
取り扱いと保存	：直射日光，熱を避け，冷蔵庫で密閉して保存する

解説

【特徴】 側鎖にフェノール基をもつ芳香族アミノ酸．ヒドロキシ基の位置が異なる3種類の異性体（p-Tyr, m-Tyr, o-Tyr）が存在する（ただしフェニルアラニンヒドロキシラーゼにより合成されるのはp-Tyrのみ）．

【生理機能】 糖原性，ケト原性をもつ．タンパク質中ではリン酸化修飾を受ける．フェニルアラニンから生合成されるため，条件的必須アミノ酸であ

る．チロキシン，トリヨードチロニンやメラニン色素，ドーパミン，エピネフリン（アドレナリン），ノルエピネフリンの前駆体．

【用途】微生物培養用，細胞培養用，ペプチド合成用．

バリン〔L-バリン（L-valine）/Val, V〕

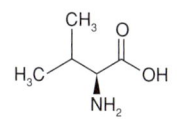

- **分子式**：$C_5H_{11}NO_2$
- **分子量**：117.15
- **別名**：2-アミノ-3-メチル酪酸，2-アミノイソ吉草酸
- **CAS登録番号**：72-18-4

基本データ

形状	：白色結晶（板状晶）または結晶性粉末
物理化学的特徴	：中性の非極性アミノ酸
溶解性	：ギ酸に易溶，水にやや易溶（5.75g/100g，20℃），有機溶媒に不溶，希塩酸に可溶
溶液の特性	：pK_a=2.29, 9.72, pH_i=5.96
取り扱いと保存	：直射日光，熱を避け，冷蔵庫で密閉して保存する

解説

【特徴】必須アミノ酸の1つ．

【生理機能】側鎖にイソプロピル基をもつ分岐鎖アミノ酸（BCAA）の1つ．糖原性をもつ．筋肉のエネルギー代謝で多く利用され，最終的にコハク酸となる．筋肉におけるセロトニンの産生を抑える．

【用途】微生物培養用，細胞培養用，栄養強化剤．

セリン 〔L-セリン (L-serine) /Ser, S〕

- **分子式**：$C_3H_7NO_3$
- **分子量**：105.09
- **別名**：2-アミノ-3-ヒドロキシプロピオン酸
- **CAS登録番号**：56-45-1

基本データ

形状	：白色結晶または結晶性粉末
物理化学的特徴	：中性の極性アミノ酸．水酸基はリン酸化，糖鎖付加されうる
溶解性	：水に可溶（38.0g/100g, 20℃），エタノール，有機溶媒に不溶，希塩酸に可溶（0.5M, 1M HCl）
溶液の特性	：pK_a=2.19, 9.44, pH_I=5.68
取り扱いと保存	：直射日光，熱を避け，冷蔵庫で密閉して保存する

解説

【特徴】酵素の活性中心で求核試薬として機能する．

【生理機能】糖原性をもつ．生体内ではリン脂質の原料となるほか，グリシンやシスタチオニンに変化する．また，タンパク質中ではリン酸化修飾される

【用途】微生物培養用，細胞培養用，栄養強化剤．

【関連物質】シスタチオニン（CAS登録番号：56-88-2，分子量：222.26）．

トレオニン 〔L-トレオニン (L-threonine) /Thr, T〕

- **分子式**：$C_4H_9NO_3$
- **分子量**：119.12
- **別名**：(2S, 3R)-2-アミノ-3-ヒドロキシブタン酸
- **CAS登録番号**：72-19-5

❑ 基本データ

形状	：無臭，白色の結晶性粉末．甘味がある（閾値：2.6 mg/mL）
物理化学的特徴	：中性の極性アミノ酸
溶解性	：水にやや易溶（9.00g/100g），エタノールにほとんど不溶
溶液の特性	：pK_a=2.09, 9.10, pH_i=5.60
取り扱いと保存	：直射日光を避け，冷蔵庫で密閉して保存する

❑ 解説

【特徴】光学活性中心を2つもち，4つの異性体がある．L-トレオニンには2つのジアステレオマーが存在するが，2S, 3R体のみをL-トレオニンとする．2S, 3S体は天然にほとんど存在せず，L-アロトレオニン（L-allo-threonine）として区別される．

【生理機能】必須アミノ酸の1つ．糖原性をもつ．側鎖のヒドロキシ基にグリコシル化を受けて糖鎖を形成する．また，タンパク質中ではリン酸化修飾される

【用途】細菌培養用，細胞培養用．

【関連物質】L-アロトレオニン（CAS登録番号：28954-12-3, 分子量：119.1）．

S-アデノシルメチオニン 〔S-アデノシルメチオニン塩化物 (S-adenosylmethionine chloride：SAM, SAMe)〕

- 分子式：$C_{15}H_2Cl_3N_6O_5S^+$
- 分子量：434.90（単体：399.45）
- 別名：活性メチオニン（AdoMet），ビタミンL
- CAS登録番号：24346-00-7 （単体：29908-03-0）

❑ 基本データ

形状	：無色の結晶
物理化学的特徴	：アデノシンとメチオニンがメチルスルホニウム結合を介し

溶解性	：水に易溶（0.1g/100g），メタノールに難溶
取り扱いと保存	：直射日光および酸化剤を避け，pH4.0～6.0で密閉して−20℃で保存する．室温では不安定であり，アルカリにより分解する

て連結している．吸湿性あり

解説

【特徴】 動物では，肝臓でメチオニン活性化酵素によりL-メチオニンとATPから生成される．補欠分子族の一種でメチル基供与体として作用する．

【生理機能】 ポリアミン代謝の重要な中間体．脱炭酸反応によりアミノプロピル体となり，プトレシンに付加するとスペルミジンが生成される．肝臓や脳に多く存在する．

【用途】 微生物培養用，細胞培養用，医薬用（肝疾患，肝障害の症状緩和），生化学実験用（メチル基供与体として）．

【関連物質】 プトレシン（CAS登録番号：110-60-1，分子量：88.15）．

シスチン〔L-シスチン（L-Cystine）〕

- **分子式**：$C_6H_{12}N_2O_4S_2$
- **分子量**：240.30
- **別名**：3,3'-ジチオビス（2-アミノプロピオン酸），ジシステイン
- **CAS登録番号**：56-89-3

基本データ

形状	：無臭の白色結晶性粉末～粉末
物理化学的特徴	：2分子のシステインがチオール基の酸化によるジスルフィド結合を介して繋がった構造の含硫アミノ酸．毒性：LD_{50}（マウス，経口投与）156mg/kg
溶解性	：水（0.011g/100g，25℃），エタノールに難溶．希酸（100mg/mL，1N HCl），希アルカリに可溶
溶液の特性	：$pK_1 \leqq 1.00$，$pK_2=2.1$，$pK_3=8.02$，$pK_4=8.71$

取り扱いと保存：直射日光を避け，冷蔵庫で密閉して保存する

解説

【特徴】20％塩酸と加熱すると徐々にラセミ化を起こす．熱アルカリ溶液によりアンモニア，ピルビン酸に分解される．

【生理機能】毛髪などのケラチンに特に多く含まれる．グルタチオンの供給源となる．

【用途】生化学研究用，栄養強化剤，医薬品．

エタノールアミン（ethanolamine）

- **分子式**：C_2H_7NO
- **分子量**：61.08
- **別名**：2-アミノエタノール，モノエタノールアミン（MEA）
- **CAS登録番号**：141-43-5

基本データ

形状	：アンモニア臭のある無色粘調な液体
融点	：10.53℃（塩酸塩75～77℃）
比重	：1.017，蒸気比重3.65
蒸気圧	：8.9hPa（65.4℃）
物理化学的特徴	：吸湿性あり．常温で二酸化炭素や二硫化炭素を吸収するが，加熱により再び放出する．引火点：85℃（密閉式），発火点410℃（常圧）（ICSCより）
溶解性	：水，アルコールに易溶
溶液の特性	：強塩基性．共役酸のpK_a=9.47
取り扱いと保存	：直射日光，強酸化剤，火源を避け，冷蔵庫で密閉して保存する．施錠して保管する

解説

【生理機能】リン脂質の二番目に豊富な頭部構造で，生体膜中にみられる．

【用途】シンチレーター用．溶剤，乳化剤および界面活性剤の原料．
【関連物質】エタノールアミン塩酸塩（CAS登録番号：2002-24-6, 分子量：97.54）．

スペルミン（spermine）

H_2N-(CH$_2$)$_3$-NH-(CH$_2$)$_4$-NH-(CH$_2$)$_3$-NH$_2$

- 分子式：$C_{10}H_{26}N_4$
- 分子量：202.34
- 別名：N, N'-ビス（3-アミノプロピル）ブタン-1,4-ジアミン
- CAS登録番号：71-44-3

基本データ

形状	：白色〜わずかに微褐色の固体
融点	：55〜60℃
溶解性	：水，低級アルコールに易溶．常温で水に1Mまでは完全に溶ける
溶液の特性	：水溶液は強アルカリ性を示す．1M水溶液のpHは12.0〜13.5
取り扱いと保存	：直射日光，熱を避け，冷蔵庫で密閉して保存する

解説

【特徴】スペルミジンから合成される生体ポリアミンである．DNAと相互作用し，遺伝情報の読み出しなどにかかわる．
【生理機能】核酸，タンパク質合成の盛んな組織では濃度が上昇する．
【用途】悪性腫瘍の生化学的マーカー，DNAを扱う生化学実験，クロマチン安定化．
【関連物質】スペルミン四塩酸塩（CAS登録番号：306-67-2, 分子量：348.2）．

スペルミジン (spermidine)

- **分子式**: $C_7H_{19}N_3$
- **分子量**: 145.25
- **別名**: *N*-(3-アミノプロピル)ブタン-1,4-ジアミン
- **CAS登録番号**: 124-20-9

基本データ

形状	白色〜わずかにうすい褐色の液体または塊
融点	22〜25℃（三塩酸は258℃）
比重	0.925
物理化学的特徴	引火点は＞230℃（110℃）．腐食性が強い
溶解性	水，エタノールに易溶．常温で水に1Mまでは完全に溶ける
溶液の特性	水溶液は強アルカリ性を示す．1M水溶液のpHは12.0〜13.5
取り扱いと保存	直射日光，熱を避け，脱アミノ化を防止するため−20℃で保存する．滅菌操作が必要なときはろ過滅菌する

解説

【特徴】 ポリアミンの一種．プトレシンからスペルミジン合成酵素により合成される．

【生理機能】 核酸，タンパク質合成の盛んな増殖組織ではスペルミジン合成を律速するオルニチン脱炭酸酵素活性が上昇し，スペルミジン濃度が高くなる．

【用途】 DNA結合タンパク質の精製，核の調製，T7 RNAポリメラーゼの活性化，クロマチン安定化．

【関連物質】 スペルミジン三塩酸塩（CAS登録番号：334-50-9，分子量：254.6），プトレシン（CAS登録番号：110-60-1，分子量：88.15）．

ホルムアミド (formamide)

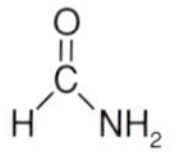

- **分子式**：HCONH$_2$
- **分子量**：45.04
- **別名**：メタンアミド，カルバムアルデヒド
- **CAS登録番号**：75-12-7

❑ 基本データ

形状	：無色透明の液体．無臭〜微アミン臭がある
融点	：2.5℃
比重	：1.138（20/20℃），蒸気比重1.56
蒸気圧	：2 Pa
物理化学的特徴	：蒸気は154℃以上で爆発する．安定であるが，銅や天然ゴムを侵し，酸化物と激しく反応する
溶解性	：アルコールに易溶．水と任意の割合で混合する
溶液の特性	：水溶液は弱い塩基性を示す
取り扱いと保存	：直射日光，熱，強酸化剤，火源を避け，冷蔵庫で密閉して保存する

❑ 解説

【特徴】ギ酸から誘導されるアミドである．

【用途】ゲル電気泳動におけるRNAの脱イオン化および安定化．イオン性化合物の溶媒．核酸変性剤．

シトルリン〔L-シトルリン（L-citrulline）〕

- **分子式**：$C_6H_{13}N_3O_3$
- **分子量**：175.19
- **別名**：2-アミノ-5-（カルバモイルアミノ）ペンタン酸
- **CAS登録番号**：372-75-8

基本データ

形状	：白色結晶性粉末～粉末
溶解性	：塩酸に可溶
溶液の特性	：pK_1=2.43, pK_2=9.41
取り扱いと保存	：直射日光を避け，冷蔵庫で密閉して保存する．酸化剤や酸化性の強い物質と共存させない

解説

【特徴】アルカリ溶液中で加水分解されてオルニチンになる．

【生理機能】尿素回路を構成する化合物の1つである．オルニチンとカルバモイルリン酸の反応でリン酸とともに生成する．アスパラギン酸，ATPと反応するとオルニチンとAMP，ピロリン酸となる．

【用途】関節リウマチの診断．肝不全の治療薬．

オルニチン
〔L-オルニチン一塩酸塩（L-ornithine monohydrochloride）〕

- **分子式**：$C_5H_{12}N_2O_2 \cdot HCl$
- **分子量**：168.62
- **別名**：2,5-ジアミノ吉草酸
- **構造式**：単体を示す
- **CAS登録番号**：3184-13-2（単体：70-26-8）

基本データ

形状	：白色～わずかにうすい褐色の結晶または粉末
物理化学的特徴	：毒性がある：LD$_{50}$（ラット，経口投与）10mg/kg
溶解性	：水に可溶．常温で水に1Mは溶け，透明でかすかに黄色の水溶液になる
溶液の特性	：水溶液はアルカリ性で，等電点pI=9.70
取り扱いと保存	：直射日光，熱を避け，冷蔵庫で密閉して保存する．酸化剤および酸化性の強い物質と共存させない

解説

【生理機能】アルギニンの代謝に重要な物質．アルギニンと水の反応で尿素とともに生成し，カルバモイルリン酸との反応でシトルリンとリン酸になる．クレアチン経路を構成し，グリシンとアルギニンの反応でもグアニジン酢酸とともに生成する．

【用途】細胞培養用，成長ホルモン分泌誘導剤．

トリエチルアミン（triethylamine：TEA）

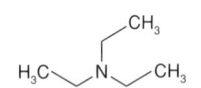

- 分子式：C$_6$H$_{15}$N
- 分子量：101.19
- 別名：（ジエチルアミノ）エタン，N, N-ジエチルエタンアミン
- CAS登録番号：121-44-8

基本データ

形状	：強アンモニア臭のある，無色～ほとんど無色澄明の液体
融点	：－114.75℃
沸点	：89.4℃
比重	：0.7275，蒸気比重3.5
蒸気圧	：76hPa
物理化学的特徴	：揮発性，腐食性，引火性（引火点：－7℃）がある
溶解性	：エタノールに易溶，水に難溶（18.7℃未満では混和）
溶液の特性	：n-オクタノール／水分配係数 log Po/w=0.87,

解離定数 $Kd=5.9×10^{-4}$

取り扱いと保存：容器は直射日光を避けて冷蔵庫に貯蔵し，密閉して空気との接触を避ける．黄色く変色したものは使用しない

解説

【特徴】 第三級アミンとしての一般的な性質を示す．酸および強酸化剤と反応する．

【生理機能】 有機溶媒に可溶であるため，有機合成では代表的な塩基として利用される．

【用途】 有機合成原料，縮合反応の触媒．

ジエチルアミン (diethylamine)

- **分子式**：$C_4H_{11}N$
- **分子量**：73.14
- **別名**：N-エチルエタンアミン
- **CAS登録番号**：109-89-7

基本データ

形状	：アンモニア臭のある無色液体
融点	：−50℃
沸点	：55.5℃
比重	：0.705
蒸気圧	：42.1kPa（32.2℃）
物理化学的特徴	：第二級アミンで，腐食性，可燃性，引火性（引火点：−26℃）がある
溶解性	：水，エタノールと任意に混和
溶液の特性	：共役酸のpK_a=10.93
取り扱いと保存	：直射日光を避け，冷蔵庫で密閉して保存する

解説

【特徴】 皮膚，粘膜に刺激性がある．

【用途】医薬品，界面活性剤，ゴム，除草剤，塗料などの製造．
【関連物質】ジエチルアミン一塩酸塩（CAS登録番号：660-68-4，分子量：109.6）．

トリメチルアミン〔30% トリメチルアミン溶液（30%trimethylamine solution）〕

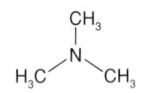

- 分子式：C_3H_9N
- 分子量：59.11
- 別名：N, N-ジメチルメタンアミン
- CAS登録番号：75-50-3

基本データ

形状	：無色液体，低濃度では魚臭，高濃度ではアンモニア様の臭気がある
融点	：−117.1℃
沸点	：4.3〜4.5℃
物理化学的特徴	：第三級アミンとしての一般的な性質を示す．求核剤としてハロゲン化アルキルと反応し，アルキルトリメチルアンモニウム塩を生成する
引火点	：−6.7℃（40%溶液）
溶解性	：水，ほとんどの有機溶媒に混和
溶液の特性	：水によく吸収され（41g/100g，19℃），強アルカリ性を呈する．解離定数$Kd=6.28×10^{-5}$
取り扱いと保存	：二酸化炭素により変質する．直射日光，火源を避け，冷蔵庫で密閉して保存する．強酸化性物質と共存させない．急性毒性がある：LD_{50}（ラット，経口投与）500mg/kg

解説

【用途】悪臭物質試験用（1 $\mu g/\mu L$ エタノール溶液），タンパク質一次構造分析用．
【関連物質】トリメチルアミン塩酸塩（CAS登録番号：593-81-7，分子量：95.57）．

ヒスタミン (histamine)

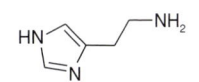

- **分子式**：C₅H₉N₃
- **分子量**：111.14
- **別名**：2-(4-イミダゾリル) エチルアミン
- **CAS登録番号**：51-45-6

基本データ

形状　　　　　：白色〜黄褐色の結晶または粉末，小塊，顆粒
融点　　　　　：83〜84℃
物理化学的特徴：吸湿性がある
溶解性　　　　：水，エタノールに可溶
取り扱いと保存：容器は遮光し，−20℃で密閉して保存する．屋外放置は避け，防湿に注意する．強酸化剤との接触を避ける

解説

【特徴】アレルギーの原因となる生体物質である．

【生理機能】生体内に広く分布し，なかでも肥満細胞，好塩基性白血球に高濃度に存在する．

【用途】神経化学研究用，生化学研究用．

ホスファチジルエタノールアミン
〔L-α-ホスファチジルエタノールアミン
(L-α-phosphatidylethanolamine) 溶液
卵黄由来 (50mg/mLクロロホルム溶液)〕

- **別名**：1, 2-ジアシル sn-グリセロール3-ホスホエタノールアミン
- **構造式**：Rはアルキル基（置換基の一種で単結合からなる炭化水素）を示す
- **CAS登録番号**：39382-08-6

基本データ

形状	：無色透明液体，エーテル様の臭いあり
融点	：−64℃（クロロホルム）
沸点	：62℃（クロロホルム）
比重	：1.486（20/20℃）（クロロホルム）
物理化学的特徴	：L-α-ホスファチジルエタノールアミン 約3％とクロロホルム97％が混合されている
溶解性	：水に難溶（0.8g/100g，20℃），アルコールと混和
溶液の特性	：弱酸性
取り扱いと保存	：容器は直射日光，湿気，熱を避け，−20℃で密閉し空気との接触を避けて貯蔵する．強酸化剤，強塩基の近くに保管しない．皮膚腐食性あり〔クロロホルムの項（661ページ）を参照〕

解説

【特徴】動植物界では，ホスファチジルコリンに次いで2番目に含有量の多いリン脂質．

【関連物質】L-α-ホスファチジルエタノールアミン溶液・ウシ脳由来（CAS登録番号：90989-93-8）．

N, N-ジメチルホルムアミド
(*N, N*-dimethylformamide：DMF)

- 分子式：C_3H_7NO
- 分子量：73.09
- 別名：*N, N*-ジメチルメタンアミド
- CAS登録番号：68-12-2

基本データ

形状	：微アミン臭があり，わずかに粘性のある無色～淡黄色液体
融点	：−61℃
沸点	：153℃
比重	：0.952（20/20℃）

蒸気圧	：約356Pa
物理化学的特徴	：高極性，高誘電率の非プロトン性溶媒である．引火点：57℃（タグ密閉式）
溶解性	：水，エタノールなどの有機溶媒と任意の割合で混和する
溶液の特性	：0.5M水溶液のpHは6.7
取り扱いと保存	：容器は遮光し，強酸化性物質や火源を避けて冷蔵庫で密閉して保存する．長期間の吸入により肝障害を起こす．皮膚や目に接触すると炎症を起こすことがある

解説

【特徴】多くの無機化合物，有機化合物を溶解する．

【用途】ペプチド合成用，分光分析用，高速液体クロマトグラフ用．

ヒスチジノール〔ヒスチジノール二塩酸塩（histidinol dihydrochloride：hisD)〕

- **分子式**：$C_6H_{11}N_3O \cdot 2HCl$
- **分子量**：214.1（単体：141.174）
- **別名**：β-アミノ-1H-イミダゾール-4-プロパン-1-オール
- **構造式**：単体を示す
- **CAS登録番号**：1596-64-1（単体：501-28-0）

基本データ

融点	：193～195℃
取り扱いと保存	：冷蔵庫で保管する．眼，呼吸器および皮膚に対して刺激作用がある

解説

【特徴】タンパク質合成の可逆的阻害剤となる．

【生理機能】ヒスチジンの誘導体，ヒスタミンの前駆体．

【用途】培養細胞選択マーカー．

クレアチン
〔クレアチン一水和物（creatine monohydrate）〕

- **分子式**：$C_4H_9N_3O_2 \cdot H_2O$
- **分子量**：149.15（単体は131.13）
- **別名**：1-メチルグアニジノ酢酸，メチルグリコシアミン
- **構造式**：単体を示す
- **CAS登録番号**：6020-87-7（単体は57-00-1）

基本データ

形状	：白色結晶または粉末
物理化学的特徴	：100℃で結晶水を失い，291℃で暗色となり分解する
溶解性	：水にやや難溶（約1.3g/100g），エタノールにきわめて難溶
溶液の特性	：水溶液は中性を示すが，酸性条件下ではクレアチニンになりやすい
取り扱いと保存	：直射日光，熱を避け，換気のよい涼しい場所に密閉して保存する．眼，粘膜に接触すると刺激作用があり，長期暴露により不快感，吐き気，頭痛などが起こることがある

解説

【生理機能】生体内で合成され，ほとんどがクレアチンリン酸として筋肉中に存在している．筋収縮のエネルギーであるATPの再生に使用される．

【関連物質】クレアチニン（CAS登録番号：60-27-5，分子量：113.118），クレアチンリン酸二ナトリウム四水和物（CAS登録番号：922-32-7，分子量：327.14）．

グルタチオン（還元型）(glutathione：GSH)

- **分子式**：$C_{10}H_{17}N_3O_6S$
- **分子量**：307.33
- **別名**：N-(N-L-γ-グルタミル-L-システイニル)-グリシン
- **CAS登録番号**：70-18-8

基本データ

形状	：白色粉末
物理化学的特徴	：L-γ-グルタミン-L-システイン-グリシンの順にアミノ酸が並ぶペプチド性のチオールで，還元型と酸化型GSSG (glutathione disulfide) が存在する．光により変質し，吸湿しやすく，空気中で酸化されやすい
溶解性	：水に溶けやすく，常温で0.1Mは溶ける．エタノールにほとんど不溶
溶液の特性	：水溶液中で容易に酸化される
取り扱いと保存	：遮光し，冷蔵庫に密閉して保存する．日光，熱，湿気，空気を避ける

解説

【特徴】ほとんどのプロテアーゼに耐性を示す．細胞内ではグルタチオンはほとんどが還元型で，この状態はグルタチオン還元酵素により維持されている．

【生理機能】細胞内では抗酸化作用，毒物の細胞外排出作用により細胞を環境の変化から守っている．細胞においてはシステイン源でもある．

【用途】解毒薬，眼科用薬．

【関連物質】グルタチオン（酸化型/GSSG）（CAS登録番号：27025-41-8，分子量：612.63）．

ヒドロキシルアミン〔50%ヒドロキシルアミン溶液（50%hydroxylamine solution）〕

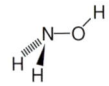

- 分子式：H_3NO
- 分子量：33.03
- 別名：オキサンモニウム
- CAS登録番号：7803-49-8

基本データ

形状	：無色〜わずかにうすい黄色の液体．固体は白色針状晶
沸点	：約107℃
比重	：1.110
物理化学的特徴	：水とアンモニアが互いに一部分を共有したような構造をもつ．40℃台前半から徐々に自己分解する．還元性あり．高濃度の水溶液を加熱する場合は，鉄イオンの存在により発熱分解が促進され爆発することがある．濃度80％以上で加熱されると爆ごう性の危険性がある
溶解性	：水，メタノール，エタノールに易溶
溶液の特性	：水溶液は塩基性を示し，非水溶媒として種々の塩類を溶かし電離させる．水溶液中の塩基解離定数K_b=6.6×10^{-9}
取り扱いと保存	：遮光し，冷蔵庫に密閉して保管する．低濃度で使用する．皮膚刺激，重篤な眼の損傷，臓器の傷害，呼吸器への刺激のおそれがある

解説

【生理機能】生合成的硝化の中間体であり，アンモニアの酸化はヒドロキシルアミン酸化還元酵素によってなされる．

【用途】有機化学および無機化学反応（還元剤），脂肪酸の酸化防止剤，写真の現像液．

第Ⅲ部：有機化合物

第2章 タンパク質

田村隆明

BSA (bovine serum albumin, ウシ血清アルブミン)

- 分子量：69kDaのタンパク質
- CAS登録番号：9048-46-8

基本データ

形状　　　　　：白色の結晶性粉末，あるいは凍結乾燥品
物理化学的特徴：等電点pI=4.9
溶解性　　　　：水に易溶
取り扱いと保存：冷蔵あるいは冷凍保存

解説

【特徴】血漿タンパク質の半分以上を占める．

【生理機能】肝臓で合成され，血液中で物質運搬（二酸化炭素，胆汁酸，色素，薬物）の役割をもつとともに，浸透圧維持に働く．

【用途】標準タンパク質，酵素・タンパク質安定化剤，キャリアータンパク質，ブロッキング剤などとして，生化学実験，分子生物学実験，細胞生物学実験，免疫学実験，細胞培養実験に用いる．

アビジン (avidin)

- **分子量**：68kDaのタンパク質
- **CAS登録番号**：1405-69-2

基本データ

形状	：白色，結晶性粉末〜粉末
物理化学的特徴	：抗原抗体反応の約100万倍の親和性（ほぼ不可逆的）で，d-ビオチンと安定に結合する．$K_D = 1 \times 10^{-15}$M
溶解性	：水に可溶
溶液の特性	：塩基性タンパク質．等電点pI=10〜10.5
取り扱いと保存	：冷凍庫保存する

解説

【特徴】卵白中に多い糖タンパク質．四量体構造をとり，1サブユニット（128アミノ酸[1]）で1個のビオチンと結合する〔ビオチンの項（31ページ）参照〕．

【用途】単体のほか，酵素やタンパク質やペプチドに結合した製品も多い．ビオチン定量．分子標識および，ビオチン結合分子の捕捉に使用される．生化学実験．免疫化学研究．医療用．

文献

1) Robert, J. et al.：J. Biol. chem., 246：698-709, 1971

ストレプトアビジン (streptavidin)

- **分子量**：60kDaのタンパク質
- **CAS登録番号**：9013-20-1

基本データ

形状	：白色〜うすい褐色，結晶性粉末
物理化学的特徴	：ビオチンとの結合性はアビジンと同様〔アビジンの項（552ページ）参照〕

溶液の特性　　　：等電点p*I*=7.0
取り扱いと保存：冷凍庫保存する

解説

【特徴】アビジンの項（552ページ）参照．放線菌*Streptomyces avidinii*より得られる．糖鎖を含まないため，アビジンより非特異的結合が低い．
【用途】アビジンと同様．生化学，免疫化学用．

ユビキチン（ubiquitin：Ub）

- 分子量：8.6kDaのタンパク質（76アミノ酸）
- 別名：APF-1，UBIP
- CAS登録番号：79586-22-4

基本データ

形状　　　　　　：白色粉末の凍結乾燥品
溶解性　　　　　：水に可溶
取り扱いと保存：冷凍庫保存する

解説

【特徴】真核細胞に普遍的に存在する．48番目のリジン（ポリユビキチン化の場合），あるいは63番目のリジン（モノユビキチン化の場合）を介してタンパク質と結合する．ポリユビキチン化タンパク質は26Sプロテアソームにより分解される．
【生理機能】タンパク質の機能修飾や分解のシグナルとなり，増殖や遺伝子発現を含む公汎な細胞活動にかかわる．
【用途】細胞制御，遺伝子研究用試薬．生化学，分子生物学，細胞生物学研究．細胞に発現させるDNAの形で使用することも多い．

GFP (green fluorescent protein, 緑色蛍光タンパク質)

● **分子量**：27kDaのタンパク質（238アミノ酸）

基本データ

物理化学的特徴：65番目のセリンと67番目のグリシンのペプチド結合の脱水縮合後の酸化で発色団を形成し，396nmの励起光の下，509nm（緑色）の蛍光を発する

解説

【特徴】オワンクラゲ（*Aequorea victoria*）の発光タンパク質．細胞毒性や生体分子との反応性が少なく，生細胞中での検出が可能．分子構造を変化させて蛍光種を変えたさまざまな発光色素がつくられている．

【用途】タンパク質試薬として使用されることは稀で，DNAの形（単体あるいは融合タンパク質として）で細胞内でのレポーター，トレーサー，マーカーとして使用される．遺伝子研究，細胞生物学研究，分子生物学研究．

アクチン (actin)

● **分子量**：41,872Daのタンパク質（ウサギ，αアクチン）
● **CAS登録番号**：S1005-14-2

基本データ

形状　　　　　　：凍結乾燥品
物理化学的特徴：沈降係数=3S，粘度=0.03P
溶解性　　　　　：水溶性
取り扱いと保存：−80℃で保存する

解説

【特徴】骨格筋（αアクチン），一般の細胞（βアクチン），平滑筋／細胞（γアクチン）にあるものに分類される．単量体アクチン（Gアクチン）はATPやADPと結合するが，ATP結合型は速やかに重合して二重らせん状の

繊維状アクチン（Fアクチン）となる．
【生理機能】筋収縮．ミクロフィラメントを形成して細胞運動，細胞分裂，細胞質内の運動にかかわる．
【用途】筋収縮，細胞運動などの生理学研究や細胞生物学研究．

ミオシン〔ミオシンⅡ（myosin Ⅱ）〕

- **分子量**：480kDaのタンパク質（2×H鎖：220kDa＋4×L鎖：1.5〜2.6kDa）

基本データ

形状　　　　　　：グリセロール溶液として入手できる
取り扱いと保存：−80℃で保存する

解説

【特徴】巨大な繊維状タンパク質で重鎖と軽鎖からなる．筋肉の主な構造タンパク質だが，非筋細胞にも存在する．
【生理機能】ATPase活性のあるモータータンパク質で，アクチンと結合して筋収縮にかかわる．細胞にみられる運動に広く関与する．
【用途】細胞運動，筋肉生理学研究．

フィブリノーゲン（fibrinogen）

- **分子量**：340kDaのタンパク質
- **別名**：血液凝固因子Ⅰ，ファクターⅠ，繊維素原
- **CAS登録番号**：9001-32-5

基本データ

形状　　　　　　　　：白色の粉末
溶解性と溶液の性質：水に多少溶ける．水溶液は粘性があり，56℃以上で分解する
取り扱いと保存　　：冷凍庫保存する

解説

【特徴】 3種類のサブユニット（Aα，Bβ，γ）が円筒状に配置してS-S結合で結合した構造をもつ．

【生理機能】 血漿中に0.3〜0.4g/100mL存在する．トロンビンによる限定分解でArg-Gly結合が切断され，AαとBβから2本のペプチドを放出して不溶性のフィブリンに転ずる．

【用途】 血液凝固研究．

TRX（thioredoxin，チオレドキシン）

- 分子量：10〜13kDaのタンパク質
- CAS登録番号：52500-60-4

基本データ

形状	：白色の粉末〜結晶
物理化学的特徴	：分子内の生物で保存されているC-G-P-C配列中の1対の機能性SH基で，電子伝達にかかわる．
溶解性	：水溶性
取り扱いと保存	：−80℃で保存する

解説

【特徴】 大腸菌のリボヌクレオチドレダクターゼに水素イオンを供与する補酵素として発見された．酸化型はNADPHやフェレドキシンとチオレドキシンレダクターゼにより還元型に再生される．

【生理機能】 酵素の活性調節や細胞内酸化還元レベルの調節に働く．

【用途】 生化学研究．電子伝達機構研究．細胞制御機能研究．抗酸化能を利用した医薬など．

プロテインS (protein S)

● 分子量：約84 kDaのタンパク質

基本データ
形状　　　：凍結乾燥粉末

活用法
保存の方法：粉末で，冷凍庫保存
入手先　　：和光純薬工業（539406）

解説

【特徴】肝臓で産生され，血中では40%が遊離型，60%がC4bp（補体系制御因子の1種）との複合体として存在する．

【生理機能】プロテインSは活性型プロテインCの補酵素として，凝固第Ⅷa，Va因子の失活化を行う．プロテインS欠損では線溶系の機能が低下し，血栓症を引き起こす．また，負電荷をもつリン脂質に結合する．

【用途】血液凝固に関する細胞生物学・医学研究．

第Ⅲ部：有機化合物

第3章
核酸の成分とその関連物質

鈴木あい

アデニン (adenine：A)

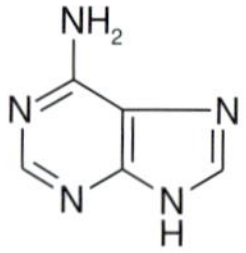

- 分子式：$C_5H_5N_5$
- 分子量：135.13
- 別名：6-アミノプリン
- CAS登録番号：73-24-5

基本データ

形状　　　：白色～灰色の結晶性粉末
溶解性　　：熱水にやや難溶〔2.5g/100 mL（100℃）〕，エタノールに難容，水にきわめて難溶（0.09g/100 mL），アセトンにほとんど不溶．水酸化ナトリウム溶液に可溶
溶液の特性：pK_a<1，4.1，9.8
モル吸光係数：$\varepsilon_{262.5}$ 13,200（pH 1.0），$\varepsilon_{260.5}$ 13,400（pH 7.0）
取り扱いと保存：遮光し，冷蔵庫に保存する．毒性がある：LD_{50}（ラット，経口投与）227 mg/kg

解説

【特徴&生理機能】酸とアルカリ両方に溶ける．プリン化合物中最も重要なものの1つ．生体内で重要な補酵素のCoA，FAD，NADの構成要素であり，

ATPやヌクレオチドの塩基部分をなす．

【用途】培養工学試薬，植物組織培養，植物成長制御試薬，器官分化制御剤，核酸関連物質研究用．

アデノシン／デオキシアデノシン

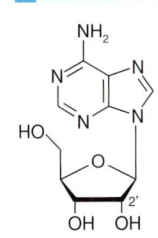

- **分子式**：$C_{10}H_{13}N_5O_4$
- **分子量**：267.24
- **構造式**：アデノシンを示した．デオキシアデノシンはアデノシンのリボースの2'位からヒドロキシル基が水素に置換した構造
- **CAS登録番号**：58-61-7

デオキシアデノシン〔2'-デオキシアデノシン一水和物（2'-deoxyadenosine）〕

- **分子式**：$C_{10}H_{13}N_5O_3 \cdot H_2O$
- **分子量**：269.2
- **CAS登録番号**：16373-93-6

❏ 基本データ

形状	：両者とも白色の結晶性粉末
溶解性	：アデノシンは水に可溶．酸やアルカリにも溶ける．デオキシアデノシンは水に可溶（0.1g/20 mL，温水），熱エタノール，メタノールにやや可溶
物理化学的特徴	：両者とも安定
溶液の特性	：アデノシン：pK_a=3.5, 12.5，デオキシアデノシン：pK_a=3.8
モル吸光係数	：アデノシン：ε_{260} 14,900 (pH 6.0)，デオキシアデノシン：ε_{260} 15,200 (pH 7.0)
取り扱いと保存	：両者とも遮光して，冷蔵庫に保存する．デオキシアデノシンはアルカリには比較的安定だが，酸には不安定

❏ 解説

【特徴】アデノシンはアデニンとリボースからなるヌクレオシドの1つ．

【生理機能】アデノシンとデオキシアデノシンはそれぞれRNAとDNAの成分.
【用途】ともに核酸・遺伝子研究用,核酸合成用試薬,細胞培養.

ATP/dATP/ddATP

アデノシン5'-三リン酸二ナトリウム三水和物
(adenosine5'-triphosphate disodium salt trihydrate:ATP)

- 分子式:$C_{10}H_{14}N_5Na_2O_{13}P_3・3H_2O$
- 分子量:605.19
- 構造式:ATPを示した.dATPは糖の2'位のヒドロキシル基が水素に置換され、ddATPは2',3'位のヒドロキシル基が水素に置換されている
- CAS登録番号:51963-61-2

2'-デオキシアデノシン5'-三リン酸二ナトリウム塩
(2'-deoxyadenosine5'-triphosphate disodium salt:dATP)

- 分子式:$C_{10}H_{14}N_5O_{12}P_3Na_2$
- 分子量:535.15
- CAS登録番号:1927-31-7

2',3'-ジデオキシアデノシン 5'-三リン酸三ナトリウム塩
(2',3'-dideoxyadenosine5'-triphosphate tetrasodium salt:ddATP)

- 分子式:$C_{10}H_{12}N_5O_{11}P_3Na_4$
- 分子量:563.11

基本データ

形状	:白色の結晶性粉末
物理化学的特徴	:低温で比較的安定
溶解性	:水に易溶.エタノールおよびアセトンにほとんど溶けない

溶液の特性	: ATP：pK_a＜1，4.0，6.0〜6.9，dATP：pK_a=4.8，6.8. 酸性条件では不安定で，リン酸が遊離する．ATPの溶液は約pH3.2〔25℃，1％（w/v）〕
モル吸光係数	: ATP：ε_{257}14,700（pH2.0），ε_{230}3,500（pH2.0），dATP：ε_{258}14,800（pH2.0）ε_{228}3,000（pH2.0）
取り扱いと保存	: 冷凍庫保存

解説

【代謝＆生理機能】 ATPはRNA合成の基質になるとともに，生体内でのエネルギー源となる．dATPはDNAを構成する．ATPは高エネルギー物質で，ADPへの加水分解で7.3kcal/molの自由エネルギーを放出する．

【用途】 DNA合成基質，分子生物学研究，生化学研究，遺伝子工学試薬

【関連物質】 ATP単体（CAS登録番号：56-65-5，分子量：507.18），dATP単体（CAS登録番号：1927-31-7，分子量：491.18），ddATP単体（分子量：475.18）．

グアニン（guanine：G）

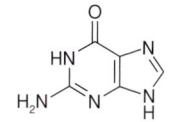

- **分子式**：$C_5H_5N_5O$
- **分子量**：151.13
- **別名**：2-アミノ-6-ヒドロキシプリン
- **CAS登録番号**：73-40-5

基本データ

形状	: 白色またはわずかにうすい褐色の結晶性粉末
溶解性	: 水（0.004g/100 mL），エタノールに不溶．酸，アルカリには易溶（0.1 M，1 M NaOH）
溶液の特性	: pK_a=3.3，9.2，13.2
モル吸光係数	: ε_{276}73,500（pH 1.0），ε_{276}82,000（pH 7.0）
取り扱いと保存	: 遮光し，換気のよい冷蔵庫に密閉して保存する

解説

【特徴】 核酸の構成成分でプリン塩基の1つ．ラクタム形とラクチム形をと

るが，中性状態ではほとんどがラクタム形である．亜硝酸の作用によりキサンチンを生じる．

【用途】 核酸関連研究．

グアノシン／デオキシグアノシン

グアノシン（guanosine）

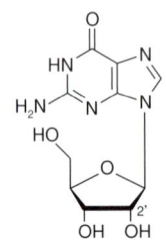

- **分子式**：$C_{10}H_{13}N_5O_5$
- **分子量**：283.24
- **構造式**：グアノシンを示した．デオキシグアノシンはグアノシンのリボースの2'位からヒドロキシル基が水素に置換した構造
- **CAS登録番号**：118-00-3

デオキシグアノシン〔2'-デオキシグアノシン一水和物（2'-deoxyguanosine）〕

- **分子式**：$C_{10}H_{13}N_5O_4 \cdot H_2O$
- **分子量**：285.27
- **CAS登録番号**：961-07-9

基本データ

形状	：白色の粉末
物理化学的特徴	：グアノシンはアルカリには比較的安定だが酸には不安定で，グアノシンからグアニンとD-リボースを生じ，デオキシグアノシンはグアニンと2-デオキシ-D-リボースに分解される
溶解性	：水に可溶．（デオキシグアノシン，0.1g/100 mL）
溶液の特性	：pK_a=1.6，9.2（グアノシン），pK_a=2.5（デオキシグアノシン）
モル吸光係数	：グアノシン：ε_{256}12,300（pH 0.7），ε_{253}13,600（pH 6.0），デオキシグアノシン：ε_{255}12,100（pH 1.0），ε_{254}13,000（pH 7.0）
取り扱いと保存	：遮光し，冷蔵庫に保存する．毒性がある：グアノシン：LD_{50}（マウス，腹腔内注射）500 mg/kg，デオキシグアノシン：LD_{50}（ラット，腹腔内注射）＞800 mg/kg

解説

【特徴】グアノシンはリボヌクレオシドの1つで塩基にグアニンを含み,デオキシグアノシンはデオキシリボヌクレオシドの1つ.

【生理機能】グアノシンは生体内でグアニル酸より生じ,加水分解されてグアニンとなる.

【用途】グアノシンは核酸関連研究用.デオキシグアノシンは核酸・遺伝子研究用,核酸合成用試薬.

GTP/dGTP/ddGTP

グアノシン5'-三リン酸リチウム塩
(guanosine5'-triphosphate lithium salt:GTP)

- **分子式**:$C_{10}H_{16}N_5O_{14}P_3Li$
- **分子量**:544.00
- **構造式**:GTPを示した.dGTPは糖の2'位のヒドロキシル基が水素に置換され,ddGTPは2',3'位のヒドロキシル基が水素に置換されている
- **CAS登録番号**:85737-04-8

2'-デオキシグアノシン5'-三リン酸ナトリウム塩
(2'-deoxyguanosine5'-triphosphate trisodium salt:dGTP

- **分子式**:$C_{10}H_{13}N_5Na_3O_{13}P_3$
- **分子量**:573.13
- **CAS登録番号**:93919-41-6

2'-ジデオキシグアノシン5'-三リン酸ナトリウム塩
(2',3'-dideoxyguanosine5'-triphosphate sodium salt:ddGTP)

- **分子式**:$C_{10}H_{15}N_5NaO_{12}P_3$

- **分子量**：513.16
- **CAS登録番号**：68726-28-3

基本データ

形状　　　：白色の結晶性粉末
溶解性　　：水に易溶
溶液の特性：GTP：pK_a=3.3，9.3，dGTP：pK_a=3.5，6.5，9.7，GTPナトリウム塩：pH 8.1〜8.5
モル吸光係数：GTP：ε_{256}12,400（pH2.0），ε_{253}13,700（pH7.0），dGTP：ε_{255}12,300（pH1.0），ε_{252}13,700（pH7.0）
取り扱いと保存：冷凍庫保存

解説

【生理機能】GTPはRNA合成の基質となるとともに，タンパク質合成のエネルギー源となる．dGTPはDNAの合成基質．
【用途】DNA合成基質，分子生物学研究，生化学研究，遺伝子工学試薬．
【関連物質】GTP単体（CAS登録番号：86-01-1，分子量：523.18），dGTP単体（CAS登録番号：2564-35-4，分子量：507.18），ddGTP単体（分子量：491.18）．

シトシン（cytosine：C）

- **分子式**：$C_4H_5N_3O$
- **分子量**：111.10
- **別名**：6-アミノウラシル，ウラシルイミド
- **CAS登録番号**：71-30-7

基本データ

形状　　　：白色〜灰白色の結晶性粉末
溶解性　　：熱水に溶けやすく，水に微溶（0.77g/100 mL）
溶液の特性：pK_a=4.6，12.2
モル吸光係数：ε_{276}10,000（pH 1.0），ε_{267}6,100（pH 7.0）
取り扱いと保存：遮光し，冷蔵庫に保存する

解説

【特徴】ピリミジン塩基の1つで，RNAおよびDNAの構成塩基．亜硝酸の作用によってウラシルを生成する．

【生理機能】シトシンは核酸合成の前駆物質とはならず，脱アミノを受けてウラシルを生じ代謝される．

【用途】生化学研究用，核酸関連研究用．

シチジン／デオキシシチジン

シチジン（cytidine）

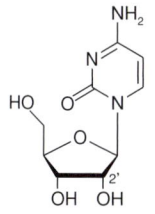

- **分子式**：$C_9H_{13}N_3O_5$
- **分子量**：243.22
- **構造式**：シチジンを示した．デオキシシチジンはシチジンのリボースの2'位にあるヒドロキシル基が水素に置換している
- **CAS登録番号**：65-46-3

デオキシシチジン〔2'-デオキシシチジン（2'-deoxycytidine）〕

- **分子式**：$C_9H_{13}N_3O_4$
- **分子量**：227.22
- **CAS登録番号**：915-77-9

基本データ

形状	：白〜かすかに褐色の結晶性粉末
物理化学的特徴	：デオキシシチジンは酸，アルカリに比較的安定
溶解性	：水に可溶（シチジン，50 mg/mL），エタノール，アセトンに微溶
溶液の特性	：シチジン：pK_a=4.2, 12.5，デオキシシチジン：pK_a=4.3
モル吸光係数	：シチジン：ε_{280}13,400（pH 2.2），ε_{271}9,100（pH 8.1），ε_{280}13,200（pH 1.0），デオキシシチジン：ε_{271}9,000（pH 7.0）
取り扱いと保存	：遮光し，冷蔵庫に保存する．毒性がある：LD_{50}，（マウス，

腹腔内注射）800 mg/kg（デオキシシチジン）

🔲 解説

【特徴】 シチジンは，RNAを構成するピリミジンヌクレオシドの1つ．また，デオキシシチジンは，DNAを構成するデオキシピリミジンヌクレオシドの1つで，アルカリに比較的安定である．シチジンは，濃酸によりシトシンとフルフラールに加水分解される．デオキシシチジンは，亜硝酸処理によりデオキシウリジンを生ずる．

【用途】 核酸・遺伝子研究用，核酸合成用試薬，細胞培養．

CTP/dCTP/ddCTP

シチジン 5'-三リン酸二ナトリウムn水和物
(cytidine5'-triphosphate disodium salt n-hydrate：CTP)

- **分子式**：$C_9H_{14}N_3Na_2O_{14}P_3 \cdot XH_2O$
- **分子量**：527.12（無水塩）
- **構造式**：CTPを示した．dCTPは糖の2'位のヒドロキシル基が水素に置換され，ddCTPは2',3'位のヒドロキシル基が水素に置換されている
- **CAS登録番号**：81012-87-5

2'-デオキシシチジン 5'-三リン酸二ナトリウム塩
(2'-deoxycytidine5'-triphosphate disodium salt：dCTP)

- **分子式**：$C_9H_{14}N_3Na_2O_{13}P_3$
- **分子量**：511.12
- **CAS登録番号**：102783-51-7

2',3'-ジデオキシシチジン 5'-三リン酸ナトリウム塩
(2',3'-dideoxycytidine5'-triphosphate sodium salt：ddCTP)

- **分子式**：$C_9H_{15}N_3NaO_{12}P_3$

- **分子量**：473.14
- **CAS登録番号**：132619-66-0

基本データ

形状　　　　　：白～わずかにうすい黄色の結晶性粉末
溶解性　　　　：水に可溶
溶液の特性　　：CTP：pH 8.1～8.5，dCTP：pH 6.5～7.5
モル吸光係数　：CTP：ε_{280}12,800（pH2.0），ε_{271}9,000（pH7.0），
　　　　　　　　dCTP：ε_{280}13,100（pH2.0），ε_{272}9,100（pH7.0）
取り扱いと保存：冷凍庫保存

解説

【特徴】ヌクレオチド，デオキシヌクレオチド，ジデオキシヌクレオチドのなかで，シトシンを塩基にもつもの．CTPはUTPのアミノ化で生成する．
【生理機能】CTPはRNA合成の基質になるとともに，リン脂質生合成の中間生成物の材料にもなる．dCTPはDNAの構成要素．
【用途】DNA合成基質，分子生物学研究，生化学研究，遺伝子工学試薬
【関連物質】CTP単体（CAS登録番号：65-47-4，分子量：483.16），dCTP単体（CAS登録番号：2056-98-6，分子量：467.16），ddCTP単体（分子量：451.16）．

チミン（thymine：T）

- **分子式**：$C_5H_6N_2O_2$
- **分子量**：126.12
- **別名**：5-メチルウラシル
- **CAS登録番号**：65-71-4

基本データ

形状　　　　　　：白色の結晶性粉末
物理化学的特徴　：光により変質する
溶解性　　　　　：水に可溶（0.8g/100 mL），エタノールおよび水酸化ナトリ

	ウム溶液に易溶
溶液の特性	: pK_a=9.9（>13）
モル吸光係数	: $\varepsilon_{264.5}$7,900（pH 4.0），ε_{291}5,400（pH 12.0）
取り扱いと保存	: 遮光し，冷蔵庫に保存する

解説

【特徴】DNAを構成する塩基の1つ．DNA中にあるとき，260nm付近の紫外線照射により二量体（チミンダイマー）を生じる．
【生理機能】デオキシチミジンからジヒドロウラシルデヒドロゲナーゼの働きにより生成する．
【用途】細胞増殖研究，細菌用培地，細胞培養．

デオキシチミジン（deoxythymidine：DThyd）

- 分子式：$C_{10}H_{14}N_2O_5$
- 分子量：242.231
- 別名：チミジン，チミンデオキシリボシド
- CAS登録番号：50-89-5

基本データ

形状	: 白色の結晶性粉末
溶解性	: 水，メタノールに可溶
溶液の特性	: pK_a=9.8（>13）
モル吸光係数	: ε_{267}9,650（pH1.0），ε_{267}9,700（pH7.0）
取り扱いと保存	: 直射日光を避け，冷蔵庫に保存する

解説

【特徴】デオキシチミジンはデオキシヌクレオチドの1つで，塩基にチミンを含む．デオキシヌクレオシドしかないため単にチミジンとも呼ばれる．
【用途】細胞培養，細胞周期（同調培養）実験用，HAT培地，免疫研究．

dTTP/ddTTP

2'-デオキシチミジン5'-三リン酸ナトリウム塩
(2'-deoxythymidine5'-triphosphate sodium salt：dTTP)

- 分子式：$C_{10}H_{16}N_2O_{14}P_3Na$
- 分子量：504.15
- 構造式：dTTPを示した．ddTTPは糖の3'位のヒドロキシル基が水素に置換されている
- CAS登録番号：18423-43-3

3'-デオキシチミジン5'-三リン酸三リチウム塩
(3'-deoxythymidine5'-triphosphate trilithium salt：ddTTP)

- 分子式：$C_{10}H_{14}Li_3N_2O_{13}P_3$
- 分子量：483.97
- CAS登録番号：93939-78-7

基本データ

形状	：白色の粉末
溶解性	：水に易溶
溶液の特性	：dTTP：pH 6.5～7.5，ddTTP：約pH 7.0
モル吸光係数	：dTTP：ε_{267} 9,600（pH2.0），ddTTP：ε_{267} 9,600（pH7.0）
取り扱いと保存	：冷凍保存

解説

【特徴】ヌクレオチド，デオキシヌクレオチド，ジデオキシヌクレオチドのなかで塩基にチミジンをもつもの．

【生理機能】dTTPはDNA合成の基質となる．

【用途】DNA合成基質，分子生物学研究，生化学研究，遺伝子工学試薬

ウラシル (uracile：U)

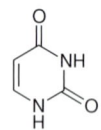

- **分子式**：$C_4H_4N_2O_2$
- **分子量**：112.09
- **別名**：2,4-ジヒドロキシピリミジン
- **CAS登録番号**：66-22-8

基本データ

形状	：無色〜白色の針状結晶
物理化学的特徴	：光により変質する
溶解性	：熱水に易溶，冷水に微溶
溶液の特性	：pK_a=9.5
モル吸光係数	：ε_{284}6,200（pH 12.0），$\varepsilon_{259.5}$8,200（pH 7.0）
取り扱いと保存	：遮光し，冷蔵庫に保存する

解説

【特徴】RNAを構成するピリミジン塩基の1つ．

【代謝&生理機能】RNAの加水分解により得られる．紫外線照射より二量体を形成する．5'位にフッ素が導入された5-フルオロウラシル（5-FU）は抗癌剤としても使われている．

【用途】細胞培養，比色定量実験，核酸関連研究．

【関連物質】5-フルオロウラシル（CAS登録番号：51-21-8，分子量：130.077）．

前ページ続き:

【関連物質】dTTP単体（CAS登録番号：365-08-2，分子量：482.17），ddTTP単体（分子量：466.17）．

ウリジン (uidine)

- **分子式**：C$_9$H$_{12}$N$_2$O$_6$
- **分子量**：244.20
- **別名**：ウラシルリボシド
- **CAS登録番号**：58-96-8

基本データ

形状	：白色の針状結晶
物理化学的特徴	：光により変質する
溶解性	：水に易溶
溶液の特性	：pK_a=9.2, 12.5
モル吸光係数	：ε_{262}10,100（pH 1.0），ε_{262}10,100（pH 7.0）
取り扱いと保存	：遮光し，冷蔵庫に保存する

解説

【特徴】RNAを構成するピリミジンヌクレオシドの1つ．RNAの加水分解で得られる．RNAに含まれる4つのヌクレオシドのなかで，最もプロトン化されにくい．

【生理機能】ウラジル酸の脱リン酸化反応，またはD-リボースとウラシル誘導体の縮合によって生成する．

【用途】細胞培養，核酸関連研究．

UTP (uridine5'-triphosphate trisodium salt, ウリジン5'-三リン酸三ナトリウム塩)

- **分子式**：C$_9$H$_{12}$N$_2$Na$_3$O$_{15}$P$_3$
- **分子量**：550.09
- **CAS登録番号**：19817-92-6

基本データ

形状	：白色の結晶
溶解性	：水に易溶
溶液の特性	：pK_a=9.6
モル吸光係数	：ε_{262} 10,000（pH 2.0），ε_{261} 8,100（pH 11.0）
取り扱いと保存	：遮光し，冷蔵庫に保存する

解説

【特徴】ヌクレオチドのなかでウリジンを塩基にもつもの．ATPによりUDPがリン酸化されることで生成される．

【生理機能】RNA合成の基質となる．代謝反応においてはエネルギー源や活性化因子としての機能がある．

【用途】DNA合成基質，分子生物学研究，生化学研究，遺伝子工学試薬，調味料，医薬品の中間原料，薬理研究．

【関連物質】UTP単体（CAS登録番号：63-39-8，分子量：484.14）．

cAMP〔サイクリックAMP（アデノシン 3',5'-環状ーリン酸ナトリウム, adenosine-3', 5'-cyclic monophosphate, sodium salt）〕

- **分子式**：C$_{10}$H$_{11}$N$_5$O$_6$PNa
- **分子量**：369.20
- **別名**：環状AMP
- **CAS登録番号**：37839-81-9

基本データ

形状	：白色の結晶
融解性	：水に易溶（50 mg/mL）
溶液の特性	：酸，アルカリに安定
モル吸光係数	：ε_{256}14,500（pH 2.0），ε_{258}14,650（pH 7.0）
取り扱いと保存	：冷凍庫保存

解説

【特徴】アデニル酸シクラーゼによってATPから生成される．ホスホジエステラーゼによってAMPに分解される．

【代謝&生理機能】グルカゴンやアドレナリンの作用によって細胞内シグナルのセカンドメッセンジャーとして働き，プロテインキナーゼの活性化などを起こす．

【用途】シグナル伝達解析，細胞増殖研究，ホルモン作用研究．

【関連物質】cAMP単体（CAS登録番号：60-92-4，分子量：329.21）．

ポリアデニル酸カリウム塩
〔polyadenylic acid potassium salt：ポリ（A）〕

- 分子量：$1 \sim 14 \times 10^6$
- 別名：ポリアデニル酸
- CAS登録番号：26763-19-9

基本データ

形状	：結晶性の粉末
融解性	：水に易溶
溶液の特性	：高濃度溶液は粘性があり，酸性で三重鎖構造をとる
取り扱いと保存	：冷凍庫保存

解説

【特徴】AMPが3'-5'ホスホジエステル結合で重合した一本鎖RNA．

【生理機能】真核細胞mRNAの3'末端あるいはRNAウイルスのゲノムRNA

の3'末端にみられる．

【用途】分子生物学実験，DNAポリメラーゼの活性測定．

ヒポキサンチン (hypoxanthine：HX)

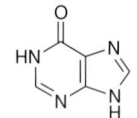

- **分子式**：$C_5H_4N_4O$
- **分子量**：136.112
- **別名**：6-ヒドロキシプリン，サルシン
- **CAS登録番号**：68-94-0

基本データ

形状	：白色〜わずかにうすい褐色の結晶
物理化学的特徴	：光により変質する．加熱すると融解せずに分解する
溶解性	：熱水（0.2g/100 mL，100℃），酸，アルカリ水溶液（25 mg/mL，1 M NaOH）に可溶．冷水に難溶
溶液の特性	：pK_a=8.7
モル吸光係数	：ε_{260} 7,900（pH6.0），ε_{260} 11,000（pH 11.0）
取り扱いと保存	：遮光し，冷蔵庫に保存する．毒性がある：LD_{50}（マウス，腹腔内投与）750mg/kg

解説

【特徴】アデニンのアミノ基が水酸基に置き換わったもの．

【代謝＆生理機能】ヒポキサンチンはキサンチンから生成され，サルベージ回路によってイノシン一リン酸に変換される．アデニンは自発的な脱アミノ化により，ヒポキサンチンに変化することで誤転写やDNAの誤複製を起こす．

【用途】免疫研究用試薬，ハイブリドーマ作成，リンパ球培養試薬，同調培養試薬，HAT培地．

イノシン (inosine：Ino)

- **分子式**：$C_{10}H_{12}N_4O_5$
- **分子量**：268.23
- **別名**：ヒポキサントシン，ヒポキサンチンヌクレオシド
- **CAS登録番号**：58-63-9

基本データ

形状	：白色の結晶性粉末
溶解性	：水に易溶（0.5M）
溶液の特性	：pK_a=1.2，8.9，12.5
モル吸光係数	：ε_{248}12,200（pH3.0），ε_{253}13,100（pH 11.0）
取り扱いと保存	：直射日光を避け，冷蔵庫に保存する

解説

【特徴】リボヌクレオシドの1つで塩基にヒポキサンチンを含む．ヒポキサンチンとD-リボースの縮合物．酸によりヒポキサンチンとD-リボースに分解する．

【代謝＆生理機能】筋肉や動物組織中，酵母などに含まれ，細胞内ではtRNAの構成成分となる．

【用途】細胞培養，核酸関連研究用．

AMP (adenylic acid, アデノシン5'ーリン酸)

- 分子式：$C_{10}H_{14}N_5O_7P$
- 分子量：347.22
- 別名：アデニル酸
- CAS登録番号：61-19-8

基本データ

形状	：白色の結晶性粉末
溶解性	：熱水に溶けやすい．アルカリに易溶．酸，エタノールに微溶
溶液の特性	：pK_a=3.8
モル吸光係数	：ε_{260}14,500（pH2.0），ε_{260}15,300（pH7.0）
取り扱いと保存	：冷凍庫保存

解説

【特徴】リン酸の結合位置により3種のアデニル酸が存在するが，通常はアデノシン5'-リン酸をさす．

【代謝＆生理機能】RNAの構成ヌクレオチドの1つ．リン酸の代謝およびエネルギー代謝での重要な物質．アデノシン二リン酸と同様にリン酸受容能があり，エネルギー運搬体として機能する．

【用途】核酸関連研究．

GMP (guanosine5'-monophosphate disodium salt, グアノシン5'ーリン酸二ナトリウム)

- 分子式：$C_{10}H_{12}N_5Na_2O_8P$
- 分子量：407.18
- 別名：グアニル酸
- CAS登録番号：5550-12-9

基本データ

形状	：白色の結晶性粉末
溶解性	：水に可溶（0.1g/100 mL）
溶液の特性	：pK_a=2.3, 5.9, 9.7
モル吸光係数	：ε_{260}11,600（pH1.0）, ε_{260}11,700（pH7.0）
取り扱いと保存	：冷凍庫保存

解説

【特徴】リン酸の結合位置により3種のグアノシンリン酸が存在するが、通常はグアノシン5'-リン酸をさす．RNAのホスホジエステラーゼによる加水分解で得られる．

【代謝&生理機能】RNA構成ヌクレオチドの1つ．ヌクレオチド代謝の中間生成物として出現する．シイタケの旨味成分の1つ．

【用途】調味料原料，核酸関連研究用．

【関連物質】GMP単体（CAS登録番号：85-32-5，分子量：363.223）．

CMP（cytidine5'-monophosphate disodium salt, シチジン5'-一リン酸二ナトリウム）

- 分子式：$C_9H_{12}N_3O_8PNa_2$
- 分子量：367.16
- 別名：シチジル酸
- CAS登録番号：6757-06-8

基本データ

形状	：白色の結晶性粉末
溶解性	：水に可溶
溶液の特性	：pK_a=4.4, 6.3
モル吸光係数	：ε_{260}6,300（pH2.0）, ε_{260}7,400（pH7.0）
取り扱いと保存	：冷凍庫保存

解説

【特徴】 リン酸の結合位置により3種のシチジル酸が存在するが，通常はシチジン5'-リン酸をさす．
【生理機能】 RNA構成ヌクレオチドの1つ．
【用途】 調味料，医薬品の原料，薬理研究，核酸関連研究．
【関連物質】 CMP単体（CAS登録番号：63-37-6，分子量：323.198）．

TMP（thymidine5'-monophosphate disodium salt, チミジン-5'-一リン酸ニナトリウム塩）

- 分子式：$C_{10}H_{15}N_2O_8PNa_2$
- 分子量：366.2
- 別名：チミジル酸
- CAS登録番号：33430-62-5

基本データ

形状　　　：白色の結晶性粉末
溶解性　　：水に易溶
溶液の特性：pK_a=10.0
モル吸光係数：ε_{260} 9,300（pH2.0），ε_{260} 9,300（pH7.0）
取り扱いと保存：冷凍庫保存

解説

【特徴】 リン酸の結合位置により3種のチミジル酸が存在するが，通常はチミジン5'-リン酸をさす．
【生理機能】 DNAを構成するデオキシヌクレオチドの1つ．サルベージ回路においてチミジンより生成する．
【用途】 核酸関連研究．
【関連物質】 TMP単体（CAS登録番号：365-07-1，分子量：322.21）．

cGMP〔サイクリックGMP（グアノシン3,5'ーリン酸ナトリウム, guanosine3',5'-monophosphate monosodium salt）〕

- 分子式：$C_{10}H_{11}N_5NaO_7P$
- 分子量：367.19
- 別名：環状GMP
- CAS登録番号：40732-48-7

基本データ

形状	：白色の結晶性粉末
溶解性	：水に易溶（50 mg/mL）
モル吸光係数	：$\varepsilon_{256.5}$11,350（pH1.0），ε_{254}12,950（pH7.0）
取り扱いと保存	：冷凍庫保存

解説

【特徴】グアノシン一リン酸のリン酸基が3'末端と5'末端と連結している環状エステル．

【代謝＆生理機能】グアニル酸シクラーゼによりGTPから生成される．cAMPと同様にセカンドメッセンジャーとしてプロテインキナーゼGと結合し活性化することで，シグナル伝達に関与する．cGMPはホスホジエステラーゼによって5'-GMPに分解されて不活性化する．

【用途】糖代謝研究，ヌクレオチド代謝研究，シグナル伝達研究．

【関連物質】グアノシン3'，5'-リン酸（cGMP単体）（CAS登録番号：7665-99-8，分子量：345.21）．

キサンチン (xanthine：XAN)

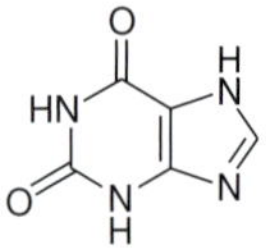

- **分子式**：$C_5H_4N_4O_2$
- **分子量**：152.113
- **別名**：2,6-ジオキソプリン
- **CAS登録番号**：69-89-6

基本データ

形状	：白色～うすい黄色の結晶性粉末
物理化学的特徴	：昇華性がある
溶解性	：水に難溶（0.01g/100 mL，5℃），鉱酸，アルカリ性水溶液（0.1M，1M NaOH）に可溶
モル吸光係数	：ε_{231} 6,350（pH0），ε_{267} 10,250（pH6.0）
取り扱いと保存	：直射日光を避け，冷蔵庫に保存する

解説

【特徴】プリン塩基の1つ．生体内ではプリン化合物の分解で生じる．

【代謝&生理機能】ほとんどの組織や体液にみられる．キサンチンオキシダーゼの作用により尿酸になる．核タンパク質代謝の窒素性副産物．

【用途】代謝研究，ヌクレオチド，核酸関連研究．

第III部：有機化合物

第4章 糖およびアルコール類

城後 美沙子

N-アセチル-D-グルコサミン
(N-acetyl-D-glucosamine：GluNAc)

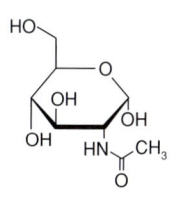

- 分子式：$C_8H_{15}NO_6$
- 分子量：221.21
- 別名：2-アセトアミド-2-デオキシ-D-グルコース，NAG
- CAS登録番号：7512-17-6

基本データ

形状	：白色の結晶性粉末～粉末
溶解性	：水，エタノールに可溶
取り扱いと保存	：冷蔵庫保存

解説

【特徴】グルコースから誘導された単糖．グルコサミンと酢酸とのアミド．

【代謝＆生理機能】経口摂取により90％以上が腸管から吸収，約50％が肝臓で代謝，残りは血漿タンパクに結合，または各種臓器に取り込まれる．関節軟骨以外に好中球や血小板にも作用し，抗炎症作用などの生理活性を示す．

【用途】細胞培養用，生化学研究，アミノ糖研究，医薬品，化粧品．

デキストリン (dextrin)

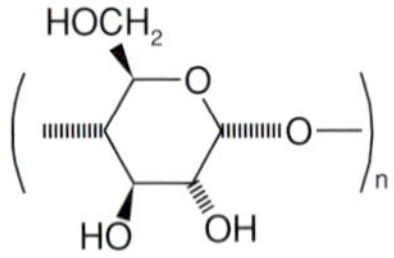

- **分子式**：$(C_6H_{10}O_5)_n$
- **別名**：ピロデキストリン，デンプンゴム
- **CAS登録番号**：9004-53-9

基本データ

形状	：白色～うすい褐色の粉末
溶解性	：水溶性だが，分子量の増加とともに水への溶解性は低下（難溶性デキストリン）
溶液の特性	：ゴム状
取り扱いと保存	：室温保存

解説

【特徴】数個の α-グルコースがグリコシド結合によって重合した物質の総称で，デンプンの加水分解により得られる．デンプンとマルトースの中間体．

【代謝＆生理機能】アミラーゼによってマルトースに分解され，最終的にグルコースとなる．

【用途】生化学研究，微生物学研究．

【関連物質】シクロデキストリン γ（CAS登録番号：17465-86-0）：環状オリゴ糖の一種．光学活性体であり，クロマトグラフィーのカラムの固定相として利用．

デキストラン (dextran)

- **分子式**：$(C_6H_{10}O_5)_n$
- **分子量**：5,000〜40,000,000
- **別名**：ポリ〔(1,6)-α-D-グルコース〕，ムクロース
- **CAS登録番号**：9004-54-0

基本データ

形状	：無味無臭の白〜薄い黄色の粉末
物理化学的特徴	：吸湿性がある
溶解性	：水に易溶．エタノール，アセトンなどの有機溶媒に難溶
取り扱いと保存	：室温保存

解説

【特徴】グルコースを唯一の構成成分とする多糖類の一種で，α-1,6グリコシド結合を多く含む．分岐構造が少なく冷水にもよく溶ける．

【用途】生化学研究，分子生物学研究（免疫沈降の感度上昇），浸透圧研究，医薬品，化粧品．

【関連物質】デキストラン硫酸ナトリウム（CAS登録番号：9011-18-1）：β-リポタンパク測定，核酸ハイブリダイゼーションの加速に利用される．

フルクトース〔D-フルクトース（fructose：Fru）〕

- **分子式**：$C_6H_{12}O_6$
- **分子量**：180.16
- **別名**：果糖，レブロース
- **CAS登録番号**：57-48-7

基本データ

形状	：白色の固体
融点	：102〜104℃
物理化学的特徴	：還元性を示し，フェーリング液の還元や銀鏡反応を起こす
溶解性	：100 mLの水（20℃）に375g溶ける．熱アセトンに易溶．エタノール，メタノールに難溶
取り扱いと保存	：室温保存

解説

【特徴】 グルコースとグリコシド結合によりスクロースを構成する単糖．代表的還元糖の1つ．糖のなかで最も甘味が強く，温度が下がると甘味は強くなる．L体も存在するが，生物にはD体のみ存在．

【代謝＆生理機能】 主に肝臓においてリン酸化を受け，解糖系に入るか糖新生でグルコースに変換される．

【用途】 細胞培養用，生化学研究，微生物学研究，糖研究，甘味料．

ガラクトース（D-galactose：Gal）

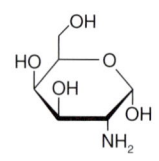

- **分子式**：$C_6H_{12}O_6$
- **分子量**：180.08
- **別名**：セレブロース
- **CAS登録番号**：59-23-4

基本データ

形状	：白色の結晶〜粉末
物理化学的特徴	：還元性を示し，フェーリング液の還元や銀鏡反応を起こす
溶解性	：100 mLの水（25℃）に68g溶ける．エタノールに難溶
取り扱いと保存	：室温保存

解説

【特徴】グルコースとガラクシド結合によりラクトースを構成する単糖．グルコースほど甘くはない．天然にはD，L体の両方存在するが，D体が一般的．

【代謝&生理機能】ヒトにおいてラクトースβ-グルコシダーゼによるラクトースの加水分解で生じ，各組織で糖脂質や糖タンパク質の一部を形成する．

【用途】細胞培養用，生化学研究，糖研究，甘味料．

グルコース（D-glucose：Glc）

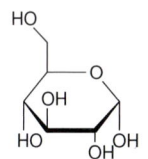

- 分子式：$C_6H_{12}O_6$
- 分子量：180.16
- 別名：デキストロース，ブドウ糖
- CAS登録番号：50-99-7

基本データ

形状	：甘味のある白色粉末
融点	：146℃（α），148〜155℃（β）
物理化学的特徴	：還元性を示し，フェーリング液の還元や銀鏡反応を起こす
溶解性	：100mLの水（25℃）に82.0g溶ける．エタノール，メタノールに可溶
溶液の特性	：α，β，その他の異性体（1％未満）で平衡状態をとっている
取り扱いと保存	：室温保存

解説

【特徴】 六炭糖で最も代表的な単糖,アルドースに分類される.L体も存在するが,天然に大量に存在するのはD体である.

【代謝&生理機能】 ヒトをはじめ動物や植物の活動のエネルギー源となり,中枢神経系の唯一のエネルギー源でもある.肝臓や筋肉にグリコーゲンとして蓄えられ,必要に応じて加水分解により生成される.

【用途】 細胞・細菌培養用,生化学研究,分子生物学研究,糖研究,有機合成原料,還元剤,医薬,食品,工業原料.

ラクトース一水和物 (lactose monohydrate:Lac)

- **分子式**:$C_{12}H_{22}O_{11} \cdot H_2O$
- **分子量**:360.32
- **別名**:乳糖
- **構造式**:単体を示す
- **CAS登録番号**:63-42-3

基本データ

形状	:白色の結晶性粉末〜粉末
物理化学的特徴	:還元性を示し,フェーリング液の還元や銀鏡反応を起こす
溶解性	:100mLの水(25℃)に21.6g溶ける
溶液の特性	:pH4.0〜6.0(50g/L,25℃)
取り扱いと保存	:室温保存

解説

【特徴】 哺乳動物の乳汁中にあるガラクトースとグルコースがβ-1,4ガラクシド結合した二糖.甘みは弱い.α-含水,α-無水,β-無水の3種の型があるが,本項のα-含水が一般.

【代謝&生理機能】 β-ガラクトシダーゼで加水分解され,吸収,代謝される.

【用途】 細胞培養用,微生物培養用,医薬原料(賦形剤),食品増量剤.

アロラクトース (allolactose)

- 分子式：$C_{12}H_{22}O_{11}$
- 分子量：342.3
- 別名：6-O-β-D-ガラクトピラノシル-α-D-グルコピラノース

解説

【特徴】ラクトースの位置異性体.

【生理機能】大腸菌のラックオペロンの直接の誘導因子として機能.

スクロース (sucrose：Suc)

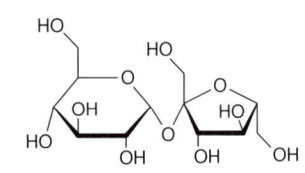

- 分子式：$C_{12}H_{22}O_{11}$
- 分子量：342.3
- 別名：ショ糖，サッカロース，β-D-フルクトフラノシル-α-D-グリコピラノシド
- CAS登録番号：57-50-1

基本データ

形状	：白色の結晶
溶解性	：100 mLの水（25℃）に210g溶ける．エタノールに難溶
溶液の特性	：pH 5.5〜7.5（1M，20℃）
取り扱いと保存	：室温保存

解説

【特徴】グルコースとフルクトースが還元基同士で互いにグリコシド結合した非還元性二糖．植物では貯蔵糖として重要であるが，動物では合成されない．

【代謝&生理機能】小腸のスクラーゼで加水分解され,吸収,代謝される.
【用途】微生物培養用,植物組織培養用,生化学研究,密度勾配遠心用試薬,浸透圧調整,甘味料.

マルトース一水和物（maltose monohydrate：Mal）

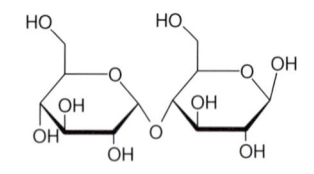

- 分子量：360.32
- 別名：麦芽糖
- CAS登録番号：6363-53-7

基本データ

形状	：白色の結晶粉末
融点	：102〜103℃
物理化学的特徴	：還元性を示し,フェーリング液の還元や銀鏡反応を起こす
溶解性	：100 mLの水（20℃）に108g溶ける.エタノールにやや難溶
取り扱いと保存	：室温保存

解説

【特徴】α-グルコース2分子がα-1,4グリコシド結合した二糖.ショ糖の1/3程度の甘み.

【生理機能】デンプンやグリコーゲンが唾液中のβ-アミラーゼにより分解されて生成.α-グルコシダーゼや酸によりグルコースに分解.

【用途】細胞培養用,生化学研究,バクテリオファージ研究,有機合成原料,医薬・化粧品原料.

ヘパリンナトリウム塩 (heparin sodium salt)

- **分子式**：$(C_{12}H_{19}NO_{20}S_3)_n$
- **分子量**：16,000～17,000
- **別名**：ダルテパリンナトリウム
- **構造式**：単体を示す
- **CAS登録番号**：9041-08-1

基本データ

形状	白色の粉末
物理化学的特徴	多数の硫酸基により分子は負に帯電
溶解性	水に可溶．エタノールに難溶
溶液の特性	pH6.0～8.0（10g/L, 25℃）
取り扱いと保存	室温保存

解説

【特徴】肝細胞から発見されたためヘパリンと名付けられたが，小腸，筋肉，肺，脾や肥満細胞など体内で幅広く存在する．

【生理機能】細胞表面において種々の細胞外マトリックスタンパク質と相互作用．抗凝固作用のほか，細胞増殖や脂質代謝にも関与．

【用途】細胞培養用，生化学研究，細胞研究，血液凝固・線溶系研究試薬，血液凝固阻害剤，レクチン研究．

リボース〔D-リボース（D-ribose：Rib）〕

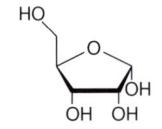

- 分子式：$C_5H_{10}O_5$
- 分子量：150.1
- 別名：D-リボフラノース
- CAS登録番号：50-69-1

基本データ

形状	：白色の粉末
融点	：87～92℃
溶解性	：水，エタノールに可溶
溶液の特徴	：フラノースとピラノースが混在している
取り扱いと保存	：冷蔵庫保存

解説

【特徴】生体において核酸塩基と結合してヌクレオシドを形成しており，リボ核酸の構成糖．天然に存在するのはフラノース構造である．

【代謝＆生理機能】生体内ではペントースリン酸経路，あるいはカルビン・ベンソン回路で合成される．

【用途】細胞培養用，分子生物学研究．

【関連物質】D-デオキシリボース（CAS登録番号：533-67-5，分子量：134.13）は，デオキシリボ核酸の構成糖．

UDP-グルコースナトリウム塩
(uridinine diphosphate glucose disodium salt：UDP-Glc)

- **分子式**：$C_{15}H_{24}N_2O_{17}P_2$
- **分子量**：566.302
- **別名**：ウリジンニリン酸グルコース
- **CAS登録番号**：117756-22-6

基本データ

形状	：白色の結晶性粉末～粉末
溶解性	：水に可溶
取り扱いと保存	：冷凍庫保存

解説

【特徴】ヌクレオチド（UDP）が結合して活性化したグルコース．

【代謝＆生理機能】ムコ多糖（グリコーゲン，セルロース）や複合多糖の生合成における糖供与体であり，他の糖ヌクレオチド（UDP-Gal）へ変換される中間体でもある．

【用途】生化学研究（糖転移酵素の糖供与体），有機合成原料．

デンプン (starch)

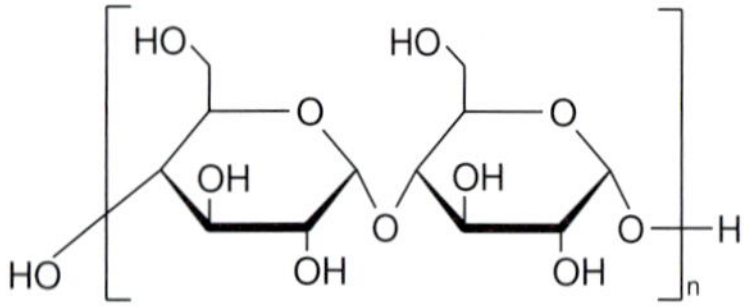

- **分子式**：$(C_6H_{10}O_5)_n$
- **別名**：アミロデキストリン
- **CAS登録番号**：9005-25-8

基本データ

形状　　　　　：無味無臭の白色の粉末
溶解性　　　　：アミロースは熱水に溶けるが、アミロペクチンは不溶
溶液の特性　　：加熱するとゲル状に変化（糊化）
　　　　　　　　ヨウ素溶液を加えると青～赤色を呈する（ヨウ素デンプン反応）
取り扱いと保存：室温保存

解説

【特徴】 多数の α-グルコース分子が、グリコシド結合によって重合した天然高分子。直鎖状で分子量の比較的小さいアミロースと、枝分かれが多く分子量の比較的大きいアミロペクチンが共存。

【代謝&生理機能】 唾液・膵液中のアミラーゼによりマルトースに、その後膵液・腸液中の α-グルコシダーゼによりグルコースにまで分解される。

【用途】 細胞培養用、ゲル泳動用、生化学研究、食品製造（増粘安定剤、コロイド安定剤、ゲル化剤、保水剤）や発酵原料、製紙。

N-アセチル-D-ガラクトサミン
(N-acetyl-D-galactosamine：D-GalNAc)

- 分子式：$C_8H_{15}NO_6$
- 分子量：221.2
- 別名：N-アセチルコンドロサミン，2-アセトアミド-2-デオキシ-D-ガラクトース
- CAS登録番号：14215-68-0

基本データ

形状	：白色の結晶性粉末～粉末
融点	：159～160℃
溶解性	：水に可溶
取り扱いと保存	：冷蔵庫保存

解説

【特徴】ヘキソサミンの一種であるガラクトサミンのN-アセチル体単糖．D体は動植物，微生物の複合糖質，特にプロテオグリカン（ムコ多糖），糖タンパク質，糖脂質の構成成分として広く分布．

【生理機能】ヒトのA型抗原を形成する末端の糖．また，細胞間伝達に必要でヒトと動物両方の感覚神経に集約される．

【用途】糖研究，レクチン研究．

アラビノース〔D-アラビノース（L-arabinose：Ara）〕

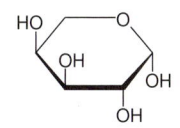

- 分子式：$C_5H_{10}O_5$
- 分子量：150.13
- 別名：L-アラビノピラノース
- CAS登録番号：147-81-9

基本データ

形状	：無臭の白色粉末
融点	：157〜160℃
溶解性	：水に易溶．90％エタノールに可溶
取り扱いと保存	：室温保存

解説

【特徴】アルドースに分類される五炭糖で還元性がある．他の単糖とは異なり，自然界にはD体よりもL体の方が圧倒的に多い．砂糖の50％の甘味がある．

【代謝&生理機能】小腸で吸収されにくく，スクラーゼによるグルコース，フルクトースの生成を抑える．

【用途】細胞培養用，生化学研究，糖研究，食品添加物．

ガラクトサミン塩酸塩
(D-galactosamine hydrochloride：GalN)

- **分子式**：$C_6H_{13}NO_5 \cdot HCl$
- **分子量**：215.63
- **別名**：α-ガラクトサミン塩酸塩，2-アミノ-2-デオキシ-D-ガラクトース塩酸塩
- **構造式**：単体を示す
- **CAS登録番号**：1772-03-8

基本データ

形状	：白色の粉末
融点	：180℃
溶解性	：水に易溶
取り扱いと保存	：冷蔵庫保存

解説

【特徴】 アミノ糖，コンドロイチン硫酸の構成成分の1つ．急性の肝炎型障害の原因ともなる．

【代謝&生理機能】 ガラクトースから誘導されたアミノ糖．卵胞刺激ホルモンや黄体形成ホルモンなどの糖タンパク質のホルモンを構成する．

【用途】 細胞培養用，生化学研究，糖代謝研究，実験的肝障害発症モデル作製剤．

N-アセチルノイラミン酸
(N-acetylneuraminic acid：Neu5Ac)

- 分子式：$C_{11}H_{19}NO_9$
- 分子量：309.271
- 別名：O-シアリン酸，アセノイラミン酸
- CAS登録番号：131-48-6

基本データ

形状	：白色針状結晶
融点	：186℃
溶解性	：水に易溶．エタノール，メタノールに難溶
取り扱いと保存	：冷凍庫保存

解説

【特徴】 脳のガングリオシドの分解で得られるアミノ糖であり，最も代表的なシアル酸．ピルビン酸とN-アセチル-D-マンノサミンのアルドール縮合物．この化学種の負電荷型は体内の器官をコーティングする粘液質の素となる．

【生理機能】 侵入する病原菌に対するおとりとして作用する．動作体であるガングリオシドは脳の構造に分布．

【用途】 生化学研究，糖研究，シアル酸研究．

コンドロイチン硫酸ナトリウム塩
〔コンドロイチン硫酸Cナトリウム
(chondroitin C sulfate disodium salt)〕

- **分子式**：$(C_{14}H_{19}O_{14}NSNa_2)_n$
- **別名**：コンドロイチン6硫酸ナトリウム
- **CAS登録番号**：12678-07-8

基本データ

形状	：白色の粉末
溶解性	：水に可溶．エタノールに不溶
取り扱いと保存	：冷蔵庫保存

解説

【特徴】D-グルクロン酸（GlcA）とN-アセチル-D-ガラクトサミン（GalNAc）のコンドロイチン硫酸2糖が反復する糖鎖に硫酸が結合したムコ多糖で，動物体内にみられる．コンドロイチン硫酸CはGalNAcの6位に硫酸基をもつ．

【生理機能】コアタンパク質と共有結合しプロテオグリカンとして細胞外マトリックスを形成．軟骨のアグリカンが代表的．

【用途】生理作用研究，乳化剤，保水剤，医薬品・健康食品原料．

【関連物質】コンドロイチン硫酸A：GalNAcの4位に硫酸基をもつ（CAS登録番号：24967-93-9）．コンドロイチン硫酸B：AのGlcAがイズロン酸に変化（CAS登録番号：54328-33-5）．他にも硫酸基の数，位置により多様性がある．

キシリトール (xylitol)

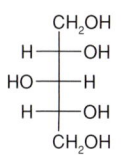

- **分子式**：$C_5H_{12}O_5$
- **分子量**：152.15
- **別名**：木糖アルコール
- **CAS登録番号**：87-99-0

❏ 基本データ

形状	：白色の結晶〜結晶粉末
融点	：93〜97℃
溶解性	：水に易溶．熱エタノール，メタノールに可溶
取り扱いと保存	：室温保存

❏ 解説

【特徴】キシロース由来の糖アルコールの一種．天然の代用甘味料でスクロースと同程度の甘味をもち，加熱による甘味の変化がない．

【生理機能】スクロースより吸収速度が遅く，血糖値の急上昇やそれに伴うインシュリンの反応を引き起こさない．

【用途】生化学研究，糖研究〔糖・糖アルコールの分離，定量（HPLC法）〕，食品添加物，甘味料．

ソルビトール〔D-ソルビトール（D-sorbitol）〕

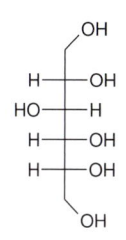

- **分子式**：$C_6H_{14}O_6$
- **分子量**：182.17
- **別名**：ソルビット，グルシトール
- **CAS登録番号**：50-70-4

基本データ

形状	：白色の結晶性粉末
融点	：97℃（安定型），92℃（不安定型），110〜112℃（無水物）
比重	：1.28
物理化学的特徴	：水に溶解するときに熱を吸収する
溶解性	：水に易溶．エタノール，アセトン，酢酸，N,N-ジメチルホルムアミド（DMF）に可溶
取り扱いと保存	：室温保存

解説

【特徴】グルコースのアルデヒド基をヒドロキシ基に変換した糖アルコールの一種．甘味があり，溶解時の吸熱反応により口中に清涼感をもたらす．

【生理機能】動物体内におけるグルコースからフルクトース生成の中間体．

【用途】細胞・細菌培養用，生化学研究，分子生物学研究（酵母DNA抽出），有機合成原料，甘味料，清涼剤．

グルコン酸 (gluconic acid)

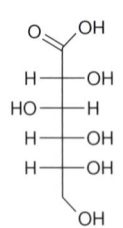

- 分子式：$C_6H_{12}O_7$
- 分子量：196.16
- 別名：2,3,4,5,6-ペンタヒドロキシヘキサン酸，マルトン酸
- CAS登録番号：526-95-4

基本データ（50%溶液について）

形状	：無色〜薄い黄色，澄明の液体
融点	：131℃
比重	：1.234
溶解性	：水に可溶．エタノールに難溶．（結晶）
溶液の特性	：グルコン酸，グルコノデルタラクトン，グルコノガンマラクトンが平衡状態で存在．pH 1.8
取り扱いと保存	：室温保存

❑ 解説

【特徴】 グルコースの1位炭素が酸化されたカルボン酸．強力なキレート剤でカルシウム・鉄・アルミニウム・銅やその他の重金属イオンにキレート配位する．

【生理機能】 摂取により体内での金属イオンの吸収を高める．

【用途】 有機合成原料，金属イオンのキレート剤，医薬品，食品添加物（pH調整剤，安定剤）．

【関連物質】 ナトリウム塩（CAS登録番号：527-07-1，分子量：218.1），カルシウム塩（CAS登録番号：299-28-5，分子量：430.4）は水溶液中で平衡状態であるため，塩でのみ純粋に存在する．

グルクロン酸 (glucronic acid：GlcA)

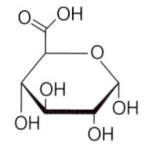

- **分子式**：$C_6H_{10}O_7$
- **分子量**：194.1408
- **別名**：D-グルクロン酸
- **CAS登録番号**：6556-12-3

❑ 基本データ

形状	：無色の固体
融点	：165℃
溶解性	：水，エタノールに可溶
取り扱いと保存	：冷凍庫保存

❑ 解説

【特徴】 グルコースの骨格構造と炭素6位のカルボキシ基をもつ糖であり，代表的なウロン酸．天然にはD体のみ存在．

【生理機能】 水に対し高度の可溶性の物質であるため，動物体内において体外排出のため毒物や，輸送のためホルモンと結合される．

【用途】 医薬品．

【関連物質】UDP-グルクロン酸三ナトリウム（CAS登録番号：63700-19-6，分子量：646.23）は，糖転移酵素の糖供与体として利用される．

チオグリコール酸 (thioglycollic acid：TGA)

- 分子式：$C_2H_4O_2S$
- 分子量：92.11
- 別名：メルカプト酢酸
- CAS登録番号：68-11-1

基本データ

形状	：悪臭，刺激臭のある無色の液体
融点	：−16℃
沸点	：96℃
比重	：1.325
蒸気圧	：101.3 kPa（20℃）
溶解性	：水，エタノールと任意に混和
取り扱いと保存	：直射日光を避け，冷凍〜冷蔵（2〜10℃）保存．火気を避ける．毒性がある：LD_{50}（ラット，経口投与）114 mg/kg

解説

【特徴】空気中で容易に酸化を受けて，ジチオジグリコール酸を与える．重金属イオンに対し鋭敏で，スズ，銅とはEDTAよりも安定な錯体を形成する．

【用途】アミノ酸研究，金属イオンのキレート剤，ATP合成促進剤，食品などの無菌試験．

【関連物質】ナトリウム塩（CAS登録番号：367-51-1，分子量：114.1）やカルシウム塩は脱毛剤，アンモニウム塩（CAS登録番号：5421-48-5，分子量：109.1）はパーマ液として利用される．

デオキシフルオログルコース〔2-デオキシ-2-フルオログルコース（2-deoxy-2-fluoro-D-glucose）〕

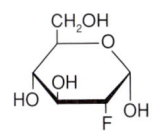

- **分子式**：$C_6H_{11}FO_5$
- **分子量**：182.15
- **CAS登録番号**：29702-43-0

基本データ

形状	：白色の結晶～粉末
融点	：170～176℃
溶解性	：水に可溶
取り扱いと保存	：冷凍庫保存

解説

【特徴】ヘキソキナーゼ（ATPのリン酸基をヘキソースに転移する酵素）の基質となる．

【生理機能】インフルエンザ産生糖タンパク質の糖鎖構築を強く阻害する．

【用途】糖代謝研究，薬理研究．

グルコサミン塩酸塩〔グルコサミン塩酸塩（glucosamine hydrochloride：GlcN）〕

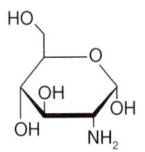

- **分子式**：$C_6H_{13}NO_5 \cdot HCl$
- **分子量**：215.6
- **別名**：2-アミノ-2-デオキシ-D-グルコース塩酸塩，キトサミン塩酸塩
- **構造式**：単体を示す
- **CAS登録番号**：66-84-2

基本データ

形状	：白色の結晶～結晶性粉末

融点	：190〜210℃
溶解性	：水に易溶．エタノール，アセトンに難溶
取り扱いと保存	：室温保存

❏ 解説

【特徴】グルコースの一部の水酸基がアミノ基に置換されたアミノ糖の1つ．関節軟骨やカニやエビなどのキチン質の主要成分として多量に存在する．

【生理機能】動物では，N-アセチルグルコサミンの形でグリコサミノグリカンを構成する．

【用途】生理作用研究，健康食品，栄養補助食品．

グリセルアルデヒド
〔D-グリセルアルデヒド（D-glyceraldehyde）〕

- **分子式**：HOCH$_2$CH(OH)CHO
- **分子量**：90.08
- **別名**：D-アルドトリオース，D-2,3-ジヒドロキシプロパノール，D-グリセロース
- **CAS登録番号**：453-17-8（D体），56-82-6（ラセミ体）

❏ 基本データ

形状	：無味，白色の粉末
融点	：145℃（ラセミ体）
溶解性	：100mLの水（18℃）に3g溶ける
取り扱いと保存	：室温保存

❏ 解説

【特徴】最も簡単な光学活性アルドースで，炭水化物の立体表示の規準とされる．天然では常にD体が存在する．

【代謝&生理機能】肝臓におけるD-フルクトース代謝の中間体．

【用途】有機合成原料．

【関連物質】グリセルアルデヒド3-リン酸（CAS登録番号：142-10-9，

$C_3H_7O_6P$,分子量:170.06).D体は解糖系やペントースリン酸回路の重要な中間体.

マンニトール〔D-マンニトール(mannitol)〕

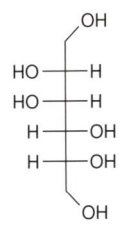

- **分子式**:$C_6H_{14}O_6$
- **分子量**:182.17
- **別名**:マンニット
- **CAS登録番号**:69-65-8

基本データ

形状	:白色の結晶〜結晶性粉末
融点	:166〜168℃
溶解性	:水に易溶.エタノールにやや難溶
溶液の特性	:水溶液中でプロトンを放出し,酸性.還元性なし
取り扱いと保存	:室温保存

解説

【特徴】糖アルコールの一種で,ヘキシトールに分類されるマンノースの還元体.ソルビトールの異性体.溶解時の吸熱反応により口の中に冷涼感をもたらす.

【用途】生化学研究,微生物学研究,有機合成原料,甘味料,医療用.

【関連物質】L体(CAS登録番号:643-01-6),ラセミ体(CAS登録番号:133-43-7)

エタノール(ethanol:EtOH)

- **分子式**:CH_3CH_2OH
- **分子量**:46.1

- **別名**：エチルアルコール，酒精
- **CAS登録番号**：64-17-5

基本データ

形状	:特異臭をもつ無色透明の液体
融点	:−130℃
沸点	:78℃
比重	:0.8
蒸気圧	:5.33kPa（20℃）
屈折率	:1.3610（20.5℃）
物理化学的特徴	:引火点12℃
溶解性	:水，多くの有機溶媒と任意に混和
取り扱いと保存	:高温，直射日光を避けて保存．火気を避ける．毒性がある：LD_{50}（ラット，静脈注射）1,440 mg/kg

解説

【特徴】脂肪族低級飽和一価，第一アルコールの代表的化合物．単にアルコールといえばこれを指す．揮発性の液体で，有機物をよく溶かす重要な溶剤．水と共沸混合物をつくるため，通常の蒸留では95%（v/v）以上のエタノールは得られないが，ベンゼンと共沸させることにより無水物が得られる．

【代謝&生理機能】ヒトが摂取すると中枢神経を抑制する．肝臓でアセトアルデヒドを経て酢酸となり，その後末梢組織で水と二酸化炭素に酸化される．また一部はそのまま尿中や空気中に排泄される．

【用途】生化学研究，分子生物学研究，有機合成原料，試薬，溶剤．

グリセロール (glycerol)

- **分子式**：$HOCH_2CH(OH)CH_2OH$
- **分子量**：92.09
- **別名**：グリセリン，グリシルアルコール，1,2,3-プロパントリオール
- **CAS登録番号**：56-81-5

基本データ

形状	：糖蜜状の無色透明の液体
融点	：17.8℃
沸点	：290℃
比重	：1.262
物理化学的特徴	：粘性，吸湿性が高い．引火点：177℃
溶解性	：100 mLの水（20℃）に24.4g溶ける．エタノールに易溶
取り扱いと保存	：高温，直射日光を避けて保存．火気厳禁

解説

【特徴】 オリーブ油加水分解物のなかから発見された甘味をもつ三価のアルコール．

【代謝&生理機能】 トリアシルグリセロールからリパーゼの分解産物として産生され，ジヒドロキシアセトンリン酸となって解糖系に入る．

【用途】 細胞培養用，生化学研究（タンパク質安定剤），分子生物学研究（細胞の冷凍保存，免疫染色での細胞封入），有機合成原料，溶剤．

メタノール (methanol)

- 分子式：CH_3OH
- 分子量：32.04
- 別名：メチルアルコール，カルビノール，木精
- CAS登録番号：67-56-1

基本データ

形状	：特異臭のある無色の液体
融点	：−97.8℃
沸点	：64.7℃
比重	：0.79
蒸気圧	：12.3kPa（20℃）
屈折率	：1.3287（20℃）
物理化学的特徴	：揮発性が高い．引火点：10℃
溶解性	：水，多くの有機溶媒と任意に混和

取り扱いと保存：高温，直射日光を避けて保存．火気を避ける
　　　　　　　毒性がある：LDLo（ヒト，経口投与）0.3～1.0g/kg

解説

【特徴】最も簡単な分子構造をもつアルコール．
【代謝＆生理機能】体内で酸化され，有毒なホルムアルデヒドやギ酸に変化する．中毒を起こすと網膜の桿体細胞が破損し，失明する．
【用途】生化学研究用溶媒，有機合成原料，ホルマリン合成，フェノール樹脂や接着剤原料，燃料．

ブタノール〔1-ブタノール（1-butanol）〕

- 分子式：$CH_3(CH_2)_3OH$
- 分子量：74.1
- 別名：n-ブタノール，ブチルアルコール
- CAS登録番号：71-36-3

基本データ

形状	：無色の液体
融点	：−90℃
沸点	：117℃
比重	：0.81
相対蒸気密度	：2.6
屈折率	：1.3971（20℃）
物理化学的特徴	：粘度：3cP（25℃）．引火点：29℃
溶解性	：100 mLの水（20℃）に7.7g溶ける．エタノールにも可溶
取り扱いと保存	：高温，直射日光を避けて保存．火気を避ける
	毒性がある：LD_{50}（ラット，経口投与）790 mg/kg

解説

【特徴】炭水化物のアセトン-ブタノール発酵により生成する．
【生理機能】生体物質で体内に少量存在するが多量では毒性を発現．
【用途】分子生物学実験（核酸関連），有機合成原料，溶媒，医薬品，燃料．

【関連物質】2-メチル-2-プロパノール（CAS登録番号：75-65-0）

2-ブタノール (2-butanol)

- **分子式**：CH₃CH₂CH(OH)CH₃
- **分子量**：74.1
- **別名**：2-ブチルアルコール，s-ブチルアルコール
- **CAS登録番号**：78-92-2

基本データ

形状	：芳香のある無色透明の液体
融点	：−114.7℃
沸点	：100℃
比重	：0.806〜0.808
蒸気圧	：1.609kPa（20℃）
物理化学的特徴	：引火点：24℃
溶解性	：100 mLの水（20℃）に15.4g溶ける．アルコールと任意に混和
取り扱いと保存	：高温，直射日光を避けて保存．火気を避ける

解説

【特徴】1-ブタノールの構造異性体で第二級アルコール．光学活性をもちRとSの二種の立体異性体が存在．

【用途】生化学研究，分子生物学研究，有機合成原料，溶剤，界面活性剤，酸化防止剤，溶剤化成品原料．

エチレングリコール (ethylene glycol)

- **分子式**：HOCH₂CH₂OH
- **分子量**：62.07
- **別名**：エチルグリコール，エタン-1,2-ジオール，1,2-エタンジオール
- **CAS登録番号**：107-21-1

❏ 基本データ

形状	：無色澄明の液体
融点	：−13℃
沸点	：197.6℃
比重	：1.109
蒸気圧	：7.0Pa（20℃）
屈折率	：1.431（25℃）
物理化学的特徴	：粘度：21 cP（20℃），引火点：111℃，吸湿性が高い
溶解性	：水，エタノールなどの有機溶媒と任意に混和
取り扱いと保存	：高温，直射日光を避けて保存．火気厳禁

❏ 解説

【特徴】甘味をもつ二価アルコール．水酸化カリウム，水酸化ナトリウムを溶解するため有機合成の溶剤として広く利用される．また，エチレンケタールの生成によってカルボニル基を保護する．

【生理機能】生体内で代謝を受けると有毒化する．

【用途】有機合成原料，溶媒，不凍液．

PEG（polyethylene glycol，ポリエチレングリコール）

- **分子式**：$(-CH_2CH_2O-)_n$
- **別名**：エチレングリコールポリマー，ポリ酸化エチレン
- **CAS登録番号**：25322-68-3

❏ 基本データ

形状	：白色の塊
比重	：1.128
溶解性	：水，エタノール，アセトンに易溶
取り扱いと保存	：室温保存

❏ 解説

【特徴】エチレングリコールの脱水重縮合によって生成し，両末端にはヒドロキシル基をもつ．両親媒性を示すため，比イオン性界面活性剤や中性洗

プロパノール 〔1-プロパノール（1-propanol）〕

- **分子式**：CH$_3$CH$_2$CH$_2$OH
- **分子量**：60.10
- **別名**：1-プロピルアルコール，n-プロピルアルコール
- **CAS登録番号**：71-23-8

基本データ

形状	：特異臭のある無色の液体
融点	：−126.5℃
沸点	：97.15℃
比重	：0.799
蒸気圧	：2.77kPa（25℃）
屈折率	：1.386（20℃）
物理化学的特徴	：引火点：15℃
溶解性	：水，エタノールと任意に混和
取り扱いと保存	：高温，直射日光を避けて保存．火気を避ける

解説

【特徴】フーゼル油中に見出された一価の第一級アルコール．

【用途】生化学研究（アミノ酸配列分析，HPLC），分子生物学研究，有機合成原料，溶剤．

2-プロパノール（2-propanol）

- **分子式**：(CH$_3$)$_2$CHOH
- **分子量**：60.10
- **別名**：イソプロパノール，イソプロピルアルコール
- **CAS登録番号**：67-63-0

基本データ

形状	：芳香のある無色の液体
融点	：−89.5℃
沸点	：82.4℃
比重	：0.786
蒸気圧	：58.7hPa（25℃）
屈折率	：1.3749（25℃）
物理化学的特徴	：光により空気中の酸素と反応する．粘度：1.77 cP（30℃）．引火点：11.7℃
溶解性	：水，エタノール，アセトンに可溶
取り扱いと保存	：高温，直射日光を避けて保存．火気を避ける

解説

【特徴】1-プロパノールの構造異性体で，第二級アルコールの一種．ヒドロキシル基とイソプロピル基により両親媒性を示すため種々の溶媒として利用される．

【用途】生化学・有機化学研究（分光分析，HPLC），分子生物学研究（核酸抽出），有機合成原料，溶剤，脱水剤．

イソミルアルコール（isoamyl alcohol）

- 分子式：$(CH_3)_2CHCH_2CH_2OH$
- 分子量：88.15
- 別名：イソペンチルアルコール，3-メチル-1-ブタノール
- CAS登録番号：123-51-3

基本データ

形状	：不快な臭いのある無色の液体
融点	：−117.2℃
沸点	：130.5℃
比重	：0.813
蒸気圧	：3.7hPa（25℃）
屈折率	：1.406（20℃）
溶解性	：水に微溶

取り扱いと保存：高温，直射日光を避けて保存．火気を避ける．毒性がある：LD_{50}（ラット，経口投与）1.3 mg/kg

解説

【特徴】アルコールに分類される有機化合物の一種で，沸点の高いアルコールとして反応溶媒として利用．
【生理機能】粘膜に対し刺激性があり，麻酔作用がある．
【用途】分子生物学研究（核酸抽出），有機合成原料，溶剤．
【関連物質】亜硝酸イソアミル（CAS登録番号：110-46-3，分子量：117.15）．

エチルセロソルブ (ethyl cellosolve)

- 分子式：$C_2H_5OCH_2CH_2OH$
- 分子量：90.12
- 別名：2-エトキシエタノール，エチレングリコエチル
- CAS登録番号：110-80-5

基本データ

形状	：無色澄明の液体
融点	：−70℃
沸点	：135℃
比重	：0.9308
蒸気圧	：3.8mmHg（20℃）
物理化学的特徴	：引火点：42℃
溶解性	：水と任意に混和．エタノール，アセトンに可溶
取り扱いと保存	：高温，直射日光を避けて保存．火気を避ける

解説

【特徴】エーテル結合と水酸基（活性水素）をもつ広範囲に使用できる溶剤．
【用途】生化学研究，溶剤．

メチルセロソルブ (methyl cellosolve)

- 分子式：$CH_3OCH_2CH_2OH$
- 分子量：76.09
- 別名：2-メトキシエタノール，エチレングリコールモノメチル
- CAS登録番号：109-86-4

基本データ

形状	：無色澄明の液体
融点	：−85℃
沸点	：124〜125℃
比重	：0.9674
蒸気圧	：8.3hPa（20℃）
屈折率	：1.401〜1.404（20℃）
物理化学的特徴	：引火点：40℃
溶解性	：水，エタノールと任意に混和
取り扱いと保存	：高温直射日光を避けて保存．火気を避ける

解説

【特徴】エーテル結合と水酸基（活性水素）をもつ広範囲に使用できる溶剤．
【生理機能】骨髄や精巣に毒性を示す．
【用途】生化学研究，溶剤．

ジエチレングリコール (diethylene glycol)

- 分子式：$(HOCH_2CH_2)_2O$
- 分子量：106.1
- 別名：ジエチルグリコール，3-オキシペンタン-1,5-ジオール
- CAS登録番号：111-46-6

基本データ

形状	：無色澄明の液体
融点	：−6.5℃

沸点	：244.3℃
凝固点	：−6.5℃
比重	：1.120
蒸気圧	：1.33hPa（91.8℃）
屈折率	：1.4472（20℃）
物理化学的特徴	：吸湿性が高い．引火点：124℃
溶解性	：水に易溶．アルコール，アセトンに可溶
取り扱いと保存	：高温，直射日光を避けて保存．火気を避ける

解説

【特徴】 2分子のエチレングリコールが，脱水縮合した構造をもつグリコールの一種．わずかな甘味をもつ．

【用途】生化学研究，有機合成原料，不凍液．

第Ⅲ部：有機化合物

第5章 リン酸エステル化合物（ヌクレオチド，補酵素以外）

鈴木あい

レシチン〔L-α-レシチン（L-α-lecithin）〕

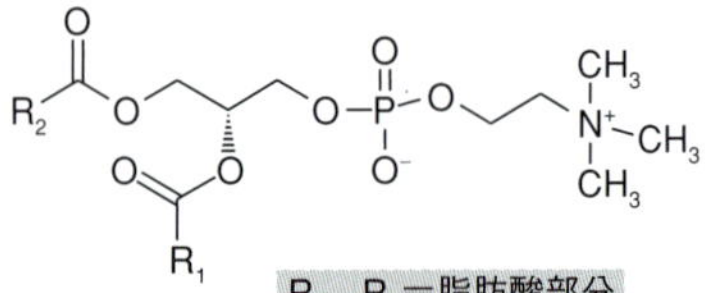

R_1, R_2＝脂肪酸部分

- 分子式：$C_{42}H_{84}NO_9P$
- 分子量：778.106
- 別名：L-α-ホスファチジルコリン
- CAS登録番号：8002-43-5（大豆由来），55128-59-1（卵由来）

基本データ

形状 ：うすい黄色～黄褐色の結晶性粉末または小塊（卵由来），液体ではうすい黄色～暗褐色，結晶性粉末の状態では白色～うすい黄色（大豆由来）

溶解性 ：ジエチルエーテルに溶けやすく，エタノールにやや溶けにくく，水およびアセトンにほとんど溶けない

溶液の特性：水には溶けないが，水と安定な乳濁液をつくる

取り扱いと保存：冷蔵～冷凍保存，毒性がある：LD_{50}＞8mL/kg（ラット，経口投与）

解説

【特徴】 卵レシチンはホスファチジルコリンをさす．水に懸濁すると脂質二重膜からなるリポソームを形成する．リン脂質の一種であり全リン脂質中の30〜50％を占める．

【生理機能】 生体膜の主要構成成分．

【用途】 リポソームの原料，脂質人工膜，生体膜研究，界面活性剤．

ホスファチジルセリン [L-α-ホスファチジル-L-セリン溶液 [L-α-phosphatidyl-L-serine：PS]]

$R_1, R_2 =$ 脂肪酸部分

基本データ

形状	：無色澄明のエーテル様の臭いをもつ液体
融点	：−64℃（クロロホルム溶液中）
沸点	：62℃（クロロホルム溶液中）
溶解性	：水に難溶（0.8g/100 mL），メタノール，ベンゼンとは混和する
溶液の特性	：クロロホルム溶液（50 mg/mL）がよく使われる．溶液は室温に置くと日に0.5％ずつ分解する
取り扱いと保存	：蒸気を吸入すると中毒を起こす恐れがある．遮光し，−20℃で保存する

解説

【特徴】 アミノ酸を構成成分とする酸性リン脂質の1つで，生物界に広く分布する．脳や神経組織に多く含まれる．

【生理機能】 脳細胞内への栄養素の取り込みや老廃物の排出，細胞内外へのイオンやシグナルの通路，ホルモンや神経伝達物質の放出，細胞間のコミュニケーションや認識，細胞の成長調節などに関与する．

【用途】イノシトールリン脂質代謝回路研究, 生体膜研究, 脂質研究.

ホスファチジルグリセロール
〔L-α-ホスファチジル-DL-グリセロール, ジミリストイル, ナトリウム (L-α-phosphatidyl-DL-glycerol, dimyristoyl, sodium salt: DMPG)〕

- 分子式: $C_{34}H_{66}NaO_{10}P$
- 分子量: 688.86
- CAS登録番号: 67232-80-8

基本データ

形状	: 白色の結晶性粉末
物理化学的特徴	: 吸湿性があり, 光により変質する
溶解性	: 水に不溶. エタノール, アセトン, ベンゼン, メタノールに可溶
溶液の特性	: 水中では乳化する
取り扱いと保存	: 冷凍庫保存

解説

【特徴&生理機能】植物でよくみられるリン脂質の1つで, 動物組織にも微量に存在する. 強い水飽和能力をもつ界面活性剤. バクテリアの生体膜の主要酸性リン脂質. 植物体のなかのチラコイド膜の主要成分でもある.

【用途】生体膜研究, リポソームの調製, 界面活性剤.

イノシトール1,4,5-トリスリン酸六カリウム塩
(inositol 1,4,5-trisphosphate potassium salt：IP3)

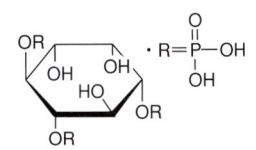

- **分子式**：$C_6H_9K_6O_{15}P_3$
- **分子量**：648.64
- **別名**：イノシトール1,4,5-トリスリン酸，Ins(1,4,5) P3
- **構造式**：Rはリン酸基の一部として
- **CAS登録番号**：103476-24-0

基本データ

形状	：白色の結晶性粉末
溶解性	：水に可溶（25 mg/mL）
取り扱いと保存	：$-20°C$で保存する

解説

【特徴】光学異性体のL体とD体が存在する．通常D体を使用し，L体はコントロールとして用いることが多い．

【生理機能】膜成分であるホスファチジルイノシトール4,5-ビスリン酸のホスホリパーゼCによる加水分解で，ジアシルグリセロールと共に生成する．増殖因子や神経伝達物質などの信号を細胞内で伝達するセカンドメッセンジャーとして働き，細胞内のCa^{2+}イオン濃度の調節に関与する．

【用途】シグナル伝達解析，分子生物学研究

【関連物質】イノシトール1,4,5-三リン酸（CAS登録番号：85166-31-0，分子量：420.1），三アンモニウム塩（CAS登録番号：112571-69-4，分子量：471.2），六ナトリウム塩（CAS登録番号：108340-81-4，分子量：552）

イノシトールリン酸ニシクロアンモニウム塩
[D-myo-inositol 1-monophosphate bis (cyclohexylammonium) salt：IP1]

- **分子式**：$C_6H_{13}O_9P \cdot 2C_6H_{13}N$
- **分子量**：458.48
- **別名**：イノシトールモノホスファート，D-myo-イノシトール-リン酸

基本データ

形状	：白色の結晶性粉末
溶解性	：水に可溶
溶液の特性	：アルカリ性の水溶液中では安定．6Nの塩酸で14時間加熱すると加水分解される
取り扱いと保存	：冷凍庫保存

解説

【特徴】光学異性体のL体とD体が存在するが，実験で使用されるのはほとんどがD体である．

【代謝＆生理機能】グルコース6-リン酸からmyo-イノシトールが生成される過程での中間生成物．

【用途】シグナル伝達研究，分子生物学研究．

【関連物質】イノシトール-リン酸（CAS登録番号：573-35-3，分子量：260.135）

グルコース-1/6-リン酸

D-グルコース6-リン酸一ナトリウム
(D-glucopyranose 6-phosphate sodium salt) :G6P)

- **分子式**:$C_6H_{12}NaO_9P$
- **分子量**:282.12
- **構造式**:グルコース6-リン酸ナトリウム(グルコース-1-リン酸はグルコースの1'にリン酸が置換している)
- **CAS登録番号**:54010-71-8

D-グルコース1-リン酸二ナトリウムn水和物
(D-glucose 1-phosphate disodium salt hydrate:G1P)

- **分子式**:$C_6H_{11}O_9PNa_2・xH_2O$
- **分子量**:304.10(無水塩)
- **CAS登録番号**:56401-20-8

❑ 基本データ

形状	:白色の結晶性粉末
溶解性	:両者とも水に易溶
溶液の特性	:pK_a=0.94, 6.11(グルコース6-リン酸), pK_a=1.11, 6.13(グルコース1-リン酸)
取り扱いと保存	:冷凍庫保存. グルコース1-リン酸はアルカリ溶液中で安定だが, グルコース6-リン酸は酸性溶液中で安定

❑ 解説

【特徴】両者ともグルコースの炭素にリン酸化基がついたもの.

【代謝&生理機能】グリコーゲンの代謝分解産物．生体内でグルコースの6位の炭素がリン酸化を受け，グルコース6-リン酸となり，細胞外にグルコースが拡散するのを防ぐ．

【用途】代謝研究，生化学実験．

【関連物質】グルコース1-リン酸（CAS登録番号：59-56-3，分子量：260.14），グルコース6-リン酸（CAS登録番号：56-73-5，分子量：260.14）

ADPG（adenosine-5'-diphosphoglucose disodium salt, アデノシン-5'-ジホスホグルコースニナトリウム塩）

- 分子式：$C_{16}H_{23}N_5O_{15}P_2Na_2$
- 分子量：634.1
- 別名：ADP-グルコース，アデノシンニリン酸グルコース
- CAS登録番号：102129-65-7

基本データ

形状	：結晶性の粉末
物理化学的特徴	：酸性，アルカリ溶液中では不安定で，AMPとグルコース1,2-cyclic phosphateになる
溶解性	：水に可溶
取り扱いと保存	：-20℃で保存

解説

【特徴】糖ヌクレオチドの1つ．ヌクレオチドとしてADPをもつ．

【代謝&生理機能】グルコース1-リン酸とATPの反応により生成し，植物ではアミロースを合成の前駆体となる．

【用途】代謝研究，生化学研究．
【関連物質】ADPグルコース（CAS登録番号：2140-58-1，分子量：589.34），アンモニウム塩（CAS登録番号：208171-89-5，分子量：623.40）

PLP
（pyridoxal 5-phosphate hydrate，リン酸ピリドキサール水和物）

- 分子式：$C_8H_{10}NO_6P \cdot xH_2O$
- 分子量：247.14（無水塩）
- 別名：ホスホピリドキサール
- CAS登録番号：853645-22-4

基本データ

形状	：微黄色の粉末
物理化学的特徴	：光により変質する．比較的不安定で分解されやすい
溶解性	：水に可溶．メタノールに微溶
モル吸光係数	：$\varepsilon_{330}2,500$，$\varepsilon_{388}4,900$（pH7.0），$\varepsilon_{305}1,100$，$\varepsilon_{388}6,500$（0.1M NaOH中，淡黄色）
取り扱いと保存	：冷凍庫保存．0℃保存でも3週間で2～3％加水分解される

解説

【特徴】アミノ酸代謝にかかわる補酵素として働く．ビタミンB_6のリン酸化エステル．

【代謝&生理機能】ビタミンB_6のピリドキサールのリン酸化で得られる．さまざまなアミノ酸代謝に関与する．

【用途】生化学研究，細胞培養，酵素反応，代謝研究，膜不透過性の化学修飾試薬として膜タンパクのトポロジーに関する実験．

【関連物質】ピリドキサール塩酸塩（CAS登録番号：65-22-5，分子量：203.63），ピリドキサールリン酸（CAS登録番号：54-47-7，分子量：247.14）

β-グリセロリン酸ニナトリウム五水和物
(β-glycerol phosphate disodium salt pentahydrate)

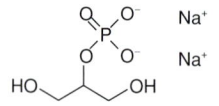

- **分子式**：$C_3H_7Na_2O_6P \cdot 5H_2O$
- **分子量**：306.11
- **構造式**：単体を示す
- **CAS登録番号**：13408-09-8

基本データ

形状	：白色の結晶性粉末
溶解性	：水に易溶（0.1 g/mL）
溶液の特性	：水溶液のpHはおよそ9.5
取り扱いと保存	：室温保存

解説

【特徴】グリセロールがリン酸化された構造をもち，動物組織では肝臓で中性脂肪の分解に伴い血中に放出される．解糖系の中間産物としても生成する．

【生理機能】生体内のリン脂質，中性脂肪の骨格を形成する．

【用途】プロテインホスファターゼ阻害剤，代謝研究，生化学研究．

【関連物質】グリセロリン酸（CAS登録番号：57-03-4，分子量：172.073），カルシウム塩（CAS登録番号：1336-00-1，分子量：210.2）

PRPP (phosphoribosyl pyrophosphatepentasodium salt, ホスホリボシルピロリン酸五ナトリウム塩)

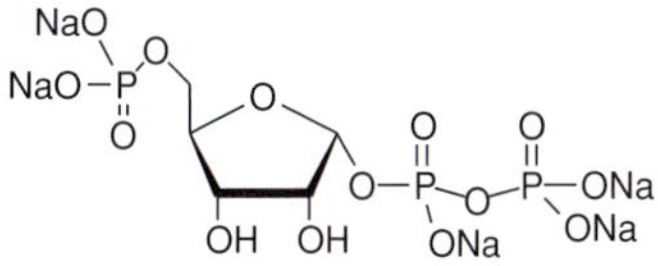

- 分子式：$C_5H_8Na_5O_{14}P_3$
- 分子量：499.98
- 別名：ホスホリボシル二リン酸
- CAS登録番号：108321-05-7

基本データ

形状	：無色から淡黄色の結晶
物理化学的特徴	：分解されやすく不安定．65℃に20分（pH 3.0）で完全に分解される
溶解性	：水に可溶（50 mg/mL）
溶液の特性	：pK_a＝5.9，6.7，pH8.0の水溶液は－20℃で数カ月間は安定
取り扱いと保存	：冷凍庫保存．ただし1日に0.1％ずつ分解される

解説

【生理機能】プリンおよびピリミジンヌクレオチド新生経路の前駆体となる．トリプトファン，ヒスチジンの生合成やニコチンアミドヌクレオチド生合成経路において，ホスホリボシル供与体として関与する．

【用途】酵素反応基質，生化学実験．

【関連物質】ホスホリボシルピロリン酸（CAS登録番号：7540-64-9，分子量：390.1）

フルクトース1,6-ニリン酸
〔D-フルクトース1,6-ビスリン酸三ナトリウム塩
（D - fructose1,6-bisphosphate trisodium salt：FDP）〕

- 分子式：$C_6H_{11}O_{12}P_2Na_3$
- 分子量：406.06
- CAS登録番号：81028-91-3

基本データ

形状	：白色から淡黄色の結晶性粉末
溶解性	：水に易溶
溶液の特性	：pK_a＝1.48，6.29
取り扱いと保存	：冷凍庫保存

解説

【特徴】 フルクトース6-リン酸，またはジヒドロキシアセトンリン酸とグリセルアルデヒド3-リン酸から生成する．

【代謝＆生理機能】 解糖系の代謝中間体．

【用途】 生化学研究，糖代謝研究，診断薬剤基材，6-ホスホフルクトキナーゼ測定基質

【関連物質】 D-フルクトース1,6-ビスリン酸（CAS登録番号：488-69-7，分子量：340.11），バリウム塩（CAS登録番号：6035-52-5，分子量：395.45），二カルシウム塩（CAS登録番号：6055-82-9，分子量：416.242），二ナトリウム塩（CAS登録番号：26177-85-5，分子量：384.078）．

フルクトース2,6-二リン酸 〔フルクトース2,6-ビスリン酸四ナトリウム塩（fructose2,6-bisphosphatetetrasodium salt：Fru2,6-BP）〕

- 分子式：$C_6H_{10}Na_4O_{12}P_2$
- 分子量：428.04
- CAS登録番号：77164-51-3

基本データ

形状	：白色の結晶
物理化学的特徴	：酸性環境では，不安定で加水分解されやすい．22℃に7分（pH3.0）置くと50％分解される．アルカリ溶液中では安定
溶解性	：水に可溶
取り扱いと保存	：冷凍庫保存

解説

【特徴】フルクトース6-リン酸とATPから生成される．加水分解されるとフルクトース6-リン酸とリン酸になる．

【代謝＆生理機能】解糖系の調節物質として働く．フルクトース1,6-ビスホスファターゼの働きを阻害し，フルクトース2,6-二リン酸の加水分解を阻害する．ホスホフルクトキナーゼを活性促進させる．

【用途】糖代謝研究，生化学研究．

【関連物質】フルクトース2,6-ビスリン酸（分子量：340.11）

フルクトース6-リン酸ニナトリウム水和物
(fructose-6-phosphoric acid disodium salt hydrate)

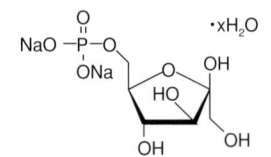

- 分子式：$C_6H_{11}Na_2O_9P \cdot xH_2O$
- 分子量：304.10（無水塩）
- CAS登録番号：26177-86-6

基本データ

形状	：無色～淡黄の結晶性粉末
物理化学的特徴	：粉末のままで数週間は安定．長期間保存すると色が淡黄になる
溶解性	：水に易溶（0.1 g/mL）
溶液の特性	：pK_a＝0.97，6.11
取り扱いと保存	：冷凍庫保存

解説

【特徴】解糖系の中間代謝物．フルクトース1,6-ビスリン酸からフルクトースビスホスファターゼによって生成する．

【用途】生化学研究，糖代謝研究．

【関連物質】フルクトース6-リン酸（CAS登録番号：643-13-0，分子量：260.13），二カリウム塩（CAS登録番号：103213-47-4，分子量：336.32）

フルクトース1-リン酸ニナトリウム塩
(D-fructose 1-phosphate disodium salt)

- 分子式：$C_6H_{11}O_9PNa_2$
- 分子量：304.10
- CAS登録番号：103213-46-3

基本データ

形状	：無色の結晶性粉末
溶解性	：水に易溶
溶液の特性	：pK_a=1.00, 6.17
取り扱いと保存	：冷凍庫保存

解説

【代謝&生理機能】フルクトース代謝の中間体．ケトヘキソキナーゼによりフルクトースから生成する．

【用途】生化学研究，糖代謝研究．

【関連物質】フルクトース1-リン酸（CAS登録番号：15978-08-2，分子量：260.1）

グリセルアルデヒド三リン酸
(glyceraldehyde-3-phosphate：G3P)

- **分子式**：$C_3H_7O_6P$
- **分子量**：170.1
- **別名**：ホスホグリセルアルデヒド
- **CAS登録番号**：591-59-3

基本データ

形状	：結晶性の粉末
溶解性	：水に可溶
溶液の特性	：pK_a=1.42, 6.45．水溶液は不安定で，アルカリの状態だと特に不安定．酸性溶液の状態では数週間安定
取り扱いと保存	：冷凍庫保存

解説

【特徴】解糖系および糖新生代謝の中間体．

PEP (phosphoenolpyruvic acid monopotassium salt, ホスホエノールピルビン酸-カリウム塩)

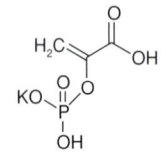

- 分子式：$C_3H_4KO_6P$
- 分子量：206.13
- 別名：2-ホスホノオキシプロペン酸
- CAS登録番号：4265-07-0

基本データ

形状	：白色の結晶粉末
物理化学的特徴	：カリウム塩は安定だが，ナトリウム塩は光により変質する
溶解性	：水に可溶
取り扱いと保存	：反応して発熱をするため，強酸化剤の接触を避ける．冷凍庫保存

解説

【特徴】解糖系，糖代謝の重要な中間体で，高エネルギーリン酸結合をもつ (62KJ/mol)．

【代謝&生理機能】ATPの生成に関与するリン酸化合物．2-ホスホグリセリン酸からエノラーゼの触媒する脱水反応で生じ，ピルビン酸キナーゼによりADPにリン酸を与えてATPを生成し，ピルビン酸となる．

【用途】代謝研究，生化学研究．

【関連物質】ホスホエノールピルビン酸（CAS登録番号：138-08-9，分子量：168.04），ナトリウム塩（CAS登録番号：53823-68-0，分子量：190.02）．

クレアチンリン酸ニナトリウム四水和物
(disodium creatinephosphate tetrahydrate)

- **分子式**：$C_4H_8Na_2N_3O_5P \cdot 4H_2O$
- **分子量**：327.14
- **別名**：ホスホクレアチン
- **CAS登録番号**：922-32-7

基本データ

形状	：白色の結晶性粉末
物理化学的特徴	：比較的安定．光により変質する
溶解性	：水に可溶（0.1 g/mL）
溶液の特性	：pH8.0（20％水溶液）の条件では，クレアチンと無機リン酸に分解される．pK_a＝2.7, 4.58
取り扱いと保存	：強酸化剤との接触は避け，遮光して冷蔵庫保存する

解説

【代謝＆生理機能】 クレアチンはホスホクレアチンの形で貯蔵されている．筋肉に多い．また，高エネルギーリン酸結合を貯蔵するという生理学的意義をもつ．L-アルギニン，グリシン，L-メチオニンからATPリサイクル物質として生合成される．

【用途】 生化学研究，エネルギー代謝研究．

【関連物質】 クレアチンリン酸（CAS登録番号：67-07-2，分子量：211.11）

ホスホセリン
〔O-ホスホ-L-セリン（O-phospho-L-serine：L-SOP）〕

- **分子式**：$C_3H_8NO_6P$
- **分子量**：185.1
- **別名**：セリンリン酸
- **CAS登録番号**：407-41-0

❏ 基本データ

形状 ：白色の結晶
溶解性 ：20℃の水に2.8g/100 mL，熱水に50 mg/mL溶ける
取り扱いと保存：冷凍庫保存

❏ 解説

【特徴】セリンとリン酸のエステル．

【代謝&生理機能】カゼインなど多くのリンタンパク質に含まれ，セリンのリン酸化と脱リン酸化によるタンパク質の生理活性調節において重要．セリン生合成系における中間代謝物．

【用途】有機合成原料，分子生物研究，生化学研究．

第Ⅲ部：有機化合物

第6章 有機酸およびその誘導体

田村隆明

無水酢酸（acetic anhydride）

- 分子式：$(CH_3CO)_2O$
- 分子量：102.09
- 別名：エタン酸無水物，酸化アセチル，酢酸無水物
- CAS登録番号：108-24-7

❏ 基本データ

形状	：無色刺激臭の液体
融点	：−73℃
沸点	：140℃
比重	：d_4^{15} 1.0850
物理化学的特徴	：水と反応して酢酸，強塩基と反応して酢酸塩となる．引火性．引火点：54.4℃
溶解性	：エタノールに易溶．水に2.7%溶ける
取り扱いと保存	：催涙性．皮膚に付着させないように注意．毒性がある：LD_{50}（ラット，経口投与）1.780 g/kg

❏ 解説

【特徴】酢酸が2分子脱水縮合したもの．〔注：水を含まない純水な酢酸（氷酢酸）とは別の物質〕．特定麻薬原料．

【用途】アセチル化剤，縮合剤．

酢酸 (acetic acid)

- **分子式**：CH$_3$COOH
- **分子量**：60.05
- **別名**：エタン酸，醋酸，氷酢酸 (glacial acetic acid)
- **CAS登録番号**：64-19-7

基本データ

形状	：室温で液体．刺激臭，酸臭がある
融点	：16.7℃
沸点	：118℃
比重	：1.049（気体は2.1）
物理化学的特徴	：pK_a= 4.76
溶解性	：水，エタノール，エーテルと任意に混合
溶液の特性	：水に溶解すると発熱する（11.2kJ/mol）．水溶液：pH 2.0
取り扱いと保存	：腐食性．毒性がある：LD$_{50}$ 3.53g/kg（ラット，経口投与）．可燃性．引火点：39℃．冷蔵庫保存

解説

【特徴】脂肪酸の一種．食酢に5〜18％（重量）含まれる．

【生理機能】補酵素A（CoA）と結合したアセチルCoAとして，ほとんどすべての生物の代謝の中核に位置する

【用途】中和．バッファー．溶媒など．

酢酸ナトリウム (sodium acetate)

- **分子式**：CH$_3$COONa
- **分子量**：82.04（無水物と三水和物が存在する）
- **別名**：酢酸ソーダ

● CAS登録番号：127-09-3

基本データ

形状	：無色．無水物は単斜結晶塊．三水和物は単斜柱状結晶
融点	：無水物：324℃，三水和物：58℃
物理化学的特徴	：三水和物は120℃で脱水して無水物になる
溶解性	：水に易溶．有機溶媒に不溶だが，エタノールに可溶（1g/19 mL：三水和物）
溶液の特性	：酢酸と強塩基の塩なので，水溶液は弱アルカリ性（pH 7.5～9.0）
取り扱いと保存	：室温保存

解説

【用途】核酸のエタノール沈殿，緩衝液調製用など，アセチル化補助剤．

酢酸アンモニウム（ammonium acetate）

● 分子式：$NH_4CH_3CO_2$
● 分子量：77.08
● CAS登録番号：631-61-8

基本データ

形状	：白色の結晶，または固体
融点	：114℃
物理化学的特徴	：本来は無臭だが，徐々にアンモニアを放出して酢酸臭を呈する
溶解性	：水（148g/100 mL，4 ℃）やエタノールに易溶
溶液の特性	：pH 6.0～8.0（50g/L，25℃）
取り扱いと保存	：潮解性があるので，密栓して保存．溶液も密栓して冷凍～冷蔵保存

解説

【特徴】減圧乾固で個体が残らない．
【用途】エタノール沈殿で塩として加える（低分子核酸は沈殿ない）．「バイ

オ試薬調製ポケットマニュアル（田村隆明／著，羊土社）」参照．バッファー成分として用いられる．

酢酸マグネシウム〔酢酸マグネシウム四水和物（magnesium acetate tetrahydrate）〕

- **分子式**：$(CH_3COO)_2Mg \cdot 4H_2O$
- **分子量**：214.45
- **CAS登録番号**：16674-78-5

基本データ

形状	：白色結晶〜塊あるいは粉末
融点	：72〜75℃
物理化学的特徴	：吸湿性がある
溶解性	：水やエタノールに易溶
溶液の特性	：溶液は中性〜微酸性
取り扱いと保存	：密栓して室温〜冷蔵庫保存

解説

【用途】バッファー成分として使用．塩素イオンが不都合な場合，塩化マグネシウムに代わって用いる．

酢酸カリウム（potassium acetate）

- **分子式**：CH_3COOK
- **分子量**：98.14
- **CAS登録番号**：127-08-2

基本データ

形状	：無色〜白色の結晶（わずかに酢酸臭がある）
融点	：292℃
物理化学的特徴	：潮解性がある

溶解性	: 水にきわめて溶けやすい〔100gに217g（0℃）溶ける〕. アルコールに可溶
溶液の特性	: 水溶液はアルカリ性を示す〔pH 7.5〜9.0（25℃）〕
取り扱いと保存	: 密栓して室温保存. 多少の毒性がある：LD_{50}（ラット，経口投与）3.25g/kg

❏ 解説

【用途】バッファー成分. エタノール沈澱で加える塩. SDSの沈澱剤. 乾燥剤. 保存剤として食品添加物（保存剤），利尿剤（カリウム剤），凍結防止剤としても使用される.

酢酸カルシウム〔酢酸カルシウム一水和物（calcium acetate monohydrate）〕

- **分子式**：$Ca(CH_3COO)_2 \cdot H_2O$
- **分子量**：176.18
- **別名**：酢酸カルシウム水和物
- **CAS登録番号**：5743-26-0

❏ 基本データ

形状	: 白色，結晶性粉末〜粉末. 無臭〜わずかな酢酸臭がある
融点	: 150〜160℃（ただし分解する）
溶解性	: 水に溶けやすく（34.7g/100g，20℃），エタノールにやや溶けやすい
溶液の特性	: 水溶液は微アルカリ性（0.2MでpH 7.6）
取り扱いと保存	: 室温保存. 毒性がある：LD_{50}（ラット，経口投与）4.2g/kg

❏ 解説

【特徴】冷水溶液からは一水和物，熱水溶液からは二水和物が得られる（一，二水和物の混合物もある）.

【用途】生化学実験. カルシウム供給源として使用される

クエン酸 〔クエン酸一水和物（citric acid monohydrate）〕

```
    CH₂COOH
    |
HOCCOOH
    |
    CH₂COOH
```

- 分子式：$C_6H_8O_7 \cdot H_2O$
- 分子量：210.14
- 別名：2-ヒドロキシプロパン-1,2,3-トリカルボン酸一水和物
- 構造式：単体を示す
- CAS登録番号：5949-29-1

📋 基本データ

形状	：白色結晶～粉末．強い酸味がある
融点	：100℃
物理化学的特徴	：金属イオンと無色の水溶性錯塩を形成する
溶解性	：水，エタノールにきわめて溶けやすい
溶液の特性	：解離定数：$pK_1=3.128$，$pK_2=4.761$，$pK_3=6.396$（0.1N溶液のpHは2.2）
取り扱いと保存	：室温保存

📋 解説

【特徴】柑橘類の果実に多量に存在する．金属キレート剤の機能をもつ．

【生理機能】クエン酸はクエン酸サイクルにおける中間体．クエン酸シンターゼによりアセチルCoAとオキサロ酢酸から生成する．

【用途】バッファーやSSC溶液の作製．アミノ酸分析において，加水分解後タンパク質試料の溶解液，溶出液として

【関連物質】クエン酸［無水］（CAS登録番号：77-92-9，分子量：192.13，無色固体で潮解性がある）

クエン酸ナトリウム 〔クエン酸三ナトリウム二水和物（sodium citrate dihydrate）〕

- 分子式：$C_6H_5Na_3O_7 \cdot 2H_2O$
- 分子量：294.1

- 別名:クエン酸ナトリウム
- CAS登録番号:6132-04-3

基本データ

形状	:白色,結晶〜結晶性粉末
溶解性	:水に易溶(72g/100g, 25℃).エタノールに難溶
溶液の特性	:溶液のpHは弱アルカリ性(pH 7.5〜9.0)
取り扱いと保存	:室温保存.毒性がある:LD_{50}(ラット,腹腔内注射)1.54g/kg

解説

【用途】バッファーやSSC溶液の作製.食品添加物や酸味料.血液凝固剤(カルシウムをキレートするので)

【関連物質】クエン酸2ナトリウム(CAS登録番号:144-33-2,分子量:236.09,溶液のpHは5.0)

クエン酸アンモニウム〔クエン酸ニアンモニウム(diammonium hydrogen citrate)〕

- 分子式:$(NH_4)_2HC_6H_5O_7$
- 分子量:226.19
- 別名:第ニクエン酸アンモニウム,クエン酸水素ニアンモニウム
- CAS登録番号:3012-65-5

基本データ

形状	:白色,結晶〜結晶性粉末
溶解性	:水に溶けやすく,エタノールにほとんど溶けない
溶液の特性	:0.1M溶液のpHは4.3
取り扱いと保存	:室温保存

解説

【用途】バッファー用試薬.金属分析における補助キレート剤.

乳酸 (lactic acid)

L-乳酸 / D-乳酸

- 分子式：CH₃CH(OH)COOH
- 分子量：90.08
- 別名：2-ヒドロキシプロピオン酸，2-ヒドロキシプロパン酸
- CAS登録番号：79-33-4（L体），598-82-3（ラセミ体）

基本データ

形状	：無色～わずかにうすい黄色，澄明の液体
融点	：53℃（D体およびL体），16.8℃（ラセミ体）
比重	：1.206（L体），1.209（ラセミ体）
物理化学的特徴	：粘性がある．L体の比旋光度：＋3.82（15℃）
溶解性	：水やエタノールと混和する
溶液の特性	：pK_a＝3.79（25℃）
取り扱いと保存	：室温保存

解説

【特徴】動物ではL体ができるが，その他の生物ではさまざまな異性体が生成する．

【生理機能】解糖系により生成する．乳酸発酵では乳酸脱水素酵素によるピルビン酸の還元により生成する．

【用途】生化学実験，食品添加物．

【関連物質】D体（CAS登録番号：50-21-5）

乳酸カルシウム〔乳酸カルシウム一水和物 (calcium acetate monohydrate)〕

- 分子式：Ca(CH₃COO)₂・H₂O
- 分子量：176.18
- CAS登録番号：5743-26-0

基本データ

形状	：白色，結晶性粉末～粉末，無臭
物理化学的特徴	：常温でやや風解する（無水のもの吸湿性が高い）
溶解性	：水に可溶（34.7g/100g，20℃）だが，エタノールに難溶
溶液の特性	：0.2M溶液のpHは7.6
取り扱いと保存	：室温保存

解説

【特徴】やや酸味がある．

【用途】生化学実験．カルシウム補給薬．

トリクロロ酢酸（trichloroacetic acid：TCA）

- **分子式**：CCl_3COOH
- **分子量**：163.39
- **別名**：トリクロロエタン酸
- **CAS登録番号**：76-03-9

基本データ

形状	：白色，結晶または塊．わずかに特有の臭いがある
融点	：57～58℃
比重	：1.629
物理化学的特徴	：潮解性が高い
溶解性	：水に易溶（1/10容量の水に溶ける）．エタノールやエーテルにもよく溶ける
溶液の特性	：きわめて酸性（1M溶液でpH 1.2）
取り扱いと保存	：強い腐食性がある．毒性がある：LD_{50}（ラット，経口投与）400 mg/kg．密栓して冷蔵庫保存．不安定なため，保存溶液は濃く（30%以上）する

解説

【特徴】酢酸の水素が塩素に置換したハロゲン化酢酸の1つ．タンパク質変性作用がある．腐食性と潮解性があるので，試薬ビンに少量の水を入れ，始めに100%溶液として調製する．

【用途】生化学実験．タンパク質構造研究．高分子物質の沈澱剤．電気泳動．除タンパク質剤．組織学で脱灰剤．

ギ酸 (formic acid)

- **分子式**：HCOOH
- **分子量**：46.026
- **別名**：蟻酸，メタン酸，メタノン酸，ホルミル酸
- **CAS登録番号**：64-18-6

基本データ

形状	：無色透明な液体．きわめて刺激性
融点	：8.4℃
沸点	：100.7℃
比重	：1.220
物理化学的特徴	：燃焼性，引火性：引火点69℃，蒸気圧：33.5mm Hg
溶解性	：水に易溶．ほとんどの有機溶媒と任意の割合で混合する
溶液の特性	：酸性を示す．$pK_a = 3.77$
取り扱いと保存	：ドラフト内で扱う．毒性がある：LD_{50}（ラット，経口投与）1.1 g/kg．皮膚や目との接触をさける．冷蔵庫保存

解説

【特徴】最初，アリから単離された．最も簡単な構造のカルボン酸だが，酸性度は酢酸よりはるかに強い．反応性に富み，無機試薬合成に使われる．アルデヒドでもあるので還元性がある．過ギ酸酸化法によるペプチドのジスルフィド結合の切断に使用される．硫酸と混合すると一酸化炭素を発生する．

【生理機能】メタノール中毒の原因は，メタノールが代謝されてできたギ酸による．

【用途】溶剤．組織学における脱灰剤．生化学反応用，アミノ酸分析用．

酢酸エチル (ethyl acetate)

- **分子式**：$CH_3COOC_2H_5$
- **分子量**：88.11
- **別名**：酢エチ，酢酸エーテル，酢酸エステル
- **CAS登録番号**：141-78-6

基本データ

形状	：無色澄明の液体で，果実香気を有する
融点	：−83.6℃
沸点	：70.4℃
比重	：液体は0.898〜0.902．気体は3.0
蒸気圧	：空気との爆発混合比：2.2〜11.5%
物理化学的特徴	：きわめて引火性が高い．引火点：−4℃
溶解性	：水に可溶（8.7g/100g，20℃）．ほとんどの有機溶剤に易溶
取り扱いと保存	：冷蔵庫で密封保存する．ドラフト内で使用する．毒性があるので皮膚に接触させない．毒性は，LD_{50}（ラット，経口投与）5.62g/kg

解説

【特徴】パイナップルや酒のもつ芳香成分．

【用途】食品添加物．溶剤．生化学実験．クロマトグラフィーの溶媒．アミノ酸分析機，有機合成用．

酪酸 (butyric acid)

- **分子式**：$C_4H_8O_2$
- **分子量**：88.11
- **別名**：ブタン酸
- **CAS登録番号**：107-92-6

第6章 有機酸およびその誘導体

基本データ

形状	: 無色澄明の油状液体，不快な酸敗臭を有する
融点	: −7.9℃
沸点	: 163.5℃
比重	: 0.960
蒸気圧	: 引火点：76℃
物理化学的特徴	: 弱い酸性を示す
溶解性	: 水，エタノール，エーテルに自由に混和する
取り扱いと保存	: 室温保存

解説

【特徴】C4直鎖飽和脂肪酸．天然には，バターやその他の油脂中にエステルとして存在．偏性嫌気性菌による酪酸発酵で多量に生成する．

【生理機能】培養細胞に加えると細胞増殖を停止させる．

【用途】着香料．有機合成剤．

【関連物質】エチル（CAS登録番号：105-54-4），メチル（CAS登録番号：623-42-7），ブチル（CAS登録番号：109-21-7）などのエステル誘導体は果実様の芳香を有する．

シュウ酸〔シュウ酸二水和物（oxalic zcid dihydrate）〕

- **分子式**：$(COOH)_2 \cdot 2H_2O$
- **分子量**：126.07
- **別名**：エタン二酸二水和物
- **CAS登録番号**：6153-56-6

基本データ

形状	: 無臭の白色，結晶〜結晶性粉末
融点	: 104〜106℃
物理化学的特徴	: 還元性がある．強い乾燥状態に置くと無水物になる
溶解性	: 水（10g/100 mL）やエタノール に可溶，エーテルに難溶
溶液の特性	: 解離定数：$pK_1=5.36×10^{-2}$, $pK_2=5.3×10^{-5}$，0.1M溶液のpHは1.3

取り扱いと保存：毒性がある：LD$_{50}$（ラット，経口投与）475 mg/kg．室温保存

❏ 解説

【特徴】最も単純なジカルボン酸．カタバミやホウレンソウなど，植物に広く存在する（アクやえぐ味の原因物質）．カルシウムと難容性の塩をつくり，尿路結石の原因となる．

【用途】生化学実験．還元剤．

【関連物質】シュウ酸ナトリウム（CAS登録番号：62-76-0, 分子量：134.00）

ピルビン酸 (pyruvic acid)

- **分子式**：CH$_3$COCOOH
- **分子量**：88.06
- **別名**：焦性ブドウ酸，2-オキソプロパン酸，α-ケトプロピオン酸
- **CAS登録番号**：127-17-3

❏ 基本データ

形状	：わずかにうすい黄色，透明の液体．酢酸様の臭いがある
融点	：11.8℃
沸点	：165℃
比重	：1.267
溶解性	：水やエタノールと混和する
溶液の特性	：解離定数：pK_a=2.49
取り扱いと保存	：ナトリウム塩ともに冷蔵庫保存．毒性がある：LD$_{50}$（マウス，皮下注射）3.533g/kg

❏ 解説

【生理機能】代謝上重要な物質で，解糖系の中間体（ホスホエノールピルビン酸のリン酸基転移で生成）であり，クエン酸回路への出発物質（CoAとともにアセチルCoAになる）．二位のカルボニル基の還元で乳酸となり，アミノ基転移でアラニンとなる．

【用途】生化学実験．ナトリウム塩は組織培養に用いられる．

【関連物質】ピルビン酸ナトリウム（CAS登録番号：113-24-6，分子量：110.04，白色〜わずかにうすい黄色の結晶性粉末．水に易溶）．

トリフルオロ酢酸（trifluoroacetic acid：TFA）

- **分子式**：CF_3COOH
- **分子量**：114.02
- **別名**：パーフルオロ酢酸
- **CAS登録番号**：76-05-1

基本データ

形状	：刺激臭のある無色〜わずかに褐色の透明な液体
融点	：−15.3〜−15℃
沸点	：70.5〜72℃
比重	：1.489（20℃）
物理化学的特徴	：空気中，水との混和で発煙する．吸湿性がある
溶解性	：水，エタノールおよびアセトンと任意の割合で混和する
溶液の特性	：酸化力のない強酸：$pK_a=0.3$
取り扱いと保存	：腐食性，毒性がある：LD_{50}（ラット，経口投与）200 mg/kg．反応性が高く，ドラフト内で注意して扱う．密栓して冷蔵庫保存

解説

【特徴】ハロゲン化酢酸の1つ．反応性が高い．強酸にもかかわらず有機溶媒にも溶ける．

【用途】有機化学合成・離脱反応．タンパク質工学やアミノ酸配列分析．ペプチド合成．クロマトグラフ用溶媒．

酢酸ブチル（butyl acetate）

- **分子式**：$CH_3CO_2(CH_2)_3CH_3$
- **分子量**：116.16

- **別名**：酢酸 n-ブチル，エタン酸ブチル
- **CAS登録番号**：123-86-4

❏ 基本データ

形状	：無色透明の液体で，果物の芳香がある
融点	：-77℃
沸点	：125〜126℃
比重	：0.881（20℃）
物理化学的特徴	：引火性．引火点：22℃
溶解性	：エタノール，アセトンにやや溶けるが，水には難溶（0.8%）
取り扱いと保存	：有害性なため，気体を吸い込んだり皮膚に付けないようにする

❏ 解説

【特徴】リンゴの香りの成分．

【用途】有機合成用．各種溶媒．アミノ酸分析機．ラッカーの原料

【関連物質】酢酸プロピル（CAS登録番号：109-60-4，分子量：102.13，西洋ナシ様芳香がある）．

酢酸メチル（methyl acetate）

- **分子式**：CH_3COOCH_3
- **分子量**：74.08
- **別名**：エタン酸メチル
- **CAS登録番号**：79-20-9

❏ 基本データ

形状	：無色透明な液体で，芳香がある
融点	：-98.7℃
沸点	：56.3℃
比重	：1.359〜1.363
物理化学的特徴	：可燃性，引火性．引火点：-9℃
溶解性	：エタノール，アセトンなどの有機溶媒と任意の割合で混和し，水にも溶けやすい

取り扱いと保存：吸い込んだり皮膚に付けたりしない

解説

【特徴】酢酸エステルの1つで炭素数が最も少ない．炭素数が酢酸エチル以上のものは水に溶けにくいが本品は溶ける．
【用途】溶剤として広く使用される．

酒石酸 [L(+)-酒石酸〔L(+)-tartaric acid〕]

- **分子式**：$C_4H_6O_6$
- **分子量**：150.09
- **別名**：通常型酒石酸, d-α, β 酒石酸, R, R-酒石酸
- **CAS登録番号**：87-69-4

基本データ

形状	：白色の結晶．強い酸味がある
融点	：169〜170℃
溶解性	：水に易溶（115.04g/100g, 0℃）．アセトン，エタノールに可溶
溶液の特性	：pK_{a1}=2.93, pK_{a2}=4.23, 0.1規定溶液のpH 2.2
取り扱いと保存	：毒性がある：LD_{50}（マウス，静脈注射）485 mg/kg．室温保存

解説

【特徴】2個の不斉炭素をもつジヒドロカルボン酸．本品は右旋性．パスツールが光学異性体の概念を示したことで知られる．ラセミ体はブドウ酸といわれ，ブドウやワインに多い．天然には塩として存在する．
【生理機能】ヒトでは不活性．
【用途】生化学用．バッファー．有機合成．食品添加物（酸味料）．
【関連物質】DL-酒石酸（CAS登録番号：133-37-9，水への溶解度は20.6g/100 mL：20℃）．酒石酸ナトリウム（CAS登録番号：868-18-8，分子量：194.05）．

ヨード酢酸 (iodoacetic acid：MIA)

- 分子式：ICH₂COOH
- 分子量：185.95
- 別名：モノヨード酢酸
- CAS登録番号：64-69-7

基本データ

形状　　　　　：白色結晶
融点　　　　　：80〜83℃
溶解性　　　　：水, エタノールに可溶
取り扱いと保存：腐食性がある. 毒性がある：LD₅₀（マウス，経口投与）83 mg/kg. 冷蔵庫保存

解説

【特徴】SH基修飾試薬. タンパク質の親核性基をアルキル化（カルボキシメチル化）する. ヒスヂジンのイミダゾール残基, メチオニン, リシンのε-アミノ基なども修飾される.

【用途】タンパク質修飾, アミノ酸配列分析試薬. SH酵素（チオールプロテアーゼなど）の阻害剤およびタンパク質の化学修飾剤. 解糖, アルコール発酵の阻害剤.

リンゴ酸〔DL-リンゴ酸ナトリウムn水和物 (sodium DL-malate n-hydrate)〕

- 分子式：NaOOCCH(OH)CH₂COONa・nH₂O
- 別名：DL-リンゴ酸ニナトリウム, リンゴ酸ニナトリウム
- CAS登録番号：676-46-0

基本データ

形状　　　：白色, 結晶性粉末
溶解性　　：水にきわめて易溶だが, エタノール難溶

溶液の特性　　　：アルカリ性を示す
取り扱いと保存：室温保存

解説

【特徴】多くの植物果汁に含まれる．キレート作用がある．
【生理機能】クエン酸回路の一部をなし，リンゴ酸脱水素酵素によりオキサロ酢酸となる．
【用途】生化学実験．
【関連物質】L-リンゴ酸／ヒドロキシコハク酸（CAS登録番号：97-67-6, 分子量：134.09）：結晶．爽快感のある酸味があり，酸味料，pH調整剤，乳化剤として用いられる．酸性を示す（0.1%, pH 2.82）．

第Ⅲ部：有機化合物

第7章
脂質，長鎖脂肪酸およびその誘導体

田村隆明

リノール酸（linoleic acid）

H₃C～～～＝～～＝～～～COOH

- **分子式**：$C_{18}H_{32}O_2$
- **分子量**：280.45
- **別名**：オクタデカ-9,12-ジエン酸，*cis*-9, *cis*-12-オクタデカジエン酸
- **CAS登録番号**：60-33-3

基本データ

形状	：無色～わずかにうすい黄色，澄明な液体
融点	：-5℃
沸点	：229～230℃（16mmHg）
比重	：0.902
物理化学的特徴	：空気酸化されやすい
溶解性	：エタノール，ジエチルエーテル，クロロホルムなど，有機溶媒に溶けるが，水に不溶
取り扱いと保存	：室温～冷蔵庫保存

解説

【特徴】C18の直鎖不飽和脂肪酸で，二重結合を2個もつ．必須脂肪酸の

1つ．サフラワー油，大豆油，ひまわり油などの主成分として，グリセリドの形で存在する．4種類の異性体のうち天然のものは主にシス-シス体である．

【生理機能】 γ-リノレン酸，アラキドン酸を経てプロスタグランジンに代謝されるほか，細胞膜脂質ともなる．

【用途】 脂肪酸の定性・定量用，脂質の代謝，生理作用研究用．

リノレン酸（linolenic acid）

- **分子式**：$C_{18}H_{30}O_2$
- **分子量**：278.44
- **別名**：α-リノレン酸，9,12,15-オクタデカトリエン酸
- **CAS登録番号**：463-40-1

基本データ

形状	：無色～黄色，透明の液体
融点	：-11.3～-11℃
沸点	：137℃（0.07mmHg）
比重	：0.902
溶解性	：水に不溶．エタノール，酢酸エチル，エタノール，エーテルに可溶
取り扱いと保存	：冷蔵庫保存

解説

【特徴】 9，12，15位に二重結合をもつ炭素数18の一塩基性直鎖不飽和酸．天然品は主に全シス体．アマニ油，ナタネ油，ダイズ油に含まれる．葉にも多い．

【生理機能】 必須脂肪酸．

【用途】 生化学実験．化学合成．

【関連物質】 γ-リノレン酸（CAS登録番号：506-26-3，分子量：78.44，6,9,12-オクタデカトリエン酸）

オレイン酸 (oleic acid)

$$H_3C(CH_2)_6\diagup\diagdown(CH_2)_6COOH$$

- 分子式：$C_{17}H_{33}COOH$
- 分子量：282.47
- 別名：cis-9-オクタデセン酸, (Z)-9-オクタデセン酸
- CAS登録番号：112-80-1

基本データ

形状	：無色〜わずかにうすい黄色，透明な液体
融点	：16℃
沸点	：286℃
比重	：0.895
物理化学的特徴	：引火点：196℃．空気で簡単に酸化され，褐変し，異臭を放つ
溶解性	：エタノール，クロロホルムなど多くの有機溶媒にはきわめて溶けやすいが，水にほとんど溶けない
取り扱いと保存	：密栓して冷蔵庫保存

解説

【特徴】不飽和脂肪酸の1つ．多くの動植物油に含まれる炭素数18のシスモノエン脂肪酸．オリーブ油，ヒマワリ油に多い．アルカリ性物質とは容易に反応して石鹸を生成する．

【用途】脂肪酸の定性・定量用，脂質の代謝，生理作用研究用．

アラキドン酸 (arachidonic acid)

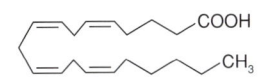

- 分子式：$C_{20}H_{32}O_2$
- 分子量：304.47
- 別名：5,8,11,14-エイコサテトラエン酸，cis-5,8,11,14-エイコサテトラエン酸
- CAS登録番号：506-32-1

基本データ

形状	：無色澄明の液体
融点	：−49.5℃
比重	：0.9168
溶解性	：エタノールと任意に混和し，大量の水を加えると沈殿する
取り扱いと保存	：冷凍庫保存

解説

【特徴】動物内臓に存在．必須脂肪酸の1つ．

【生理機能】リン脂質の成分として，細胞膜に流動性を与える．エイコサノイド（プロスタグランジン，トロンボキサン，ロイコトリエン）を生成するアラキドン酸カスケードの出発物質として重要．

【用途】生化学実験．培養実験．

【関連物質】アラキドン酸エチル（CAS登録番号：1808-26-0，分子量：332.52）．透明な液体．薬理作用研究に使用．

パルミチン酸（palmitic acid）

- **分子式**：$CH_3(CH_2)_{14}COOH$
- **分子量**：256.43
- **別名**：ヘキサデカン酸，ヘキサデシル酸，セチル酸
- **CAS登録番号**：57-10-3

基本データ

形状	：わずかな特異臭のある白色固体（結晶）
融点	：60〜63℃
沸点	：351℃
比重	：0.853
溶解性	：クロロホルム，エーテル，温エタノールに溶けやすく（冷エタノールには難溶），水にほとんど溶けない
保存の方法	：冷蔵庫〜室温保存する

解説

【特徴】 パームヤシ油から分離された．炭素16の直鎖状飽和脂肪酸．代表的な脂肪酸で動植物中に広く分布する．

【用途】 有機合成，化粧品，医薬品，石鹸．界面活性剤．

ステアリン酸 (stearic acid)

- **分子式**：$CH_3(CH_2)_{16}COOH$
- **分子量**：284.48
- **別名**：オクタデカン酸
- **CAS登録番号**：57-11-4

基本データ

形状	：白色結晶
融点	：68〜71℃
沸点	：386℃
比重	：0.847
物理化学的特徴	：引火点：196℃
溶解性	：エタノール，クロロホルムにやや溶けやすく，水にほとんど溶けない
取り扱いと保存	：室温保存

解説

【特徴】 パルミチン酸と同様に，代表的な脂肪酸．炭素数18の飽和直鎖状脂肪酸．水／油界面で1分子膜を形成する．ナトリウム塩は石鹸の主成分．

【用途】 化学合成，クリーム類の油性原料，乳化剤，食品添加物．

ホスファチジルグリセロール (phosphatidylglycerol)

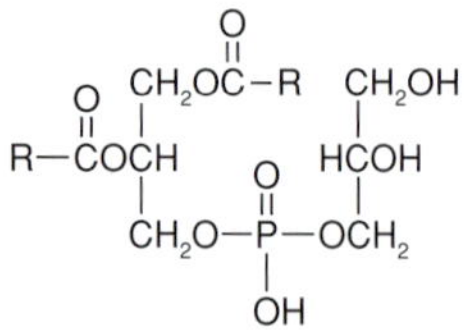

$$\begin{array}{c} \text{O} \\ \text{CH}_2\text{OC-R} \quad \text{CH}_2\text{OH} \\ \text{O} \quad | \quad \text{O} \quad | \\ \text{R-COCH} \quad | \quad \text{HCOH} \\ | \\ \text{CH}_2\text{O-P-OCH}_2 \\ | \\ \text{OH} \end{array}$$

コートソームMG-2020LS (DLPG)
- **分子式**：$C_{30}H_{58}O_{10}PNa$
- **分子量**：632.74
- **別名**：L-α-ジラウロイルイル ホスファチジルグリセロール，ナトリウム
- **CAS登録番号**：

コートソームMG-4040LA (DMPG)
- **分子式**：$C_{34}H_{70}NO_{10}P$
- **分子量**：683.9
- **別名**：L-α-ジミリストイル ホスファチジルグリセロール，アンモニウム
- **CAS登録番号**：108321-03-5

コートソームMG-6060LA (DPPG)
- **分子式**：$C_{38}H_{78}NO_{10}P$
- **分子量**：740.0
- **別名**：L-α-ジパルミトイル ホスファチジルグリセロール，アンモニウム
- **CAS登録番号**：73548-70-6

コートソームMG-8080LA (DSPG)
- **分子式**：$C_{42}H_{86}NO_{10}P$
- **分子量**：801.06
- **別名**：L-α-ジステアロイル ホスファチジルグリセロール，アンモニウム
- **CAS登録番号**：108347-80-4

- **構造式**：一般式を示す

基本データ

取り扱いと保存：本品は取り扱い指示に従い，適当な有機溶媒に溶かす．冷凍保存

解説

【特徴】生物界に広く存在するリン脂質だが，微生物では主要なリン脂質．
【生理機能】ホスファチジルグリセロールリン酸が脱リン酸化されて生成する．
【用途】生化学や細胞生物学における生体膜の研究．リポソーム作成．
【入手先】和光純薬工業．

ドコサヘキサエン酸
(docosahexaenoic acid：DHA)

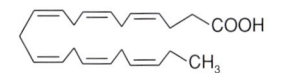

- 分子式：$C_{22}H_{32}O_2$
- 分子量：328.5
- 別名：cis-4,7,10,13,16,19-ドコサヘキサエン酸，セルボン酸
- CAS登録番号：6217-54-5

基本データ

形状	：無色～黄色がかった油
融点	：－44℃
溶解性	：有機溶媒，油脂に可溶
取り扱いと保存	：冷凍庫保存

解説

【特徴】魚油に多く含まれる．網膜や脳のリン脂質に含まれる脂肪酸．
【生理機能】リノレン酸から肝臓で合成される．中性脂肪を減少させる効果がある．
【用途】栄養補助剤．

ホスファチジルセリン (phosphatidylserine)

$$\begin{array}{c} \text{CH}_2\text{OC-R} \\ \text{R-COCH} \quad \text{O} \\ \text{CH}_2\text{O-P-OCH}_2\text{CHCOOH} \\ \text{OH} \quad \text{NH}_2 \end{array}$$

- **分子式**：$C_{42}H_{77}NO_{10}PNa$
- **分子量**：810.03
- **別名**：1,2-ジオレオイルホスファチジルセリンナトリウム塩，コートソーム MS-8181LS
- **試薬例**：L-α-ジオレオイル ホスファチジルセリン ナトリウム（DOPS）
- **構造式**：一般式を示す
- **CAS登録番号**：70614-14-1

❏ 基本データ

取り扱いと保存：冷凍庫保存

❏ 解説

【特徴】セリンリン酸を極性基とするグルセロリン脂質.
【生理機能】細胞膜に含まれ，脳や神経に多い.
【用途】生化学や細胞生物学における生体膜の研究. リポソーム作成.
【入手先】和光純薬工業.

エイコサペンタエン酸
(eicosapentaenoic acid：EPA)

- **分子式**：$C_{20}H_{30}O_2$
- **分子量**：302.44
- **別名**：5,8,11,14,17-イコサペンタエン酸，(all-Z)-5,8,11,14,17-エイコサペンタエン酸
- **CAS登録番号**：10417-94-4

基本データ

形状	：油状液体
融点	：-54℃
比重	：0.943
取り扱いと保存	：冷凍庫保存

解説

【特徴】 プロスタグランジンやロイコトリエンの前駆体になりうる，高度不飽和脂肪酸．青魚に多く含まれる．

【生理機能】 コレステロール低下作用，中性脂肪低下作用や血小板凝集抑制作用がある．

【用途】 栄養補助食品．エチルエステルは動脈硬化症薬，高脂血症薬に用いる．

【関連物質】 EPAエチル（CAS登録番号：84494-70-2，分子量：330.50）は無色～うすい黄色の透明な液体．エタノールに溶け，水に溶けない．

第Ⅲ部：有機化合物

第8章
脂肪族，芳香族，および多環・復素環化合物

田村隆明

ジエチルエーテル（diethyl ether）

- **分子式**：$(C_2H_5)_2O$
- **分子量**：74.12
- **別名**：エチルエーテル，エトキシエタン
- **CAS登録番号**：60-29-7

☐ 基本データ

形状	：室温で液体．特有の芳香をもつ
沸点	：34.6℃
比重	：0.7134
溶解性	：エタノールやメタノールと任意に混合し，水には難溶（6.9g/100 mL）
取り扱いと保存	：きわめて揮発性と引火性が高いので（引火点：−44℃），ドラフト内で使用する．密栓して冷蔵庫保存

☐ 解説

【特徴】不安定で光や酸素により不安定な過酸化物を生ずるので，少量の水を加えて保存する．気体の比重は2.56と空気より重い．

【用途】水溶液から有機溶媒を除くために使われる．麻酔作用があり，実験小動物の麻酔剤として使用される．

イミダゾール (imidazole)

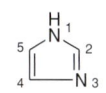

- **分子式**：$C_3H_4N_2$
- **分子量**：68.08
- **別名**：グリオキサリン，1,3-ジアゾール
- **CAS登録番号**：288-32-4

基本データ

形状	：白～淡黄色の固体
融点	：91℃
溶解性	：水，エタノールに易溶
溶液の特性	：弱い塩基性を示す．$pK_a = 6.92$（25℃）
取り扱いと保存	：密栓して冷蔵庫保存

解説

【特徴】生体のみられる数少ない復素環の1つ．遷移金属に配位する．
【用途】ヒスチジンの競合剤として，ニッケル樹脂に結合したヒスチジンタグを外すのに用いる．
【関連物質】ヒスチジン，ヒスタミン．

サリチル酸 (salicylic acid)

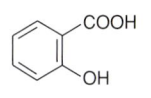

- **分子式**：$C_7H_6O_3$
- **分子量**：138.12
- **別名**：o-ヒドロキシ安息香酸
- **CAS登録番号**：69-72-7

基本データ

形状	：針状結晶
昇華点	：76℃

第8章 脂肪族, 芳香族, および多環・復素環化合物

溶解性　　　：エタノールやアセトンに易溶. 水に可溶（0.2g/100 mL）
取り扱いと保存：室温保存

📖 解説

【用途】鎮痛, 消炎作用がある. 防腐剤として使用される.
【機能】植物病原微生物抵抗性を誘導する, 植物ホルモンの一種.
【関連物質】鎮痛消炎作用をもつアスピリン（アセチルサリチル酸, CAS登録番号：50-78-2）. 結核治療薬のパラアミノサリチル酸.

安息香酸（benzoic acid）

- 分子式：$C_7H_6O_2$
- 分子量：122.12
- 別名：ベンゼンカルボン酸
- CAS登録番号：65-85-0

📖 基本データ

形状　　　：無色の固体
溶解性　　：エタノール, クロロホルム, エーテルによく溶ける. 水には0.29g/100 mL（20℃）で溶ける
溶液の特性：25℃においてpH約2.8, 解離定数pK_a=6.4×10^{-5}（25℃）

📖 解説

【特徴】木の樹脂に含まれる安息香に見出される.
【関連物質】安息香酸メチル（CAS登録番号：93-58-3）や安息香酸エチル（CAS登録番号：93-89-0）は果実様芳香をもち, 溶媒としても使用される. 安息香酸ナトリウム（CAS登録番号：532-32-1）は溶解度61.2g/100 mL（水：25℃）で, 水溶液のpHは約8.0. 防腐剤としても利用される.

フェノール (phenol)

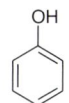

- **分子式**：C_6H_6O
- **分子量**：94.11
- **別名**：石炭酸，ベンセノール，ヒドロキシベンゼン，フェニル酸
- **CAS登録番号**：108-95-2

基本データ

形状	：固体（結晶）．独特の薬品臭をもつ
融点	：40.9℃
沸点	：182℃
比重	：1.071
溶解性	：25℃の水に8.66%溶ける（65.3℃以上では任意に混和）．エタノールに易溶
溶液の特性	：水溶液は酸性（pH約6.0）を示す．pK_a＝10.0（25℃）
取り扱いと保存	：腐食性，毒性（やけどを起こす）があるので，手袋をして扱う．酸化による劣化（褐変）防止のため，密栓して冷凍〜冷蔵保存する．水溶液の酸化防止のため，8-ヒドロキシキノリンを添加する〔「バイオ試薬調製ポケットマニュアル」（田村隆明／著，羊土社）参照〕

解説

【特徴】ベンゼン基が電子吸引性をもつため，-OH基からプロトンが放出されやすく，酸性を示す．芳香環水素を-OHで置換した化合物を一般にフェノール（類）という．

【用途】タンパク質変性作用が強く，核酸溶液からタンパク質を変性させて除くフェノール抽出に使われる．消毒薬（2〜5%）にもなる．

クロロホルム (chloroform)

- **分子式**：$CHCl_3$
- **分子量**：119.38

- **別名**：トリクロロメタン
- **CAS登録番号**：67-66-3

🔲 基本データ

形状	：無色透明の液体．特有の甘い臭いをもつ
沸点	：61.2℃
比重	：1.484
溶解性	：エタノール，フェノール，油脂など多くの有機溶媒と任意に混合するが，水にほとんど溶けない（~0.5g/100 mL）
取り扱いと保存	：揮発性があり有毒なので，ドラフト内で使用する．LDLo（ヒト，経口投与）2,514mg/kg．手袋を使用．密栓して室温保存

🔲 解説

【特徴】不燃性．不安定で光や酸素で徐々に分解する（市販品は安定剤として1％程度のアルコールが含まれている）．肝臓障害や心障害を起こし，発癌性が疑われている

【用途】脂質抽出やフェノールとともにフェノールクロロホルム抽出に使われる．クロロホルム抽出をする場合には分離能を上げるために，5％のイソアミルアルコールが加えられる．強力な麻酔作用がある．

DMSO（dimethyl sulfoxide，ジメチルスルホキシド）

- **分子式**：$(CH_3)_2SO$
- **分子量**：78.14
- **別名**：メチルスルホキシド，メチルスルフィニルメタン，スルフィニルビスメタン
- **CAS登録番号**：67-68-5

🔲 基本データ

形状	：無色無臭の液体
融点	：18.4℃
沸点	：189℃
比重	：1.100

| 溶解性 | :水,エタノール,エーテルなどと任意に混合する |
| 取り扱いと保存 | :引火点87℃の可燃性液体.常温保存.冷蔵庫で固化する |

❏ 解説

【特徴】 優れた非プロトン性の極性溶媒で,ガス類,糖類,無機塩類など,ほとんどの物質を溶かす.古くなると分解物(ジメチルスルフィド)の油がかった硫黄臭を発する.

【用途】 さまざまな生体物質の溶媒として用いられる.

塩化テトラエチルアンモニウム
(tetraethylammonium chloride:TEAC)

- **分子式**:$(C_2H_5)_4NCl$
- **分子量**:165.71(無水物)
- **別名**:テトラエチルアンモニウムクロリド
- **CAS登録番号**:56-34-8

❏ 基本データ

形状	:白色結晶.潮解性
溶解性	:水,エタノール,クロロホルム,アセトンによく溶ける
溶液の特性	:10%水溶液のpHは6.48
取り扱いと保存	:密栓して冷蔵庫保存.目,呼吸器,皮膚を保護し,ドラフト内で扱う

❏ 解説

【用途】 交感神経節/副交感神経節遮断薬として使用される.筋肉内投与.DNA-DNAハイブリダイゼーション.

【機能】 電位依存性カリウムチャネルのブロッカー.

【関連物質】 臭化テトラエチルアンモニウム(TEAB,CAS登録番号:71-91-0)には血圧降下作用がある.

アセトニトリル (acetonitrile)

- 分子式：CH_3CN
- 分子量：411.05
- 別名：エタンニトリル，シアン化メチル，メチルシアン
- CAS登録番号：75-05-8

基本データ

形状	：無色の液体．エーテル様芳香がある
沸点	：81.6℃
比重	：0.7828
溶解性	：水，エタノール，エーテル，アセトン，不飽和炭化水素と混和するが，飽和炭化水素とは混和しない
取り扱いと保存	：引火性がある，引火点：12.8℃．室温保存．毒性があり，ラットでのLD_{50}（経口投与）は3.8g/kg．吸引を防止し，目を保護する

解説

【特徴】有機溶媒で無機塩類を溶かす．

【用途】逆層クロマトグラフィーやHPLC用溶媒として汎用される．生化学用．

プロパン (propane)

- 分子式：$CH_3CH_2CH_3$
- 分子量：44.1
- CAS登録番号：74-98-6

基本データ

形状	：室温で気体．無色無臭
沸点	：−42.16℃
比重	：1.56
取り扱いと保存	：可燃性気体．通常，プロパンガスとしてボンベに入れて使用される．爆発限界は2.2〜9.5%（空気）

解説

【特徴】発熱量は50,455KJ/mol．石油精製，油井で産出する．
【用途】液化天然ガスLPG（プロパンガス）として燃料に使用．

ベンゼン (benzene)

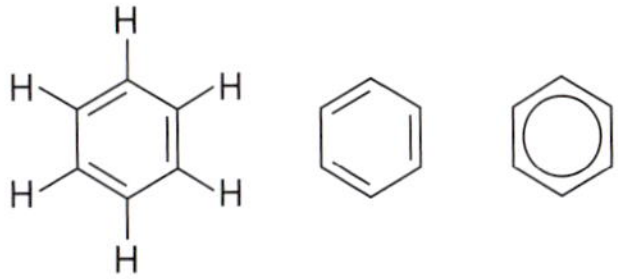

- **分子式**：C_6H_6
- **分子量**：78.11
- **別名**：ベンゾール
- **構造式**：電子は非局在化しているので，正六角系内に丸を書いた形で構造を表す場合がある．
- **CAS登録番号**：71-43-2

基本データ

形状	：無色の液体．芳香族特有の芳香をもつ
融点	：5.5℃
沸点	：80.1℃
比重	：0.879
溶解性	：エタノールと任意に混合するが，水には難溶
取り扱いと保存	：揮発性と引火性が高い．引火点：-11.1℃．密栓して冷蔵庫に保存

解説

【特徴】芳香族化合物の基本形のベンゼン環構造をもつ．置換基の場合はフェニル（phenyl）基という．慢性毒性や造血系毒性がある．
【用途】溶媒，アミノ酸分析用，分光分析．

トルエン (toluene)

- **分子式**：C_7H_8
- **分子量**：92.14
- **別名**：メチルベンゼン，トルオール
- **CAS登録番号**：180-88-3

基本データ

形状	：芳香族特有の臭いのある無色の液体
融点	：$-95℃$
沸点	：110.6℃
比重	：0.867
溶解性	：エタノールやメタノール，アセトンと混和するが，水にはほとんど溶けない
取り扱いと保存	：引火性および可燃性．密栓して冷蔵庫保存．ベンゼンにくらべ毒性は少ないが，吸引すると吐き気などの中毒症状を呈する．

解説

【特徴】 長期間吸引すると回復不可能な脳障害を起こす（いわゆるシンナー中毒）．

【用途】 塗料や接着剤の溶媒として広く使われる．

キシレン (xylene)

- **分子式**：C_8H_{10}
- **分子量**：106.17
- **別名**：キシロール，ジメチルベンゼン
- **構造式**：o-キシレンを示した
- **CAS登録番号**：o-キシレン（95-47-6），m-キシレン（108-38-3），p-キシレン（106-42-3）

基本データ

形状	：室温で液体．シンナー臭のような臭いがある
融点	：−25.2℃（o-キシレン）
沸点	：144.4℃（o-キシレン）
比重	：0.880（o-キシレン）
溶解性	：非極性溶媒には溶けるが，極性溶媒には難溶
取り扱いと保存	：密栓して冷蔵庫保存

解説

【特徴】 市販のキシレンは3種の異性体の混合物（微量のベンゼンを含む）．易燃性でススを出して燃える．毒性があり，シックハウス症候群の原因物質の1つとされる．

【用途】 溶媒となる．ミネラルオイルの拭き取りなどに用いる．

p-アミノ安息香酸
(p-aminobenzoic acid：PABA)

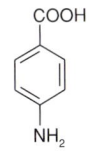

- **分子式**：$C_7H_7NO_2$
- **分子量**：137.14
- **CAS登録番号**：150-13-0

基本データ

形状	：淡黄赤色結晶
溶解性	：水に難溶．熱水，エタノール，酢酸エチルに可溶
モル吸光係数	：$\log \varepsilon_{290}$ 4.54（メタノール）
取り扱いと保存	：室温保存

解説

【機能】 ビタミンB複合体の1つでビタミンH．葉酸の構成成分の1つ．

【関連物質】 o-体，m-体の異性体がある．p-アミノ安息香酸エチル（CAS

登録番号：94-09-7）は局所麻酔剤，鎮痛剤として利用される．

クレゾール（cresol）

- **分子式**：C_7H_8O
- **分子量**：108.14
- **別名**：ヒドロキシメチルベンゼン，メチルフェノール
- **構造式**：o-クレゾールを示す
- **CAS登録番号**：106-44-5（混合物）

基本データ（混合物）

形状	：室温で無色の液体．フェノール様の独特の薬品臭がある
融点	：混合物は約9℃．o-体，m-体，p-体はそれぞれ30℃，11.9℃，35.5℃
溶解性	：エタノール，クロロホルム，エーテルと混和．水には微溶
取り扱いと保存	：腐食性が高く，手袋をして扱う．密栓して冷蔵庫保存

解説

【特徴】市販品はo-体，m-体，p-体の混合物．酸化されて淡黄色を帯びる．タンパク質変性作用がある．

【用途】殺菌作用が強く，0.5～3%水溶液は消毒薬となる．石鹸水と混ぜ，クレゾール石鹸としても使用される．

カテコール (catechol)

- **分子式**：C$_6$H$_6$O$_2$
- **分子量**：110.11
- **別名**：1,2-ジヒドロキシベンゼン，1,2-ベンゼンジオール，ピロカテコール
- **CAS登録番号**：120-80-9

❏ 基本データ

形状	：無色針状結晶
融点	：104～105℃
溶解性	：水，エタノール，アセトンに可溶
取り扱いと保存	：密栓して冷蔵庫保存

❏ 解説

【特徴】 酸化されやすい．アルカリ性で酸化すると黒変する．

【代謝】 カテコールがドーパ（通常はチロシンから生成され，ドーパミンに代謝される）に変換される場合，ドーパはドーパキノンを経てメラニンとなる．

【関連物質】 ドーパはカテコール核をもつアミノ酸．

p-アミノサリチル酸 (p-aminosalicylic acid：PAS)

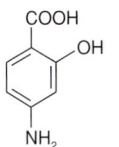

- **分子式**：C$_7$H$_7$NO$_3$
- **分子量**：153.14
- **CAS登録番号**：65-49-6

❏ 基本データ

形状	：無色結晶性粉末

溶解性	：水，エタノールに可溶
モル吸光係数	：log ε_{303} 4.15
取り扱いと保存	：冷蔵庫保存

解説

【用途】カルシウム塩の形で抗結核薬として使用される．

ピペリジン（piperidine）

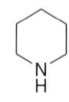

- **分子式**：$C_5H_{11}N$
- **分子量**：85.15
- **別名**：アザシクロヘキサン，エキサヒドロピリジン，ペンタメチレンイミン
- **CAS登録番号**：110-89-4

基本データ

形状	：液体．特有の臭いを発する
融点	：−7℃
沸点	：106℃
比重	：0.8622
溶解性	：水，エタノール，クロロホルムに可溶
取り扱いと保存	：引火性．引火点：12℃（タグ密閉式）がある．密栓して冷蔵庫保存

解説

【特徴】コショウの辛味成分ピペリンの構造中にある．

【用途】マクサムギルバート法によるDNAシークエンシングで，修飾ヌクレオチドの切断に用いられる．

キノリン (quinoline)

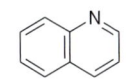

- **分子式**：C_9H_7N
- **分子量**：129.16
- **別名**：1-アザナフタレン，ベンゾ (*b*) ピリジン
- **CAS登録番号**：91-22-5

基本データ

形状	：無色の液体．強い臭いをもつ
融点	：-15℃
比重	：1.0900
溶解性	：多くの有機溶媒に易溶．水には難溶
取り扱いと保存	：吸湿性．密栓して冷蔵庫保存．有毒で，発癌性が疑われている

解説

【特徴】光により黄変，渇変色する．

【関連物質】キノリン骨格をもつ多くのキノリンアルカロイド（キニーネ，キニジン，カンプトテシン），キノホルム（CAS登録番号：130-26-7）．

第9章 アルデヒドとケトン

第Ⅲ部：有機化合物

田村隆明

ホルムアルデヒド (formaldehyde)

- **分子式**：CH_2O
- **分子量**：30.03
- **別名**：酸化メチレン，メタナール，オキシメチレン
- **CAS登録番号**：50-00-0

📘 基本データ

形状	：鋭い刺激臭を有する無色の気体
融点	：－92℃
沸点	：－19.0℃
比重	：1.067
物理化学的特徴	：非常に反応性に富む物質．簡単に重合し，無水のものからはトリオキサン〔$(CH_2O)_3$〕，水溶液からはパラホルムアルデヒドを生ずる
溶解性	：水に55％まで溶解する．エタノール，エーテルに可溶
溶液の特性	：可燃性．引火点：－19℃
取り扱いと保存	：毒性がある：LD_{50}（ラット，経口投与）800 mg/kg，空気中許容濃度 3 mg/m^3

📘 解説

【特徴】37％水溶液としたものをホルマリン（下記）という．タンパク質変

性作用（アミノ基と結合する），核酸変性作用がある．
【用途】細胞固定剤．標本作成（2〜3%），プレパラート作成（10〜20%）．核酸実験（特にRNA電気泳動における変性剤）．消毒薬（1〜5%）．防腐剤．銀鏡反応（銀染色）．有機合成原料．分析試薬．

【関連物質】

ホルマリン
- 組成 ：37%ホルムアルデヒド水溶液．重合防止剤として10〜15%のメタノールを含む．
- 物性 ：刺激臭のある無色の液体．アルカリ中で還元性を示し，空気中では徐々に酸化されてギ酸になる．
- 物理化学的特徴：比重1.081〜1.085，沸点96℃，pH 2.8〜4.0
- 取り扱いと保存：密栓して室温保存（冷蔵はしない）．ドラフト内で扱う．次亜塩素酸，あるいはアルカリで過酸化水素水を加え，酸化分化してから廃棄する．

グルタルアルデヒド (glutaraldehyde)

- **分子式**：$OHC(CH_2)_3CHO$
- **分子量**：100.1
- **別名**：グルタルジアルデヒド，1,5-ペンタンジアール
- **CAS登録番号**：111-30-8

基本データ

- 形状 ：無色〜淡黄色の透明な液体．特異な刺激臭がある
- 融点 ：−14℃
- 沸点 ：187〜189℃
- 比重 ：1.06
- 物理化学的特徴：比較的不安定．加熱で重合し，酸化でグルタル酸となる
- 溶解性 ：水，エタノールおよびアセトンと任意の割合で混和する
- 溶液の特性 ：酸性を示す
- 取り扱いと保存：密栓して冷蔵庫保存．毒性がある：LD_{50}（ラット，経口投与）134 mg/kg．消毒殺菌剤

❏ 解説

【特徴】 二価性試薬で2つの官能基をもつ．ペプチド鎖のNH_2基と結合する．
【用途】 タンパク質架橋／修飾剤．不溶化酵素調製．免疫電子顕微鏡．組織固定剤．
【入手する形状】 一般に10〜70%水溶液で入手できる．

パラホルムアルデヒド (paraformaldehyde)

- **分子式**：$[-CH_2O-]_n$
- **CAS登録番号**：30525-89-4
- **別名**：ポリオキシメチレン，ポリホルムアルデヒド

❏ 基本データ

形状	：白色の粉末〜固体．ホルムアルデヒド臭をもつ
融点	：163〜165℃
物理化学的特徴	：引火性．引火点：70℃
溶解性	：温水にやや溶け，冷水には難溶．エタノールやエーテルには溶けない．アンモニア水に可溶
取り扱いと保存	：密栓して室温保存．水溶液は1週間程度は安定だが，通常用時調製する．毒性がある：LD_{50}（ラット，経口投与）800 mg/kg

❏ 解説

【特徴】 ポリアセタールの一種で，ホルムアルデヒドの重合体．加熱することにより，無水のホルムアルデヒドが得られる．温水に溶かして調製する．
【用途】 組織固定剤．細胞の免疫染色用．プラスチックの原料．

アセトン (acetone)

- **分子式**：$(CH_3)_2CO$
- **分子量**：58.08

- **別名**:ジメチルケトン,2-プロパノン
- **CAS登録番号**:67-64-1

基本データ

形状	:無色透明な液体.特徴的なハッカ様臭をもつ
融点	:-94℃
沸点	:56.2℃
比重	:0.789
物理化学的特徴	:可燃性.強い引火性.引火点:-17℃
溶解性	:水,エタノール,有機溶媒に自由に混和する
取り扱いと保存	:密栓遮光して室温保存.火気には十分注意を払う.吸引を避ける

解説

【特徴】代表的な脂肪族ケトン.

【用途】油脂や塗料の溶剤.有機合成原料として汎用される.薄層クロマトグラフィーおよびペーパークロマトグラフィーの展開溶媒.液体クロマトグラフィー用溶媒.生化学用.組織の脱水や脱脂.

アセトアルデヒド (acetaldehyde)

- **分子式**:CH_3CHO
- **分子量**:44.05
- **別名**:エタナール,エチルアルデヒド
- **CAS登録番号**:75-07-0

基本データ

形状	:無色透明な液体で,独特の刺激臭がある
融点	:-123℃
沸点	:21℃
比重	:0.778
物理化学的特徴	:きわめて引火性:引火点-27℃
溶解性	:水やエタノールに可溶

解説

【特徴】 反応性に富み，付加，重合，酸化，還元反応などに利用される．アルコール発酵の中間体でピルビン酸より脱炭酸で生じ，アルコール脱水素酵素でエタノールになる．

【生理機能】 エタノールの酸化中間代謝物として生成し，酢酸を経て代謝される．二日酔いの原因物質．

【用途】 化学合成原料．

グリオキサール (glyoxal)

- **分子式**：$(CHO)_2$
- **分子量**：58.04
- **別名**：エタンジアール，オキサルアルデヒド，ジホルミル，エタン-1,2-ジオン
- **CAS登録番号**：107-22-2

基本データ

形状	：白色～わずかにうすい黄色の結晶（低温で白色になる）
融点	：15℃
沸点	：51℃
比重	：1.29
物理化学的特徴	：アルカリで不安定．蒸気は緑色．紫色の炎をあげて燃える．空気と混合すると爆発する場合がある
溶解性	：水に易溶．有機溶媒に可溶
溶液の特性	：40%水溶液：保存中に重合して沈澱となる性質がある（加温すれば溶解する）．不純物として少量の酸を含むため酸性を示す（pH 2.1～2.7）
取り扱いと保存	：密栓して室温保存．毒性がある：LD_{50}（ラット，経口投与）1.1g/kg．グアニンに結合するので変異源性がある

解説

【特徴】 吸湿重合して白色の粉末になりやすく，市販品は取り扱いやすいように40％水溶液となっている．

【用途】 RNA変性剤として（二次構造解消のため）電気泳動やブロッティングで使用．有機合成原料．

グリオキシル酸
〔グリオキシル酸一水和物（glyoxalic acid monohydrate）〕

- **分子式**：$C_2H_2O_3 \cdot H_2O$
- **分子量**：92.1
- **別名**：ホルミルギ酸，オキソ酢酸
- **CAS登録番号**：298-12-4

基本データ

形状	：無色の結晶（無水）
融点	：50℃
物理化学的特徴	：きわめて吸湿性．融点以上に加熱すると分解する
溶解性	：水にきわめてよく溶け，エタノールには溶け難い
取り扱いと保存	：冷凍（固体）〜冷蔵（水溶液）で保存する

解説

【特徴】 未熟な種子中に多い．1分子中にアルデヒド基とカルボキオシル基のあるカルボン酸．市販品の多くは50％水溶液．

【生理機能】 グリオキシル酸回路でイソクエン酸からコハク酸とともに生じ，アセチルCoAと縮合してリンゴ酸となる．グリシン生合成の前駆体．

【用途】 生化学実験．

ベンズアルデヒド (benzaldehyde)

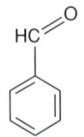

- **分子式**：C_7H_6O
- **分子量**：106.12
- **別名**：ホルミルベンゼン，ベンジルアルデヒド
- **CAS登録番号**：100-52-7

基本データ

形状	：無色～淡黄色の透明な液体．苦扁桃油様の香気がある
融点	：−26℃
沸点	：178〜179℃
比重	：1.05
物理化学的特徴	：揮発性．引火性．引火点：63℃．酸化されやすく，徐々に安息香酸となる
溶解性	：水には微溶（0.33g/100 mL）だが，有機溶媒には任意に混和する
取り扱いと保存	：密栓して冷蔵庫に保存

解説

【特徴】アーモンド，杏仁（アンズの種）の香り成分．

【用途】香料，有機合成原料．

総索引

※赤字 ⇒ その試薬について詳しく解説されているページを示しています

数　字

1,2-エタンジオール …… 607
1,2,3-プロパントリオール …… 604
1,3-ジアゾール …… 659
1,4-diaminobenzene …… 432
1,4-ジオキサン …… 451
1,10-フェナントロリン …… 293
12タングスト（Ⅵ）リン酸 …… 511
17-OHPC …… 69
17-エチニルエストラジオール …… 68
17-ヒドロキシラーゼ …… 70
1-アザナフタレン …… 671
1-アセチルイミダゾール …… 407
1-メチルグアニジノ酢酸 …… 548
2',3'-ジデオキシアデノシン 5'-三リン酸三ナトリウム塩 …… 560
2',3'-ジデオキシシチジン 5'-三リン酸ナトリウム塩 …… 566
2-(4-イミダゾリル)エチルアミン …… 545
2,4-ジヒドロキシピリミジン …… 570
2,5-ジアミノ吉草酸 …… 541
2,5-ジフェニルオキサゾール …… 452
2,6-ジアミノヘキサン酸 …… 528
2,6-ジオキソプリン …… 580
2,6-ジクロロフェノールインドフェノールナトリウム塩 …… 323, 428
20-メチルコラントレン …… 191
2-butanol …… 607
2-アミノ-3-(4-イミダゾリル)プロピオン酸 …… 524
2-アミノ-3-(4-ヒドロキシフェニル)プロピオン酸 …… 532
2-アミノ-3-(インドリル)プロピオン酸 …… 531
2-アミノ-3-カルバモイルプロピオン酸 …… 521
2-アミノ-3-ヒドロキシプロピオン酸 …… 534
2-アミノ-3-メチル吉草酸 …… 526
2-アミノ-3-メチル酪酸 …… 533
2-アミノ-3-メルカプトプロピオン酸 …… 522
2-アミノ-4-カルバモイル酪酸 …… 525
2-アミノ-4-(グアニジノオキシ)酪酸 …… 271
2-アミノ-4-(メチルスルファニル)ブタン酸 …… 529
2-アミノ-4-メチルペンタン酸 …… 527
2-アミノ-5-(カルバモイルアミノ)ペンタン酸 …… 541
2-アミノ-6-ヒドロキシプリン …… 561
2-アミノイソ吉草酸 …… 533
2-アミノエタノール …… 537
2-アミノグルタルアミド酸 …… 525
2-アミノブタン二酸 …… 521
2-アミノプロピオン酸 …… 519
2-アミノペンタン二酸 …… 525
2-エトキシエタノール …… 611
2-オキソプロパン酸 …… 643
2'-ジデオキシグアノシン 5'-三リン酸ナトリウム塩 …… 563
2'-デオキシアデノシン 5'-三リン酸ニナトリウム塩 …… 560
2'-デオキシアデノシン一水和物 …… 559
2'-デオキシグアノシン 5'-三リン酸ナトリウム塩 …… 563
2'-デオキシグアノシン一水和物 …… 562
2'-デオキシシチジン …… 565
2'-デオキシシチジン 5'-三リン酸ニナトリウム塩 …… 566
2'-デオキシチミジン 5'-三リン酸ナトリウム塩 …… 569
2 波長励起型 …… 425
2-ヒドロキシプロパン酸 …… 638
2-ヒドロキシプロピオン酸 …… 638
2-ブタノール …… 607
2-ブチルアルコール …… 607
2-プロパノール …… 609
2-ホスホノオキシ安息香酸 …… 261

2-ホスホノオキシプロペン酸 ····· 628
2-メトキシエタノール　612
2-メルカプトエタノール ····· 318
3-AT ····· 377
3-MC ····· 191
3-アミノトリアゾール ····· 377
3-インドール酢酸 ····· 88
3-オキシペンタン-1,5-ジオール ····· 612
3-オキソアシルACPシンターゼ ····· 276
3'-デオキシチミジン5'-三リン酸三リチウム塩 569
3-メチル-1-ブタノール ····· 610
4-AP ····· 133
4MU-β-DGlcNAc ····· 249
4-NQO ····· 183
4-アミノピリジン ····· 133
4-クロロメルクリ安息香酸 ····· 321
4-ニトロキノリン1-オキシド ····· 183
4-メチル-2-アミノ吉草酸 ····· 527
4-メチルウンベリフェリル誘導体 ····· 263
4-メチルウンベリフェロン ····· 250, 263
5,5'-ジチオビス（2-ニトロ安息香酸）····· 322
5-AzaC ····· 190
5-BrUra ····· 186
5-FU ····· 187, 570
5-FOA ····· 376
5-MT ····· 194
5-グアニジノ-2-アミノ吉草酸 ····· 520
5-グアニジノ-2-アミノペンタン酸 ····· 520
5-フルオロウラシル ····· 570
5-フルオロオロチン酸 ····· 376
5-メチルウラシル ····· 567
5-メチルトリプトファン ····· 194
6-アミノウラシル ····· 564
6-アミノプリン ····· 558
6-ビオプテリン ····· 52
6-ヒドロキシプリン ····· 574
6-ホスホフルクトキナーゼ測定基質 ····· 624
7-アセトキシ-4-メチルクマリン ····· 263
8-ヒドロキシキノリン ····· 315

欧　文

【A】

A ····· 558
α1AT ····· 280
α-1-プロテイナーゼ阻害剤 ····· 280
ABPC ····· 162
ABTS ····· 266
acetylcholine chloride ····· 110
acetyl-CoA ····· 222
acetyl-SCoA ····· 45
Ach ····· 110
acid red 87 ····· 355
Ac-Leu-Leu-Arg-CHO ····· 282
ACTH ····· 80
adenosine-3', 5'-cyclic monophosphate, sodium salt ····· 572
ADPG ····· 620
ADP-グルコース ····· 620
ADR ····· 157
Ala ····· 519

ALP ····· 216
Amine–PEG$_2$–Biotin ····· 417
AMP ····· 162, 576
AMPA ····· 131
APC ····· 370
APF-1 ····· 553
APS ····· 383
Ara ····· 593
Ara-C ····· 176
Arg ····· 520
Asn ····· 521
Asp ····· 521
ATA ····· 193
ATEE ····· 254
α-toluenesulfonyl fluoride ····· 286
ATP ····· 560
ATP/dATP/ddATP ····· 560
ATP-γ-S ····· 181
ATPの再生 ····· 548
ATPリサイクル物質 ····· 629
AVP ····· 83
α-アマトキシン ····· 175
α-アマニチン ····· 175
α-アミノ-β-フェニルプロピオン酸 ····· 530
α-ガラクトサミン塩酸塩 ····· 594
Aキナーゼ ····· 121
α-キモトリプシン ····· 225
α-ケトプロピオン酸 ····· 643
α細胞 ····· 82
α-トリプシン ····· 221
α-リノレン酸 ····· 650

【B】

*Bacillus*属 ····· 357
BAEE ····· 255

BBOT ... 454	β細胞 ... 79	CMP ... 577
β,β-カロテン ... 32	β-メルカプトエタノール ... 318	CoA ... 44, 558
BCAA ... 527, 533	βラクタマーゼ ... 162	CoASH ... 44
β-carotene ... 32	βラクタム環 ... 161	Con A ... 91
BCM ... 164	βラクタム系 ... 140	CoQ_{10} ... 53
β-D-ガラクトース ... 243, 247, 248	β-リポトロピン ... 113	CP ... 141
β-D-ガラクトシダーゼ ... 252, 254		CPDC ... 180
β-D-グルクロン酸 ... 246	**[C]**	CPK ... 234
β-D-グルコース ... 245	C ... 564	CsA ... 170
β-D-グルコシダーゼ ... 251	CACP ... 180	CsTFA ... 388
β-endorphin ... 113	caffeine ... 118	CTAB ... 332
benzene ... 665	cAMP ... 121, 233, 572	CTP ... 566
BES ... 304	cAMP ホスホジエステラーゼ ... 275	CTP/dCTP/ddCTP ... 566
Bicine ... 310	CAPS ... 307	Cy3 ... 421
Biotin-(AC₅)₂Sulfo-OSu ... 413	CAT ... 141, 222	Cy3 monofunctional dye ... 421
Bis ... 381	CAT アッセイ ... 223	Cy5 ... 422
Bis-Tris ... 309	CBB ... 438	Cy5 monofunctional dye ... 422
Bluo-gal ... 247	CCCP ... 213	cyanocobalamin ... 33
β-NAD ... 55	CD ... 369	Cys ... 522
BP ... 52	cDNA 合成 ... 270	
BPB ... 386	cesium chloride ... 387	**[D]**
BrdU, BUdR ... 177	cesium sulfate ... 387	d-α,β酒石酸 ... 646
Brij-35 ... 333	cGMP ... 579	DAPI ... 344
BSA ... 551	CHAPS ... 338	dATP ... 560
BTB ... 441	CHD ... 403	DCC ... 211
BuTX ... 128	chloine ... 481	DCIP ... 323
Bz-Arg-OEt・HCl ... 255	cholesterol ... 61	dCTP ... 566
β-エンドルフィン ... 113	chondroitin C sulfate disodium salt ... 596	ddATP ... 560
βガラクトシダーゼ ... 217	cis-9-オクタデセン酸 ... 651	ddCTP ... 566
β-ガラクトシダーゼ ... 243, 244	cis-DDP ... 180	ddGTP ... 563
β-カロテン ... 32, 40	cisplatin ... 180	DDP ... 180
β-グリセロリン酸ニナトリウム五水和物 ... 622	clostridiopeptidase A ... 357	ddTTP ... 569
β-グルクロニダーゼ ... 246	CM ... 141	DEAE-デキストラン ... 360
B細胞 ... 96	CMC ... 410	DEDX ... 360
	c-met ... 101	DEN ... 182
		DENA ... 182
		DEPC ... 272, 389
		dextran ... 583

DFP, DIFP ... 295	D-グルクロン酸 ... 599	**【F, G】**
D-GalNAc ... 593	D-グルコース1-リン酸ニナトリウムn水和物 ... 619	
dGTP ... 563		FAD ... 50, 558
DHA ... 655	D-グルコース6-リン酸一ナトリウム ... 619	FCCP ... 214
DHCH-アルギニン ... 403		FDP ... 624
diethylene glycol ... 612	D-フルクトース ... 584	FGF ... 98
DIG ... 393	D-リボース ... 590	FITC ... 419
DIG-dUTP ... 393	D-リボフラノース ... 590	FMN ... 49
DLPG ... 654		FO ... 376
dl-ヒヨスシアミン ... 134	**【E】**	folic acid ... 34
DL-リンゴ酸ナトリウムn水和物 ... 647		formic acid ... 640
	E1 ... 65	forskolin ... 121
DMF ... 546	E2 ... 66	Fru ... 584
DMPG ... 616, 654	E3 ... 67	Fru2,6-BP ... 625
DMS ... 179	EDC ... 411, 418	Fura-2-AM ... 424
DMSO ... 662	EDTA ... 313	G ... 561
DNA ... 344, 345, 347	EDTA 2Na ... 313	G1P ... 619
DNAジャイレース ... 157, 160	EGF ... 97	G3P ... 627
DNAトポイソメラーゼⅡ ... 189	EGTA ... 314	G418 ... 149
	EM ... 151	G6P ... 619
DNAポリメラーゼ ... 574	enkephalin ... 112	GA ... 171
DNAポリメラーゼⅡ ... 370	ENNG ... 184	GA3 ... 89
DNS-Cl ... 418	EPA ... 657	GABA ... 115
DOX ... 157	EPO ... 85	Gal ... 584
DPN ... 55	EPPS ... 308	GalN ... 594
DPNH ... 56	estrone ... 65	GalNAc ... 596
DPO, PPO ... 452	ET ... 84	GCV ... 130
DPPG ... 654	ET-1 ... 84, 114	GFP ... 554
DSPG ... 654	EtBr ... 390	Glc ... 585
DTE ... 323	ethylenediaminetetraacetic acid ... 313	GlcA ... 599
DThyd ... 568		GlcN ... 601
DTNB ... 322, 408	EtOH ... 603	Gln ... 525
DTT ... 320	EZ-Link® NHS-PEO₄-Biotin ... 415	Glu ... 525
dTTP ... 569		glucosamine hydrochloride ... 601
dTTP/ddTTP ... 569	EZ-Link® Sulfo-NHS-LC-Biotin ... 414	GluNAc ... 581
D-アラビノース ... 593		Gly ... 523
D-アルドトリオース ... 602		Gly-Phe-NH₂ ... 257
D-グリセロース ... 602		Gly-Pro-pNA ... 256

GM ... 150	IRS ... 97	L-トランスエポキシスクシニルロイシルアミド-(4-グアニジノ)ブタン ... 291
GMP ... 576		
GSH ... 549	**[J,K]**	
GTP ... 563	JAK2 経路 ... 86	
GTP/dGTP/ddGTP ... 563	JAK-STAT 経路 ... 83, 96	**[M]**
guanosine3',5'-monophosphate monosodium salt ... 579	JSTX-3 ... 127	Mal ... 588
	kainic acid ... 119	MAP キナーゼ経路 ... 98
G タンパク質 ... 124	KM ... 143	MEA ... 537
G タンパク質共役受容体 ... 82	Kunitz 型プロテアーゼインヒビター ... 282	MEGA-10 ... 340
		melatonin ... 109
[H]	**[L]**	MES ... 309
		Met ... 529
HAT 培地 ... 574	Lac ... 586	MG-132 ... 269
HEPES ... 299	lacZ ... 217	MIA ... 273, 647
HGF ... 100	L-α-lecithin ... 614	MMC ... 155
His ... 524	L-α-phosphatidyl-L-serine ... 615	MMS ... 188
HNBB ... 402		MNNG ... 184
HRP ... 220	L-arabinose ... 593	MNU ... 190
Hsp90 ... 172	L-α-ホスファチジル-DL-グリセロール, ジミリストイル, ナトリウム ... 616	MOPS ... 301
HU ... 178		MOPSO ... 301
HX ... 147, 574		morphine ... 128
	L-α-ホスファチジル-L-セリン溶液 ... 615	MRSA ... 165
[I]	L-α-ホスファチジルコリン ... 614	
		[N]
IAA ... 88, 274	L-α-レシチン ... 614	
IAP ... 124	L-dopa ... 107	NA ... 156
IFN ... 95	LDS ... 476	NAD ... 55, 558
Igepal CA-630 ... 336	λem ... 404	NADH ... 56
IGF ... 97	λex ... 404	NADP ... 57
IgG ... 348, 349	Leu ... 527	NAG ... 581
IL ... 96	Leu-NH$_2$・HCl ... 259	NaIO$_4$ ... 412
IL-2 受容体 ... 171	LPG ... 665	natural black 1 ... 354
Ile ... 526	LPS ... 92	NBS ... 401
Ino ... 575	L-SOP ... 629	NDEA ... 182
iodine ... 480	Lys ... 528	NEM ... 277, 325
IP1 ... 618	L-アラビノピラノース ... 593	Neu5Ac ... 595
IP3 ... 617		NG ... 184
IPTG ... 244		NGF ... 100

NHS-LC-Biotin 416	N-トシル-L-フェニルアラニンエチルエステル 287	PEP 628
NHS-PEO$_4$-Biotin 415	N-トシル-L-リシンエチルエステル 278	pertussis toxin 124
nicotine 120	N-ビニル-2-ピロリドン 393	PG 78
nicotinic acid 54	n-ブタノール 606	PGA 34
NMDA 115	N-ブロモコハク酸イミド 401	P-Gal 248
NMU 190	N-ブロモスクシンイミド 401	PGO 404
N, N-ジエチルエタンアミン 542	N-ラウロイルサルコシン 329	Phe 530
N, N-ジメチルホルムアミド 546		pH指示薬 441
N, N-ジメチルメタンアミド 546		PI3キナーゼ経路 98
N, N-ジメチルメタンアミン 544		PIPES 300
N, N'-メチレンビスアクリルアミド 382	**【O】**	PITC 397
Nonidet P-40 336	OA 136	PKC 122
NOS 510	ω-CTX 126	PLP 47, 621
NR 443	o-CPP 261	PMA 122
NZアミン 374	ONPG 251	PMSF 286
N-アセチル-β-D-グルコサミダーゼ 253	ouabain 129	pNPP 258
N-アセチル-D-ガラクトサミン 593	ω-コノトキシン 126	pNP-β-D-Gal 253
N-アセチル-D-グルコサミン 581	O-シアリン酸 595	pNP-β-D-GlcNAc 252
N-アセチルイミダゾール 407	o-ニトロフェノール 217, 252	POD 220
N-アセチルグルコサミン 240	o-ヒドロキシ安息香酸 659	poly-D-lysine 359
N-アセチルコンドロサミン 593	o-フェナントロリン 293	polyethylene glycol 608
N-アセチルノイラミン酸 595		polyethylene oxide 415
N-アセチルムラミン酸 240	**【P】**	poly-L-lysine 359
N-エチルエタンアミン 543	PABA 667	POPOP 453
N-エチルマレイミド 325	PAGE 382	POPSO 304
n-オクチル-β-D-グルコピラノシド 341	PAS 669	PPD 265
	PC 161	pPDM 409
	PCG 161	PPi 490
	PCP 210	PR 442
	PDE 233	Pro 530
	PDGF 99	PRPP 623
	PEG 608	PS 615
	PEI 362	PSP 442
		PVP 392
		p-アミノ安息香酸 667
		p-アミノサリチル酸 669
		p-アミノピリジン 133

p-(クロロメルクリオ)安息香酸 ... 321
p-ジアミノベンゼン ... 265
p-テルフェニル ... 458
p-トルエンスルホンクロロアミドナトリウム三水和物 ... 406
p-ニトロアニリン ... 230
p-ニトロフェノール ... 216, 253, 254
p-ヒドロキシフェニルアラニン ... 532
p-フェニレンジアミン ... 432
P 物質 ... 111

[R]

ras シグナル経路 ... 101
recithin ... 138
RFP ... 158
Rib ... 590
riboflavine ... 48
RNase ... 272
RNaseA ... 270
RNase インヒビター ... 270
RNase 阻害剤 ... 390
RNA 変性剤 ... 677
RNA ポリメラーゼⅡ ... 176
R, R-酒石酸 ... 646
RS-AMPA ... 131
ryanodine ... 123

[S]

SAM ... 535
SDS ... 330
Ser ... 534
serotonin hydrochloride ... 108
SH 基修飾試薬 ... 647
SH 酵素 ... 227, 278
SLS ... 330
SM ... 144
Smad タンパク質 ... 102
SOD ... 224
sodium sulfate decahydrate ... 483
SPCM ... 152
SSC ... 636, 637
S-S 結合 ... 273, 274
starch ... 592
substance P ... 111
Suc ... 587
Sulfo-NHS-LC-Biotin ... 414
sulfuric acid ... 482
SYPRO® Ruby ... 423
S-アデノシルメチオニン ... 535
S-カルボキシメチルシステイン ... 273
S 期 ... 370
s-ブチルアルコール ... 607

[T]

T ... 567
T-1824 ... 445
TAPS ... 305
TBE バッファー ... 513
TC ... 145
TCA ... 639
TEA ... 542
TEAC ... 663
TEMED ... 384
TES ... 306
Tet ... 145
Tet システム ... 158
TFA ... 644
TGA ... 600
TGF-β ... 101
TGF-β スーパーファミリー ... 101
Thr ... 534
TLCK ... 278
TMP ... 578
TNBS ... 398
TNF-α ... 102
TNM ... 405
Toll 様受容体 ... 92
TPA ... 122
TPCK ... 287
TPN ... 57
Tris ... 298
TRITC ... 420
Triton X-100 ... 334
TrkA ... 100
Trp ... 531
TRX ... 556
TTX ... 135
Tween 20 ... 335
Tyr ... 532

[U]

U ... 570
UBIP ... 553
UDP-Glc ... 591
UDP-グルクロン酸 ... 600
UDP-グルコースナトリウム塩 ... 591
UQ-10 ... 53
ura3 遺伝子 ... 377
UTP ... 571

[V, W]

V8 プロテアーゼ ... 230
Val ... 533

vitamin D$_3$ ……… 41	アクロマイシン ……… 145	アデノシン／デオキシアデノシン ……… 559
vitamin K ……… 38	アコカンテリン ……… 129	
VP16-213 ……… 189	アザグアニン ……… 185	アデノシン 3',5'- 環状ーリン酸ナトリウム … 572
VRE ……… 165	アザシクロヘキサン ……… 670	
VRSA ……… 165	アザシチジン ……… 190	アデノシン-5'-(γ-チオ)三リン酸四リチウム塩 ……… 181
WSC ……… 411	アジ化ナトリウム ……… 207	
	亜ジチオン酸ナトリウム ……… 429	アデノシン 5'-一リン酸 ……… 576

【X, Z】

XAN ……… 580	アデノシン 5'-三リン酸ニナトリウム三水和物 ……… 560
X-β-D-Glc ……… 376	
XC ……… 385	アシッドマゼンタ ……… 448
X-gal ……… 243	アシッドレッド 112 ……… 444
X-Glc ……… 245, 376	亜硝酸ソーダ ……… 493
X-GlcA ……… 246	亜硝酸ナトリウム ……… 493
X-Gluc ……… 245, 375	アシル化 ……… 407
X-GlucA ……… 376	アスコルビン酸 ……… 36, 401
Z-Leu-Leu-Leu-CHO … 269	アスパラギン ……… 521
	アスパラギン結合型糖鎖 ……… 92
	アスパラギン酸 ……… 521
	アスパラギン酸プロテアーゼ ……… 228, 238, 285

アデノシン-5'- ジホスホグルコース二ナトリウム塩 ……… 620

アデノシン二リン酸グルコース ……… 620

アドネフリン ……… 104
アドリアマイシン ……… 157
アドレナリン ……… 104, 573
アトロピン ……… 133, 134
アニソマイシン ……… 153
アノイリン ……… 51
亜ヒ酸 ……… 206
アビジン ……… 31, 552
アフィディコリン ……… 370
アプロチニン ……… 281
アポトーシス ……… 173
アミド化合物 ……… 257, 259
アミドシュワルツ 10B … 437
アミドブラック ……… 437
アミノ-4 ピリジン ……… 133
アミノ基 ……… 413, 414, 416
アミノ基の修飾 ……… 400
アミノ基の定量 ……… 398
アミノ基の保護 ……… 401
アミノグリコシド ……… 363
アミノグリコシド系 ……… 140
アミノコハク酸 ……… 521
アミノ酢酸 ……… 523

和 文

【あ】

アウリントリカルボン酸 ……… 193
亜鉛 ……… 480
亜鉛酵素 ……… 216
アガロース ……… 380
アクチジオン ……… 147
アクチナーゼ E ……… 232
アクチノマイシン Ⅳ ……… 154
アクチノマイシン C$_1$ ……… 154
アクチノマイシン D ……… 154
アクチン ……… 554
アクチン繊維 ……… 369
アクリジンオレンジ ……… 440
アクリルアミド, モノマー ……… 381

アスピリン ……… 660
アセチル-カルパスタチン（184-210）（ヒト）… 289
アセチルエステラーゼ 263
アセチルコリン ……… 110
アセチルコリンエステラーゼ ……… 296
アセチルコリン塩酸塩 … 110
アセチルコリンクロリド ……… 110
アセトアルデヒド ……… 675
アセトニトリル ……… 664
アセトン ……… 674
アセノイラミン酸 ……… 595
アゾ色素 ……… 352
アデニル酸 ……… 576
アデニル酸シクラーゼ ……… 233, 573
アデニルシクラーゼ ……… 121
アデニン ……… 558

アミノ酸蛍光ラベル化剤 ……… 419
アミノフィリン ……… 275
アミノプテリン ……… 35
アミノペプチダーゼ ……… 290
アミノベンジルペニシリン ……… 162
アミラーゼ …… 582, 588, 592
アミロース ……… 592
アミロデキストリン ……… 592
アミロペクチン ……… 592
アミン-PEG₂-ビチオン ……… 411
アミンの誘導化剤 ……… 397
アミン標識蛍光プローブ ……… 419
アラキドン酸 ……… 78, 651
アラキドン酸カスケード ……… 652
アラニン ……… 519
アラビノース ……… 593
アラビノシルシトシン ……… 176
亜硫酸ナトリウム ……… 485
アリル誘導体 ……… 248
アルカリ性ホスファターゼ ……… 259
アルカリホスファターゼ ……… 216
アルカロイド ……… 117, 364, 367, 369
アルギニン ……… 520
アルギニン残基の修飾 ……… 403, 404
アルギニンバソプレッシン ……… 83
アルキル化 ……… 400
アルキル化剤 ……… 182
アルキル化試薬 ……… 409
アルコール ……… 604
アルゴン ……… 516
アルツハイマー病 ……… 239
アルドステロン ……… 74
アルドステロン生合成 ……… 73
アルブチン ……… 250
アレルギーの原因となる生体物質 ……… 545
アロラクトース ……… 587
安水 ……… 504
安息香酸 ……… 660
安息香酸エステル ……… 93
アンチパイン ……… 279
アンチホルミン ……… 475
アンチマイシンA ……… 208
アンドロゲン ……… 63
アンドロゲン受容体 ……… 63, 64
アンドロゲン（雄性ホルモン）グループ ……… 64
アンピシリン ……… 162
アンホテリシンB ……… 163
アンモニア水 ……… 504
イールマン試薬 ……… 408
イオノホア ……… 164
イオノホアA23187 ……… 200
イソアミルアルコール ……… 662
イソチオシアン酸フェニル ……… 397
イソプレン側鎖 ……… 54
イソプロパノール ……… 609
イソプロピルアルコール ……… 609
イソペンチルアルコール ……… 610
イソミルアルコール ……… 610
イソロイシン ……… 526
一ヨウ化カリウム ……… 476
一級アミノ基 ……… 422, 423
一級アミン ……… 417
一酸化炭素 ……… 509
一酸化窒素 ……… 510
イノシトール 1,4,5-トリスリン酸 ……… 617

イノシトール 1,4,5-トリスリン酸六カリウム塩 ……… 617
イノシトールモノホスファート ……… 618
イノシトールリン酸ニシクロアンモニウム塩 ……… 618
イノシトールリン脂質代謝 ……… 616
イノシン ……… 575
イミダゾール ……… 524, 659
イミドベンゾフェノン ……… 354
イムノブロット ……… 351
インシュリン ……… 79, 97
インシュリン様成長因子 ……… 97
インスリン ……… 79
インターフェロン ……… 95
インターロイキン …… 92, 96
インテグリン ……… 359
インデューサー ……… 244
インドール酢酸 ……… 88
インドール誘導体 ……… 243, 245, 247
インドフェノールブルー ……… 266
インフルエンザ治療薬タミフル ……… 95
ウイルス ……… 96
ウエスタンブロット法 …… 221
旨味調味料 ……… 526
ウラシル ……… 570
ウラシルイミド ……… 564
ウラシルリボシド ……… 571
ウリジン ……… 571
ウリジン 5'-三リン酸三ナトリウム塩 ……… 571
ウリジン二リン酸グルコース ……… 591
ウロン酸 ……… 599
ウワバイン ……… 129
エイコサノイド ……… 78

エイコサペンタエン酸 … 657	エチレングリコール	塩化鉄（Ⅲ）六水和物 … 470
エオシンY … 355	モノメチル … 612	塩化テトラエチル
エキサヒドロピリジン … 670	エトキシエタン … 658	アンモニウム … 663
エステラーゼ活性 … 255, 256	エトポシド … 189	塩化銅 … 470
エステル誘導体 … 255	エドマン法 … 397	塩化ナトリウム … 474
エストラジオール … 66	エバンスブルー … 444	塩化ネオテトラゾリウム
エストリオール … 67	エピネフリン … 104	ジホルマザン … 431
エストロゲン … 64, 65, 66, 67	エピレナミン … 104	塩化ベンザルコニウム … 461
エストロン … 65	エプソム塩 … 483	塩化ベンゼトニウム … 462
エタナール … 675	エラスターゼ … 280, 294	塩化マグネシウム … 471
エタノール … 603	エラスタチナール … 294	塩化マンガン … 472
エタノールアミン … 537	エリスロポイエチン … 85	塩化マンガン四水和物 … 472
エタン-1,2-ジオール … 607	エリスロマイシン … 151	塩化リチウム … 476
エタン-1,2-ジオン … 676	エリスロマイシンA … 151	塩化ルリジン … 137
エタン酸 … 632	エリトロシン … 151	塩基性フクシン … 447
エタン酸ブチル … 645	エルゴステロール … 62	塩基性マゼンタ … 447
エタン酸無水物 … 631	エルマン試薬 … 322	エンケファリン … 112
エタン酸メチル … 645	塩安 … 502	塩酸 … 466
エタンジアール … 676	塩化亜鉛 … 479	塩素 … 481
エタン二酸二水和物 … 642	塩化アンモニウム … 502	エンドセリン … 84, 114
エタンニトリル … 664	塩化アンモン … 502	エンドプロテイナーゼ
エチオニン … 195	塩化カリ … 474	Glu C … 230
エチジウムブロマイド … 390	塩化カリウム … 474	エンドペプチダーゼK … 218
エチルアルコール … 604	塩化カルシウム … 467	エンドリセン1 … 84
エチルアルデヒド … 675	塩化銀 … 494	王水 … 491
エチルエーテル … 658	塩化クロム … 468	黄体ホルモン … 68
エチルグリコール … 607	塩化コバルト … 469	オーキシン … 88
エチルセロソルブ … 611	塩化コリニウム … 137	オーキシン応答配列 … 88
エチルニトロサミン … 182	塩化コリン … 137	オーラミン … 354
エチレン … 90	塩化水銀 … 472	オーラミンO … 354
エチレンイミンポリマー	塩化水素 … 466	オーリントリカルボン酸
… 362	塩化セシウム … 387	… 193
エチレングリコエチル … 611	塩化第一コバルト六水和物	オカダ酸 … 136
エチレングリコール … 607	… 469	オキサルアルデヒド … 676
エチレングリコール	塩化第二クロム六水和物	オキサンモニウム … 550
ポリマー … 608	… 468	オキシドール™ … 508
エチレングリコール	塩化第二水銀 … 472	オキシフル™ … 508
モノエチルエーテル … 459	塩化チアミン … 51	オキシメチレン … 672
	塩化鉄 … 470	オキソ酢酸 … 677

オクタデカ-9,12-ジエン酸 ………… 649
オクタデカン酸 ………… 653
オスバン ………… 461
オゾン ………… 517
オピオイド ………… 103
オリゴ（dT）12-18 ………… 395
オリゴマイシン ………… 172
オルト（正）ホウ酸 ………… 512
オルト（正）リン酸 ………… 487
オルトリン酸-モノエステルホスホヒドロラーゼ ………… 216
オルニチン ………… 541
オレイン酸 ………… 651
オンコダゾール ………… 366
オンコビン ………… 367

【か】

カイニン酸 ………… 119
界面活性剤 ………… 203, 615, 616
過塩素酸 ………… 467
過塩素酸カリウム ………… 473
架橋 ………… 409
架橋剤 ………… 382
核 ………… 344, 345, 346, 347, 355
核酸プローブ ………… 394
核酸変性作用 ………… 673
核内受容体 ………… 81
核分裂 ………… 365
カケクチン ………… 102
カコジル酸ナトリウム ………… 513
カサミノ酸 ………… 375
カザミノ酸 ………… 375
過酸化水素 ………… 224, 508
過酸化水素オキシドレダクターゼ ………… 223
苛性カリ ………… 506
苛性ソーダ ………… 506

カタラーゼ ………… 223, 509
カチオン性のポリマー ………… 360
カチオン性ポリマー ………… 361
活性酸素 ………… 224
活性炭 ………… 514
活性炭素 ………… 514
活性ハロゲン試薬 ………… 406
活性メチオニン ………… 535
カップリング反応 ………… 410
カテキン ………… 94
カテコール ………… 669
カテコールアミン ………… 104
カテプシンC ………… 257
カテプシンD ………… 239
果糖 ………… 584
カナダバルサム ………… 356
カナバニン ………… 197, 271
カナマイシン ………… 143
カフェイン ………… 118
過マンガン酸カリウム ………… 510
可溶性ペルオキシダーゼ基質 ………… 267
過ヨウ素酸 ………… 477
過ヨウ素酸カリウム ………… 477
ガラクシド結合 ………… 585, 586
ガラクトース ………… 584
ガラクトサミン塩酸塩 ………… 594
カリウムイオン ………… 474
カリウムミョウバン ………… 513
カリクレイン ………… 282
過硫酸アンモニウム ………… 383
過硫酸アンモン ………… 383
カルシウム ………… 289
カルシウムイオノホア ………… 200
カルシウムイオン ………… 123
カルシマイシン ………… 200
カルパイン ………… 289
カルバムアルデヒド ………… 540

カルビノール ………… 605
カルボキシル基 ………… 418
カロチン ………… 32
カロテノイド ………… 32
還元アルキル化 ………… 273
還元カルボキサミドメチル化 ………… 274
還元剤 ………… 400
還元糖 ………… 584
肝細胞増殖因子 ………… 100
ガンシクロビル ………… 130
環状 AMP ………… 572
環状 GMP ………… 579
乾燥剤 ………… 464
寒天粉末 ………… 372
ギ酸 ………… 640
キサンチン ………… 574, 580
基質 ………… 359, 360
キシリトール ………… 597
キシレン ………… 666
キシレンシアノール ………… 385
キシロール ………… 666
キトサミン塩酸塩 ………… 601
キニーネ ………… 209
キニン ………… 209
キノリン ………… 671
キノロン系 ………… 157
ギベレリン ………… 89
ギムザ染色液 ………… 352
キモシン ………… 238
キモスタチン ………… 283
キモトリプシノーゲン ………… 226
キモトリプシン ………… 284, 287
逆性石鹸 ………… 461
ギャバ ………… 115
キャリアータンパク質 ………… 551
求核剤 ………… 544
強塩基 ………… 506, 507

凝乳酵素	238	
強発癌物質	184	
キレート剤	599, 600	
銀鏡反応	494	
金属キレート	293	
菌類	62	
クーママイシン	160	
グアニジノ基	403	
グアニジン塩酸塩	337	
グアニジンチオシアン酸塩	339	
グアニル酸	576	
グアニル酸シクラーゼ	579	
グアニン	404, 561	
グアノシン	562	
グアノシン 3,5'-一リン酸ナトリウム	579	
グアノシン 5'-一リン酸二ナトリウム	576	
グアノシン 5'-三リン酸リチウム塩	563	
グアノシン／デオキシグアノシン	562	
クエン酸	636	
クエン酸アンモニウム	637	
クエン酸水素二アンモニウム	637	
クエン酸ナトリウム	636	
駆虫剤	119	
屈光性	88	
屈地性	88	
組換えタンパク質の認識配列	229	
グラウバー塩	484	
グラニュレスチン	138	
グラム陰性菌	92	
グラム染色	446, 447, 448	
クリーブランド法	231	
グリオキサール	676	
グリオキサリン	659	
グリオキシル酸	677	
グリオキシル酸一水和物	677	
グリコーゲン	620	
グリコール	523	
グリコシド結合	584	
グリシルアルコール	604	
グリシルグリシン	302	
グリシン	523	
クリスタルバイオレット	445	
グリセリン	604	
グリセルアルデヒド	602	
グリセルアルデヒド 3-リン酸	602	
グリセルアルデヒド三リン酸	627	
グリセロール	604	
グルカゴン	82, 573	
グルクロン酸	596, 599	
グルコース	583, 585, 588, 592	
グルコース-1/6-リン酸	619	
グルコースオキシダーゼ	237	
グルコースオキシダーゼ法	267	
グルココルチコイド	70, 73, 75	
グルコサミン塩酸塩	601	
グルコン酸	598	
グルシトール	597	
グルタチオン	319	
グルタチオン（還元型）	549	
グルタミン	525	
グルタミン酸	525	
グルタメート	525	
グルタルアルデヒド	673	
グルタルジアルデヒド	673	
グルチン	372	
クレアチン	234, 548	
クレアチンキナーゼ	234	
クレアチンホスホキナーゼ	234	
クレアチンリン酸	234	
クレアチンリン酸二ナトリウム四水和物	629	
クレゾール	668	
クロマチン安定化	538, 539	
クロラミンT	406	
クロラムフェニコール	141	
クロラムフェニコールアセチルトランスフェラーゼ	222	
クロロジメチルシラン	462	
クロロホルム	661	
クロロマイセチン	141	
蛍光抗体法	350, 351	
蛍光色素	344, 345, 346, 347, 350, 351	
経口避妊薬	68	
蛍光標識	351, 421, 422, 423	
蛍光プローブ	425	
蛍光ラベル	420	
形質転換	102	
血液	353	
血液凝固	231, 589	
血液凝固因子 I	555	
結合組織	358	
血小板由来成長因子	99	
ケトヘキソキナーゼ	627	
ゲルシフト解析	394	
ゲルダナマイシン	171	
ゲル電気泳動	382	
ゲンタマイシン	150	
ゲンタマイシンC複合体	150	
ゲンチアンバイオレット	446	

抗ウィルス応答 …………… 96	コバルト ………………… 34	サイトカラシン …………… 199
高エネルギー物質 … 46, 561	コラーゲン …………… 357, 358	サイトカラシンB ……… 369
高エネルギーリン酸結合 …… 629	コラーゲン繊維 ………… 358	サイバーグリーン ………… 391
抗炎症剤 ………………… 71, 72	コラゲナーゼ …………… 357	サイバーゴールド ……… 392
抗脚気因子 ……………… 52	コリン …………………… 138	細胞外基質 ……………… 359
抗癌活性 ………………… 187	コリンエステラーゼ …… 138	細胞固定剤 ……………… 673
高血圧 …………………… 85	コルセミド ……………… 365	細胞質 …………………… 356
抗酸化剤 ………………… 36	コルチコステロイド … 70, 80	細胞周期 ……… 364, 366, 368
抗酸菌 …………………… 354	コルチコステロイドホルモン …… 71, 72	細胞内カルシウムイオン測定 …… 425
甲状腺 …………………… 81	コルチコステロン ……… 73	細胞分裂 ………………… 367
甲状腺ホルモン ………… 81	コルチコトロピン ……… 80	細胞壁溶解 ……………… 235
合成エストロゲン ……… 68	コルチゾール …………… 71	細胞膜透過性SH基修飾試薬 …… 277
合成コルチコステロイド …… 76, 77	コルチゾン ……………… 72	ザイモリエース ………… 235
抗生物質 ………………… 363	コルヒチン ……………… 364	酢酸 ……………………… 632
抗生物質A-23187 ……… 200	コルフォルシン ………… 121	醋酸 ……………………… 632
合成ポリマー …………… 360	コレオノール …………… 121	酢酸n-ブチル …………… 645
酵素免疫測定法 ………… 221	コレカルシフェロール … 42	酢酸アンモニウム ……… 633
抗体の限定分解 …… 227, 228	コレスタ-5-エン-3β-オール …… 61	酢酸エーテル …………… 641
抗体の精製 …………… 348, 349	コレステロール ……… 61, 70	酢酸エステル …………… 641
高分子担体 ……………… 393	コレラトキシン ………… 201	酢酸エチル ……………… 641
抗ペラグラ因子 ………… 55	コレラ毒素 ……………… 201	酢酸カリウム …………… 634
抗利尿ホルモン ………… 83	コンカナバリンA ……… 91	酢酸カルシウム ………… 635
コエンザイムA ………… 44	コンドロイチン6硫酸ナトリウム …… 596	酢酸カルシウム水和物 … 635
コエンザイムR ………… 31	コンドロイチン硫酸 …… 595	酢酸ソーダ ……………… 632
コートソーム MG-2020LS …… 654	コンドロイチン硫酸Cナトリウム …… 596	酢酸ナトリウム ………… 632
コートソーム MG-4040LA …… 654	コンドロイチン硫酸ナトリウム塩 …… 596	酢酸ブチル ……………… 644
コートソーム MG-6060LA …… 654		酢酸マグネシウム ……… 634
コートソーム MG-8080LA …… 654	**【さ】**	酢酸無水物 ……………… 631
コートソーム MS-8181LS …… 656	サーモライシン ………… 292	酢酸メチル ……………… 645
コール酸 ………………… 331	サイアミン ……………… 51	サッカロース …………… 587
コシュランド試薬 ……… 402	サイクリックAMP …… 572	サブスタンスP ………… 111
コナントキンG ………… 126	サイクリックGMP …… 579	サフラニン ……………… 446
コハク酸 ………………… 291	サイクロスポリンA …… 170	さらし粉 …………… 475, 505
	サイトカイン …………… 86, 96	サリチル酸 …………… 261, 659
		サルシン ………………… 574
		サルベージ回路 ………… 578
		酸化アセチル …………… 631

酸化型ジホスホピリジン ヌクレオチド	55	
酸化カルシウム	508	
酸化還元酵素	225	
三価クロム	469	
酸化剤	467, 491, 511	
酸化窒素	510	
酸化ヒ素	206	
酸化メチレン	672	
三酸化ヒ素	206	
酸性フクシン	448	
酸性ホスファターゼ	261	
酸素	516	
三窒化ナトリウム	207	
次亜塩素酸ソーダ	475	
次亜塩素酸ナトリウム	475	
シアノールブルー	385	
シアノコバラミン	33	
次亜硫酸ナトリウム五水和物	484	
シアル酸	595	
シアン化化合物	495	
シアン化カリウム	495	
シアン化臭素	494	
シアン化水素	495	
シアン化ナトリウム	496	
シアン化メチル	664	
ジイソプロピルフルオロリン酸	295	
ジエチルアミノエチル（DEAE）基	360	
ジエチルアミノエチル－デキストラン	360	
ジエチルアミン	543	
ジエチルエーテル	658	
ジエチルグリコール	612	
ジエチルニトロソアミン	182	
ジエチルピロカーボネート	389	
ジエチレングリコール	612
ジェネティシン	149
ジギタリン	203
ジギトキシン	203
ジギトニン	202
シキミ	95
シキミ酸	94
シクロスポリンA	170
シクロヘキサンジオン	403
シクロヘキシイミド	147
ジゴケシゲニン	393
ジシステイン	536
脂質人工膜	615
脂質生合成	276
シスチン	536
システイン	522
システインプロテアーゼ	283, 291
シスプラチン	180
ジスルフィド結合	85, 523
持続的血管収縮作用	85
シタラビン	176
ジチオエリスリトール	323
ジチオトレイトール	320
ジチオビスニトロベンゼン酸	408
シチジル酸	577
シチジン	565
シチジン5'-リン酸ニナトリウム	577
シチジン5'-三リン酸ニナトリウムn水和物	566
シチジン／デオキシシチジン	565
ジテルペン	370
シトクロム c	265
シトクロム c	434
シトシン	564
シトラコン酸無水物	400
シトルリン	541
ジヒドロカテコール	403
ジヒドロテストステロン	64
ジペプチジルペプチダーゼⅣ	256
ジベレリン	89
ジベレリンA3	89
ジベレリン酸	89
ジベレリン受容体	90
脂肪染色剤	439
脂肪族ケトン	675
ジホルミル	676
ジメチルPOPOP	457
ジメチルアルシン酸ナトリウム	513
ジメチルクロロシラン	462
ジメチルベンゼン	666
ジメチル硫酸	179
臭化シアン	494
臭化ナトリウム	478
臭化ホミジウム	390
重合促進剤	48, 383, 384
シュウ酸	642
重曹	500
重炭酸ソーダ	500
重炭酸ナトリウム	500
樹脂酸	356
酒精	604
酒石酸	646
硝安	498
消化プロテアーゼ	222
昇汞	472
硝酸	491
硝酸アンモニウム	498
硝酸カリウム	492
硝酸銀	494
硝酸ナトリウム	492
焦性ブドウ酸	643
硝石	492

総索引

消石灰	505
焼石灰	508
消毒薬	461
上皮細胞成長因子	97
上皮成長因子	97
上皮増殖因子	97
食塩	474
食作用	352
食酢	632
植物ホルモン	89
助酵素A	44
女性ホルモン	64
ショ糖	587
ジョロウグモ毒素	127
シリカゲル	463
シリコン処理	463
神経細胞	100
神経成長因子	100
神経伝達物質	526, 530
神経ペプチド	103
スーパーオキシド	224
スーパーオキシドアニオン	225
スーパーオキシド：スーパーオキシドオキシドレダクターゼ	224
スーパーオキシドディスムターゼ	224
水酸化アンモニウム	504
水酸化カリウム	506
水酸化カルシウム	505
水酸化ナトリウム	506
水酸化マグネシウム	507
スイスブルー	436
水素	515
膵臓のランゲルハンス島	82
水素化ホウ素ナトリウム	399
水分指示薬	469

水溶性カルボジイミド	410, 411
スキムミルク	351
スクロース	587
スダンブラックB	439
ズダンブラックB	439
スチロマイシン	142
ステアリン酸	653
ステロイド系抗炎症治療薬	75
ステロイドホルモン	64, 70
ステロイド薬剤	77
ストレス応答	172
ストレプトアビジン	31, 552
ストレプトマイシン	144
ストロファンチンG	129
スフェロイジン	135
スフェロプラスト	236
スブチリシン	232
スブチリシンファミリー	218
スペクチノマイシン	152
スペルミジン	539
スペルミン	538
スポンゴシチジン	176
スメア標本	353
スルフィニルビスメタン	662
スルホニル化	286
スルホンアミド誘導体	419
静菌作用	93
青酸ガス	495
青酸カリウム	495
青酸ソーダ	496
青酸ナトリウム	496
生死判定	352
生石灰	508
成長ホルモン	82
生物発光	219

西洋ワサビペルオキシダーゼ	220
西洋ワサビ由来	220
セカンドメッセンジャー	573, 579, 617
石炭酸	661
セシウムTFA	388
セチル酸	652
セチルトリメチルアンモニウムブロマイド	332
石灰水	505
石灰石	499
赤血塩	512
赤血球凝集素	91
石鹸	653
セファロース™	380
セファロスポリン	169
セフェム系	140
ゼラチン	372
セリン	534
セリン酵素	296
セリン残基の修飾	407
セリン・スレオニンキナーゼドメインをもつ受容体	102
セリン生合成系	630
セリンプロテアーゼ	218, 226, 286, 288
セリンリン酸	629
セルボン酸	655
セルラーゼ	236
セルレニン	276
セルロース	236
セレスブラックB	439
セレブロース	584
セロトニン	108
セロビオース	236
線維芽細胞増殖因子	98
繊維素原	555

染色 ……………… 353, 355, 356
染色体 ……………… 345, 346, 347
選択 ……………………………… 363
線溶系 …………………………… 557
ソーダ石灰 ……………………… 464
ソーダ灰 ………………………… 500
ソーダライム …………………… 464
組織固定剤 ……………………… 674
組織切片 ………………… 355, 356
ソマトスタチン ………………… 83
ソマトトロピン ………………… 82
ソマトトロフィン ……………… 82
ソマトメジンC ………………… 97
ソルビット ……………………… 597
ソルビトール …………………… 597

【た】

第一リン酸カリウム …… 487
第二クエン酸アンモニウム
……………………………… 637
第二ヒ酸ナトリウム …… 206
タキサン ………………… 368
タキソール ……………… 368
多機能性主要ステロイド
………………………………… 61
ダクチノマイシン ……… 154
多重染色法 ……………… 353
タチナタマメ …………… 271
脱共役 …………… 213, 214
脱水剤 …………………… 483
脱マレイル化 …………… 401
脱リン酸化 ……………… 216
タモキシフェン クエン酸塩
………………………………… 125
タリカトキシン ………… 135
ダルテパリンナトリウム
……………………………… 589
炭安 ……………………… 502
タングストリン酸 ……… 511

タングストリン酸n水和物
……………………………… 511
炭酸アンモニウム ……… 502
炭酸ガス ………………… 501
炭酸カルシウム ………… 499
炭酸水素ナトリウム …… 500
炭酸ソーダ ……………… 500
炭酸ナトリウム ………… 500
ダンシルクロリド ……… 418
タンニン ………………… 94
タンパク質染色
…………………… 437, 438, 444
タンパク質染色剤 ……… 423
タンパク質変性 ………… 661
チアミン ………………… 51
チオール ………………… 549
チオール基 …… 402, 408, 409
チオール基の検出 ……… 408
チオクト酸 ……………… 58
チオグリコール酸 ……… 600
チオシアン酸カリウム … 497
チオ硫酸ナトリウム …… 484
チオ硫酸ナトリウム五水和物
……………………………… 484
窒素 ……………………… 517
窒素源 …………………… 525
チミジル酸 ……………… 578
チミジン ………………… 568
チミジン-5'-一リン酸
二ナトリウム塩 ……… 578
チミジンアナログ ……… 178
チミン …………………… 567
チミンデオキシリボシド
……………………………… 568
中間代謝産物 …………… 73
超らせん構造解析 ……… 391
チロキシン ……………… 81
チログロブリン ………… 81
チロシン ………… 405, 532

チロシンキナーゼ型FGF
受容体 ………………… 99
チロシンキナーゼ型
受容体 … 98, 99, 100, 101
チロシン残基の修飾 …… 405
追熟 ……………………… 91
通常型酒石酸 …………… 646
ツニカマイシン ………… 166
ディスパーゼ …………… 357
低分子量Gタンパク質 … 99
定量 ……………………… 424
デオキシアデノシン …… 559
デオキシグアノシン …… 562
デオキシコール酸 ……… 328
デオキシシチジン ……… 565
デオキシチミジン ……… 568
デオキシフルオログルコース
……………………………… 601
デオキシリボース ……… 590
テオフィリン …………… 275
テキサスレッド ………… 349
デキサメタゾン ………… 75
デキストラン …………… 583
デキストラン硫酸 ……… 583
デキストリン …………… 582
デキストロース ………… 585
テストステロン ………… 63
デスドメイン …………… 102
テトラエチルアンモニウム
クロリド ……………… 663
テトラサイクリン ……… 145
テトラニトロメタン …… 405
テトラヒドロホウ酸
ナトリウム …………… 399
テトラメチルローダミン-
イソチオシアネート … 420
テトラヨードテトラクロロフル
オレセインニナトリウム塩
……………………………… 425
テトロドトキシン ……… 135

デヒドロコルチゾン …… 76	トリニトロベンゼン		ナリジクス酸 …………… 156
テルペン ………………… 117	スルホン酸 …………… 398		ニコチン ………………… 120
電気泳動用マーカー	トリパンブルー ………… 351		ニコチン酸 ……………… 54
………………… 385, 386	トリプシノーゲン ……… 222		二酸化炭素 …………… 501
電子染色剤 …………… 511	トリプシン ………… 278, 288		二酸化炭素吸着剤 …… 464
デンハルト ……………… 393	トリプシンインヒビター		二炭酸ジエチル ………… 389
デンプン ………………… 592	………………………… 288		ニトロ化 ………………… 405
デンプンゴム …………… 582	トリプシン様プロテアーゼ		ニトロソ化合物 …… 182, 184
ドーパ ………………… 107, 669	……………………… 283		ニトロソアニジン ……… 184
ドーパキノン …………… 669	トリプトファン …… 404, 531		ニトロフェニル誘導体
ドーパミン ……………… 106	トリプトファン残基の修飾		………………… 253, 254, 258
糖アルコール ……… 597, 598	………………………… 401		乳酸 …………………… 638
糖脂質 …………………… 585	トリプトファンの定量 … 402		乳酸カルシウム ………… 638
糖タンパク質 … 86, 359, 585	トリプトン ……………… 374		乳糖 …………………… 586
糖タンパク質の標識 …… 412	トリフルオロ酢酸 ……… 644		尿素 …………………… 342
糖ヌクレオチド ………… 591	トリホスホピリジン		尿素回路 …………… 520, 541
トガマイシン …………… 152	ヌクレオチド …………… 57		二量体 ………………… 99
ドキソルビシン ………… 157	トリメチルアミン ……… 544		二リン酸ナトリウム …… 490
毒物の細胞外排出 ……… 549	トルイレンレッド ……… 443		二リン酸ナトリウム十水和物
ドコサヘキサエン酸 …… 655	トルエン ………………… 666		………………………… 490
トコフェロール ………… 37	トルオール ……………… 666		ヌクレオチド新生経路 … 623
突然変異誘起剤 ………… 186	トレオニン ……………… 534		ヌジョール ……………… 465
突然変異誘発剤 ………… 184	トレチノイン …………… 40		ネオテトラゾリウムクロリド
ドデシル硫酸ナトリウム	トロンビン ……………… 229		………………………… 431
………………………… 330	トロンボプラスチン …… 231		ネオマイシン …………… 148
トポイソメラーゼ ……… 158			濃硝酸 …………………… 491
ドライアイス ……… 501, 502	【な】		ノコダゾール …………… 366
トランスフェクション			ノボビオシン …………… 160
………………… 361, 362	ナイアシン ……………… 54		ノルアドレナリン ……… 105
トランスフォーミング	ナタマメ ………………… 92		ノルエピネフリン ……… 105
増殖因子 β …………… 101	ナトリウムアジド ……… 207		
トリアシルグリセロール	ナトリウムイオン ……… 475		【は】
………………………… 605	ナフタレン ……………… 455		
トリエチルアミン ……… 542	ナフチル誘導体 ………… 262		パーキンソン病 ………… 107
トリクロロエタン酸 …… 639	ナフチルリン酸		パーフルオロ酢酸 ……… 644
トリクロロ酢酸 ………… 639	ナトリウム塩 …………… 262		ハイアミン ……………… 462
トリクロロメタン ……… 662	ナフトールブルーブラック		バイオゲル™ …………… 380
トリシン ………………… 303	………………………… 437		ハイグロマイシン ……… 363
トリニトロフェニル …… 398	ナラマイシンA ………… 147		ハイドロコルチゾン …… 71
	ナリジキシン酸 ………… 156		

ハイドロサルファイト ナトリウム …… 429	ビオチンヒドラジド …… 412	ヒドラジン一水和物 …… 497
ハイブリドーマ …… 574	ビオチンラベル化剤 …… 412	ヒドロキシウレア …… 178
ハイポ …… 484	ビオプテリン …… 52	ヒドロキシカルバミド … 178
培養細胞 …… 360	光酸化 …… 426	ヒドロキシチロシン …… 107
培養細胞選択マーカー … 547	光増感酸化 …… 426	ヒドロキシトリプタミン …… 108
麦芽糖 …… 588	ピクリルスルホン酸 ナトリウム塩 …… 398	ヒドロキシニトロベンジル ブロミド …… 402
パクリタキセル …… 368	ヒ酸ナトリウム …… 206	ヒドロキシ尿素 …… 178
バシトラシン …… 167	ヒ酸ナトリウム2塩基性 …… 206	ヒドロキシプロゲステロン …… 69
バソプレッシン …… 83	微小管 364, 365, 366, 367, 368	ヒドロキシベンゼン …… 661
発癌性物質 …… 188, 190	比色試薬 …… 293	ヒドロキシメチルベンゼン …… 668
発癌物質 …… 183	ビス …… 382	ヒドロキシルアミン …… 550
白血球 …… 96	ビスアクリルアミド …… 382	非プロトン性溶媒 …… 547
パパイン …… 226, 280	ヒスタミン …… 545	ピペリジン …… 670
パパニコロウ染色液 …… 353	ヒスチジノール …… 547	ヒポキサンチン …… 574
パパニコロ染色液 …… 353	ヒスチジン …… 524	ヒポキサンチンヌクレオシド …… 575
パラアミノサリチル酸 …… 660	ビタミンA …… 33, 39	ヒポキサントシン …… 575
パラオキシ安息香酸 エステル …… 93	ビタミンA_1 …… 39	百日ぜき毒素 …… 124
パラニトロアニリド 誘導体 …… 256	ビタミンAアルコール … 39	ピューロマイシン …… 142
パラヒドロキシ安息香酸 …… 93	ビタミンA酸 …… 40	氷酢酸 …… 632
パラフィン油 …… 465	ビタミンB_1 …… 51	ピリジン …… 456
パラベン …… 93	ビタミンB_{12} …… 33, 469	ピリドキサール …… 46
パラホルムアルデヒド …… 674	ビタミンB_2 …… 48	ピリドキシン …… 47
バリン …… 533	ビタミンB_3 …… 54	ピルビン酸 …… 643
バルサム …… 356	ビタミンB_5 …… 43	ピロカテコール …… 669
パルミチン酸 …… 652	ビタミンB_6 …… 47, 621	ピロ炭酸ジエチル(エステル) …… 389
ハロゲン化酢酸 …… 639, 644	ビタミンB_C …… 34	ピロデキストリン …… 582
バンコマイシン …… 164	ビタミンC …… 36	ピロリジン-2-カルボン酸 …… 530
パントテン酸 …… 43	ビタミンD_2 …… 63	ピロリン酸ナトリウム … 490
パントテン酸(ヘミ) カルシウム塩 …… 43	ビタミンD_3 …… 41	ビンクリスチン …… 367
ビオチン …… 31, 552	ビタミンE …… 37	ファクターⅠ …… 555
ビオチン化 …… 414, 416, 417, 418	ビタミンG …… 48	ファクターⅡa …… 229
ビオチン化試薬 …… 413	ビタミンH …… 31, 667	ファクターⅩa …… 231
	ビタミンK …… 38	ファンギゾン …… 163
	ビタミンK_3 …… 430	
	ビタミンL …… 535	
	ビタミンM …… 34	
	ヒドラジン …… 497	

フィードバック 80	ブドウ糖 585	プロテアソーム 269, 553
フィトメナジオン 38	フラゲシジン 153	プロテイナーゼK 218
フィブリノーゲン 555	フラジオマイシン 148	プロテインA 348
フィブロネクチン 359	±-AMPA 131	プロテインC 557
フィロキノン 38	プラスミン 280	プロテインG 348
フェナジンメトサルフェート 433	フラビンアデニンジヌクレオチド 50	プロテインS 557
フェナントロリン 315	フラビンモノヌクレオチド 49	プロテインキナーゼC 169
フェニルアラニナール 284	ブリーチ 475	プロテインホスファターゼ阻害剤 622
フェニルアラニン 530	プリン拮抗物質 185	プロテオグリカン 593
フェニル基 665	ブルーガル 247	プロトン輸送 212
フェニルグリオキサール 404	フルオレセイン 420	プロナーゼ 232
フェニルグリオキサール水和物 404	フルオレセインイソチオシアネート 419	プロナーゼE 232
フェニル酸 661	フルオロウラシル 187	プロパノール 609
フェニル誘導体 260	フルオロトリプトファン 196	プロパン 664
フェニルリン酸ナトリウム塩 260	フルクトース 584	プロビタミンA 32
フェニレンジマレイミド 409	フルクトース 1,6-二リン酸 624	プロビタミンD_2 62
フェノール 661	フルクトース 1-リン酸二ナトリウム塩 626	プロピルアルコール 609
フェノールスルホンフタレイン 442	フルクトース 2,6-二リン酸 625	ブロモウラシル 186
フェリシアン化カリウム 512	フルクトース 6-リン酸 625	ブロモシアン 494
フォミン 199	フルクトース 6-リン酸二ナトリウム水和物 626	ブロモデオキシウリジン 177
不可逆的酵素阻害剤 272	フルクトースビスホスファターゼ 626	ブロモフェノールブルー 386
副腎皮質 70	ブルシアンレッド 512	ブロモフルオレッセイン 355
副腎皮質刺激ホルモン 80	プレドニゾロン 77	プロリン 530
副腎皮質刺激ホルモン放出ホルモン 80	プレドニゾン 76	分化・成長 100
副腎皮質ホルモン 70	プレパラート 357	ブンガロトキシン 128
フグ毒 135	プレプロホルモン 84	分岐鎖アミノ酸 527, 533
ブタノール 606	プロインシュリン 79	分散因子 100
ブタン酸 641	プロゲステロン 68, 70	分子標識 552
ブチルアルコール 606	プロゲステロン受容体 69	粉末酵母エキス 373
フッ化ナトリウム 479	プロスタグランジン 78	分裂阻害 364
物質P 111	ブロッキング 351	分裂中期 365
プテロイルグルタミル酸 34		ベーシックグリーン 449
		ベーシックブルー9 436
		平衡密度勾配遠心 387, 388
		ヘキサシアノ鉄(Ⅲ)酸カリウム 512

ヘキサジメスリンブロミド ……… 361	ペンタクロロフェノール ……… 210	ホスホリボシルピロリン酸五ナトリウム塩 …… 623
ヘキサデカン酸 ……… 652	ペンタメチレンイミン ……… 670	ホタルルシフェラーゼ … 219
ヘキサデシル酸 ……… 652	芳香族アミノ酸 …… 530, 532	ホタルルシフェリン ……… 264
ヘキサデシルトリメチルアンモニウムブロマイド ……… 332	芳香族化合物 ……… 95	没食子 ……… 94
	ホウ酸 ……… 512	没食子酸 ……… 94
	放射光 ……… 404	ポビドン ……… 392
ヘキスト 33258 ……… 346	芒硝（ぼうしょう）……… 484	ポリ (A) ……… 573
ヘキスト 33342 ……… 345	抱水ヒドラジン ……… 497	ポリ (A) 鎖 ……… 395
ベスタチン ……… 290	放線菌 ……… 358	ポリ (dI-dC) ……… 394
ペニシリン ……… 161	防腐剤 ……… 208	ポリ (dI-dC)・ポリ (dI-dC) ……… 394
ヘパコリン ……… 137	補酵素 I ……… 55	
ヘパトポイエチン A ……… 100	補酵素 II ……… 57	ポリアデニル酸 ……… 573
ヘパリンナトリウム塩 ……… 589	補酵素 ……… 557, 621	ポリアデニル酸カリウム塩 ……… 573
ペプシン ……… 228, 285	補酵素 A ……… 44	
ペプシン A ……… 228	補酵素 Q_{10} ……… 53	ポリアミン ……… 538, 539
ペプスタチン A ……… 284	ホスファターゼ阻害剤 … 262	ポリアミン代謝 ……… 536
ペプチド系 ……… 140	ホスファチジルエタノールアミン ……… 545	ポリエチレンイミン ……… 362
ペプチド結合 …… 410, 411		ポリエチレングリコール ……… 608
ペプチドマスフィンガープリント法 ……… 222	ホスファチジルグリセロール ……… 616, 654	ポリオキシエチレン (20) ソルビタンモノラウレート ……… 335
ペプトン ……… 374	ホスファチジルコリン … 138	
ヘマトキシリン ……… 354	ホスファチジルセリン ……… 615, 656	ポリオキシエチレン (23) ラウリルエーテル ……… 333
ヘマトポイエチン ……… 85		ポリオキシメチレン ……… 674
ヘミアセタール ……… 294	ホスホエノールピルビン酸ーカリウム塩 ……… 628	ポリ酸化エチレン ……… 608
ヘリウム ……… 515		ポリビニルピロリドン … 392
ペルオキシダーゼ … 220, 266	ホスホグリセルアルデヒド ……… 627	ポリプレン ……… 361
ペルオキソ二硫酸アンモニウム ……… 383		ポリペプトン ……… 374
	ホスホクレアチン ……… 629	ポリホルムアルデヒド … 674
変異原 ……… 183	ホスホジエステラーゼ … 233	ポリミキシン B ……… 168
ベンジルアルデヒド ……… 678	ホスホセリン ……… 629	ポリリジン ……… 359
ベンジルペニシリンカリウム ……… 161	ホスホピリドキサール … 621	ホルスコリン ……… 121
	ホスホフルクトキナーゼ ……… 625	ホルマリン ……… 673
ベンズアルデヒド ……… 678		ホルミルギ酸 ……… 677
ベンセノール ……… 661	ホスホラミドン ……… 292	ホルミル酸 ……… 640
ベンゼン ……… 665	ホスホリパーゼ …… 139, 169	ホルミルベンゼン ……… 678
ベンゼンカルボン酸 ……… 660	ホスホリパーゼ C ……… 617	ホルムアミド ……… 540
ベンゾ (b) ピリジン … 671	ホスホリボシル供与体 ……… 623	ホルムアルデヒド ……… 672
ベンゾール ……… 665	ホスホリボシル二リン酸 ……… 623	

ポンソーS ………………… 444	メタナール ………………… 672	メチレンビス アクリルアミド ………………………… 381
【ま】	メタノール ………………… 605	メチレンブルー ………… 436
	メタノン酸 ………………… 640	メトトレキセート ………… 35
マイトマイシンC ……… 155	メタロプロテアーゼ ……………… 290, 293, 357	メナキノン ………………… 38
マキュロトキシン ……… 135	メタロペプチダーゼ …… 358	メナジオン …………… 38, 430
膜電位の発生 …………… 474	メタンアミド ……………… 540	メラトニン ………………… 109
マクロファージ …………… 96	メタン酸 …………………… 640	メラニン …………… 107, 669
マクロライド系 ………… 140	メタンスルホン酸メチル ……………………………… 188	メルカプト酢酸 ………… 600
麻酔作用 ………………… 662	メチオニン …………… 90, 529	免疫沈降法 ………… 348, 349
マゼンタⅠ ……………… 447	メチオニン-エンケファリン ……………………………… 112	免疫抑制剤 …………… 76, 171
マトリゲル ……………… 357	メチオニンの酸化 ……… 406	モータータンパク質 …… 555
マメ科レクチン …………… 92	メチル-β-シクロデキストリン ………………………………… 61	木精 ………………………… 605
マラカイトグリーン …… 449	メチルアルコール ……… 605	木糖アルコール ………… 597
マルトース一水和物 …… 588	メチルウンベリフェリル エステル ……………… 263	モノエタノールアミン … 537
マルトン酸 ……………… 598	メチルウンベリフェロン 誘導体 ………………… 249	モノヨードアセトアミド ……………………………… 274
マレイル化 ……………… 401	メチル化剤 ……………… 180	モノヨード酢酸 ………… 647
マンニット ……………… 603	メチル基供与体 …… 529, 536	モノヨード酢酸ナトリウム ……………………………… 273
マンニトール …………… 603	メチルグリコシアミン … 548	モルヒネ ………………… 128
ミオシン ………………… 555	メチルコラントレン …… 191	モルフィン ……………… 128
ミコール酸 ……………… 354	メチルシアン …………… 664	
ミコスポンジン ………… 166	メチルスルフィニルメタン ……………………………… 662	**【や, ら】**
ミネラルオイル, 軽質 … 465	メチルスルホキシド …… 662	融合タンパク ……………… 232
ミネラルコルチコイド …………………………… 70, 74	メチルセロソルブ ……… 612	雄性(男性)ホルモン … 63
ミョウバン ……………… 513	メチルテオブロミン …… 118	遊走 ………………………… 99
ミルトン ………………… 475	メチルトリプトファン … 194	誘導型NO合成酵素 …… 271
無機ピロリン酸 ………… 490	メチルニトロソ尿素 …… 190	ユビキチン ……………… 553
ムクロース ……………… 583	メチルバイオレット2B ……………………………… 446	ユビキノン ………………… 53
ムコペプチドN-アセチル ムラモイルヒドロラーゼ ……………………………… 240	メチルフェノール ……… 668	ユビキノン50 …………… 53
無水亜ヒ酸 ……………… 206	メチルベンゼン ………… 666	ヨード ……………………… 480
無水酢酸 ………………… 631	メチルマレイン酸無水物 ……………………………… 400	ヨードアセトアミド …… 324
ムスカリン ……………… 132	メチルメタンスルホン酸 ……………………………… 188	ヨード酢酸 ……………… 647
メソキサロニトリル (3-クロロフェニル) ヒドラゾン ……………… 213		陽イオンポリマー ……… 362
メタ過ヨウ素酸カリウム ……………………………… 477		ヨウ化カリウム ………… 476
		ヨウ化ナトリウム ……… 478
		ヨウ化プロピジウム …… 347

溶菌酵素 … 241	硫酸アンモニウム … 503	リン酸二水素カリウム … 487
葉酸 … 34, 667	硫酸カナマイシン … 143	リン酸二水素ナトリウム … 488
葉酸生合成 … 34	硫酸カリウムアルミニウム … 513	リン酸二水素ナトリウム二水和物 … 488
ヨウ素 … 477, 480	硫酸カリウムアルミニウム・12水 … 513	リン酸ピリドキサール水和物 … 621
ヨウ素デンプン反応 … 480, 592	硫酸ゲンタマイシン … 150	リン酸リボフラビンナトリウム … 49
ライトグリーンN … 449	硫酸ジメチル … 179	リン脂質 … 537, 546, 655
ラウリル硫酸ナトリウム … 330	硫酸ストレプトマイシン … 144	リンタングステン酸 … 511
酪酸 … 641	硫酸セシウム … 387	ルシフェラーゼ … 219, 264
ラクターゼ … 217	硫酸第一鉄七水和物 … 486	ルシフェリン … 220, 264
ラクトース一水和物 … 586	硫酸第二銅五水和物 … 485	励起光 … 404
ラクトフラビン … 48	硫酸鉄 … 486	レクチン … 91
ランゲルハンス島 … 79	硫酸鉄（Ⅱ）七水和物 … 486	レシチン … 138, 614
卵胞ホルモン … 64	硫酸銅 … 485	レシトール … 138
リアノジン … 123	硫酸銅（Ⅱ）五水和物 … 485	レチノール … 39
リシン … 528	硫酸銅五水和物 … 485	レチノイド … 40
リソソームプロテアーゼ … 239	硫酸ナトリウム … 483	レチノイン酸 … 40
リゾチーム … 240	硫酸ナトリウム十水和物 … 483	レニン-アンギオテンシン系 … 74
リチカーゼ … 235	硫酸マグネシウム … 483	レブロース … 584
リノール酸 … 649	硫酸マグネシウム七水和物 … 483	レポーター遺伝子 … 217, 220
リノレン酸 … 650	硫酸メチル … 179	レポータージーンアッセイ … 264
リパーゼ … 605	流動パラフィン … 465	レンニン … 238
リファンピシン … 158	リューロクリスチン … 367	ローズベンガル … 425
リファンピン … 158	リンゴ酸 … 647	ローダミン … 350
リボース … 590	リンゴ酸二ナトリウム … 647	ローダミンBイソチオシアネート（RITC） … 421
リボ酸 … 58	リン酸 … 487	ロイシン … 527
リポソーム … 139, 615	リン酸一カリウム … 487	ロイシンアミノペプチダーゼ … 259
リボフラビン … 48	リン酸一ナトリウム … 488	ロイシン-エンケファリン … 112
リボフラビン-5'-アデノシンニリン酸 … 50	リン酸化 … 630	ロイペプチン … 282
リボフラビン-5'-リン酸ナトリウム … 49	リン酸水素二カリウム … 488	ロダンカリ … 497
硫安 … 503	リン酸水素二ナトリウム … 489	
硫化水素 … 212	リン酸二カリウム … 488	
硫酸 … 482		

■ 編者略歴

田村　隆明（たむら　たかあき）

1952年生まれ．香川大学大学院農学研究科修了後，慶応義塾大学医学部助手となる．ストラスブール第一大学留学後，基礎生物学研究所助手，埼玉医科大学助教授を経て，'93年千葉大学理学部教授となり，現職に至る．TBPに関連する因子を材料に，細胞の分化や癌化を転写因子の観点から研究している．主な著書に「新・転写制御のメカニズム（田村隆明／著，羊土社，2000年）」，「基礎分子生物学　第3版（田村隆明　村松正實／著，東京化学同人，2007年）」，「改訂第3版　分子生物学イラストレイテッド（田村隆明，山本　雅／編，羊土社，2009年）」などがある．

ライフサイエンス
試薬活用ハンドブック
特性，使用条件，生理機能などの重要データがわかる

2009年 3月 1日　第1刷発行 2011年 8月 1日　第2刷発行	編　集　田村隆明
	発行人　一戸裕子
	発行所　株式会社　羊　土　社 〒101-0052 東京都千代田区神田小川町2-5-1 TEL　　03(5282)1211 FAX　　03(5282)1212 E-mail　eigyo@yodosha.co.jp URL　　http://www.yodosha.co.jp/
	装　幀　日下　充典
ISBN978-4-7581-0733-4	印刷所　広研印刷株式会社

本書の複写にかかる複製，上映，譲渡，公衆送信（送信可能化を含む）の各権利は（株）羊土社が管理の委託を受けています．
本書を無断で複製する行為（コピー，スキャン，デジタルデータ化など）は，著作権法上での限られた例外（「私的使用のための複製」など）を除き禁じられています．研究活動，診療を含み業務上使用する目的で上記の行為を行うことは大学，病院，企業などにおける内部的な利用であっても，私的使用には該当せず，違法です．また私的使用のためであっても，代行業者等の第三者に依頼して上記の行為を行うことは違法となります．

JCOPY　<（社）出版者著作権管理機構　委託出版物>
本書の無断複写は著作権法上での例外を除き禁じられています．複写される場合は，そのつど事前に，（社）出版者著作権管理機構（TEL 03-3513-6969，FAX 03-3513-6979，e-mail：info@jcopy.or.jp）の許諾を得てください．

バイオ研究をサポートする！研究者必携オススメ書籍

科研費獲得の方法とコツ
改訂第2版

児島将康／著

大ベストセラー！情報更新して改訂版発行!!
科研費の獲得に向けた戦略から申請書の書き方まで，気をつけるべきポイントやノウハウを徹底解説．著者が使用した申請書を具体例にした，まさに研究者のバイブル!!

- 定価（本体 3,700円＋税）
- B5判　192頁　ISBN978-4-7581-2026-5

実験医学別冊
目的別で選べる
核酸実験の原理とプロトコール

分離・精製からコンストラクト作製まで，効率を上げる条件設定の考え方と実験操作が必ずわかる

平尾一郎，胡桃坂仁志／編

エタノール沈殿の基本から分離・精製・クローニングまで，ベーシックな核酸実験法を原理と根拠とともに詳述．従来の実験書に比べ，核酸の化学的な解説や条件検討の結果を多数掲載．知識も実験力も身につく1冊です！

- 定価（本体 4,700円＋税）
- B5判　264頁　ISBN978-4-7581-0180-6

バイオ試薬調製ポケットマニュアル

欲しい溶液・試薬がすぐつくれるデータと基本操作

著／田村隆明

遺伝子実験からタンパク質，細胞培養まで幅広い分野をカバー．溶液・試薬の調製法や特性，保存法，さらには実験に必要な基本操作もおさえることができる1冊です！

- 定価（本体 2,900円＋税）
- B6変型判　286頁　ISBN978-4-89706-875-6

バイオ実験法＆必須データポケットマニュアル

ラボですぐに使える基本操作といつでも役立つ重要データ

著／田村隆明

実験に必要な色々な資料，あちこちに散らばっていませんか？バイオ実験の汎用プロトコールと関連データをポケット版にギュッと凝縮した，新しい実験書！毎日の実験はこの1冊におまかせ！

- 定価（本体 3,200円＋税）
- B6変型判　324頁　ISBN978-4-7581-0802-7

発行　羊土社 YODOSHA
〒101-0052　東京都千代田区神田小川町2-5-1　TEL 03(5282)1211　FAX 03(5282)1212
E-mail: eigyo@yodosha.co.jp
URL: http://www.yodosha.co.jp/
ご注文は最寄りの書店，または小社営業部まで

初心者からベテランまでみんなが知りたい**成功のコツ**が満載！

PCR実験なるほどQ&A

谷口武利／編

試薬の調製やプライマー設計・反応条件の設定など，よくある疑問やトラブルを読みやすいQ&A形式で解決します．さらに，PCRを用いた様々な解析や応用法まで網羅しました．日々の実験に役立つヒントが満載です！

- 定価（本体 4,200円＋税）　■ B5判　■ 227頁
- ISBN978-4-7581-2024-1

マウス・ラットなるほどQ&A

中釜 斉，北田一博，城石俊彦／編

マウスとラットってどう違うの？実験目的に合わせた系統の選び方は？繁殖・交配のコツは？などなど，初心者からベテランまで，今さら聞けないマウス・ラットの「？」に動物実験のプロがお答えします！

- 定価（本体 4,400円＋税）　■ B5判　■ 255頁
- ISBN978-4-7581-0715-0

顕微鏡活用なるほどQ&A

宮戸健二，岡部 勝／編

像が暗い，蛍光がよく見えない，うまく写真が撮れない…こんな時に確実に対処できるようになるための誰もが知っておきたい基礎知識が満載！これからもずっと使っていく顕微鏡だからこそ確実な知識を身に付けよう！

- 定価（本体 4,200円＋税）　■ B5判　■ 203頁
- ISBN978-4-7581-0731-0

RNAi実験なるほどQ&A

程 久美子，北條浩彦／編

もはや研究になくてはならない手法となったRNAi実験．これから始める方にも，すでに始めた方にも，必ず役立つ成功のコツが満載です！便利な"導入試薬・ベクター・siRNA製品・ウェブサイト"の一覧表付き！

- 定価（本体 4,200円＋税）　■ B5判　■ 220頁
- ISBN978-4-7581-0807-2

タンパク質研究なるほどQ&A

戸田年総，平野 久，中村和行／編

実験がうまくいかない！との声が多いタンパク質研究．確実におさえておきたい基本が100の回答で身につきます．最適な条件で実験を行うポイントも満載!!知識を深める50の用語解説つき！

- 定価（本体 4,600円＋税）　■ B5判　■ 288頁
- ISBN978-4-89706-488-8

遺伝子導入なるほどQ&A

落谷孝広，青木一教／編

遺伝子導入なしでは研究が進まない…でもいつも失敗してしまう！うまくいかない理由がわからない！など，どんどん遺伝子導入のふかみにはまっていく方は必読！

- 定価（本体 4,200円＋税）　■ B5判　■ 232頁
- ISBN978-4-89706-481-9

電気泳動なるほどQ&A

大藤道衛／編
日本バイオ・ラッド ラボラトリーズ株式会社／協力

泳動のバンドの形が変！ゲルが固まらない！など，電気泳動にまつわるさまざまなトラブルをQ&A方式で解決！もう泳動で失敗したくない方は必読！

- 定価（本体 3,800円＋税）　■ B5判　■ 250頁
- ISBN978-4-89706-889-3

細胞培養なるほどQ&A

許 南浩／編
日本組織培養学会，JCRB細胞バンク／協力

培養操作の基本から，コンタミなど困った時のトラブル対策まで，今さら人に聞けない疑問や悩みを即解決！初心者からベテランまで，これを読まずに細胞培養するなかれ！

- 定価（本体 3,900円＋税）　■ B5判　■ 221頁
- ISBN978-4-89706-878-7

発行　羊土社 YODOSHA　〒101-0052　東京都千代田区神田小川町2-5-1　TEL 03(5282)1211　FAX 03(5282)1212
E-mail: eigyo@yodosha.co.jp
URL: http://www.yodosha.co.jp/

ご注文は最寄りの書店，または小社営業部まで

羊土社のオススメ単行本

ライフサイエンス英語シリーズ

ライフサイエンス組み合わせ英単語
類語・関連語が一目でわかる

河本 健, 大武 博／著　ライフサイエンス辞書プロジェクト／監
■ 定価（本体 4,200円＋税）　■ B6判　■ 360頁　■ ISBN978-4-7581-0841-6

正しい英文は「単語＋単語」の正しい組み合わせから！似た意味ごとに関連表現を徹底比較し，あいまいな言葉の区別もスッキリ理解．そのまま使える6,000超のパターンと充実の例文で，論文執筆の即戦力に！

ライフサイエンス論文を書くための
英作文＆用例500

河本 健, 大武 博／著　ライフサイエンス辞書プロジェクト／監
■ 定価（本体 3,800円＋税）　■ B5判　■ 229頁　■ ISBN978-4-7581-0838-6

大好評ライフサイエンス英語シリーズの決定版．主要な学術誌約150誌，7,500万語をもとに文章パターンを徹底解析．スラスラ書くコツは主語と動詞の選び方にあった！とにかくすぐに書き始めたい人にオススメ！

ライフサイエンス文例で身につける
英単語・熟語

河本 健, 大武 博／著　ライフサイエンス辞書プロジェクト／監　Dan Savage／英文校閲・ナレーター
■ 定価（本体 3,500円＋税）　■ B6変型判　■ 302頁　■ ISBN978-4-7581-0837-9

415の文例に生命科学の専門語と論文で頻用される表現を凝縮し，1,462の単語と795の表現・熟語を収録．英文読解や論文執筆に必須の語彙力が効率よく身に付く．音声教材のダウンロードで学習効果アップ！

ライフサイエンス論文作成のための
英文法

河本 健／編　ライフサイエンス辞書プロジェクト／監
■ 定価（本体 3,800円＋税）　■ B6判　■ 294頁　■ ISBN978-4-7581-0836-2

約3,000万語の論文データベースを徹底分析！論文執筆でよく使われる文法が一目でわかる．「前置詞の使い分け」など，避けては通れない重要表現も多数収録．"なんとなく正しい"英文からステップアップしよう！

ライフサイエンス
英語表現使い分け辞典

河本 健, 大武 博／編　ライフサイエンス辞書プロジェクト／監
■ 定価（本体 6,500円＋税）　■ B6判　■ 1,118頁　■ ISBN978-4-7581-0835-5

論文英語のフレーズや熟語を使いこなそう！ネイティブが執筆した約15万件の論文から得られた例文が満載で，「この動詞にはどの前置詞を使うのか？」といった，誰もが抱く論文執筆の悩みを解消する必携の一冊！

ライフサイエンス英語
類語使い分け辞典

河本 健／編　ライフサイエンス辞書プロジェクト／監
■ 定価（本体 4,800円＋税）　■ B6判　■ 510頁　■ ISBN978-4-7581-0801-0

日本人が判断しにくい類語の使い分けを，約15万件の英語科学論文データ（全て米英国より発表分）に基づき分析．ネイティブの使う単語・表現が詰まっています．論文から引用した生の例文も満載で，必ず役立つ一冊！

発行　**羊土社 YODOSHA**　〒101-0052 東京都千代田区神田小川町2-5-1　TEL 03(5282)1211　FAX 03(5282)1212
E-mail：eigyo@yodosha.co.jp
URL：http://www.yodosha.co.jp/　　ご注文は最寄りの書店，または小社営業部まで